Hallgeneratoren

F. Kuhrt H. J. Lippmann

Hallgeneratoren

Eigenschaften und Anwendungen

Springer-Verlag Berlin Heidelberg New York 1968

Dr. rer. nat. FRIEDRICH KUHRT
Leiter des Nürnberger Zählerwerks der Siemens AG

Dr. rer. nat. HANS JOACHIM LIPPMANN
Wissenschaftlicher Mitarbeiter und Laborleiter
der Siemens AG in Nürnberg

Mit 219 Abbildungen

ISBN-13: 978-3-642-86932-7 e-ISBN-13: 978-3-642-86931-0
DOI: 10.1007/ 978-3-642-86931-0

Softcover reprint of the hardcover 1st edition 1968
Library of Congress Catalog Card Number 68-27312

Titel Nr. 1500

Herrn Dr.-Ing. Alfred Siemens

dem langjährigen Förderer der Hallgenerator-Entwicklung

in Verehrung und Dankbarkeit gewidmet

Vorwort

Unter den von H. WELKER und Mitarbeitern erforschten III-V-Halbleitern zeichnen sich die Verbindungshalbleiter Indiumantimonid und Indiumarsenid durch ihre hohe Elektronenbeweglichkeit aus. Die sich in diesen Halbleitern mit hoher Geschwindigkeit bewegenden Elektronen werden von einem transversalen Magnetfeld besonders stark beeinflußt. Indiumantimonid und Indiumarsenid sind daher geeignete Werkstoffe für die Herstellung magnetisch steuerbarer Halbleiterbauelemente, deren wichtigster Vertreter der Hallgenerator ist.

Die Entwicklungsgeschichte des Hallgenerators reicht zurück in den Anfang der fünfziger Jahre. W. HARTEL hatte als erster die Idee, ein Hallgeneratorbauelement zu schaffen; unter seiner Anleitung wurden die ersten Schritte in dieser Richtung getan. Im Jahre 1954 standen erstmals für die Magnetfeldmessung geeignete Hallgeneratoren aus Indiumarsenid zur Verfügung. Auch in den darauffolgenden Jahren wurden vor allem Hallgeneratoren aus Indiumarsenid für meßtechnische Aufgaben entwickelt. Die Anwendungserschließung und die Entwicklung der Bauelemente gingen dabei Hand in Hand. Der letzte Schritt auf diesem Wege war die Entwicklung des flußempfindlichen Ferrit-Hallgenerators mit einer Indiumantimonidschicht von nur wenigen µm Dicke. Die flußempfindlichen Ferrit-Hallgeneratoren eröffneten der Hallgeneratortechnik ein neues, weites Anwendungsfeld, die berührungs- und kontaktlose Steuerung von Bewegungsvorgängen. Um die Voraussetzung für eine breite Anwendung dieses Bauelements zu schaffen, standen in den letzten Jahren im Vordergrund des Interesses neue Fertigungsverfahren, die für die Massenherstellung flußempfindlicher Ferrit-Hallgeneratoren geeignet sind.

Diese kleine Hallgeneratorchronik sollte nicht abgeschlossen werden, ohne ein Wort des Dankes an unsere Mitarbeiter und Freunde zu richten, die durch ihre Ideen und unermüdliche Arbeit zu dem erreichten Erfolg beitrugen. Es sind dies vor allem die Herren Dipl.-Ing. KARL MAAZ, Dipl.-Ing. GUSTAV STARK und Dr.-Ing. JULIUS BRUNNER; auch bei der Abfassung dieses Buches unterstützten sie uns mit Rat und Tat.

Für wertvolle Diskussionen und Hinweise danken wir den Herren Dr. phil. nat. HELMUT DIETZ, Dr. rer. nat. KARL-GEORG GÜNTHER und Dr.-Ing. JOCHEN HAEUSLER.

Beim Schreiben des Manuskripts hat uns Frau MARTHA KEFER sehr geholfen, Herr ALFRED GIERING beim Entwurf und bei der Gestaltung der Abbildungen, Frau GERTRUD BÖNDEL bei den Korrekturarbeiten.

Dem Verlag danken wir für das schnelle Erscheinen des Buches sowie das stete Entgegenkommen bei der Erfüllung unserer Wünsche.

Unseren Frauen sagen wir Dank für ihren verständnisvollen Verzicht auf viele gemeinsame Stunden, die wir für die Arbeit an diesem Buch aufwenden mußten.

Nürnberg, im Juni 1968

F. Kuhrt H. J. Lippmann

Inhaltsverzeichnis

Teil III. Anwendungen der Hallgeneratoren

Einleitender Überblick

Hallgeneratoren sind magnetisch steuerbare Halbleiterbauelemente. Ihre Wirkungsweise beruht auf dem von dem amerikanischen Physiker E. H. HALL [1] im Jahre 1879 an dünnen Goldschichten entdeckten und nach ihm benannten Hall-Effekt. Beim Hall-Effekt handelt es sich um folgende physikalische Erscheinung: Wird ein langgestreckter, elektrischer Leiter der Breite b und Dicke d von einem elektrischen Strom i_1 in Längsrichtung durchflossen und senkrecht zu den Flächen der Breite b von einem Magnetfeld B durchsetzt, so wird zwischen zwei an den Längskanten des Leiterstreifens senkrecht zur Stromrichtung angebrachten Spitzenkontakten eine elektrische Spannung, die Hallspannung u_2, gemessen (Abb. 1).

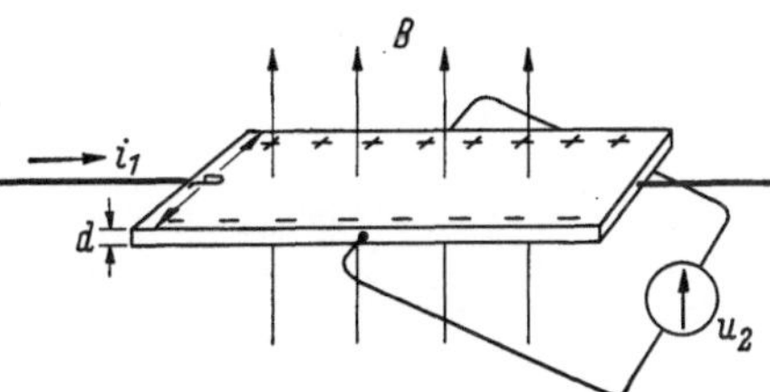

Abb. 1. Hall-Effekt am langgestreckten elektrischen Leiter.

Das Zustandekommen der Hallspannung läßt sich leicht erklären. Bei Elektronenleitung entspricht dem elektrischen Strom i_1 im Leiterstreifen eine Bewegung der Leitungselektronen entgegengesetzt zur eingezeichneten Stromrichtung in Abb. 1, also von rechts nach links. Auf die sich bewegenden Elektronen übt das einwirkende Magnetfeld B eine Kraft aus, die eine Ablenkung der Elektronen senkrecht zu ihrer Bewegungsrichtung auf die Vorderkante des Leiterstreifens hin verursacht. Durch diese Verwehung der Elektronen lädt sich die Vorderkante negativ, die hintere Längskante positiv auf. Das durch die Ladungstrennung aufgebaute elektrische Feld übt auf die sich bewegenden Elektronen eine Kraft aus, die der ablenkenden Wirkung des Magnetfeldes entgegensteht. Die fortschreitende Aufladung der Längskanten dauert daher so lange an, bis die elektrische Gegenkraft gleich der magnetischen Ablenkkraft geworden ist. Im Gleichgewichtszustand durchlaufen die den Strom i_1 bildenden Elektronen den Leiterstreifen wieder auf geradlinigen Bahnen. Die Einstellzeit für diesen Gleichgewichtszustand beträgt weniger als 10^{-12} sec. Die im Gleichgewichtszustand senkrecht zu den Strombahnen herrschende elektrische Feldstärke ist die Hallfeldstärke. Sie verursacht die Hallspannung u_2 zwischen den Spitzenkontakten in Abb. 1. Die am Leiterstreifen auftretende Hallspannung u_2 ist proportional dem Strom i_1 und der magnetischen Induktion B, dagegen umgekehrt proportional zur Dicke d des Streifens, also

$$u_2 = \frac{R_H}{d} i_1 B. \tag{1}$$

Hierin ist der Proportionalitätsfaktor R_H eine Materialkonstante, die Hallkonstante.

An die technische Ausnutzung des Hall-Effektes ist schon sehr frühzeitig gedacht worden. So hat z. B. SKAUPY [2] bereits im Jahre 1919

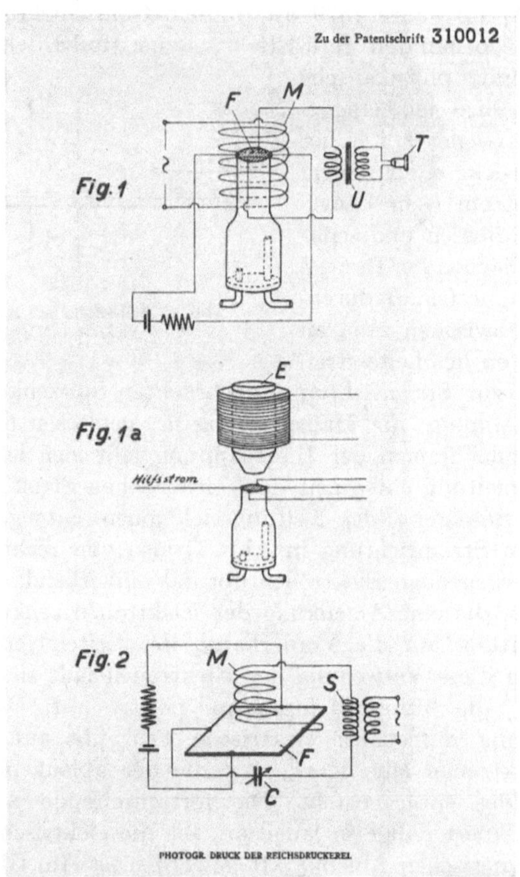

Abb. 2. Wechselstromverstärkung und Schwingungserzeugung mit dem Hall-Effekt. Nach SKAUPY [2].

vorgeschlagen, den Hall-Effekt zur Verstärkung von Wechselströmen und in einer Rückkopplungsschaltung zur Erzeugung elektrischer Schwingungen zu verwenden. Dieser Gedanke wurde zum Deutschen Reichspatent angemeldet. Abb. 2 ist eine Ablichtung der Zeichnungsanlage zu dieser Patentschrift von Skaupy. Darin zeigt Figur 1 die vorgeschlagene Verstärkeranordnung und Figur 2 die Rückkopplungsschaltung zur Schwingungserzeugung. Alle Versuche, den Hall-Effekt technisch anzuwenden, blieben jedoch erfolglos, da zur damaligen Zeit nur Metalle als Leiter bekannt waren. Metallische Leiter zeigen den Hall-Effekt aber nur in geringem Maße. Sie haben für die technische Nutzung des Hall-Effektes einen zu kleinen Wirkungsgrad. In den Laboratorien ist dagegen der Hall-Effekt immer ein wichtiges Untersuchungsverfahren zur Aufklärung des elektrischen Leitungsmechanismus in Festkörpern gewesen. Insbesondere leistete er im Zusammenhang mit der Halbleiterforschung gute Dienste, um dem Physiker Aufschluß über Art und Konzentration der Ladungsträger zu geben. Nach der Entdeckung des Germaniums als Halbleiter berichtete Pearson [3] im Jahre 1948 über den Hall-Effekt an Germanium. Dabei wies er auf die Möglichkeit hin, die Hallspannung kleiner Germaniumproben zur Ausmessung von Magnetfeldern zu verwenden. Zwar lassen sich mit Germanium wesentlich höhere Hallspannungen als mit Metallen erzeugen, doch ist die Ausgangsleistung von Hallelementen aus Germanium für technische Anwendungen auch noch nicht ausreichend. Erst die Entdeckung der III-V-Halbleiter Indiumantimonid und Indiumarsenid mit ihren extrem hohen Elektronenbeweglichkeiten durch Welker und Mitarbeiter [4—10] im Forschungslaboratorium der Siemens-Schuckertwerke AG bildete im Jahre 1952 die Voraussetzung für die technische Anwendung des Hall-Effektes.

An einen für die technische Ausnutzung des Hall-Effektes geeigneten Werkstoff müssen folgende Forderungen gestellt werden:

Um hohe Hallspannungen zu erreichen, muß die Hallkonstante möglichst groß sein. Bei reiner Elektronenleitung hängt die Hallkonstante allein von der Konzentration n der Leitungselektronen ab und ist dieser umgekehrt proportional. Eine hohe Hallkonstante bedeutet also niedrige Trägerkonzentration. Diese Forderung wird nur von Halbleitern erfüllt.

Eine hohe Hallspannung allein reicht jedoch für die technische Anwendung des Hall-Effektes nicht aus. Vielmehr muß die am Hallelement anstehende Signalspannung ein gewisses Leistungsvermögen besitzen. Die Hallspannung muß also an einem niederohmigen Innenwiderstand anstehen, d. h., für das Hallelement muß ein Halbleiter mit hoher elektrischer Leitfähigkeit gewählt werden. Die elektrische Leitfähigkeit σ ist aber proportional der Trägerkonzentration n und der auf die elektrische Feldstärkeneinheit bezogenen Driftgeschwindigkeit der Elektronen, der Elektronenbeweglichkeit μ_n. Eine hohe elektrische Leitfähigkeit bei gleichzeitig niedriger Trägerkonzentration läßt sich somit nur durch eine extrem hohe Elektronenbeweglichkeit erreichen.

Halbleiter mit hoher Elektronenbeweglichkeit sind daher die geeigneten Werkstoffe für die technische Anwendung des Hall-Effektes. Solche Halbleiter sind aber die III-V-Verbindungen Indiumantimonid mit einer Elektronenbeweglichkeit $\mu_n = 76000$ cm²/Vsec und Indiumarsenid mit $\mu_n = 23000$ cm²/Vsec.

Metalle haben bei ihrer sehr guten elektrischen Leitfähigkeit eine doch nur geringe Elektronenbeweglichkeit. So beträgt z. B. die Elektronenbeweglichkeit im Kupfer $\mu_n = 27$ cm²/Vsec. Die Driftgeschwindigkeit der Elektronen in Metallen liegt daher bei den thermisch zulässigen elektrischen Feldstärken in der Größenordnung von nur wenigen mm/sec. Im Gegensatz dazu bewegen sich die Elektronen in den Halbleitern Indiumantimonid und Indiumarsenid mit Driftgeschwindigkeiten von einigen 100 m/sec. Die auf ein bewegtes Elektron einwirkende Kraft im Magnetfeld ist aber proportional zu seiner Geschwindigkeit. So ist auch von dieser Seite her zu verstehen, daß die Halbleiter Indiumantimonid und Indiumarsenid hohe galvanomagnetische Effekte zeigen, insbesondere einen Hall-Effekt mit großem Wirkungsgrad besitzen.

Anschließend an die grundlegenden Arbeiten von Welker und Mitarbeitern begann im Jahre 1953 eine kleine Entwicklungsgruppe unter W. Hartel [11, 12] im Laboratorium der Zentral-Werksverwaltung der Siemens-Schuckertwerke AG mit der Erschließung der technischen Anwendungen des Hall-Effektes. Bei diesen Arbeiten wurde bald eine große Zahl von Anwendungsmöglichkeiten gefunden, die heute technische Bedeutung erlangt haben. Obwohl diese Anwendungen sehr verschiedenartig sind, lassen sie sich doch in Gruppen einteilen, für die der konstruktive Aufbau und die benötigten elektrischen Eigenschaften des verwendeten Hallelementes gleichartig sind. Diese Klassifizierung wurde schon früh erkannt und bildete den Ausgangspunkt für die Entwicklung eines neuen magnetisch steuerbaren Halbleiterbauelements, das je nach Anwendungszweck verschiedene Ausführungsformen aufweist. Für dieses Halbleiterbauelement aus den III-V-Halbleitern Indiumantimonid und Indiumarsenid wurde im Hinblick auf die relativ hohe Leistungsabgabe der Name *Hallgenerator* gewählt.

Jeder Hallgenerator besteht aus einem elektrischen System und einem Mantel. Als elektrisches System bezeichnet man die mit vier Anschlußkontakten versehene dünne Halbleiterschicht aus einer der erwähnten Halbleitersubstanzen (Abb. 3). Von den vier elektrischen Anschlüssen sind zwei als Steuerstromkontakte für die Zuführung des Steuerstroms i_1 ausgebildet und zwei als Hallkontakte zur Abnahme der Hallspannung u_2. Der Mantel aus Sinterkeramik mit Kunstharzverguß hat die Aufgabe, die dünne Halbleiterschicht mechanisch zu stabilisieren und als guter Wärmeleiter die Verlustwärme des elektrischen Systems abzuführen (Abb. 4). Neben Hallgeneratoren mit unmagnetischem

Mantel haben Ferrit-Hallgeneratoren besondere Bedeutung erlangt. Bei diesen Hallgeneratoren besteht der Mantel aus ferritischem Material. Auch der Ferritmantel dient zur Stabilisierung und Wärmeabfuhr des elektrischen Systems. Darüber hinaus aber soll er das magnetische Steuerfeld B an geeigneter Stelle senkrecht durch die Halbleiterschicht lenken.

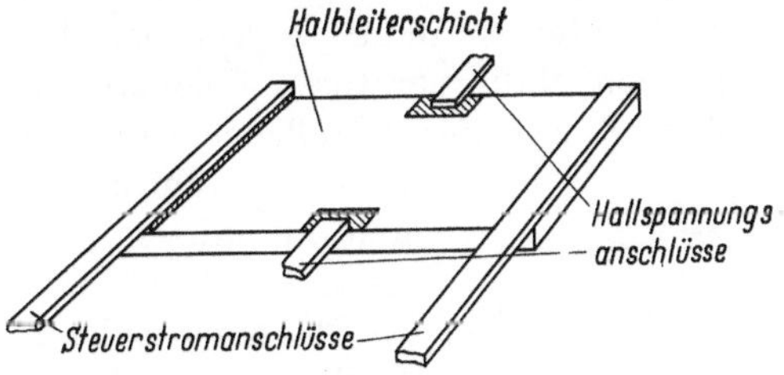

Abb. 3. Elektrisches System eines Hallgenerators.

Bei Ferrit-Hallgeneratoren ist der Mantel also aktiv an der Ausbildung des magnetischen Steuerkreises beteiligt. Grund- und Deckplatte übernehmen also die Funktion von Anschlußstücken für die Zuführung der magnetischen Steuergröße.

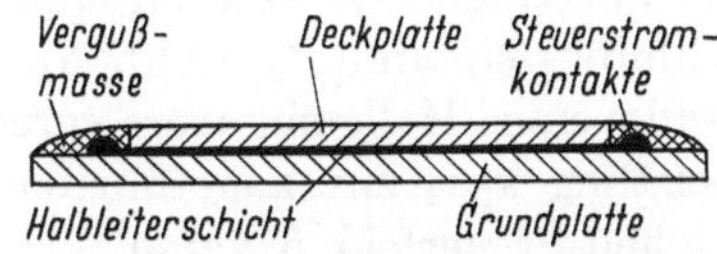

Abb. 4. Schnitt durch einen Hallgenerator in Steuerstromrichtung.

Bei der technischen Entwicklung der Hallgeneratoren standen zwei Aufgaben im Vordergrund, nämlich die Herstellung dünner homogener Halbleiterschichten aus Indiumantimonid und Indiumarsenid über Flächen bis zu 1 cm² und die Auswahl geeigneter Mantelmaterialien verbunden mit der konstruktiven Ausbildung des Mantels. Dünne Halbleiterschichten für Hallgeneratoren werden heute auf drei verschiedene Weisen hergestellt. Durch Schleifen des erschmolzenen, polykristallinen Halbleitermaterials werden Schichtdicken bis hinunter zu 20 μm erreicht. Durch elektrochemisches und chemisches Ätzen der vorgeschliffenen Kristallschicht können Schichtdicken von nur 4 bis 5 μm Dicke hergestellt werden. Neben diesen beiden abtragenden Verfahren ist es auch möglich, Halbleiterschichten aus Indiumantimonid und Indiumarsenid aus den beiden Komponenten Indium und Antimon bzw. Indium und Arsen im Hochvakuum auf einen Träger aufzudampfen. Bei der Entwicklung geeigneter Mantelkonstruktionen stand der Ferrit-Hallgenerator im Vordergrund. Da bei diesen Hallgeneratoren der Mantel die Aufgabe hat, den magnetischen Steuerkreis im Bereich des Bauelements zu schließen, mußten insbesondere für flußempfindliche Ferrit-Hallgeneratoren Mantelkonstruktionen entwickelt werden, deren effektiver Luftspalt nur unwesentlich größer als die Halbleiterschichtdicke von wenigen μm ist.

Für die praktische Anwendung stehen heute eine Reihe von Hallgeneratortypen zur Verfügung, die sich durch ihren konstruktiven Aufbau und ihre Abmessungen unterscheiden. Ihre steuer- und hallseitigen Innenwiderstände R_{10} und R_{20} liegen im Bereich von 1 Ω (geschliffene elektrische Systeme) bis zu einigen 100 Ω bei aufgedampften Halbleiterschichten. Diesen Innenwiderständen sind maximal zulässige Steuerströme von 1 A bis hinunter zu 10 mA zugeordnet. Entsprechend besitzen die gebräuchlichen Hallgeneratoren Feldempfindlichkeiten von 0,1 bis 1 V/kG, während bei Ferrit-Hallgeneratoren in flußempfindlicher Ausführung die Empfindlichkeit im Mittel bei 10 mV/Maxwell liegt.

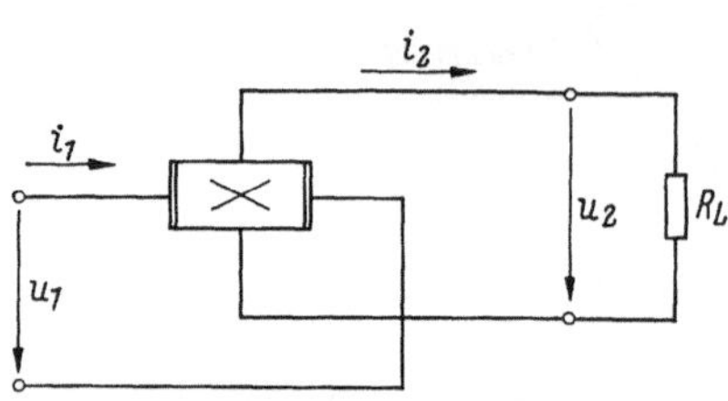

Abb. 5. Zur Definition des Wirkungsgrades eines Hallgenerators.

Das entscheidende Merkmal eines Hallgenerators ist seine verhältnismäßig hohe Ausgangsspannung bei geringen Innenwiderständen. Hallgeneratoren können daher belastet werden, ohne daß die Hallspannung nennenswert zusammenbricht. Dabei übertragen sie eine entsprechende elektrische Leistung auf den Abschlußwiderstand R_L (Abb. 5). Man kann daher von einem Wirkungsgrad η eines Hallgenerators sprechen, der als Verhältnis von abgegebener Leistung $u_2 i_2$ zur zugeführten Leistung definiert ist. Da vom magnetischen Steuerfeld B keine Wirkleistung auf die Halbleiterschicht übertragen werden kann, ist die dem Hallgenerator zugeführte Leistung allein die Steuerstromleistung $u_1 i_1$. Es läßt sich zeigen, daß für die Leistungsanpassung im Hallkreis, also $R_L = R_{20}$, und kleine Magnetfelder, genauer gesagt $\mu_n B \ll 1$, der Wirkungsgrad eines Hallgenerators

$$\eta \approx \frac{1}{16} (\mu_n B)^2 \tag{2}$$

ist. Dieser Ausdruck zeigt nochmals die Bedeutung der III-V-Halbleiter Indiumarsenid und Indiumantimonid mit ihren hohen Elektronenbeweglichkeiten für den Bau von Hallgeneratoren. Um schon bei kleinen Magnetfeldern einen günstigen Wirkungsgrad zu erhalten, muß ein Material mit hoher Elektronenbeweglichkeit verwendet werden. Hallgeneratoren aus Indiumantimonid und Indiumarsenid, deren Elektronenbeweglichkeiten um eine Größenordnung über der Elektronenbeweglichkeit des Germaniums liegen, besitzen daher einen um zwei Größenordnungen höheren Wirkungsgrad als Hallelemente aus Germanium.

Die Anwendungen der Hallgeneratoren können den beiden Steuergrößen i_1 und B entsprechend in drei Gruppen eingeteilt werden. In die erste Gruppe fallen die Anwendungen, bei denen der Hallgenerator von einem konstanten Steuerstrom i_1 erregt und allein durch das Magnetfeld B gesteuert wird. Bei der zweiten Anwendungsart befindet sich der Hallgenerator in einem konstanten Magnetfeld und die Steuerung erfolgt durch den Steuerstrom. Schließlich wird bei den Anwendungen der dritten Gruppe der Hallgenerator unter Ausnutzung seiner multiplikativen Eigenschaft von zwei veränderlichen Steuergrößen gesteuert.

Bei den Anwendungen mit konstantem Steuerstrom stellt der Hallgenerator ein Element dar, das eine magnetische Induktion in eine proportionale elektrische Spannung abbildet. Das einfachste Anwendungsbeispiel dieser Gruppe ist die Magnetfeldmessung. Die auftretende

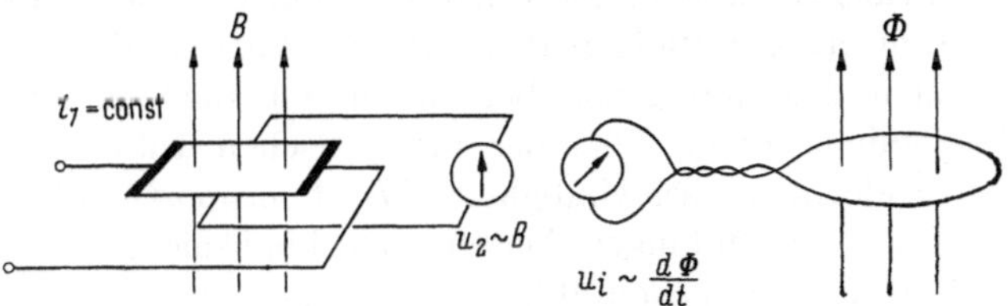

Abb. 6. Erzeugung einer elektrischen Spannung aus einem Magnetfeld.

Hallspannung ist direkt proportional der die Halbleiterschicht senkrecht durchsetzenden Komponente des auszumessenden Magnetfeldes.

Eine andere allgemein bekannte Anordnung, um aus einem Magnetfeld eine elektrische Spannung abzuleiten, beruht auf dem Induktionsgesetz. Nach dem Induktionsgesetz wird in einer von einem Magnetfeld durchsetzten Leiterschleife eine elektrische Spannung induziert, die der Änderungsgeschwindigkeit des Magnetfeldes proportional ist. Wird das Magnetfeld von einem Dauermagneten erzeugt, so entsteht eine Änderung des die Schleife durchsetzenden Flusses bei einer Relativbewegung zwischen Schleife und Magnet, wobei die Größe der Signalspannung der Relativgeschwindigkeit proportional ist. Abb. 6 zeigt die beiden prinzipiellen Anordnungen für die Ableitung einer elektrischen Spannung aus einem Magnetfeld.

Zwischen beiden Anordnungen besteht im Hinblick auf ihre technische Bedeutung jedoch ein grundsätzlicher Unterschied. Beim Induktionsgesetz stammt die in der Leiterschleife induzierte und auf einen Verbraucher übertragene elektrische Energie entweder aus dem sich zeitlich ändernden Magnetfeld selbst oder aus der mechanischen Energie, die zur Bewegung der Leiterschleife im Magnetfeld bzw. zur Relativbewegung eines Permanentmagneten gegenüber der Leiterschleife aufgebracht werden muß. Beim Hallgenerator wird dagegen die im Hallkreis auf den Verbraucher übertragene Energie allein von der Steuerstromquelle geliefert. Das magnetische Feld kann keine elektrische Energie auf die Halbleiterschicht übertragen. Seine Wirkung besteht lediglich darin, je nach Höhe einen mehr oder weniger großen Anteil der Energie des Steuerkreises in den Hallkreis umzulenken. Damit ist klar, daß der Hall-Effekt niemals eine so fundamentale Bedeutung für die Elektrotechnik erlangen wird wie das Induktionsgesetz. Alle Anwendungen, bei denen es auf die Erzeugung oder Wandlung elektrischer Energie ankommt, wie z. B. beim Generator oder Transformator, sind dem Hallgenerator für immer verschlossen.

Aber auf dem weiten Gebiet der Meß-, Steuer- und Automationstechnik gibt es eine Fülle verschiedenartigster Aufgaben, für deren Lösung nur die Umwandlung magnetischer Felder in elektrische Signale ausreichenden Energieinhalts erforderlich ist. Hier tritt der mit konstantem Steuerstrom erregte Hallgenerator als Konkurrent des induktiven Verfahrens auf und besitzt gegenüber diesem den für viele Anwendungen entscheidenden Vorteil einer der magnetischen Induktion B und nicht deren Änderungsgeschwindigkeit dB/dt proportionalen Signalspannung. Diese Anwendungen lassen sich kennzeichnen durch die Begriffe berührungs- und kontaktlose Signalgabe zur Steuerung von Bewegungsvorgängen sowie berührungs- und kontaktlose Übertragung binär verschlüsselter Informationen über kurze Reichweiten. Hierbei können die Signale von Elektromagneten oder von Magnetspeichern mit hoher Koerzitivkraft wie Dauermagneten, Magnetfolien und Magnetbändern ausgehen. Bei all diesen Anwendungen wird die Eigenschaft des Hallgenerators, Magnetfelder unabhängig von ihrer Änderungsgeschwindigkeit anzuzeigen, vorteilhaft ausgenutzt.

Die Notwendigkeit einer geschwindigkeitsunabhängigen sowie berührungs- und kontaktlosen Übertragung von Signalen möge an einem Beispiel aus dem Gebiet der Werkzeugmaschinensteuerung erläutert werden. Bei der numerischen Steuerung von Werkzeugmaschinen muß das Werkstück in bestimmte, durch das Bearbeitungsprogramm vorgegebene Positionen zum Werkzeug gebracht werden. Das Bearbeitungsprogramm ist auf einem Lochstreifen gespeichert, der in ein Lesegerät zur Steuerung der Maschine eingegeben wird. Die Position des am Werkstück angreifenden Werkzeugs wird durch ein Meßsystem erfaßt. Ein mögliches Meßsystem wäre ein magnetischer Maßstab mit induktiver Abfrage. Dabei besteht der Maßstab aus einem Magnetmaterial mit hoher Koerzitivkraft, auf den eine periodische Magnetisierung als Feinraster aufgebracht ist. Ein solcher Maßstab kann z. B. am Maschinenbett befestigt werden, wie dies Abb. 7 zeigt. Der induktive Abfragekopf ist mit dem Support der Maschine fest verbunden und so angeordnet, daß er sich ohne Berührung in konstantem Abstand an dem magnetischen Maßstab vorbeibewegt. Bei Bewegung des Supports kann dieses System elektrische Wegimpulse abgeben, deren Höhe jedoch proportional zur Bewegungsgeschwindigkeit ist. Soll dieses

Meßsystem für die numerische Steuerung von Werkzeugmaschinen verwendet werden, so stößt man auf folgende Schwierigkeit: Vor Erreichen der Sollposition wird aus Gründen der Massenträgheit die Geschwindigkeit des Supports nicht sprungartig, sondern über einen bestimmten Verzögerungsweg, meistens in mehreren Geschwindigkeitsstufen, auf Null abgesenkt. Mit der Geschwindigkeit proportional sinkt auch der Signalpegel des induktiven Abfragekopfes ab und geht schließlich im Störpegel unter. Die Impulse des Verzögerungsweges kurz vor dem Stillstand des Supports gehen daher für die einwandfreie Istwerterfassung des zurückgelegten Weges verloren. Diese Schwierigkeit tritt nicht auf, wenn der magnetische Maßstab mit einem Hallgenerator abgefragt wird. Die Höhe der elektrischen Wegimpulse ist dann nur noch abhängig von dem auf dem Maßstab gespeicherten Magnetfluß und nicht mehr von der Geschwindigkeit des Supports. Die zurückgelegten Wegelemente werden also bis zum Stillstand des Supports einwandfrei erfaßt.

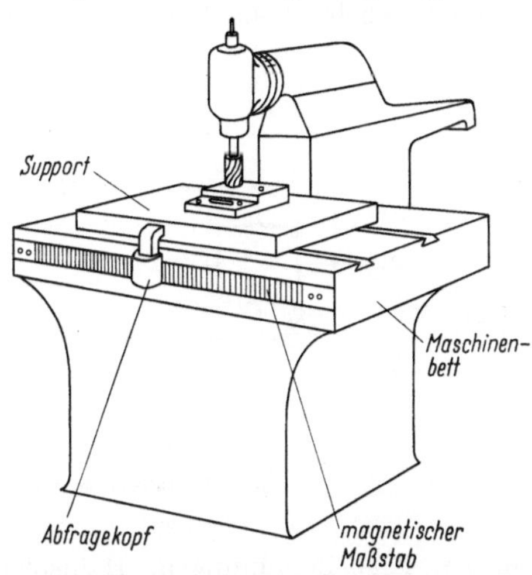

Abb. 7. Wegmeßsystem an einer Werkzeugmaschine.

Die Anwendungen der zweiten Gruppe, bei denen der Hallgenerator in einem konstanten Magnetfeld allein über den Steuerstrom gesteuert wird, haben bisher noch keine technische Bedeutung erlangt. Die Anwendungsmöglichkeiten für diese Betriebsart liegen auf dem Gebiet der Nachrichtentechnik. Der Hallgenerator im konstanten Magnetfeld ist nämlich ein lineares, nichtreziprokes Übertragungselement, also ein Gyrator. Während die Übertragung einer Signalspannung von der Steuerstromseite auf die Hallspannungsseite unter Beibehaltung der Phasenlage erfolgt, kehrt bei Übertragung einer Signalspannung von der Hallspannungsseite auf die Steuerstromseite, also in entgegengesetzter Richtung, die Phasenlage der Signalspannung ihr Vorzeichen um. Auf Grund dieses Verhaltens läßt sich ein symmetrischer Hallgenerator mit zwei geeignet dimensionierten Widerständen R_s gemäß Abb. 8 links so beschalten, daß für eine Signalspannungsübertragung von (1, 2) nach (3, 4) Durchgang vorhanden, in entgegengesetzter Richtung dagegen der Übertragungsweg gesperrt ist. Der auf diese Weise beschaltete Hallgenerator stellt einen Isolator dar. Isolatoren werden in der Nachrichtentechnik zur Entkopplung von Übertragungsleitungen eingesetzt. Die heute verwendeten Isolatoren sind aus Verstärkerelementen, wie Röhren und Transistoren aufgebaut. In der Zentimeterwellentechnik kennt man auch Isolatoren, die keine Verstärkerelemente enthalten; sie arbeiten z. B. unter Ausnutzung des Faraday-Effektes. Für niedrigere Frequenzen würde der Hallisolator eine einfache, verstärkerlose Isolatorlösung sein. Entscheidend für die Güte eines Isolators ist neben einer großen Dämpfung in Sperrichtung ein möglichst hohes Spannungsübersetzungsverhältnis in Durchlaßrichtung.

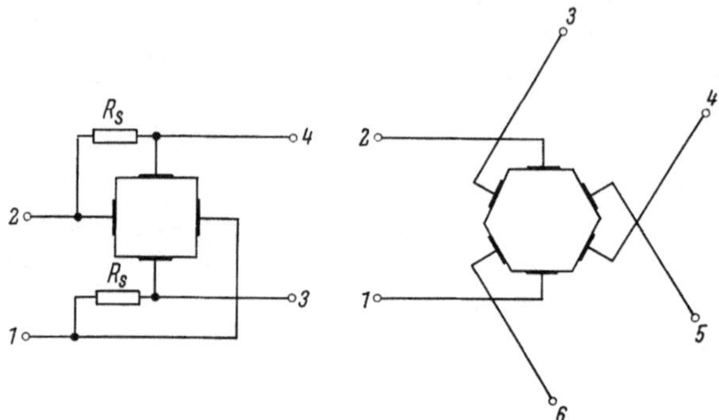

Abb. 8. Hallisolator und Hallzirkulator.

Alle Bemühungen, Hallisolatoren für den Einsatz in der Nachrichtentechnik zu ertüchtigen, haben daher zum Ziel, das Spannungsübersetzungsverhältnis möglichst groß zu machen.

Eine Weiterbildung des Hallgyrators ist der Hallzirkulator, ein Halbleitersystem mit sechs Elektroden (Abb. 8 rechts). Ohne Magnetfeld wird eine Signalspannung an den beiden Elektroden (*1*, *2*) in gleicher Weise auf die Elektrodenpaare (*3*, *4*) und (*5*, *6*) übertragen. Unter dem Einfluß eines magnetischen Steuerfeldes bestimmter Höhe wird das Signal nurmehr zu einem Elektrodenpaar weitergeleitet, und zwar je nach Richtung des Magnetfeldes zu den Elektroden (*3*, *4*) oder zu den Elektroden (*5*, *6*). Bei fester Magnetfeldrichtung hat ein solcher Zirkulator die Eigenschaften einer Gabelweiche. Wird in diesem Magnetfeld ein Signal von den Elektroden (*1*, *2*) auf die Elektroden (*3*, *4*) übertragen, so erscheint ein Signal von den Elektroden (*3*, *4*) an (*5*, *6*) und ein Signal von (*5*, *6*) an (*1*, *2*).

Den Anwendungen der dritten Gruppe ist gemeinsam, daß zwei veränderliche Steuergrößen multiplikativ miteinander verknüpft werden. Für solche Aufgaben läßt sich der Hallgenerator vorteilhaft einsetzen, da er ohne mechanische Zwischenglieder auf einfache Weise rein elektrisch multiplizieren kann. Die Multiplikation ist dabei in allen vier Quadraten möglich. Eine Einrichtung zur Multiplikation zweier elektrischer Größen besteht aus einer Drossel mit einem im Luftspalt angeordneten Hallgenerator. Sofern Sättigung im Eisenkreis vermieden wird, ist das Magnetfeld im Luftspalt dem Strom in der Feldwicklung proportional. Ein solches aus Luftspaltdrossel und Hallgenerator bestehendes Bauteil wird Hallmultiplikator genannt. Schematischer Aufbau und Schaltbild eines Multiplikators sind in Abb. 9 dargestellt.

Ein einfaches Anwendungsbeispiel für Hallmultiplikatoren ist die elektrische Leistungsmessung. Steuerstrom (*1*, *2*) und Feldwicklung (*5*, *6*) entsprechen dem Spannungs- und Strompfad des herkömmlichen Wattmeters. Die Hallspannung an (*3*, *4*) ist dem zeitlichen Verlauf

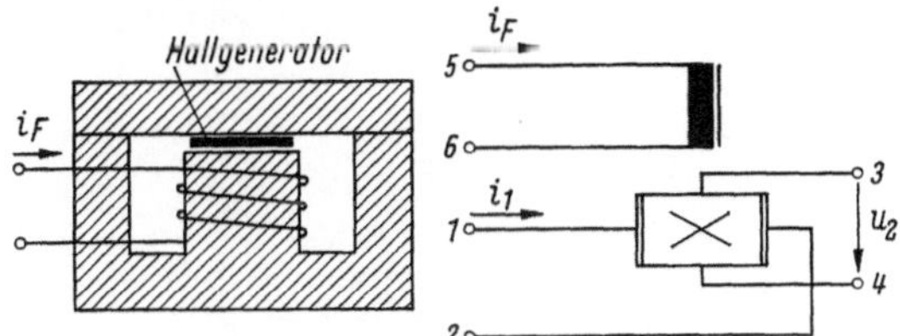

Abb. 9. Aufbau und Schaltbild eines Hallmultiplikators.

der an den Verbraucher abgegebenen Momentanleistung proportional. In Verbindung mit einer gewöhnlichen Oszillographenschleife kann daher der Hallmultiplikator eine Wattmeterschleife ersetzen. Der Mittelwert der Hallspannung ist der Wirkleistungsaufnahme des Verbrauchers proportional, so daß der Multiplikator in Verbindung mit einem geeigneten Drehspulinstrument die Eigenschaften eines Wattmeters besitzt.

Allgemein lassen sich durch schaltungstechnische Verknüpfung von Multiplikatoren mit geeigneten Verstärkern Analogrechner bauen, mit denen die Grundrechenoperationen Multiplizieren und Dividieren ausgeführt und beliebig miteinander kombiniert werden können; darüber hinaus kann auch eine Größe potenziert oder radiziert werden. Solche Rechenbausteine werden in zunehmendem Maße in der modernen Verfahrenstechnik zur Bildung von Prozeßleitgrößen verwendet.

Ein besonders interessanter Anwendungsfall, bei dem die multiplikative Verknüpfung zweier elektrischer Größen durch den Hall-Effekt ausgenutzt wird, ist eine Anordnung zur Modulation kleiner Gleichspannungen bzw. Gleichströme. Bei der Verstärkung kleiner Gleichspannungen wird zur Vermeidung der Nullpunktsdrift die zu verstärkende Gleichspannung in eine Wechselspannung umgewandelt, diese Wechselspannung mit einem nullpunktsfesten Wechselspannungsverstärker verstärkt und anschließend phasengerecht gleichgerichtet. Die nach diesem Prinzip arbeitenden, herkömmlichen Gleichspannungsverstärker benutzen zur Umsetzung der Eingangsgleichspannung in eine Wechselspannung einen mechanischen Zerhacker. Die Funktion des Zerhackers kann von einem geeignet ausgeführten Hallmultiplikator, einem sog. Hallmodulator, übernommen werden, indem die umzuwandelnde Gleichstromgröße als Steuerstrom zugeführt und die Feldwicklung von einem Wechselstrom mit der Modulationsfrequenz erregt wird. Die Hallspannung am Ausgang ist dann eine Wechselspannung mit einer der Gleichstromgröße am Eingang proportionalen Amplitude. Ein solcher Modulator arbeitet ohne mechanischen Verschleiß und zeichnet sich gegenüber dem mechanischen Zerhacker durch eine geringere Nullpunktsdrift und durch eine höhere Modulationsfrequenz aus.

Teil I

Physikalische Grundlagen

1 Grundbegriffe

Da Hallgeneratoren magnetisch steuerbare Halbleiterbauelemente sind, hängen ihre Eigenschaften, ihr Aufbau und ihre Anwendungen entscheidend von der Ausbildung des magnetischen Steuerkreises ab. Die Erzeugung und Lenkung magnetischer Felder verdient aus diesem Grunde besondere Beachtung. Um dem Leser das umständliche und zeitraubende Zusammentragen der erforderlichen Grundbegriffe zu ersparen, wird in den nachfolgenden Abschnitten eine gedrängte Zusammenstellung der Elektrodynamik unter besonderer Betonung des magnetischen Feldes und seiner Handhabung durch geeignete Wahl und Anwendung der magnetischen Werkstoffe gegeben. Schließlich werden in einem weiteren Abschnitt die wichtigsten Begriffe der Halbleiterphysik zusammengestellt und damit die Voraussetzungen geschaffen, auch die Halbleitereigenschaften des Hallgenerators ohne besondere Vorkenntnisse auf dem Halbleitergebiet zu verstehen.

1.1 Die elektromagnetischen Feldgrößen und ihre Verknüpfung

Träger der elektrischen Erscheinungen ist die elektrische Ladung. Man unterscheidet positive und negative elektrische Ladungen. Die elektrische Ladung hat wie die Materie atomistische Struktur, d. h., sie ist nicht beliebig fein unterteilbar. Die kleinste Ladungsmenge ist die Ladung des Elektrons. Ladungsmengen werden in der Einheit Amperesekunde gemessen. Zur Festlegung der Ladungseinheit Amperesekunde wird die elektrolytische Wirkung des Ladungstransportes benutzt. Danach scheidet eine Amperesekunde beim Durchgang durch eine Silbersalzlösung 1,118 mg Silber an der Kathode ab. Die Ladung des Elektrons ist negativ und beträgt $e = 1{,}602 \cdot 10^{-19}$ Asec.

Die elektrische Ladung ist von einem elektrischen Feld umgeben. Darunter versteht man einen energetisch erregten Zustand des die Ladung umgebenden Raumes. Dieser Zustand äußert sich dadurch, daß auf in das elektrische Feld gebrachte Probeladungen Kräfte ausgeübt werden. Man benutzt diese Kraftwirkung auf eine Probeladung zur Ausmessung des elektrischen Feldes und zur Definition der elektrischen Feldstärke $\boldsymbol{E}$. Die elektrische Feldstärke im Punkt (x, y, z) des elektrischen Feldes ist ein Vektor und wird gemessen als die auf die Einheit der Probeladung q bezogene Kraft $\boldsymbol{K}$. Exakt definiert ist die elektrische Feldstärke als Grenzwert des Quotienten aus der Kraft $\boldsymbol{K}$ dividiert durch die Ladung q für beliebig kleine Probeladungen im Aufpunkt (x, y, z) bei gleichzeitig beliebig kleinem Radius R des die Probeladung tragenden kugelförmigen Körpers, also

$$\boldsymbol{E} = \lim_{\substack{q \to 0 \\ R \to 0}} \frac{\boldsymbol{K}}{q}. \tag{3}$$

Wenn die Kraft $\boldsymbol{K}$ in Dyn gemessen wird, so hat $\boldsymbol{E}$ die Einheit Dyn/Asec. Das elektrische Feld ist also ein Vektorfeld $\boldsymbol{E} = \boldsymbol{E}(x, y, z)$. Folgt man im elektrischen Feld in jedem Aufpunkt (x, y, z) der durch die elektrische Feldstärke vorgegebenen Richtung, so bewegt man sich auf einer elektrischen Feldlinie. So sind z. B. die elektrischen Feldlinien einer Punktladung strahlenförmig von diesem Punkt ausgehende Geraden.

Die Spannung U zwischen zwei Punkten A und B im elektrischen Feld $\boldsymbol{E}$ ist die auf die Einheitsladung bezogene Arbeit, die notwendig ist, um diese Ladung längs des Weges s von A nach B zu bringen. Der mathematische Ausdruck für die Spannung ist

$$U = \int_A^B \boldsymbol{E} \cdot \boldsymbol{ds}, \tag{4}$$

gemessen in Dyn · m/Asec. Für das stationäre elektrische Feld ist die Spannung zwischen den Punkten A und B unabhängig von der Wahl des Weges s. Man spricht in diesem Fall von einem Potentialfeld.

Die Einheit Dyn · m/Asec für die elektrische Spannung wird als Volt bezeichnet. Das international festgelegte Normalelement (Quecksilber-Kadmium) hat die Spannung von 1,0183 V. Unter Benutzung der Einheit Volt für die elektrische Spannung ist die für die elektrische Feldstärke gebräuchlichste Einheit V/m.

Neben der elektrischen Feldstärke $\boldsymbol{E}$ wird das elektrische Feld noch durch einen weiteren Feldvektor beschrieben, die elektrische Verschiebungsdichte $\boldsymbol{D}$. Zur Messung der Verschiebungsdichte werden zwei kleine aufeinanderliegende Metallplättchen so in den Aufpunkt des auszumessenden elektrischen Feldes gebracht, daß die elektrische Feldlinie ihre Flächennormale bildet. Infolge der Influenz werden die elektrischen Ladungen auf den beiden Metallplättchen getrennt. Werden die beiden Metallplättchen im elektrischen Feld auseinandergezogen, so sind sie mit entgegengesetztem Vorzeichen gleich groß aufgeladen.

Die Ladungsdichte auf den Metallplättchen wird als Verschiebungsdichte des elektrischen Feldes definiert und in Asec/m² gemessen. Im Vakuum ist die Verschiebungsdichte $\boldsymbol{D}$ der elektrischen Feldstärke $\boldsymbol{E}$ proportional, und zwar gilt

$$\boldsymbol{D} = \varepsilon_0 \boldsymbol{E} \tag{5}$$

mit der Dielektrizitätskonstanten des Vakuums $\varepsilon_0 = 8{,}859 \cdot 10^{-12} \frac{\text{Asec}}{\text{Vm}}$.

Die Verschiebungsdichte gewinnt ihre eigentliche Bedeutung erst bei der Beschreibung des elektrischen Feldes in Materie. Die zur Definition der elektrischen Feldstärke und Verschiebungsdichte angegebenen Meßvorschriften — Messung von Kräften auf Probeladungen bzw. Trennung influenzierter Ladungen auf metallischen Probelöffeln — können nicht ohne weiteres auf den mit Materie erfüllten Raum angewendet werden. Zur Definition der elektrischen Feldstärke im materieerfüllten Raum wird daher eine parallel zur Feldrichtung laufende Bohrung angenommen, in der die elektrische Feldstärke wie im freien Raum gemessen wird. Die Definition der elektrischen Verschiebungsdichte in Materie setzt dagegen einen senkrecht zur Feldrichtung verlaufenden Querspalt voraus, in dem die Messung durch Ladungstrennung erfolgt.

Die Materie kann hinsichtlich ihres Verhaltens im elektrischen Feld in zwei Gruppen, nämlich in Leiter und Nichtleiter unterteilt werden. Alle Metalle sind Leiter. Die Elektronen als Träger der negativen Ladung können sich frei in ihnen bewegen; die positiven Ladungen der Gitterbausteine sind dagegen räumlich fixiert. In den Nichtleitern, oder auch Dielektrika genannt, können dagegen die Elektronen nicht frei bewegt werden. Beim Anlegen eines elektrischen Feldes können die positiven und negativen Ladungen der Feldwirkung zunächst etwas folgen. Diese Bewegung der Ladungen kommt aber zum Stillstand, wenn ihre gegenseitige Verschiebung einen bestimmten Betrag erreicht hat, der im allgemeinen der elektrischen Feldstärke proportional ist. Nach Abschalten des elektrischen Feldes geht diese Ladungsverschiebung wieder zurück. Man nennt diese Ladungsverschiebung im Dielektrikum elektrische Polarisation. Die Verschiebungsdichte $\boldsymbol{D}$ im Dielektrikum setzt sich also aus zwei Anteilen zusammen, dem Vakuumanteil $\varepsilon_0 \boldsymbol{E}$ und der Polarisation $\boldsymbol{P}$,

$$\boldsymbol{D} = \varepsilon_0 \boldsymbol{E} + \boldsymbol{P}. \tag{6}$$

Infolge der Polarisation können an den Grenzflächen der Dielektrika Aufladungen entstehen. Diese Aufladungen durch Polarisation unterscheiden sich in ihrer Wirkung auf die elektrische Verschiebungsdichte grundsätzlich von den wahren, echt trennbaren Ladungen. Allein die wahren Ladungen sind die Quellen des Verschiebungsvektors $\boldsymbol{D}$, d. h., der Fluß des Verschiebungsvektors $\boldsymbol{D}$ durch eine räumlich geschlossene Hüllfläche ist stets gleich der von dieser Hüllfläche eingeschlossenen wahren Ladung:

$$\iint\limits_F D_n\,df = Q = \iiint \varrho\,dV \tag{7}$$

mit D_n als Normalkomponente der Verschiebungsdichte bezogen auf das Flächenelement df. Identisch mit dieser integralen Aussage ist die differentielle Verknüpfung

$$\operatorname{div}\boldsymbol{D} = \varrho. \tag{8}$$

Die Quelldichte[1] des Verschiebungsvektors $\boldsymbol{D}$ ist also gleich der wahren Ladungsdichte ϱ.

Am Beispiel des Plattenkondensators sollen diese Verhältnisse erläutert werden. Zwischen den Platten des in Abb. 10 auf die Span-

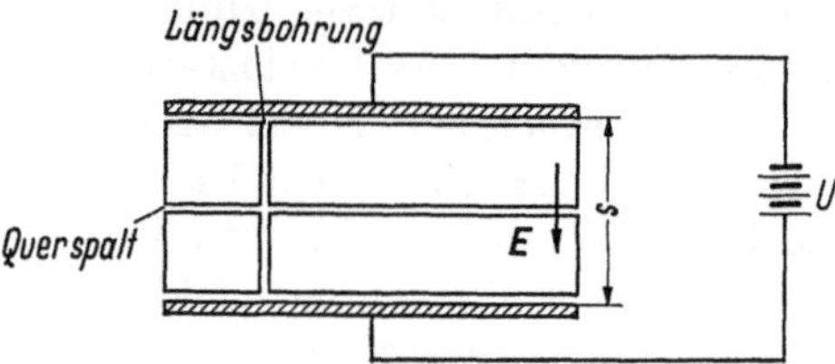

Abb. 10
Elektrische Feldstärke und Verschiebungsdichte im Dielektrikum eines Plattenkondensators.

nung U aufgeladenen Plattenkondensators besteht ein homogenes elektrisches Feld auch dann, wenn der Raum zwischen den Platten mit einem Dielektrikum ausgefüllt ist. Ohne Dielektrikum wird das elektrische Feld zwischen den beiden Kondensatorplatten beschrieben durch

$$E = \frac{U}{s}; \qquad D = \frac{Q}{F}; \tag{9}$$

wobei Q die Ladung auf einer Kondensatorplatte, s der Plattenabstand und F die Plattenfläche ist. Schiebt man nun ein Dielektrikum zwischen die Kondensatorplatten, so nimmt der Kondensator bei gleicher Spannung U eine größere Ladungsmenge, nämlich εQ auf. Die elektrische Feldstärke E_{Mat}, gemessen in einer Längsbohrung, ändert sich dabei nicht; es ist

$$E_{\text{Mat}} = E = \frac{U}{s}. \tag{10}$$

---

[1] Die Quelldichte $\operatorname{div}\boldsymbol{D}$ im Punkte (x, y, z) eines Vektorfeldes $\boldsymbol{D}(x, y, z)$ ist definiert als:

$$\lim_{V\to 0} \frac{\iint\limits_F D_n\,df}{V} = \operatorname{div}\boldsymbol{D}.$$

Hierin ist V ein kleines Volumenelement, das den Punkt (x, y, z) umschließt; das Flächenintegral wird über die Oberfläche dieses Volumenelementes erstreckt.

Die Quellen von $\boldsymbol{D}$ sind die wahren Ladungen auf den Kondensatorplatten. Im homogenen Feld des Dielektrikums wird daher wegen (7) im Querspalt eine Verschiebungsdichte von

$$D_{\text{Mat}} = \frac{\varepsilon Q}{F} \tag{11}$$

gemessen. Die dimensionslose Zahl ε ist die Dielektrizitätskonstante des Dielektrikums, mit dem der Raum zwischen den Kondensatorplatten ausgefüllt wurde. Der Zusammenhang zwischen Verschiebungsdichte $\boldsymbol{D}$ und elektrischer Feldstärke $\boldsymbol{E}$ im isotropen Dielektrikum lautet somit

$$\boldsymbol{D} = \varepsilon\, \varepsilon_0\, \boldsymbol{E}. \tag{12}$$

Die Gln. (10) und (11) zeigen, daß zur Bestimmung der dielektrischen Eigenschaften eines Nichtleiters Feldstärke- und Verschiebungsdichtemessungen in einer Längsbohrung und in einem Querspalt im Innern des Dielektrikums nicht notwendig sind. $\boldsymbol{E}$ und $\boldsymbol{D}$ im Dielektrikum können durch die Messung von Spannung und Ladung eines mit dem Dielektrikum gefüllten Kondensators bestimmt werden.

Beim Vorbeibewegen einer elektrischen Ladung stellt der ruhende Beobachter neben dem zeitlich veränderlichen elektrischen Feld auch einen Magnetfeldimpuls fest. Die bewegte elektrische Ladung ist also noch zusätzlich von einem Magnetfeld umgeben. Das magnetische Feld ist eine qualitativ andere Erscheinungsform des energetischerregten Raumes. Auf ruhende elektrische Probeladungen übt das Magnetfeld keine Kräfte aus. Das einfachste Indikationsmittel für den Nachweis von Magnetfeldern ist die Kompaßnadel, ein kleiner, drehbar gelagerter Dauermagnet.

Eine lineare, gleichmäßige Ladungsverteilung, die sich mit konstanter Geschwindigkeit bewegt, stellt einen stationären elektrischen Strom dar. Die Stromstärke I dieses Stromes ist definiert als die Ladungsmenge in Asec, die in der Sekunde durch den Querschnitt der linearen Ladungsverteilung hindurchtritt. Die Stromstärke wird also in Ampere gemessen. Die auf die Einheit der Querschnittsfläche bezogene Stromstärke nennt man die Stromdichte $\boldsymbol{g}$.

Der einen gradlinig ausgespannten Draht durchfließende stationäre Strom I ist von einem ringförmigen Magnetfeld umgeben, das um so schwächer wird, je weiter man sich in senkrechter Richtung von der Strombahn entfernt (s. Abb. 11a).

Im Innern einer langgestreckten, zylinderförmigen Spule der Windungszahl w, Länge l und Querschnittsfläche F, die von einem Strom I durchflossen wird, herrscht dagegen ein homogenes (räumlich konstantes) Magnetfeld (Abb. 11b). Wird im Innern der Spule eine drehbar gelagerte Magnetnadel in der Lage senkrecht zur Spulenachse gehalten, so wirkt auf die Magnetnadel ein Drehmoment, das die Nadel in die Längsrichtung der Spule zu drehen versucht. Als Maß für die magnetische Feldstärke im Innern der Spule ist dieses Drehmoment proportional zum Spulenstrom I und zur Windungszahl pro Längeneinheit, also

$$H \sim \frac{I\,w}{l}. \tag{13}$$

Zur Definition der Einheit der magnetischen Feldstärke geht man aus von dem Magnetfeld in einer langgestreckten Zylinderspule. Die Feldstärkeneinheit 1 A/m ist das Magnetfeld, das in einer Spule mit der Strombelegung 1 A/m herrscht.

Die Messung eines Magnetfeldes kann auf die folgende Weise vorgenommen werden: An die Stelle des Raumes, an der das Magnetfeld

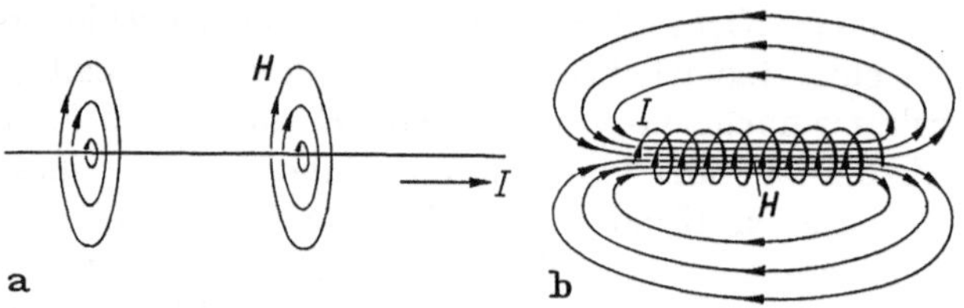

Abb. 11
Magnetfeld eines stromdurchflossenen Leiters (a) und einer langgestreckten Zylinderspule (b).

gemessen werden soll, wird eine frei drehbare Magnetnadel gebracht, die sich in die Richtung der magnetischen Feldstärke einstellt. Sodann wird die Magnetnadel in eine zur Feldrichtung senkrechte Stellung gedreht und das Drehmoment gemessen, welches notwendig ist, die Nadel in der 90°-Lage zu halten. Anschließend bringt man die Magnetnadel in eine langgestreckte Zylinderspule und bestimmt denjenigen Spulenstrom, der dasselbe Drehmoment in der 90°-Lage ergibt. Damit ist die zu messende magnetische Feldstärke in A/m bestimmt. Die Magnetnadel ist bei diesem Meßvorgang lediglich ein Indikationsmittel. Ihr magnetisches Moment braucht für die Messung nicht bekannt zu sein.

Der quantitative Zusammenhang zwischen dem stationären elektrischen Strom I und dem von ihm erzeugten Magnetfeld $\boldsymbol{H}$ wird allgemein beschrieben durch

$$\oint \boldsymbol{H} \cdot \boldsymbol{ds} = I. \tag{14}$$

Das Linienintegral über die magnetische Feldstärke entlang eines den elektrischen Strom I einmal umschlingenden Weges ist identisch mit der Stromstärke I (Abb. 12). Diese Aussage lautet in differentialer Schreibweise

$$\operatorname{rot} \boldsymbol{H} = \boldsymbol{g}, \tag{15}$$

oder in Worten: Die Wirbeldichte[1] der magnetischen Feldstärke ist an jeder Stelle des Raumes gleich der dort vorhandenen elektrischen Stromdichte $\boldsymbol{g}$.

Gl. (15) gilt für stationäre Ströme und Magnetfelder. Für zeitlich veränderliche Vorgänge tritt zur Leitungsstromdichte $\boldsymbol{g}$ die Verschiebungsstromdichte $\partial \boldsymbol{D}/\partial t$ hinzu, also

$$\operatorname{rot} \boldsymbol{H} = \boldsymbol{g} + \frac{\partial \boldsymbol{D}}{\partial t}. \tag{16}$$

Gl. (16) ist die erste Maxwell-Gleichung. Die Erweiterung des Leitungsstroms um den Verschiebungsstrom ist für die Beschreibung elektro-

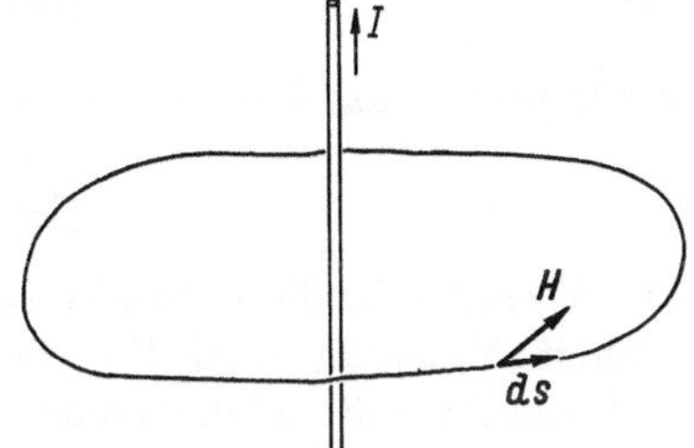

Abb. 12. Das Linienintegral über die magnetische Feldstärke.

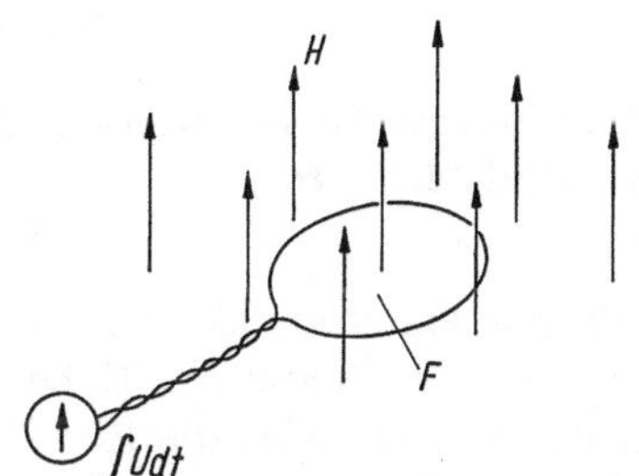

Abb. 13. Zur Definition der magnetischen Induktion.

magnetischer Ausbreitungsvorgänge notwendig. Für die im Zusammenhang mit Hallgeneratoren stehenden theoretischen Überlegungen kann jedoch bei den technisch interessierenden Frequenzen und elektrischen Leitfähigkeiten der verwendeten Halbleitermaterialien das Verschiebungsglied $\partial \boldsymbol{D}/\partial t$ gegenüber der Leitungsstromdichte $\boldsymbol{g}$ vernachlässigt werden.

So wie das elektrische Feld durch die beiden Feldvektoren $\boldsymbol{E}$ und $\boldsymbol{D}$ beschrieben wird, kennt man für das magnetische Feld neben der magnetischen Feldstärke $\boldsymbol{H}$ als weitere Feldgröße die magnetische Induktion $\boldsymbol{B}$. Die magnetische Induktion $\boldsymbol{B}$ wird durch das Induktionsgesetz definiert. In einem homogenen Magnetfeld der Feldstärke $\boldsymbol{H}$ sei eine kleine Leiterschleife angeordnet mit einer Fläche F senkrecht zur magnetischen Feldstärke (s. Abb. 13). Wird nun diese Leiterschleife

---

[1] Die Wirbeldichte eines Vektorfeldes $\boldsymbol{H}(x, y, z)$ im Punkt (x, y, z) ist ein Vektor. Zur Definition wählt man ein beliebiges Flächenelement F, das den Aufpunkt (x, y, z) enthält und bildet das Linienintegral $\oint \boldsymbol{H} \cdot d\boldsymbol{s}$ entlang der Umfangslinie des Flächenelementes F. Der Grenzwert

$$\lim_{F \to 0} \frac{\oint \boldsymbol{H} \cdot d\boldsymbol{s}}{F}$$

ist dann die Komponente der Wirbeldichte von $\boldsymbol{H}$ in Richtung der Flächennormale von F.

aus dem Magnetfeld herausgezogen bzw. um 90° gedreht, so wird an einem angeschlossenen ballistischen Galvanometer ein Spannungsstoß gemessen. Dieser Spannungsstoß ist proportional zur Fläche der Leiterschleife und zur magnetischen Feldstärke $\boldsymbol{H}$,

$$\int U\,dt \sim F H. \tag{17}$$

Man kann die Leiterschleife als Meßspule und den beschriebenen Vorgang als eine Meßvorschrift für die magnetische Induktion betrachten, indem der auf die Einheitsfläche bezogene Spannungsstoß als magnetische Induktion B in Vsec/m² definiert wird, also

$$B = \frac{1}{F} \int U\,dt. \tag{18}$$

Im Vakuum ist die magnetische Induktion $\boldsymbol{B}$ proportional zur magnetischen Feldstärke $\boldsymbol{H}$:

$$\boldsymbol{B} = \mu_0 \boldsymbol{H}. \tag{19}$$

Der Proportionalitätsfaktor $\mu_0 = 1{,}25 \cdot 10^{-6}$ Vsec/Am ist die Induktionskonstante des Vakuums. Neben der Einheit Vsec/Am wird für die magnetische Induktion die 10^4mal kleinere Einheit Gauß viel verwendet. Die Einheit G · cm² für den magnetischen Fluß wird Maxwell genannt.

Nach dem Induktionsgesetz ist es gleichgültig, ob die Änderung des die Leiterschleife durchsetzenden Flusses durch Bewegung der Leiterschleife im zeitlich konstanten Magnetfeld entsteht oder bei ruhender Leiterschleife durch ein sich zeitlich änderndes Magnetfeld. Im letztgenannten Fall läßt sich das Induktionsgesetz mit der in der Leiterschleife induzierten Spannung $U = \oint \boldsymbol{E} \cdot \boldsymbol{ds}$ in zeitlich differenzierter Form schreiben

$$\oint \boldsymbol{E} \cdot \boldsymbol{ds} = -\frac{\partial}{\partial t} \iint_F B_n\,df \tag{20}$$

mit B_n als Normalkomponente der magnetischen Induktion bezogen auf das Flächenelement df. Diese Gleichung hat allgemeine Gültigkeit und besteht auch dann, wenn keine Leiterschleife im Magnetfeld vorhanden ist. Im Grenzübergang $F \to 0$ wird aus Gl. (20)

$$\operatorname{rot} \boldsymbol{E} = -\frac{\partial \boldsymbol{B}}{\partial t}, \tag{21}$$

die als zweite Maxwell-Gleichung das elektrische und magnetische Feld miteinander verknüpft.

Die magnetische Induktion $\boldsymbol{B}$ gewinnt erst ihre volle Bedeutung bei der Beschreibung magnetischer Felder in Materie; sie entspricht in dieser Hinsicht der Verschiebungsdichte $\boldsymbol{D}$ des elektrischen Feldes. Ähnlich den Verhältnissen bei den Feldvektoren zur Beschreibung des elektrischen Feldes in Materie müssen die Meßvorschriften für $\boldsymbol{H}$ und $\boldsymbol{B}$

im materieerfüllten Raum in einer Längsbohrung (Feldstärkemessung) und in einem Querspalt (Induktionsmessung) durchgeführt werden.

Ein Dielektrikum wird im elektrischen Feld polarisiert; entsprechend wird ein Stoff im magnetischen Feld magnetisiert. Bei beiden Vorgängen entsteht ein elektrisches bzw. ein magnetisches Moment pro Volumeneinheit. Das elektrische Moment $\boldsymbol{P}$ pro Volumeneinheit führt bei einem Körper mit dem Volumen V im homogenen elektrischen Feld $\boldsymbol{E}$ zu einem mechanischen Drehmoment $(V\boldsymbol{P}\times\boldsymbol{E})$; entsprechend wirkt auf einen Körper mit dem Volumen V und der Magnetisierung $\boldsymbol{M}$ im homogenen magnetischen Feld $\boldsymbol{H}$ ein mechanisches Drehmoment $(V\boldsymbol{M}\times\boldsymbol{H})$. Daraus folgt als Dimension für das elektrische Moment pro Volumeneinheit $\boldsymbol{P}$ die Einheit der Verschiebungsdichte Asec/m^2 und für $\boldsymbol{M}$ die Einheit der magnetischen Induktion Vsec/m^2. Beim Dielektrikum wird das elektrische Moment pro Volumeneinheit durch die Verschiebung elektrischer Ladungen durch die zum Polarisationsvektor $\boldsymbol{P}$ senkrecht stehende Flächeneinheit erzeugt. Die Magnetisierung $\boldsymbol{M}$ beruht dagegen auf der Induzierung atomarer magnetischer Momente oder auf der Ausrichtung von „Elementarmagneten". Beim Einschalten eines Magnetfeldes werden in der Elektronenhülle eines Atoms in jedem Falle magnetische Momente induziert. Besitzen die Atome kein eigenes magnetisches Moment, so ist die Induzierung des magnetischen Momentes die alleinige Ursache für die Magnetisierung. Man spricht in diesem Fall von einem diamagnetischen Stoff; die Magnetisierung ist der erregenden Feldstärke entgegengerichtet. Bei paramagnetischen Stoffen besitzen die Atome von Natur aus ein eigenes magnetisches Moment, das unter dem Einfluß der magnetischen Feldstärke gegen die Temperaturbewegung in die Feldrichtung gedreht wird. Die Magnetisierbarkeit der dia- und paramagnetischen Stoffe ist nur sehr gering. Im Hinblick auf technische Anwendungen können sie daher als „unmagnetisch" bezeichnet werden. Im technischen Sinne „magnetisch" sind die ferromagnetischen Stoffe, wie Eisen, Nickel und Kobalt. Sie gehören zu den elektrischen Leitern und haben freie Elektronen. Ihre ausgezeichnete Magnetisierbarkeit beruht auf einer starken quantenmechanischen Wechselwirkung dieser Elektronen, wodurch sich deren magnetische Momente in kleinen Bereichen (Weißsche Bezirke) parallel stellen. Diese Bezirke sind bis zur Sättigung magnetisiert. Beim Anlegen eines magnetischen Feldes wachsen die in Feldrichtung magnetisierten Bereiche durch Wandverschiebungen auf Kosten der anderen.

Zur Messung der magnetischen Eigenschaften eines Stoffes benutzt man eine Ringspule, in die das magnetische Material als Ringkern eingebracht wird. Die Ringspule spielt hierbei dieselbe Rolle wie der Plattenkondensator bei der Bestimmung der dielektrischen Eigenschaften eines Nichtleiters. Um ein homogenes Feld im Innern der Ringspule und des Ringkerns zu erzeugen, muß die Dicke der Ringspule in radialer Richtung klein gegen ihren Radius R sein (Abb. 14). Auf Grund der ersten Maxwell-Gleichung ist die Messung der magnetischen Feldstärke im Innern des Prüflings (im ringförmigen Längskanal) identisch mit der Messung der Stromstärke I, da

$$H = \frac{I w}{2\pi R}. \tag{22}$$

Die Messung der über den Ringquerschnitt homogenen magnetischen Induktion B kann mit einer mehrwindigen Meßspule (Windungszahl w_1) erfolgen, die den Ringkern eng umschließt. Aus dem beim Einschalten des Magnetisierungsstroms I in dieser Meßspule induzierten Spannungsstoß berechnet sich die magnetische Induktion zu

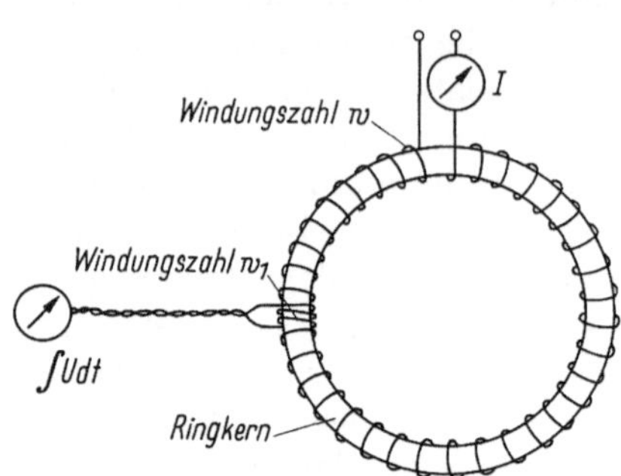

Abb. 14. Ringspule zur Messung der magnetischen Eigenschaften eines Stoffes.

$$B = \frac{1}{F w_1} \int U\, dt. \tag{23}$$

Ohne Materie in der Ringspule findet man mit dieser Anordnung

$$B = \mu_0 H. \tag{24}$$

Mit Materie in der Ringspule tritt zur magnetischen Induktion des Vakuums $\mu_0 \boldsymbol{H}$ die Magnetisierung $\boldsymbol{M}$ hinzu. Es gilt daher im materieerfüllten Raum allgemein:

$$\boldsymbol{B} = \mu_0 \boldsymbol{H} + \boldsymbol{M}. \tag{25}$$

Unter Einführung der magnetischen Permeabilität μ läßt sich Gl. (25) auch schreiben

$$\boldsymbol{B} = \mu\, \mu_0 \boldsymbol{H}. \tag{26}$$

Für dia- und paramagnetische Stoffe ist μ unabhängig von H, also eine dimensionslose Konstante mit Zahlenwerten nahe bei 1. Für diamagnetische Stoffe ist $\mu < 1$, für paramagnetische Stoffe $\mu > 1$. Demgegenüber ist die Permeabilität ferromagnetischer Materialien im allgemeinen stark abhängig von der magnetischen Feldstärke und kann bei den sog. weichmagnetischen Werkstoffen Zahlenwerte von einigen 10^5 erreichen. Die ferromagnetischen Werkstoffe besitzen daher für die Erzeugung und Lenkung magnetischer Felder bei technischen Anwendungen besondere Bedeutung.

Die Quellen der elektrischen Verschiebungsdichte $\boldsymbol{D}$ sind die wahren elektrischen Ladungen. „Wahre magnetische Ladungen“ als Quellen der magnetischen Induktion $\boldsymbol{B}$ existieren dagegen in der Natur nicht.

Die Quelldichte der magnetischen Induktion ist daher stets Null, also

$$\operatorname{div} \boldsymbol{B} = 0 . \tag{27}$$

Eine ruhende elektrische Ladung erfährt im Magnetfeld keinerlei Kraftwirkung. Wird die elektrische Ladung q dagegen mit der Geschwindigkeit $\boldsymbol{v}$ im Magnetfeld $\boldsymbol{B}$ bewegt, so wirkt eine Kraft auf sie ein, die senkrecht auf der Bewegungsrichtung und senkrecht auf dem Magnetfeld steht. Diese Kraft wird als „Lorentz-Kraft" bezeichnet und quantitativ beschrieben durch

$$\boldsymbol{K} = q(\boldsymbol{v} \times \boldsymbol{B}) . \tag{28}$$

1.2 Erzeugung und Lenkung magnetischer Felder

Elektrische Felder können auf drei verschiedene Arten erzeugt werden, durch Ladungstrennung, durch Ausrichtung permanenter elektrischer Momente und durch Anwendung des Induktionsgesetzes. Beispiele für die Erzeugung elektrischer Felder durch Ladungstrennung sind die alten Versuche zur Reibungselektrizität, die Influenzmaschine, der van-de-Graaff-Generator sowie die heute kommerziell weit verbreiteten elektrischen Batterien, in denen die Ladungstrennung auf chemischem Wege erfolgt. Die Ausrichtung molekularer, permanent elektrischer Momente besitzt zur Erzeugung elektrischer Felder keine besondere Bedeutung. Man kann zwar die molekularen elektrischen Dipole einer Substanz, wie Harz oder Wachs, im warmflüssigen Zustand unter Einwirkung eines starken elektrischen Feldes ausrichten, durch Abkühlen diesen Zustand „einfrieren" und so einen Körper mit permanent elektrischem Moment, einen sog. Elektreten, erzeugen. Die stets vorhandene geringe Leitfähigkeit der Luft führt jedoch auf solchen permanent elektrisch polarisierten Körpern nach kurzer Zeit zu Oberflächenladungen, die das äußere elektrische Feld kompensieren. Der Turmalin besitzt auf Grund seiner unsymmetrischen Kristallstruktur ein permanentes elektrisches Moment von Natur aus. Durch die sich bildenden Oberflächenladungen tritt jedoch ein elektrisches Feld normalerweise im Außenraum nicht in Erscheinung. Da eine Verformung des Kristalls durch mechanischen Druck das elektrische Moment ändert (Piezoelektrizität), die Kompensation durch Oberflächenladungen sich aber nur langsam einstellt, wird dieser Effekt z. B. zur Messung von Druckstößen ausgenutzt. Elektrische Felder, die in der Lage sind, hohe Ströme aufrecht zu erhalten, und damit die für technische Anwendungen notwendigen elektrischen Leistungen bereitstellen, werden heute mit rotierenden elektrischen Generatoren erzeugt; ihre Wirkungsweise beruht auf dem Induktionsgesetz.

Magnetfelder können nur auf zwei Arten erzeugt werden, durch Permanentmagnete und elektrische Ströme. Die Methode der Ladungstrennung scheidet für die Erzeugung magnetischer Felder aus, da es keine magnetischen Ladungen gibt. Das Fehlen magnetischer Ladungen ist aber andererseits der Grund dafür, daß der bei den Elektreten auftretende Kompensationseffekt des äußeren Feldes durch Ansammlung von Oberflächenladungen bei den Permanentmagneten nicht existiert. Dauermagnete zeigen bei konstanter Magnetisierung keine Änderung ihres äußeren Feldes. Für die Erzeugung magnetischer Felder spielen sie daher bei technischen Anwendungen eine große Rolle. Die zweite technisch bedeutsame Methode, magnetische Felder zu erzeugen, geht vom elektrischen Strom aus. Nach der ersten Maxwell-Gleichung ist der

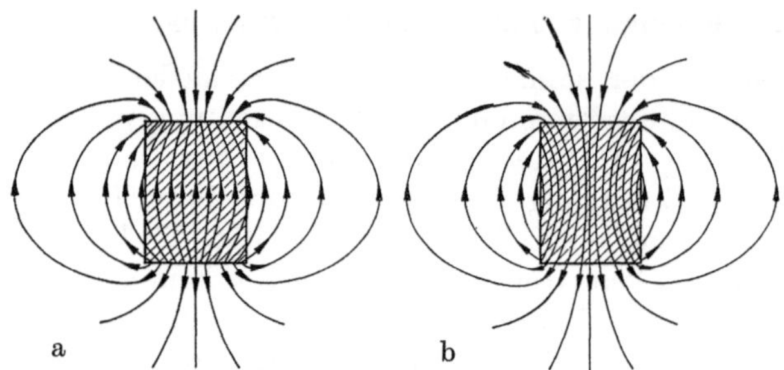

Abb. 15a u. b. Feldlinienbild eines Dauermagneten mit konstanter Magnetisierung. a) Linien der magnetischen Feldstärke; b) Induktionslinien.

elektrische Strom von einem Magnetfeld umgeben. Zur Erhöhung des Magnetfeldes konzentriert man den Strom räumlich in vielen Windungen zu einer ein- oder mehrlagigen Magnetspule. Die Magnetspule ist die Grundbauform für die elektrische Erzeugung magnetischer Felder.

Abb. 15 zeigt die Feldlinienbilder eines ideal harten Permanentmagneten, und zwar Abb. 15b die magnetischen Induktionslinien im Außenraum und im Innern des Magneten. Der Verlauf der Induktionslinien ist identisch mit dem Feldverlauf einer Magnetspule gleicher geometrischer Abmessungen, wobei die Magnetspule als konstanter Strombelag auf den Zylindermantel idealisiert ist. In Abb. 15a sind die Linien der magnetischen Feldstärke für denselben ideal harten Permanentmagneten dargestellt. Im Außenraum hat das H-Feld dieselbe Gestalt wie das B-Feld; im Innern des Permanentmagneten ist dagegen die magnetische Feldstärke der magnetischen Induktion und auch der Magnetisierung entgegengerichtet. An den Stirnflächen des Magneten ist das H-Feld die quellenfreie Ergänzung der Magnetisierung.

Um Halbleiterbauelemente, wie z. B. Feldeffekttransistoren oder Hallgeneratoren anzusteuern, müssen die elektrischen bzw. magnetischen Felder als Steuergrößen diesen Bauelementen zugeführt und in geeigneter Weise auf bestimmte Stellen gelenkt werden. Die Zuführung elektrischer

Felder bereitet im allgemeinen keine besonderen Schwierigkeiten. Um das äußere elektrische Feld einer Spannungsquelle, z. B. einer Batterie räumlich zwischen die Belegungen eines Plattenkondensators zu konzentrieren, genügt die Verbindung der Kondensatorplatten mit den Polen der Batterie über zwei Leitungsdrähte. Sofern der zeitliche Verlauf des Feldaufbaus zwischen den Kondensatorplatten nicht interessiert, ist die räumliche Gestalt der Zuleitungsdrähte völlig gleichgültig und ihr Querschnitt von untergeordneter Bedeutung. Die einfache Handhabung elektrostatischer Felder liegt darin begründet, daß die Dielektrizitätskonstante der für die Zuführung und Lenkung verwendeten metallischen Leiter unendlich groß ist.

Für die Lenkung magnetischer Felder müssen dementsprechend Materialien mit hoher Permeabilität, also weichmagnetische Werkstoffe, verwendet werden. Zwar kennt man heute Materialien mit sehr hohen Permeabilitäten, im Extremfall bis zu Werten von 10^5; jedoch haben alle magnetischen Werkstoffe die Eigenschaft der magnetischen Sättigung, d. h., die magnetische Permeabilität nimmt von bestimmten Induktionswerten an sehr schnell ab und geht gegen Eins. Auf Grund der endlichen μ-Werte und des Sättigungscharakters der magnetischen Materialien ist die Lenkung des magnetischen Flusses nicht so einfach wie die definierte Führung elektrischer Felder; vielmehr müssen bei der Auslegung magnetischer Kreise die Eisenweglänge l_{Fe} und der Eisenquerschnitt Q_{Fe} richtig dimensioniert werden.

Das Magnetfeld eines elektrisch erregten Magnetkreises stellt sich so ein, daß die magnetische Ringspannung des Kreises gleich der Stromdurchflutung in Amperewindungen und die magnetische Induktion an jeder Stelle quellenfrei ist. Zur Berechnung des magnetischen Kreises geht man daher von den beiden Maxwellschen Grundgleichungen (14) und (27) aus, also

$$\oint \boldsymbol{H} \cdot d\boldsymbol{s} = I\, w, \tag{14a}$$

$$\operatorname{div} \boldsymbol{B} = 0, \tag{27}$$

wobei w die Windungszahl der Magnetspule ist. Der magnetische Fluß wird nur dann von den Eisenteilen des Magnetkreises einwandfrei geführt, wenn an keiner Stelle des Eisenkreises die magnetische Sättigung des verwendeten Werkstoffs erreicht wird. Ist M die Magnetisierung und M_s die Sättigungsmagnetisierung des weichmagnetischen Werkstoffs, so muß neben den beiden Grundgleichungen (14a) und (27) an jeder Stelle des Eisenkreises die Bedingung

$$M < M_s \tag{29}$$

sein. Wird an einer Stelle des Eisenwegs die Sättigungsmagnetisierung erreicht, so bricht der Magnetfluß an dieser Stelle aus dem Eisenkreis aus. Man spricht dann von der Sättigungsstreuung des magnetischen

Kreises; die Berechnung des Magnetkreises wird in diesem Falle sehr kompliziert. Durch richtige Dimensionierung des Eisenquerschnittes Q_{Fe} kann das Auftreten von Sättigungen im Eisenkreis vermieden werden.

Als einfaches Beispiel zeigt Abb. 16 einen ringförmigen Magnetkreis mit *einem* Luftspalt und konstantem Eisenquerschnitt. Unter der Annahme, daß das Magnetfeld im Luftspalt der Höhe δ homogen und entlang des Eisenwegs l_{Fe} konstant ist, folgt aus Gl. (14a)

$$H_L\,\delta + H_{\text{Fe}}\,l_{\text{Fe}} = I\,w. \tag{30}$$

Auf Grund der Quellenfreiheit des Magnetfeldes geht die magnetische Induktion B_{Fe} im Eisen stetig in die Luftspaltinduktion B_L über. Es gilt also

$$B_L = B_{\text{Fe}}. \tag{31}$$

Aus beiden Gleichungen folgt unter Berücksichtigung von $B = \mu\,\mu_0\,H$

$$B_L = \frac{\mu_0\,I\,w}{\delta + l_{\text{Fe}}/\mu}, \tag{32}$$

wobei μ die Permeabilität des Eisenkreises ist. Bei „weichmagnetischen" Materialien ist μ sehr groß ($\mu > 1000$), so daß die Eisenweglänge von einigen Zentimetern schon gegenüber Luftspalten von wenigen zehntel Millimetern vernachlässigt werden kann. Die Luftspaltinduktion B_L ist dann der Stromdurchflutung proportional. Die spezifischen magnetischen Eigenschaften des Eisens, beschrieben durch die Magnetfeld-

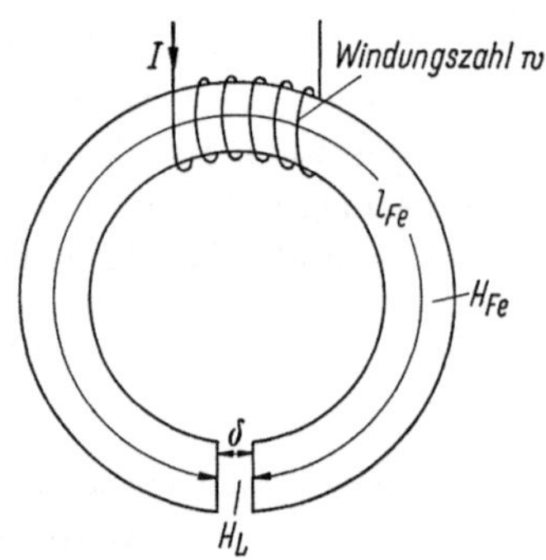

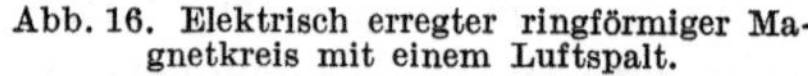
Abb. 16. Elektrisch erregter ringförmiger Magnetkreis mit einem Luftspalt.

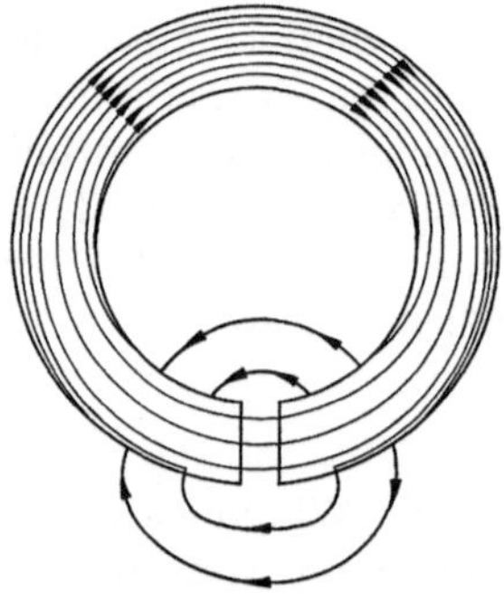

Abb. 17. Verlauf der Induktionslinien in einem Magnetkreis mit ausstreuendem Luftspalt.

abhängigkeit der Permeabilität, treten dann nicht in Erscheinung. Bei zunehmender Stromdurchflutung wird der Eisenkreis schließlich gesättigt, die Permeabilität sinkt stark ab und die Luftspaltinduktion steigt nur noch sehr schwach mit wachsender Durchflutung an.

Gl. (32) gilt nur unter der Voraussetzung konstanter Induktion B_{Fe} längs des Eisenwegs l_{Fe}. Bei Vorhandensein eines Luftspaltes ist diese Voraussetzung streng nicht erfüllt. Wie Abb. 17 zeigt, treten einige

Feldlinien des Magnetflusses bereits vor Erreichen des Luftspaltes aus dem Eisenkreis aus und laufen seitlich am Luftspalt vorbei. Diese Erscheinung nennt man Luftspaltstreuung. Sie hat zur Folge, daß die magnetische Induktion entlang des Eisenwegs nicht konstant ist; vielmehr erreicht die magnetische Induktion ihren größten Wert auf der dem Luftspalt gegenüberliegenden Seite des Eisenkreises. Die für Hallgeneratoren eingesetzten Magnetkreise sind meistens so beschaffen, daß die Luftspaltstreuung vernachlässigt werden kann; die oben ausgeführte Berechnung der Luftspaltinduktion ist deshalb in diesen Fällen mit hinreichender Näherung gültig. Am Ende dieses Abschnittes wird durch eine Abschätzung des Streuflusses der Gültigkeitsbereich dieser einfachen Berechnungsmethode noch genau definiert.

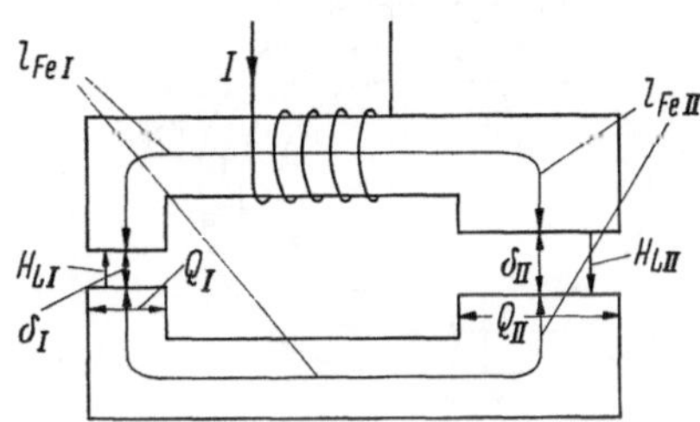

Abb. 18. Magnetkreis mit zwei Luftspalten und nicht konstantem Querschnitt.

Als weiteres Beispiel betrachten wir einen elektrisch erregten Magnetkreis mit zwei Luftspalten und nicht konstantem Eisenquerschnitt. Im Bereich des Luftspaltes mit der Höhe δ_{I} besitzt der Magnetkreis auf der Länge $l_{\text{Fe I}}$ den Querschnitt Q_{I} (Abb. 18). Der zweite Luftspalt habe die Höhe δ_{II} und entlang der Eisenweglänge $l_{\text{Fe II}}$ sei der Querschnitt Q_{II}. Unter der Voraussetzung, daß die magnetische Induktion in beiden Luftspalten homogen ist und daß die Streuung vernachlässigt werden kann, lautet Gl. (14a):

$$H_{L\,\text{I}}\,\delta_{\text{I}} + H_{\text{Fe I}}\,l_{\text{Fe I}} + H_{\text{Fe II}}\,l_{\text{Fe II}} + H_{L\,\text{II}}\,\delta_{\text{II}} = I\,w. \tag{33}$$

Aus der Quellenfreiheit von B folgt

$$B_{L\,\text{I}} = B_{\text{Fe I}}, \tag{34}$$

$$B_{L\,\text{II}} = B_{\text{Fe II}}, \tag{35}$$

sowie die Erhaltung des magnetischen Flusses

$$Q_{\text{I}}\,B_{L\,\text{I}} = Q_{\text{II}}\,B_{L\,\text{II}}. \tag{36}$$

Die Gln. (33), (34), (35) und (36) führen zu den folgenden Ausdrücken:

$$B_{L\,\text{I}} = \frac{\mu_0\,I\,w}{\delta_{\text{I}} + \frac{l_{\text{Fe I}}}{\mu} + \frac{Q_{\text{I}}}{Q_{\text{II}}}\left(\delta_{\text{II}} + \frac{l_{\text{Fe II}}}{\mu}\right)}, \tag{37a}$$

und

$$B_{L\,\text{II}} = \frac{\mu_0\,I\,w}{\delta_{\text{II}} + \frac{l_{\text{Fe II}}}{\mu} + \frac{Q_{\text{II}}}{Q_{\text{I}}}\left(\delta_{\text{I}} + \frac{l_{\text{Fe I}}}{\mu}\right)}. \tag{37b}$$

Zur Dimensionierung eines Magnetkreises, der durch einen Dauermagneten erregt wird, muß die Magnetisierung M_p des Magneten bekannt sein. Wie im nächsten Abschn. 1.3 gezeigt wird, hängt die Magnetisierung eines Dauermagneten von der Magnetisierungskurve des verwendeten permanentmagnetischen Werkstoffs und vom Arbeitspunkt des Magneten auf dieser Kurve ab. Dabei hängt der Arbeitspunkt von den Abmessungen des Dauermagneten und der Geometrie des Eisenkreises ab.

Abb. 19 zeigt einen Magnetkreis mit Dauermagneterregung. Es wird angenommen, daß der Magnet der Länge l_p die konstante Magnetisierung M_p besitzt. Ist H_p die Feldstärke und B_p die magnetische Induktion im Innern des Permanentmagneten, so gilt

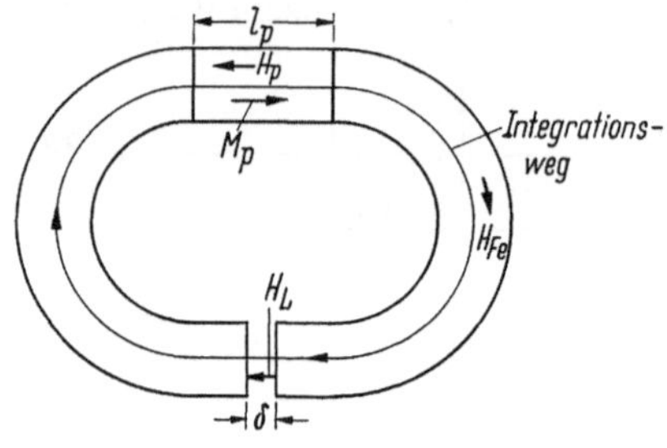

Abb. 19
Magnetkreis mit Dauermagneterregung.

$$B_p = \mu_0 H_p + M_p. \quad (25\text{a})$$

Da die Stromdurchflutung des Magnetkreises Null ist, lautet Gl. (14a)

$$H_L \delta + H_{\text{Fe}} l_{\text{Fe}} + H_p l_p = 0. \quad (38)$$

Luftspaltfeldstärke H_L und Eisenfeldstärke H_{Fe} haben den gleichen Richtungssinn. Da die magnetische Ringspannung verschwindet, muß die Feldstärke H_p im Innern des Permanentmagneten der Flußrichtung entgegengerichtet sein. Mit den Bedingungen

$$B_L = B_{\text{Fe}} \quad (39\text{a})$$

und

$$B_p = B_{\text{Fe}} \quad (39\text{b})$$

für die Quellenfreiheit der magnetischen Induktion folgt dann aus den Gln. (25a) und (38) für die Luftspaltinduktion

$$B_L = \frac{M_p}{1 + \frac{\delta}{l_p} + \frac{l_{\text{Fe}}}{\mu\, l_p}}. \quad (40)$$

Im allgemeinen ist $\delta \ll l_p$ und die Permeabilität μ des Eisenkreises sehr groß ($\mu > 1000$). Im Gegensatz zum elektrisch erregten Magnetkreis ist daher beim permanentmagnetischen Kreis unter der Annahme einer konstanten Magnetisierung des Dauermagneten die Luftspaltinduktion in erster Näherung unabhängig von der Luftspalthöhe δ. Wie bereits erwähnt, hängt aber die Magnetisierung M_p des Dauermagneten von der Lage des Arbeitspunktes auf der Magnetisierungskurve ab. Wird die Luftspalthöhe geändert, so verschiebt sich der Arbeitspunkt. Die Voraussetzung einer konstanten Magnetisierung ist also in Wirklichkeit nicht erfüllt. Bei steilen Magnetisierungskurven kann daher über diesen Einfluß eine starke Änderung der Luftspaltinduktion B_L in Abhängigkeit von der Luftspalthöhe δ auftreten.

Um eine hohe Luftspaltinduktion B_L zu erzielen, wählt man bei technischen Anwendungen den Querschnitt Q_p des Permanentmagneten größer als den Luftspaltquerschnitt Q_L. Die Flußbilanz lautet dann

$$B_p Q_p = B_L Q_L, \tag{41}$$

und an Stelle von Gl. (40) tritt

$$B_L = \frac{M_p}{\frac{Q_L}{Q_p} + \frac{\delta}{l_p} + \frac{l_{\mathrm{Fe}}}{\mu l_p}}. \tag{42}$$

Ist $\delta \ll l_p$ und μ sehr groß, so folgt in erster Näherung

$$B_L = \frac{Q_p}{Q_L} M_p. \tag{42a}$$

Die Luftspaltinduktion ist also um den Faktor Q_p/Q_L höher als bei konstantem Kreisquerschnitt.

Dem elektrischen Widerstand entsprechend läßt sich auch für den elektrisch erregten Magnetkreis ein magnetischer Widerstand definieren. Der Gesamtwiderstand des Magnetkreises ist das Verhältnis von magnetischer Ringspannung $\oint \boldsymbol{H} \cdot \boldsymbol{ds}$ zum magnetischen Fluß $\Phi = B Q$, also

$$R_M = \frac{\oint \boldsymbol{H} \cdot \boldsymbol{ds}}{\Phi} = \frac{\oint \boldsymbol{H} \cdot \boldsymbol{ds}}{B Q}. \tag{43}$$

Setzt sich der magnetische Kreis aus Teilen verschiedener Permeabilität $\mu_1, \mu_2, \ldots, \mu_m$ mit verschiedenen Längen $l_1, l_2, \ldots, l_m$ und Querschnitten $Q_1, Q_2, \ldots, Q_m$ zusammen, so tritt an Stelle des Umlaufintegrals in Gl. (43) die Summe $\sum_v H_v l_v$. Da die Erhaltung des Magnetflusses $B Q = B_v Q_v$ fordert, kann Gl. (43) in der Form

$$R_M = \sum_{v=1}^{m} \frac{H_v l_v}{B_v Q_v} = \sum_{v=1}^{m} \frac{l_v}{\mu_0 \mu_v Q_v} \tag{44}$$

geschrieben werden. Hierin ist

$$\frac{l_v}{\mu_0 \mu_v Q_v}$$

der v-te Teilwiderstand des Magnetkreises.

Mit Hilfe des magnetischen Widerstandes lassen sich die Magnetkreise in Abb. 16, 18 und 19 in sehr einfacher Weise berechnen. Für den elektrisch erregten, ringförmigen Magnetkreis mit einem Luftspalt und konstantem Eisenquerschnitt (Abb. 16) folgt

$$R_M = \frac{I w}{B_L Q} = \frac{\delta}{\mu_0 Q} + \frac{l_{\mathrm{Fe}}}{\mu_0 \mu Q}. \tag{45}$$

Durch Auflösen nach B_L erhält man Gl. (32). Entsprechend lautet der magnetische Widerstand für den Magnetkreis in Abb. 18:

$$R_M = \frac{I w}{B_{L\,\mathrm{I}} Q_{\mathrm{I}}} = \frac{I w}{B_{L\,\mathrm{II}} Q_{\mathrm{II}}} = \frac{\delta_{\mathrm{I}}}{\mu_0 Q_{\mathrm{I}}} + \frac{l_{\mathrm{Fe\,I}}}{\mu_0 \mu Q_{\mathrm{I}}} + \frac{l_{\mathrm{Fe\,II}}}{\mu_0 \mu Q_{\mathrm{II}}} + \frac{\delta_{\mathrm{II}}}{\mu_0 Q_{\mathrm{II}}}. \tag{46}$$

Die Auflösung nach $B_{L\,\mathrm{I}}$ bzw. $B_{L\,\mathrm{II}}$ führt wiederum auf die Gln. (37a) und (37b).

Beim permanentmagnetisch erregten Kreis tritt als treibende magnetische Spannung an die Stelle der Stromdurchflutung die Größe $M_p\, l_p/\mu_0$, und der Teilwiderstand des Permanentmagneten geht in den Gesamtwiderstand als zusätzlicher Luftspalt mit der Höhe l_p ein. Der permanentmagnetische Kreis mit konstantem Querschnitt Q_{Fe} gemäß Abb. 19 wird also beschrieben durch

$$R_M = \frac{\frac{1}{\mu_0} M_p\, l_p}{B_L\, Q_{\mathrm{Fe}}} = \frac{\delta}{\mu_0\, Q_{\mathrm{Fe}}} + \frac{l_{\mathrm{Fe}}}{\mu_0\, \mu\, Q_{\mathrm{Fe}}} + \frac{l_p}{\mu_0\, Q_{\mathrm{Fe}}}. \tag{47}$$

Die in diesem Abschnitt angegebene einfache Berechnungsmethode für magnetische Kreise gilt, wie bereits erwähnt, nur unter der Voraussetzung, daß die Streuung am Luftspalt vernachlässigt werden kann. Um bei der Auslegung eines Magnetkreises entscheiden zu können, ob diese Voraussetzung zutrifft, soll abschließend der Luftspaltstreufluß abgeschätzt werden. Abb. 20 zeigt den Schnitt durch die Luftspaltzone eines Magnetkreises. Der Luftspaltfluß sei homogen. Die Feldlinien des seitlich ausstreuenden Magnetflusses sind als konzentrische Kreise um den Punkt C angenähert, so daß sie senkrecht aus dem Eisen des Magnet-

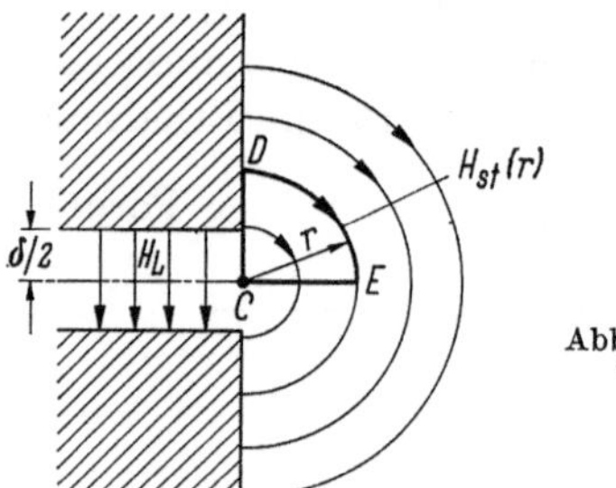

Abb. 20. Luftspaltstreuung unter vereinfachten Annahmen.

kreises austreten. Unter der Annahme, daß der Betrag der magnetischen Feldstärke entlang einer Feldlinie konstant ist, läßt sich die Streufeldstärke $H_{St}(r)$ aus der magnetischen Ringspannung entlang der Kurve CDE bestimmen. Da diese geschlossene Kurve von keinem elektrischen Strom durchflutet wird, muß

$$\oint_{CDE} \boldsymbol{H} \cdot \boldsymbol{ds} = -H_L \frac{\delta}{2} + H_{St}(r) \frac{\pi}{2} r = 0 \tag{48}$$

sein, woraus

$$B_{St}(r) = \frac{1}{\pi} B_L \frac{\delta}{r} \tag{49}$$

folgt. Der Streufluß, der aus einem 1 cm breiten Streifen des Eisenschenkels der Länge l seitlich austritt, ist dann

$$\int_{\delta/2}^{l+\delta/2} B_{St}(r)\,dr = \frac{1}{\pi} B_L\,\delta \ln\left(\frac{2l}{\delta} + 1\right).^{1} \qquad (50)$$

Bei konstantem Schenkelquerschnitt Q_L mit der Umfangslänge s_u ergibt sich dann für den gesamten Luftspaltstreufluß

$$\Phi_{St} = \frac{1}{\pi} B_L\, s_u\, \delta \ln \frac{D}{\delta}\,^{2}, \qquad (51)$$

wobei D eine die Außenabmessungen des Magnetkreises kennzeichnende Größe ist; für einen ringförmigen Magnetkreis ist z. B. D der Durchmesser. Setzt man diesen Ausdruck für den Streufluß ins Verhältnis zum Luftspaltfluß $\Phi_L = B_L Q_L$, so läßt sich die Voraussetzung, daß der Streufluß vernachlässigt werden kann, ausdrücken durch die Ungleichung:

$$\frac{1}{\pi}\,\frac{s_u\,\delta}{Q_L} \ln \frac{D}{\delta} \ll 1\,. \qquad (52)$$

Als Beispiel werde der Magnetkreis eines Hallmultiplikators mit folgenden Daten betrachtet:

$s_u = 5{,}2$ cm; $\delta = 3 \cdot 10^{-2}$ cm; $Q_L = 1{,}7$ cm²; $D = 4{,}0$ cm.

Mit diesen Daten ergibt sich für den Ausdruck in Gl. (52) der Wert 0,14. Die Streuung am Luftspalt darf also vernachlässigt werden.

1.3 Magnetische Werkstoffe und ihre Kenngrößen

Hohe Permeabilitäten und große Magnetisierungswerte zeigen allein die ferromagnetischen Materialien. Sie sind daher die geeigneten Werkstoffe für magnetische Anwendungen.

Bei den ferromagnetischen Werkstoffen ist die Magnetisierung keine eindeutige Funktion der Feldstärke. Die Magnetisierung bei einer bestimmten Feldstärke hängt entscheidend von der magnetischen Vor-

---

[1] Die exakte Berechnung des Streuflusses über die Methode der konformen Abbildung führt zu dem Ausdruck [13]

$$\frac{1}{\pi} B_L\,\delta \left\{1 + \ln\left[\frac{\pi}{4}\left(\frac{2l}{\delta} + 1\right)\right]\right\},$$

der für große Werte von l/δ nur unwesentlich von der Näherung in Gl. (50) abweicht. Da der mit Gl. (50) zu berechnende Streufluß lediglich zur Aufstellung einer Abschätzungsformel benötigt wird, können wir mit der Näherungsformel weiterrechnen.

[2] Da die Luftspalthöhe δ immer klein ist gegen die Außenabmessungen des Magnetkreises, kann in der Summe unter dem Logarithmus die 1 vernachlässigt werden.

geschichte ab, d. h. von den magnetischen Feldstärken, denen der Werkstoff vorher ausgesetzt war. Wird an das entmagnetisierte, als geschlossener Ringkern ausgebildete Material eine wachsende magnetische Feldstärke angelegt, so folgt die Magnetisierung der Feldstärke auf der Neukurve (Abb. 21). Für große Feldstärken läuft die Magnetisierung in den konstanten Sättigungswert M_s ein. Dieser Wert wird praktisch bei der Sättigungsfeldstärke H_s erreicht. Nimmt die Feldstärke wieder ab, so verläßt die Magnetisierung die Neukurve und verläuft auf dem

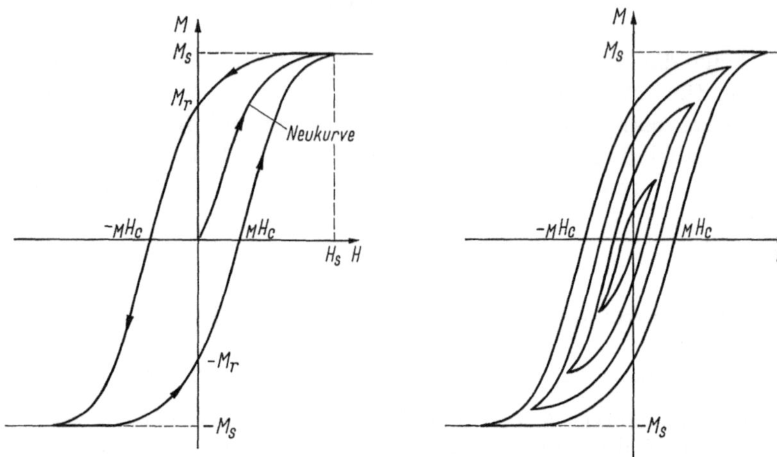

Abb. 21. Hystereseschleife eines ferromagnetischen Werkstoffs.

Abb. 22. Hystereseschleife bei symmetrischer Aussteuerung mit Wechselfeldamplituden $H < H_s$.

oberen Ast der zur Vollaussteuerung gehörenden Hystereseschleife. Sie schneidet die Ordinatenachse im Punkt ($H = 0, M_r$). M_r ist die remanente Magnetisierung des Werkstoffs. Wird schließlich eine zunehmende Feldstärke in negativer Richtung angelegt, so nimmt die Magnetisierung weiter ab und wechselt bei der negativen Feldstärke $-{}_MH_c$ ihr Vorzeichen. Die Feldstärke ${}_MH_c$ ist die Koerzitivkraft (genauer die Magnetisierungskoerzitivkraft) des magnetischen Werkstoffs. Bei $H \approx -H_s$ wird schließlich die magnetische Sättigung in negativer Richtung erreicht. Wächst von $-H_s$ die Feldstärke nun wieder an, so durchläuft die Magnetisierung den unteren Ast der Hystereseschleife, die im Punkt ($H = 0, -M_r$) die Ordinatenachse und im Punkt (${}_MH_c$, $M = 0$) die Abszissenachse schneidet, um schließlich wieder bei $H \approx H_s$ in die positive Sättigung einzumünden.

Für kleinere symmetrische Aussteuerungen zwischen $+H_1$ und $-H_1$, wobei $H_1 < H_s$ ist, werden Hystereseschleifen durchlaufen, die innerhalb der vollausgesteuerten Hystereseschleife liegen. Abb. 22 weist zugleich einen Weg, wie ein ferromagnetischer Werkstoff nach erfolgter Magnetisierung wieder entmagnetisiert, d. h. der Punkt ($H = 0, M = 0$) erreicht werden kann. Hierzu läßt man ein magnetisches Wechselfeld mit einer Amplitude $H > H_s$ auf den magnetischen Werkstoff einwirken. Nimmt man die Amplitude dieses Wechselfeldes langsam zurück, so umfährt die Magnetisierung auf immer kleiner werdenden Hystereseschleifen den Koordinatenursprung und erreicht schließlich bei verschwindender Wechselfeldamplitude den Punkt ($H = 0, M = 0$). — Eine andere Methode, einen magnetisierten, ferromagnetischen Körper zu entmagnetisieren, besteht darin, ihn auf eine Temperatur zu erwärmen, die oberhalb der sog. Curie-Temperatur liegt. Oberhalb ihres Curie-Punktes zeigen alle ferromagnetischen Stoffe rein paramagnetisches Verhalten. Beim Übergang vom Ferro- zum Paramagnetismus geht die magnetische Vorgeschichte des Werkstoffs verloren, so daß bei Wiederabkühlung unter den Curie-Punkt der nunmehr wieder ferromagnetische Werkstoff entmagnetisiert ist.

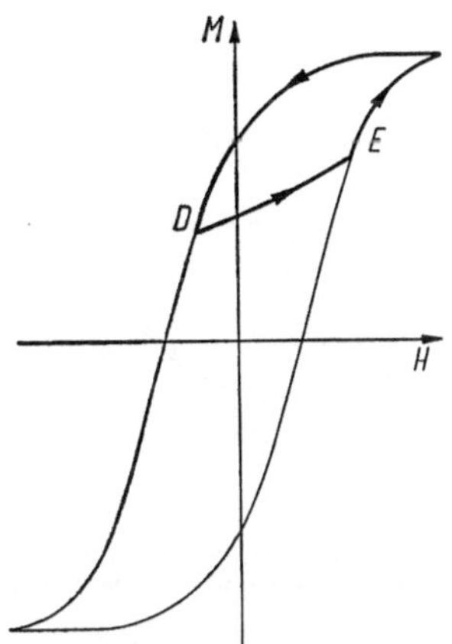

Abb. 23. Unsymmetrischer Magnetisierungszyklus.

Beim Ummagnetisieren mit einem magnetischen Wechselfeld konstanter Amplitude wird die zu der Ummagnetisierungsamplitude gehörende Hystereseschleife zyklisch durchlaufen. Die Hystereseschleife wird dagegen sofort verlassen, wenn der Ummagnetisierungszyklus abgebrochen wird und z. B. nach Erreichen des Punktes D in Abb. 23 die magnetische Feldstärke wieder ansteigt. Die Magnetisierung durchläuft dann den inneren Bereich der Hystereseschleife, trifft im Punkt E auf den unteren Ast der vollausgesteuerten Hystereseschleife und folgt dieser bei weiter ansteigendem Magnetfeld H.

Das Verhalten eines ferromagnetischen Werkstoffs wurde in einem MH-Diagramm dargestellt. In gleicher Weise kann man die Hystereseschleife auch in einem BH-Diagramm aufzeichnen. Diese Darstellung wird in der Praxis meistens gewählt, da sie die unmittelbaren Meßgrößen B und H miteinander verknüpft. Die BH-Darstellung kann aus der MH-Darstellung auf einfache Weise durch Addition des linearen Terms $B = \mu_0 H$ gewonnen werden (s. Abb. 24). Dabei bleibt der Remanenzpunkt $B_r = M_r$ erhalten. Die Magnetisierungskoerzitivkraft ${}_MH_c$ geht dagegen in die Induktionskoerzitivkraft ${}_BH_c$ über. Während die Hystereseschleife in der MH-Darstellung im Bereich der Sättigung parallel zur H-Achse im Abstand $\pm M_s$ verläuft, mündet die Hystereseschleife in der BH-Darstellung in asymptotische Geraden mit der Steigung μ_0 ein.

Man unterscheidet magnetisch „weiche" und magnetisch „harte" Materialien. Weichmagnetische Werkstoffe sind solche mit schmaler Hystereseschleife, d. h. kleinen H_c-Werten ($H_c < 1$ A/cm). Sie zeichnen sich durch eine hohe Permeabilität aus und können daher große magnetische Flußdichten führen. In der Hallgeneratortechnik werden sie daher zur Lenkung und Konzentrierung des steuernden Magnetflusses verwendet. Hartmagnetische Werkstoffe haben dagegen eine mehr oder weniger breite Hystereseschleife mit H_c-Werten von etwa 10 A/cm bis einige 1000 A/cm. Als Dauermagnete mit großen Koerzitivkräften dienen sie zur Erzeugung magnetischer Flüsse. Bei vielen Hallgeneratoranwendungen wird insbesondere die ausgeprägte Remanenzeigenschaft hartmagnetischer Folien, Bänder und Kerne zur Speicherung von Informationen ausgenutzt.

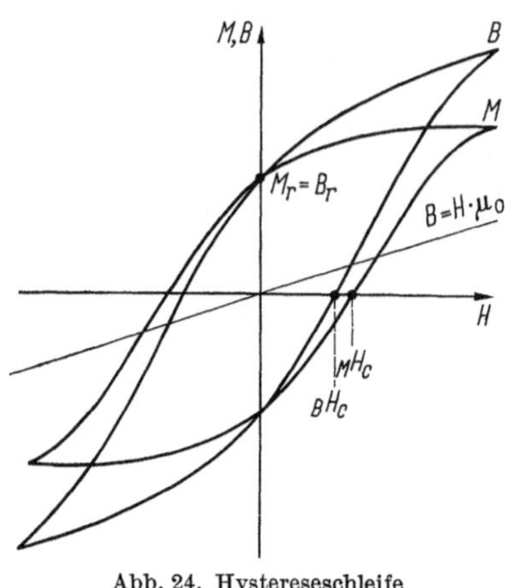

Abb. 24. Hystereseschleife in MH- und BH-Darstellung.

1.3.1 Weichmagnetische Werkstoffe. Eine wichtige, den weichmagnetischen Werkstoff kennzeichnende Größe ist die Permeabilität. Es lassen sich verschiedene Permeabilitäten definieren. Für die überschlägige Berechnung magnetischer Kreise ist die totale Permeabilität μ eine wichtige Größe. Sie ist definiert als das Verhältnis von B zu $\mu_0 H$, wobei die Induktion B und die Feldstärke H einander zugeordnete Werte auf der Neukurve des Werkstoffs sind, also

$$\mu = \frac{B}{\mu_0 H}. \tag{53}$$

Die Permeabilität μ ist danach keine feste Materialkonstante, sondern selbst wieder eine Funktion der magnetischen Feldstärke. Abb. 25 zeigt die Permeabilitätskurven für Dynamoblech IV und Mumetall. Für kleine Feldstärken beginnen die Kurven mit einem Permeabilitätswert, den man die Anfangspermeabilität μ_a nennt. μ_a ist maßgebend für das Verhalten eines magnetischen Kreises bei kleinen Aussteuerungen. Mit zunehmender Feldstärke steigt im allgemeinen die Permeabilität an, durchläuft ein Maximum und sinkt nach Erreichen der Sättigung für große magnetische Feldstärken auf 1 ab.

Von der Vielzahl der bei technischen Anwendungen gebräuchlichen Permeabilitäten seien nur noch die differentielle Permeabilität μ_{diff}

als der durch μ_0 dividierte Differentialquotient dB/dH, gemessen auf der Magnetisierungskurve, sowie die reversible Permeabilität $\mu_{\text{rev}} = \frac{1}{\mu_0} dB/dH$, gemessen bei einem kleinen überlagerten Wechselfeld,

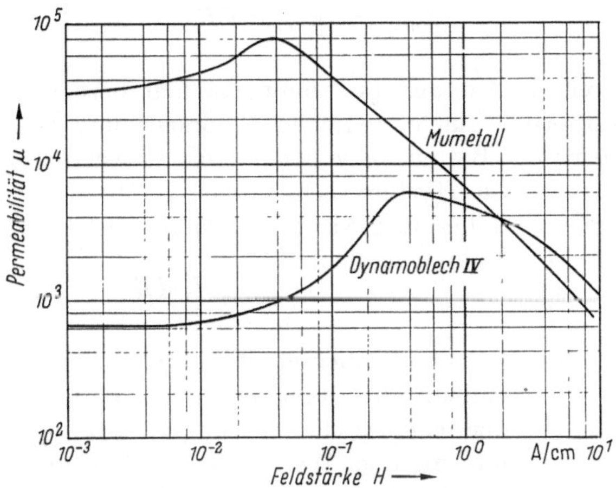

Abb. 25. Permeabilitätskurven für Dynamoblech IV und Mumetall.

erwähnt. In Abb. 26 ist der Einfluß eines überlagerten magnetischen Wechselfeldes mit der Amplitude $\varDelta H$ auf einem mit einem Gleichfeld $H_=$ vormagnetisierten ferromagnetischen Werkstoff dargestellt. Das magnetische Wechselfeld bewirkt eine kleine lanzettenförmige Magnetisierungsschleife, die mit der Frequenz des Wechselfeldes durchlaufen wird. Die obere Spitze $H_= + \varDelta H$ der Lanzette liegt auf der durch die magnetische Vorgeschichte bestimmten Hystereseschleife, während ihre mittlere Steilheit geringer ist als die der Hystereseschleife an dieser Stelle. Mit abnehmender Wechselfeldstärke $\varDelta H$ wird die Lanzette zu einer Geraden, deren Steilheit bis auf den Faktor $1/\mu_0$ die oben definierte reversible Permeabilität ist. Die reversible Permeabilität im entmagnetisierten Zustand ist identisch mit der Anfangspermeabilität μ_a.

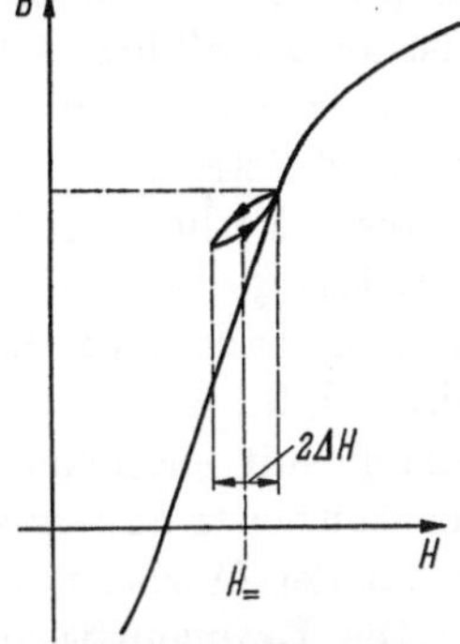

Abb. 26. Verhalten eines ferromagnetischen Werkstoffs bei Gleichstromvormagnetisierung mit überlagertem Wechselfeld.

Der zur Ummagnetisierung benötigte Energiebedarf pro Volumeneinheit ist gleich dem Flächeninhalt der Hystereseschleife. Die Änderung der magnetischen Energiedichte bei der Magnetisierung wird nämlich beschrieben durch das Skalarprodukt $\boldsymbol{H} \cdot d\boldsymbol{B}$. Wird ein Ringkern mit dem Volumen V in einer Ringspule entlang der Neukurve bis zur magnetischen

Induktion B_1 aufmagnetisiert, so muß von der Spannungsquelle, die den Magnetisierungsstrom durch die Spule treibt, neben den ohmschen Verlusten die Magnetisierungsenergie

$$E_{\text{magn}} = V \int_0^{B_1} H \, dB \tag{54}$$

aufgebracht werden. Die auf die Volumeneinheit bezogene Energie ist mit der schraffierten Fläche zwischen Neukurve und Ordinatenachse in Abb. 27 identisch. Bei einem vollen Ummagnetisierungszyklus wird die Hystereseschleife einmal durchlaufen, und die dabei aufgewandte Ummagnetisierungsenergie pro Volumeneinheit

$$\oint_{\text{Hystereseschleife}} H \, dB$$

ist der Flächeninhalt der Hystereseschleife. Nach einmaligem Durchlaufen der Hystereseschleife ist der magnetische Ausgangszustand wieder erreicht, und die dem Werkstoff für die Ummagnetisierung zugeführte Energie hat sich in Wärme umgesetzt. Bei einem Magnetmaterial mit rechteckförmiger Hystereseschleife ist die auf die Volumeneinheit bezogene Ummagnetisierungsenergie gleich $4 H_c B_s$.

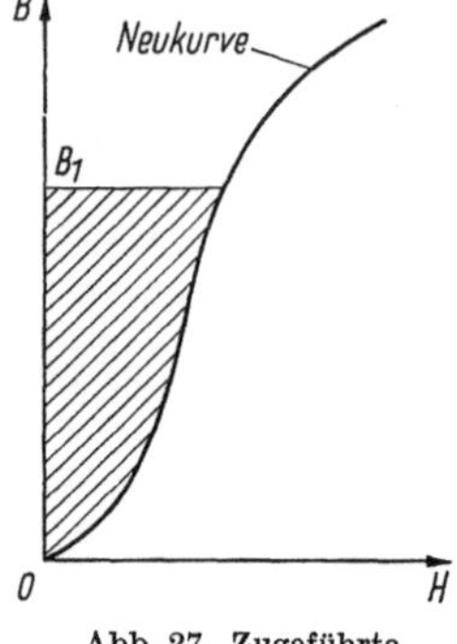

Abb. 27. Zugeführte Energiedichte beim Aufmagnetisieren entlang der Neukurve.

Wird der magnetische Werkstoff periodisch mit der Frequenz f ummagnetisiert, so wird diese Energie pro Zeiteinheit als Ummagnetisierungs- oder auch Hystereseverlustleistung zugeführt. Ist der magnetische Werkstoff elektrisch leitend — dies ist mehr oder weniger immer der Fall —, so tritt durch die induzierten Wirbelströme zu diesen reinen Ummagnetisierungsverlusten noch ein weiterer Verlustanteil hinzu. Dieser Anteil heißt die Wirbelstrom-Verlustleistung. Bei der bisherigen Betrachtung der Hystereseschleife wurde vorausgesetzt, daß die Ummagnetisierung sehr langsam vorgenommen wird, d. h. im Idealfall quasistatisch erfolgt. Bei einer Ummagnetisierung mit endlicher Frequenz bläht sich die Hystereseschleife infolge der Wirbelstromverluste auf, wobei die Flächenvergrößerung proportional der Wirbelstrom-Verlustleistung ist.

Die Ummagnetisierungsverluste steigen proportional mit der Frequenz an, die Wirbelstromverluste dagegen mit dem Quadrat der Frequenz. Über die Abhängigkeit der Verlustleistungsanteile von der magnetischen Aussteuerung läßt sich allgemein folgendes sagen: Bei kleinen Magnetisierungsamplituden mit Feldstärken, die klein sind gegen die Koerzitivkraft (Rayleigh-Bereich), sind die Ummagnetisierungsverluste proportional mit der dritten Potenz von B. Für größere Aussteuerungen wachsen sie im allgemeinen nur noch quadratisch, bei besonderen Werkstoffen sogar nur linear mit B an, um schließlich in einen konstanten, der magnetischen Sättigung entsprechenden Wert überzugehen. Die Wirbelstrom-Verlustleistung ist dagegen im gesamten Aussteuerungsbereich proportional dem Quadrat der magnetischen Induktion.

Zur Kennzeichnung der Gesamtverluste eines magnetischen Werkstoffs, also der Summe aus Hysterese- und Wirbelstromverlusten, wird für die in der Starkstromtechnik verwendeten Magnetbleche die Verlustziffer V_B angegeben. Die Verlustziffer hat die Dimension Watt/kg und bezeichnet die gesamten Verluste in 1 kg Magnetblech bei einer periodischen Ummagnetisierung mit 50 Hz und sinusförmigem Verlauf der magnetischen Induktion für eine bestimmte Induktionsamplitude B. So gibt z. B. die Verlustziffer V_{10} die Gesamtverluste/kg bei einer Ummagnetisierungsamplitude von 10 kG an.

Die Magnetwerkstoffe der Mittel- und Hochfrequenztechnik werden im allgemeinen nicht durch den Absolutwert der Verlustleistung gekennzeichnet. Wegen der kleinen Induktionsamplituden sind die Verluste hier sehr niedrig. Die Verluste haben jedoch zur Folge, daß zwischen der magnetischen Feldstärke und der Induktion eine Phasenverschiebung auftritt. Der Tangens dieses Phasenwinkels $\tan\delta$ ist daher hier die interessierende Kenngröße für die Verlusteigenschaften eines magnetischen Werkstoffs und wird als Verlustfaktor bezeichnet. Für kleine sinusförmige, magnetische Aussteuerungen im sog. Rayleigh-Bereich kann man das verlustbehaftete Verhalten eines magnetischen Werkstoffs durch eine komplexe Permeabilität

$$\bar{\mu} = \mu' - j\,\mu'' \tag{55}$$

beschreiben. Es ist dann

$$\tan\delta = \frac{\mu''}{\mu'}. \tag{56}$$

Zur vollständigen Beschreibung des Frequenzverhaltens weichmagnetischer Werkstoffe werden daher μ' und μ'' als Funktionen der Frequenz in den Datenblättern angegeben.

In Tab. 1 sind die magnetischen Kenngrößen einiger weichmagnetischer Werkstoffe zusammengestellt, die für Hallgeneratoranwendungen wichtig sind.

Die Hystereseschleife bezieht sich als reine Werkstoffangabe stets auf die Verhältnisse in einem geschlossenen magnetischen Ring. Besitzt der Magnetkreis einen Luftspalt, so wird die Hystereseschleife geschert. Die magnetische Kennlinie des gescherten Eisenkreises wird aus der Hystereseschleife des verwendeten Werkstoffs auf die folgende, einfache Weise gewonnen. Gl. (30) läßt sich schreiben in der Form

$$\frac{I\,w}{l_{\mathrm{Fe}}} = H_{\mathrm{Fe}} + \frac{\delta}{\mu_0\, l_{\mathrm{Fe}}} B. \tag{30a}$$

Tabelle 1

Werkstoff	Zusammensetzung (außer Fe)	Anfangs-permeabilität μ_a	Maximal-permeabilität μ_{max}	Koerzitivkraft $_BH_c$ in A/cm	Sättigungs-magnetisierung M_S in G	Curie-Temperatur T_C in °C	Verlustziffer V_{10} in W/kg	Verlustfaktor $\tan\delta$
Technisch reines Eisen	<0,01 C	400 ... 1000	$1\cdot10^4 \ldots 2\cdot10^4$	0,1 ... 0,5	$21 \ldots 21{,}5\cdot10^3$	768	1,6	
Dynamoblech IV	3,4 ... 4,3 Si	300 ... 600	$4\cdot10^3 \ldots 10\cdot10^3$	0,3 ... 0,6	$19\cdot10^3$	730	1,7 ... 1,0	
Mumetall massiv	76 Ni; 5 Cu; 2 Cr	$2{,}5\cdot10^4$	$6{,}0\cdot10^4$	0,035	$8\cdot10^3$	410		
Mumetall Band	76 Ni; 5 Cu; 3 Cr	$3{,}5\cdot10^4$	$9{,}0\cdot10^4$	0,015	$8\cdot10^3$	410	$V_5 = 0{,}025$	
Ferrit	16 Ni; 34 ZnO	$2{,}2\cdot10^3$	$3{,}8\cdot10^3$	0,20	$3{,}9\cdot10^3$	>150		$2\cdot10^{-3}$ bei 20 kHz

Hierin ist B die magnetische Induktion des gescherten Kreises ($B = B_L = B_{Fe}$). Trägt man also auf der Abszisse die mit H_{Fe} dimensionsgleiche Feldstärkengröße $I\,w/l_{Fe}$ auf, so gewinnt man aus der Hystereseschleife des magnetischen Werkstoffs die Kennlinie des gescherten Kreises, indem jeder Punkt der Hystereseschleife um den Betrag $\delta B/\mu_0\, l_{Fe}$ in positiver Abszissenrichtung verschoben wird. Hierbei bleiben die Schnittpunkte der Hystereseschleife mit der Abszissenachse, also die Punkte ($\pm_B H_c$, $B = 0$) unverändert. Die Remanenzinduktion sinkt jedoch infolge der Scherung ab. Bei starker Scherung kann das Stück der Hystereseschleife zwischen $-H_c$ und B_r als geradlinig betrachtet werden, so daß zwischen $-H_c$ und B_r mit $\mu_0\, l_{Fe}/\delta$ als Steilheit für die stark gescherte Kennlinie (30a) der Zusammenhang besteht

$$B_r = \frac{\mu_0\, l_{Fe}}{\delta} H_c. \tag{57}$$

Für den stark gescherten Magnetkreis ist also die Remanenzinduktion nur noch abhängig von der Koerzitivkraft H_c.

1.3.2 Hartmagnetische Werkstoffe. Hartmagnetische Werkstoffe sind ferromagnetische Materialien mit hoher Koerzitivkraft. Wegen ihrer hohen Koerzitivkraft behalten sie auch nach Abschalten des aufmagnetisierenden äußeren Feldes selbst bei Geometrien mit starken entmagnetisierenden inneren Gegenfeldern einen beträchtlichen Restmagnetismus. Wird ein hartmagnetischer Körper durch ein äußeres

Feld H' magnetisiert, so wirkt auf jedes Volumenelement des Körpers zusätzlich ein entmagnetisierendes Gegenfeld H_M ein, das durch die Quellen der Magnetisierung M erzeugt wird (Abb. 28); die wahre Feldstärke im Innern des Körpers ist also

$$H = H' - H_M. \tag{58}$$

Nur bei ellipsoidischen Körpern führt eine homogene Magnetisierung im Innern zu einem homogenen entmagnetisierenden Gegenfeld, das der Magnetisierung proportional ist. Für Ellipsoide gilt also

$$H = H' - \frac{1}{\mu_0} N M \tag{59}$$

oder unter Benutzung von $B = \mu_0 H + M$

$$H = \frac{H'}{1-N} - \frac{1}{\mu_0} \frac{N}{1-N} B. \tag{59a}$$

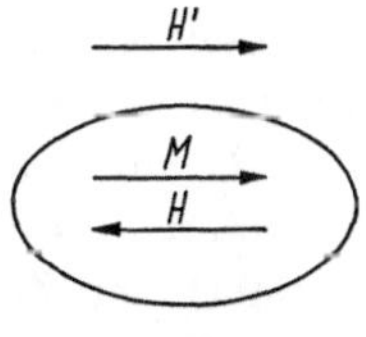

Abb. 28. Magnetisierende Feldstärke H', Magnetisierung M und innere Feldstärke H in einem hartmagnetischen Ellipsoid.

Man nennt N den Entmagnetisierungsfaktor. Er hängt ab von der Richtung der Magnetisierung zu den drei Hauptachsen des Ellipsoides. Für die Kugel als Sonderfall des Ellipsoides ist $N = \frac{1}{3}$. Auch für den in axialer Richtung unendlich langen Kreiszylinder läßt sich für eine Magnetisierung senkrecht zur Zylinderachse der Entmagnetisierungsfaktor mit $N = \frac{1}{2}$ exakt angeben. Für die unendlich ausgedehnte Platte mit einer Magnetisierung senkrecht zur Plattenebene ist $N = 1$. Für alle anderen Geometrien führt die homogene Magnetisierung zu einem inhomogenen Gegenfeld, so daß von einem Entmagnetisierungsfaktor im exakten Sinn nicht mehr gesprochen werden kann. Für bestimmte Geometrien und Anordnungen, wie z. B. den langgestreckten Zylinder und den permanentmagnetisch erregten Kreis mit Luftspalt, läßt sich das entmagnetisierende Gegenfeld noch in guter Näherung durch einen Entmagnetisierungsfaktor beschreiben. Für einen Zylinder mit einem Verhältnis Länge zu Durchmesser von 5 : 1 (10 : 1) hat der Entmagnetisierungsfaktor den Wert $N = 0{,}056$ ($N = 0{,}02$).

Zur Berechnung des Entmagnetisierungsfaktors für einen Permanentmagneten im magnetischen Kreis mit Luftspalt gehen wir aus von Gl. (42), die sich mit (25a) und (41) schreiben läßt in der Form

$$H_p = - \frac{\dfrac{\delta}{l_p} + \dfrac{l_{\mathrm{Fe}}}{\mu\, l_p}}{\dfrac{Q_L}{Q_p} + \dfrac{\delta}{l_p} + \dfrac{l_{\mathrm{Fe}}}{\mu\, l_p}} \, \frac{M_p}{\mu_0}. \tag{60}$$

Da wir den bereits aufmagnetisierten Kreis betrachten, ist die äußere Feldstärke H' Null. Die Feldstärke H_p im Innern des Dauermagneten ist somit identisch mit der Feldstärke des durch die Quellen der Magnetisierung erzeugten Gegenfeldes. In Gl. (60) hat daher der Proportionalitätsfaktor zwischen H_p und M_p/μ_0 die Bedeutung des Entmagnetisierungsfaktors, also

$$N = \frac{\frac{\delta}{l_p} + \frac{l_{Fe}}{\mu\, l_p}}{\frac{Q_L}{Q_p} + \frac{\delta}{l_p} + \frac{l_{Fe}}{\mu\, l_p}}. \tag{60a}$$

Danach wächst N monoton mit der Luftspalthöhe δ. Für $\delta \to 0$ erhält man den Entmagnetisierungsfaktor des luftspaltlosen Eisenkreises, der mit $\mu \to \infty$ gegen Null geht. Zwischen der magnetischen Induktion $B = B_p$ und der Feldstärke $H = H_p$ im Innern eines Permanentmagneten besteht nach erfolgter Aufmagnetisierung ($H' = 0$) nach Gl. (59a) der Zusammenhang

$$B = -\left(\frac{1}{N} - 1\right)\mu_0\, H. \tag{61}$$

Gl. (61) beschreibt die Arbeitsgerade eines Permanentmagneten bzw. eines permanentmagnetisch erregten Kreises. Die Arbeitsgerade wird allein bestimmt durch die gewählte Geometrie des Permanentmagneten bzw. durch die Bestimmungsstücke des Magnetkreises, insbesondere durch die Luftspalthöhe δ.

Die Materialeigenschaften eines hartmagnetischen Werkstoffs finden ihren Ausdruck in der Entmagnetisierungskurve. Sie ist der Teil der vollausgesteuerten Hysteresekurve im zweiten Quadranten des BH-Diagramms. Der Arbeitspunkt einer permanentmagnetischen Anordnung ist der Schnittpunkt der Arbeitsgeraden mit der Entmagnetisierungskurve (Abb. 29). Dieser Schnittpunkt ist der „remanent instabile" Arbeitspunkt P mit den Koordinaten (H_a, B_a). Die Bezeichnung remanent instabil weist darauf hin, daß dieser Arbeitspunkt gegenüber von außen einwirkenden Gegenfeldern keine besondere Stabilität besitzt. Wird z. B. ein äußeres Gegenfeld ΔH_1 an den Permanentmagneten angelegt, so durchläuft der Magnet ausgehend vom Arbeitspunkt P die Magnetisierungskurve bis zum Punkte X. Nach Abschalten des Gegenfeldes ΔH_1 kehrt der Magnet nicht auf der Entmagnetisierungskurve in den Arbeitspunkt P zurück, sondern erreicht auf einer inneren Magnetisierungskurve den Punkt P_1 auf der Arbeitsgeraden. Nach mehrfachem Ein- und Ausschalten eines Gegenfeldes ΔH geht der Punkt P_1 in den „permanent stabilen" Arbeitspunkt P_s über, der etwas unterhalb P_1 auf der Arbeitsgeraden liegt (Abb. 30). Für alle Gegenfelder kleiner ΔH verbleibt der Magnet auf der permanenten Zustandskurve $X_s P_s$. Wird der Magnet mit einem weichmagnetischen Joch kurzgeschlossen, so ändert sich die Magnetisierung entlang der verlängerten permanenten Zustandskurve von P_s zum Punkt Y_s auf der

B-Achse. Der Anstieg $\tan \beta_s$ der permanenten Zustandskurve im Punkt X_s auf der Entmagnetisierungskurve ist bis auf den Faktor μ_0 die reversible Permeabilität μ_{rev} des Magneten im Punkt X_s. Da die permanente Zustandskurve im allgemeinen nur wenig gekrümmt ist, hat die reversible Permeabilität in jedem Punkt der zu X_s gehörenden Zustandskurve näherungsweise den gleichen Wert.

Die Stabilisierung eines Permanentmagneten ist erforderlich bei der Anwendung von Dauermagneten in Meßsystemen, wie z. B. Drehspulinstrumenten, elektrischen kWh-Zählern und dergleichen, also Systemen,

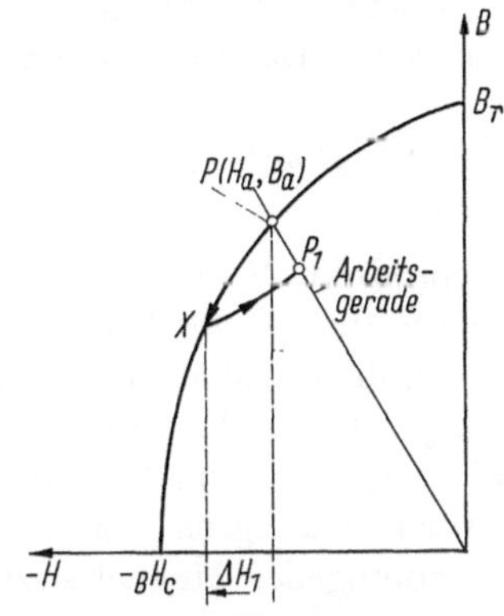

Abb. 29
Arbeitspunkt eines Permanentmagneten.

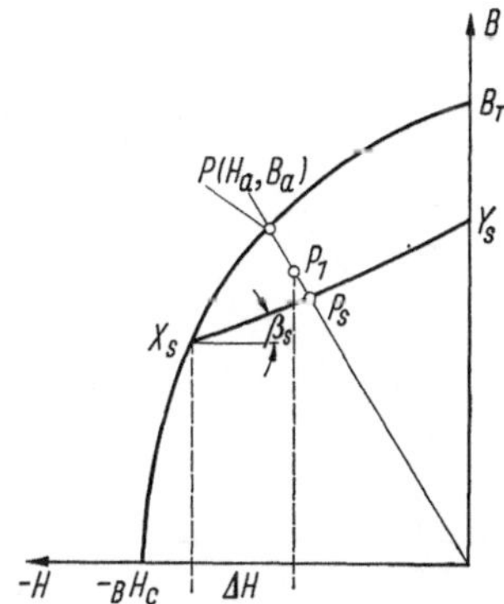

Abb. 30
Stabilisierung des Arbeitspunktes.

bei denen die analoge Meßwertanzeige unmittelbar von der im Meßsystem bestehenden magnetischen Induktion abhängt. In entsprechender Weise sind stabilisierte Magnete auch bei Hallgeneratoranwendungen notwendig, wenn es um die Verarbeitung analoger Meßwerte geht. Bei Hallgeneratoranwendungen mit digitaler Meßwertverarbeitung werden nur zwei magnetische Zustände ausgewertet, nämlich „plus" und „minus" magnetisiert. Die Größe der Magnetisierung spielt dabei eine untergeordnete Rolle. In solchen Fällen braucht das permanentmagnetische System nicht stabilisiert zu werden. Man arbeitet dann in einem Arbeitspunkt auf der Entmagnetisierungskurve. Eine gewisse stabilisierende Wirkung tritt auch bei diesen Anwendungen dadurch auf, daß die Dauermagnete äußeren Störfeldern ausgesetzt sind, wie z. B. dem erdmagnetischen Feld oder den magnetischen Streufeldern, die von anderen, in der Nähe befindlichen Dauermagneten ausgehen.

Neben der Remanenzinduktion B_r und der Koerzitivkraft H_c ist eine weitere Kenngröße der Entmagnetisierungskurve eines hartmagnetischen Werkstoffs der sog. $|BH|_{\max}$-Wert. Der $|BH|_{\max}$-Wert ist ein Maß für die größtmögliche magnetische Energie, die bei vorgegebenem Volumen des Dauermagneten im Außenraum, z. B. im Luftspalt eines permanentmagnetischen Kreises, aufgebracht werden kann. Hierzu betrachten wir einen permanentmagnetisch erregten Kreis gemäß Abb. 19, bei dem die Streuung vernachlässigt wird, und die den Luftspalt begrenzenden weichmagnetischen Eisenteile als ideal (d. h. $\mu = \infty$) angenommen werden. Die magnetische Feldstärke im Innern der Polschuhe ist dann verschwindend klein. Da keine elektrischen Ströme vorhanden sind, ist überall $\operatorname{rot}\boldsymbol{H} = 0$. Andererseits ist im gesamten Raum auch $\operatorname{div}\boldsymbol{B} = 0$. Da das Raumintegral über das Skalarprodukt aus einem wirbelfreien und einem quellenfreien Vektor verschwindet, gilt für die betrachtete Dauermagnetanordnung

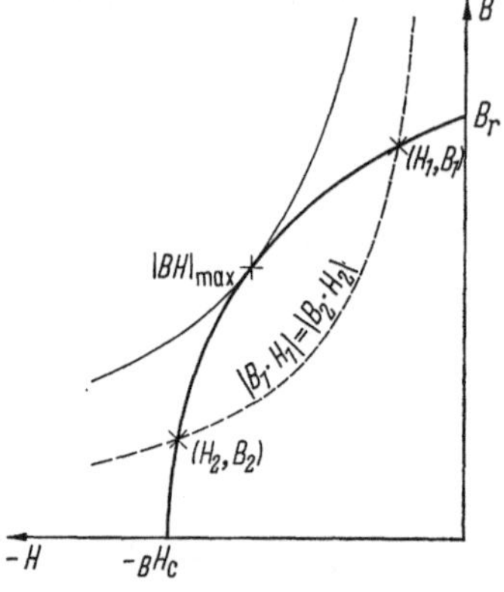

Abb. 31. Energieprodukt $|BH|$ eines Dauermagneten.

$$\iiint\limits_{\text{unendlicher Raum}} \boldsymbol{H}\cdot\boldsymbol{B}\,dV = 0. \tag{62}$$

Das Skalarprodukt $\boldsymbol{H}\cdot\boldsymbol{B}$ ist nur im Luftspalt und im Innern des Permanentmagneten von Null verschieden. In den Polschuhen aus ideal weichmagnetischem Material ist $\boldsymbol{H} = 0$, ebenso im Außenraum wegen der vernachlässigten Luftspaltstreuung. Bei homogener Magnetisierung des Dauermagneten, homogenem Gegenfeld im Permanentmagneten und homogenem Magnetfeld im Luftspalt kann die Integration in Gl. (62) ausgeführt werden, und man erhält

$$\mu_0 H_L^2\,\delta\,Q_L = -B_p H_p l_p Q_p. \tag{62a}$$

Bei gegebenem Volumen $l_p Q_p$ des Permanentmagneten kann also eine um so höhere magnetische Feldstärke im Luftspalt mit den vorgegebenen Abmessungen δ und Q_L erzeugt werden, je größer das Produkt aus Induktion $B = B_p$ und magnetischer Feldstärke $H = H_p$ im Innern des Dauermagneten ist.

Das Produkt BH ist entlang der Entmagnetisierungskurve eines hartmagnetischen Werkstoffs nicht konstant. In den Grenzpunkten ($H = H_c$, $B = 0$) und ($H = 0$, $B = B_r$) verschwindet dieses Produkt; für alle anderen Punkte der Entmagnetisierungskurve ist $BH \neq 0$, und der Absolutbetrag $|BH|$ erreicht in einem bestimmten Punkte der Entmagnetisierungskurve ein Maximum, das mit $|BH|_{max}$ bezeichnet wird. Die (B, H)-Punkte mit konstantem Produkt $|BH|$ liegen auf Hyperbelästen im zweiten Quadranten (Abb. 31). Diese Hyperbeln schneiden im allgemeinen die Entmagnetisierungskurve in zwei Punkten mit gleichem $|BH|$-Wert. Zur Entmagnetisierungskurve eines jeden Werkstoffs gibt es eine Grenzhyperbel, die die Entmagnetisierungskurve in einem Punkt tangiert. Diese Hyperbel hat als Grenzfall der die Entmagnetisierungskurve schneidenden Hyperbeln den größten Produktwert, und der Berührungspunkt ist der $|BH|_{max}$-Punkt des betreffenden Dauermagnetwerkstoffs. Bei vorgegebener Luftspaltgeometrie und vorgegebener Luftspaltfeldstärke ist ein Magnetkreis hinsichtlich der aufzuwendenden Menge permanentmagnetischen Materials dann optimal dimensioniert, wenn durch Wahl der Abmessungen

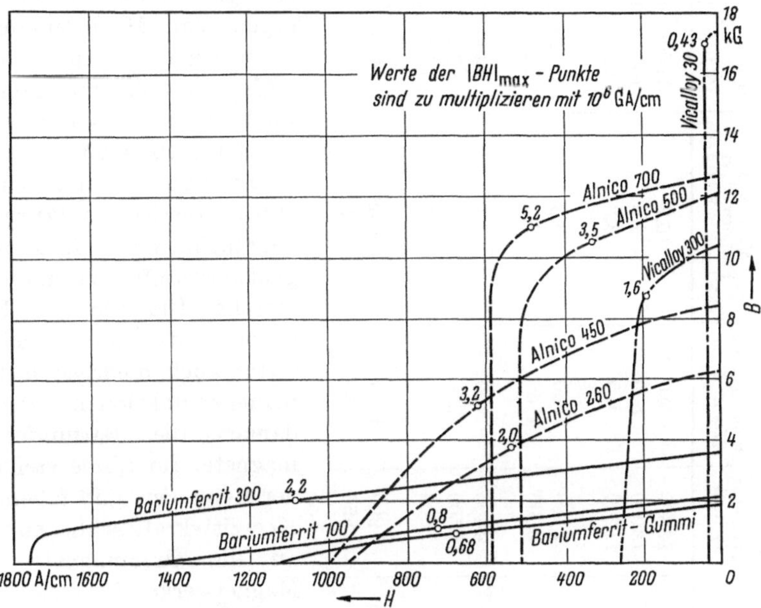

Abb. 32. Entmagnetisierungskurven gebräuchlicher Dauermagnetwerkstoffe.

des Permanentmagneten die Arbeitsgerade durch den $|BH|_{max}$-Punkt der Entmagnetisierungskurve geht. Alle Anordnungen, die so dimensioniert sind, daß die Arbeitsgerade nicht durch den $|BH|_{max}$-Punkt geht, benötigen zur Speicherung der geforderten Energie im Luftspalt ein größeres Magnetvolumen.

Bei der Auslegung eines Dauermagnetkreises sind normalerweise alle bekannten hartmagnetischen Werkstoffe zur Auffindung der konstruktiven Lösung mit kleinstem Magnetvolumen zugelassen. Da die Lage der Arbeitsgeraden eines Magnetkreises durch Wahl der Abmessungen des Permanentmagneten und des Luftspaltes bei geforderter Luftspaltinduktion nur in gewissen Grenzen variiert werden kann, gibt es von der Aufgabenstellung her Arbeitsgeraden, die remanenz- oder koerzitivkraftbetont sind. Soll z. B. in einem engen Luftspalt eine hohe

Tabelle 2

Werkstoff	Zusammensetzung (außer Fe)	Remanenz B_r in G	Koerzitivkraft $_BH_c$ in A/cm	Maximales Energieprodukt $\|BH\|_{max}$ in 10^6 GA/cm	Induktion im $\|BH\|_{max}$-Punkt B_a in G	Feldstärke im $\|BH\|_{max}$-Punkt H_a in A/cm	Reversible Permeabilität μ_{rev}
AlNiCo 700	9 Al, 23 Co, 3 Cu, 14 Ni	12800	580	5,2	11000	480	5
AlNiCo 500	8,5 Al, 24 Co, 3,5 Cu, 15 Ni	12000	520	3,5	10500	330	5
AlNiCo 400	8,5 Al, 24 Co, 3,5 Cu, 14,5 Ni, 1,0 Ti	11200	490	3,3	9000	370	4
Bariumferrit 100	($BaO \cdot 6\,Fe_2O_3$)	2100	1450	0,8	1100	720	1,2
Bariumferrit 300	($BaO \cdot 6\,Fe_2O_3$)	3600	1750	2,2	2000	1100	1,2
Preßmagnet (Tromalit)	7 Al, 19 Co, 4 Cu, 18 Ni, 4 Ti	4400	790	1,1	2400	430	3
Vicalloy 300	52 Co, 8 V, 4 Cr	10500	250	1,6	8700	185	6
Vicalloy 30	30 Co, 15 Cr	17500	25	0,43	17000	25	30
Bariumferrit (Gummi)	($BaO \cdot 6\,Fe_2O_3$) in Gummi	1900	1100	0,68	1000	680	1,1
Tonband	γ-Fe_2O_3	850	240	0,1			$\mu_a = 1,4$

magnetische Induktion erzeugt werden, so wählt man günstigerweise einen Magnetwerkstoff, der seinen $|BH|_{max}$-Punkt bei hohen Induktionen hat (remanenzbetont). Bei großen Luftspalten und mäßiger Induktion ist dagegen ein Magnetmaterial vorzuziehen, das einen $|BH|_{max}$-Punkt mit hohem Feldstärkewert besitzt (koerzitivkraftbetont).

In Abb. 32 sind einige Entmagnetisierungskurven gebräuchlicher Dauermagnetwerkstoffe zusammengestellt. Die höchsten Koerzitivkräfte, aber gleichzeitig auch niedrigsten Remanenzinduktionen, zeigen danach die Bariumferritmagnete. Im Sinne steigender Remanenz und fallender Koerzitivkraft schließen sich an die Oxidmagnete die Magnetwerkstoffe aus der AlNiCo-Gruppe an. Die höchsten Remanenzinduktionen, gleichzeitig aber auch kleinsten Koerzitivfeldstärken, besitzen die sog. Vicalloy-Werkstoffe; das sind Legierungen aus Fe, Co, V und Cr unterschiedlicher Zusammensetzung. Gleichzeitig sind in Abb. 32 zu jedem Werkstoff die $|BH|_{max}$-Punkte, d. h. die günstigsten Arbeitspunkte, eingezeichnet.

Tab. 2 enthält die Kenngrößen einiger hartmagnetischer Werkstoffe. Es wurden dabei solche Werkstoffe ausgewählt, die bei den heutigen Hallgeneratoranwendungen allgemein Verwendung finden.

1.4 Elektronen im Festkörper

Die elektrische Leitung in Festkörpern wurde erst in den letzten 50 Jahren erforscht. Das Verhalten der Elektronen in festen Körpern unterliegt nämlich quantenmechanischen Gesetzen. Einem tieferen Verständnis des elektrischen Leitungsmechanismus mußte daher zunächst die Entwicklung der Quantentheorie vorausgehen. Noch lange vor Aufklärung der Vorgänge bei der elektrischen Leitung in Festkörpern fand die metallische Leitung weitgehende technische Anwendung im Elektromaschinenbau und in der Nachrichtentechnik. Sehr früh lernte man dagegen das Verhalten der Elektronen im Vakuum verstehen, da die Bewegung der Elektronen im freien Raum auch ohne die Gesetze der Quantenmechanik zu beschreiben sind. Aus den ersten Versuchen von DE FOREST und von LIEBEN, den Elektronenstrom in Glühkathodenröhren zu steuern, entwickelte sich sehr bald die gittergesteuerte Elektronenröhre. Sie stellt das erste elektronische Bauelement dar, in dem die Elektronen durch elektrische Felder gesteuert werden. Eine magnetisch steuerbare Elektronenröhre ist das Magnetron (HEWITT 1902), bei dem der Elektronenstrom im Vakuum durch ein Magnetfeld beeinflußt wird. Einen besonderen Aufschwung erfuhr die Elektronik, nachdem das Verhalten der Elektronen im Festkörper durch die physikalische Forschung in den dreißiger und vierziger Jahren aufgedeckt wurde (Wellenmechanische Theorie der Metalle von BETHE und SOMMERFELD, Halbleiter-Sperrschichttheorie von SCHOTTKY und SHOKLEY). Als Ergebnis der sich daran in den letzten 20 Jahren anschließenden technischen Entwicklung liegen heute eine Reihe von Halbleiterbauelementen vor, wie Gleichrichter, Transistoren und Thyristoren, die zu neuen elektrotechnischen Anwendungen führten. Gemeinsam ist diesen Bauelementen das Vorhandensein einer Sperrschicht, die durch Injektion von Elektronen in ihrer Sperreigenschaft verändert werden kann. Im Gegensatz dazu kennt man auch Halbleiterbauelemente mit homogenem Halbleiterkörper. Zu dieser Gruppe gehören z. B. die Fotowiderstände und galvanomagnetische Bauelemente, wie Hallgeneratoren und magnetfeldabhängige Widerstände. Während bei den Fotowiderständen die elektrische Leitfähigkeit durch Lichteinfall erhöht wird, werden bei den galvanomagnetischen Bauelementen die Elektronen durch ein steuerndes Magnetfeld beeinflußt. Auch für das Verständnis der Halbleiterbauelemente mit homogenem Halbleiterkörper ist die Kenntnis einer Reihe physikalischer Tatsachen über das Verhalten der

Elektronen im Festkörper notwendig, die im folgenden kurz zusammengestellt werden.

Im kristallinen Festkörper sind die Atome in einem regelmäßigen räumlichen Gitter angeordnet und werden an den Gitterplätzen durch elektrische Kräfte gehalten, die aus der Wechselwirkung ihrer Elektronenhüllen resultieren. An der elektrischen Leitung im kristallinen Festkörper sind nur die Elektronen der äußersten Hülle der Atome beteiligt. Das Verhalten dieser Elektronen wird entscheidend durch die Energiebandstruktur des Festkörpers bestimmt. Diese auch als Bändermodell bezeichnete Bandstruktur des Energieschemas der äußeren Elek-

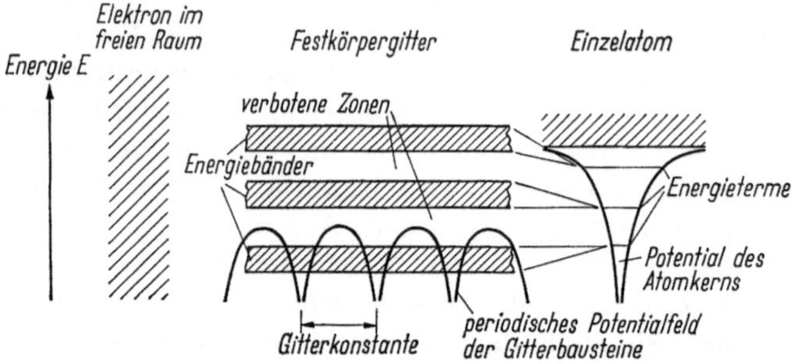

Abb. 33. Energieschema der Elektronen im freien Raum, im Festkörpergitter und eines Einzelatoms.

tronen ergibt sich aus der quantenmechanischen Behandlung eines Elektrons im periodischen Potentialfeld der durch die gebundenen Elektronen nicht vollständig abgeschirmten, positiv geladenen Atomkerne. Anschaulich kommt man zu diesem Bändermodell, wenn man bedenkt, daß das Elektron im kristallinen Festkörper gewissermaßen eine Mittelstellung einnimmt zwischen dem völlig freien Elektron und dem Elektron, das an den Atomrumpf eines einzelnen isolierten Atoms gebunden ist (Abb. 33). Das freie Elektron kann jeden Energiezustand (potentielle und kinetische Energie) annehmen. Das im elektrischen Feld des Atomkerns gebundene Elektron kennt dagegen nur ganz diskrete Energieterme. Ordnet man eine große Anzahl von Atomen in einem regelmäßigen, räumlichen Gitter an, so beeinflussen sich die Elektronen der einzelnen Atome nicht, solange der gegenseitige Abstand der Atome, die sog. Gitterkonstante, sehr groß ist. Das Energietermschema der diesem Gitterverband angehörenden Elektronen ist identisch mit dem Termschema des Einzelatoms, jedoch können die einzelnen Energieterme N-fach besetzt sein, wenn N die Anzahl der Atome des betrachteten Gitters ist. Drängt man nun das Gitter zusammen, so daß der gegenseitige Abstand der Atome kleiner und kleiner wird, bis schließlich die dem betreffenden Festkörper entsprechende stabile gegenseitige Lage der Atome erreicht ist, so treten die Elektronen der Atomhüllen miteinander in Wechselwirkung, und die N-fach entarteten Energieterme fächern zu Bändern auf. Die einzelnen Bänder bestehen dabei aus N diskreten, dicht beieinanderliegenden Energietermen. Da die Zahl der in einem makroskopischen Kristallstück enthaltenen Atome etwa 10^{20} beträgt, kann die Feinstruktur der Energiebänder vernachlässigt und jedes einzelne Band als ein Kontinuum aufgefaßt werden. Die Energiebänder stellen die Gesamtheit der für die Elektronen des betrachteten kristallinen Festkörpers erlaubten Energiezustände dar. Sie sind voneinander getrennt durch Energiebereiche, in denen sich die Elektronen des Kristalls nicht aufhalten können. Man bezeichnet diese Bereiche zwischen den Energiebändern als verbotene Zonen.

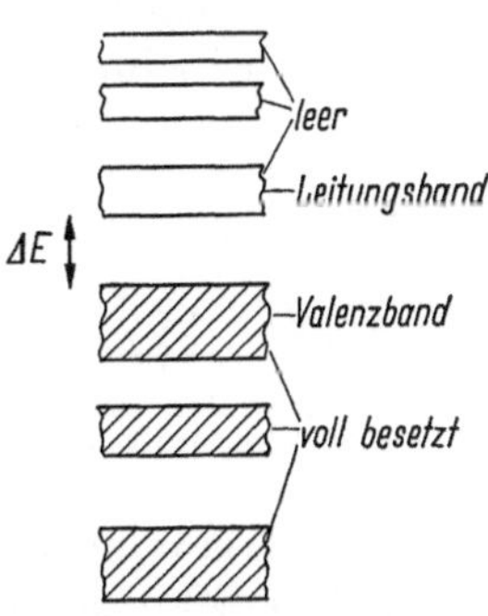

Abb. 34
Bandstruktur und Elektronenverteilung eines Isolators.

Der elektrische Ladungstransport im Festkörper besteht in einer gerichteten Bewegung der Elektronen. Im Bändermodell bedeutet dies, daß ein Elektron unter der beschleunigenden Wirkung eines angelegten elektrischen Feldes in einen höheren Energiezustand übergeht. Hierzu muß aber der Energieterm, in den das Elektron übergehen soll, leer sein. Vollbesetzte Bänder können daher keinen Beitrag zum Ladungstransport leisten. In ihnen verhalten sich die Elektronen so, als wenn sie „gebunden" wären. Nur die Elektronen in einem teilweise besetzten Band sind „beweglich". Da die unteren Energiebänder eines Festkörpers voll mit Elektronen besetzt sind, spielen sie für den elektrischen Leitungsmechanismus keine Rolle. Lediglich die Elektronen im obersten Energieband, gegebenenfalls noch die Elektronen in dem unmittelbar darunterliegenden Band, sind für die elektrische Leitung verantwortlich.

Bei vielen Festkörpern ist die Elektronenverteilung auf die einzelnen Bänder so, daß alle unteren Bänder vollbesetzt und die darüberliegenden Bänder vollständig leer sind (Abb. 34). Das oberste vollbesetzte Energieband eines solchen Festkörpers nennt man sein Valenzband, das darüberliegende unterste leere Energieband sein Leitungsband. Ist die verbotene Zone mit dem Energieabstand ΔE zwischen dem Leitungsband und dem Valenzband so groß, daß bei normalen Temperaturen ein Übergang der Elektronen aus dem Valenzband in das Leitungsband durch thermische Anregung nicht möglich ist, so haben wir einen Nichtleiter oder Isolator vor uns. Bei nur geringer Höhe der verbotenen Zone ΔE können schon bei Raumtemperatur Elektronen aus dem Valenzband ins Leitungsband durch die Wärmebewegung angehoben werden. Ein Festkörper mit einer solchen Bandstruktur und Elektronenverteilung ist ein eigenleitender Halbleiter (Abb. 35). Bei den Metallen folgt auf nur vollbesetzte Energiebänder ein oberstes Energieband, das nur teilweise mit Elektronen gefüllt ist (Abb. 36). Die hohe Elektronenkonzentration in diesem teilweise aufgefüllten Energieband ist die Ursache für die große elektrische Leitfähigkeit der Metalle.

Werden bei einem Halbleiter durch thermische Anregung Elektronen aus dem Valenzband in das Leitungsband gehoben, so fehlen diese Elektronen im Valenzband. Das Valenzband ist also nicht mehr vollbesetzt und daher in der Lage, auch am Ladungstransport teilzunehmen. Der Ladungstransport im

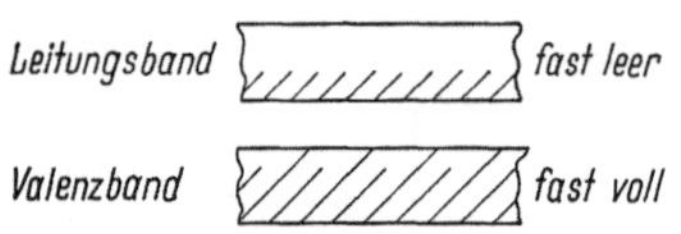

Abb. 35. Bandstruktur und Elektronenverteilung eines eigenleitenden Halbleiters.

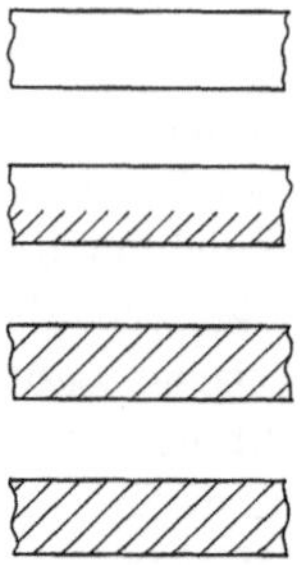

Abb. 36. Bandstruktur und Elektronenauffüllung eines Metalls.

Valenzband läßt sich durch die Modellvorstellung der Löcherleitung beschreiben. Man bezeichnet das fehlende Elektron im Valenzband als Defektelektron oder als Loch. In Abb. 37 ist unter Verwendung des

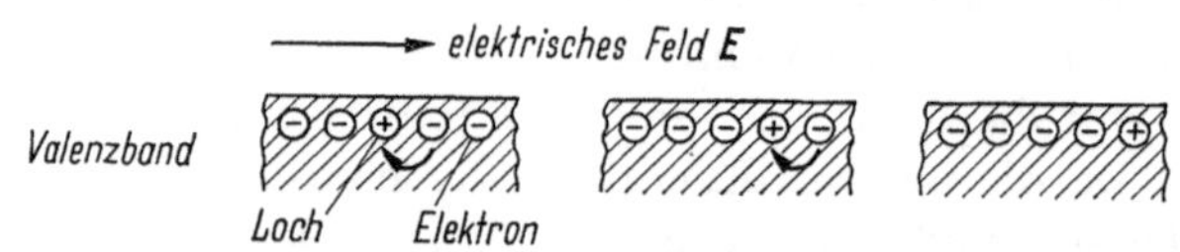

Abb. 37. Bewegung eines Loches im Valenzband.

korpuskularen Bildes von Elektron und Loch dargestellt, wie der Ladungstransport im Valenzband vor sich geht. Bei Anlegen eines elektrischen Feldes besetzt das dem Loch benachbarte Elektron diesen freien Elektronenplatz. Durch diesen Bewegungsschritt ist an der Stelle, an der sich vorher das Elektron befand, ein Loch entstanden. Dieses Loch wird nun wiederum von dem nächsten Elektron aufgefüllt. Auf diese Weise entsteht das Bild eines sich bewegenden Loches, das dem elektrischen Feld folgt und sich damit wie ein positiv geladenes Teilchen verhält. Ein solches Loch ist in der Tat einfach positiv geladen, da eine durch Wegnahme eines Elektrons entstehende Leerstelle nicht elektrisch neutral ist, sondern infolge der positiven Rumpfladung des Gitteratoms positiv geladen erscheint.

Die Zahl n der Elektronen pro cm^3 und die Zahl p der Löcher pro cm^3 sind bei einem eigenleitenden Halbleiter einander gleich. Sie hängen in starkem Maße vom Bandabstand ΔE und der Temperatur T ab.

Beim absoluten Nullpunkt ($T = 0$) sind keine beweglichen Ladungsträger vorhanden. Mit ansteigender Temperatur werden mehr und mehr Elektronen aus dem Valenzband in das Leitungsband gehoben. Dabei entstehen gleichzeitig ebensoviel Löcher im Valenzband wie Elektronen im Leitungsband.

Quantitativ wird die Verteilung der Elektronen auf die Bänder allgemein durch die Fermi-Statistik geregelt. Nach der Fermi-Statistik ist

$$f(E) = \frac{1}{e^{\frac{E-E_F}{kT}} + 1} \tag{63}$$

die Wahrscheinlichkeit dafür, daß bei der Temperatur T der Energieterm E mit einem Elektron besetzt ist. Hierin ist k die Boltzmann-Konstante[1] und E_F die Energie der Fermi-Kante. In Abb. 38 ist der Verlauf der Fermi-Verteilung $f(E)$ als Funktion der Energie E dargestellt. Für tiefe Temperaturen $T \to 0$ ist die Fermi-Kurve eine Sprung-

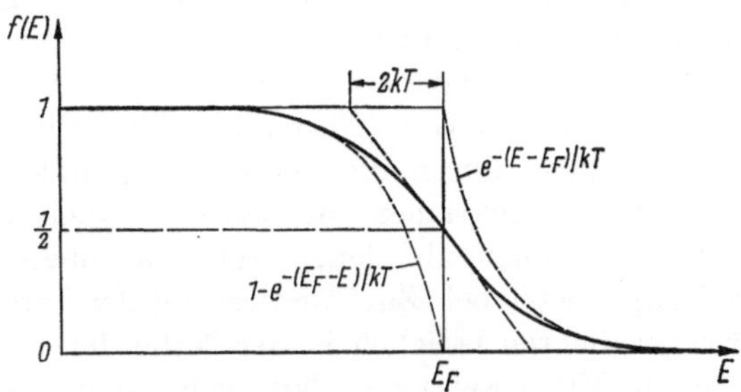

Abb. 38. Fermi-Funktion und ihre Näherungen.

funktion, die unterhalb der Fermi-Kante E_F den Wert 1 besitzt (alle Energieniveaus besetzt) und oberhalb von E_F den Wert Null hat (alle Energieterme leer). Für endliche Temperaturen wird die Fermi-Kante abgerundet; die Besetzungswahrscheinlichkeit $f(E)$ hat an der Stelle $E = E_F$ den Wert $\frac{1}{2}$. Für $(E - E_F) \gg kT$ kann die 1 im Nenner von Gl. (63) gegenüber der e-Funktion vernachlässigt werden, so daß die Besetzungswahrscheinlichkeit oberhalb der Fermi-Kante durch einen der Boltzmann-Statistik entsprechenden Ausdruck $e^{-\frac{E-E_F}{kT}}$ in guter Näherung beschrieben wird. Im Bereich unterhalb der Fermi-Kante gilt als Näherung die Funktion $1 - e^{-\frac{E_F-E}{kT}}$. Die beiden Ausdrücke sind bereits gute Näherungen für $|E_F - E|$-Werte von einigen kT (s. Abb. 38). Die Wahrscheinlichkeit dafür, daß ein Energieterm mit

[1] $k = 1{,}38 \cdot 10^{-13}$ Wsec/°K.

einem Loch besetzt ist, wird beschrieben durch die Funktion

$$f_p(E) = 1 - f(E) = \frac{1}{e^{\frac{E_F - E}{kT}} + 1}. \tag{64}$$

Ist $z(E)$ die Anzahl der besetzbaren Energieterme pro cm^3 im Energieintervall zwischen E und $E + dE$, so können wir mit Hilfe der Fermi-Statistik die Elektronenkonzentration im Leitungsband sowie die Löcherkonzentration im Valenzband berechnen zu

$$n = \int_{E_L}^{\infty} f(E)\, z(E)\, dE \tag{65a}$$

und

$$p = \int_{-\infty}^{E_V} f_p(E)\, z(E)\, dE \tag{65b}$$

mit der unteren Grenze E_L des Leitungsbandes und der oberen Kante E_V des Valenzbandes. Für einen eigenleitenden Halbleiter liegt die Fermi-Kante E_F annähernd in der Mitte der verbotenen Zone, wie später noch gezeigt wird. Ist der Bandabstand groß gegen kT, so erstrecken sich die Integrationen in den Gln. (65a) und (65b) über Bereiche, in denen die Fermi-Funktion durch die einfachen e-Funktionen ersetzt werden kann. Da die e-Funktionen mit zunehmendem Abstand von den Bandkanten sehr schnell abfallen, trägt das Innere der Bänder nur wenig zum Integralwert bei. Zur Auswertung der Integrale genügt es daher, die Energiedichten lediglich in der Nähe der Bandkanten zu kennen. Unter diesen Voraussetzungen läßt sich die Integration durchführen, und man findet[1]

$$n = N_L\, e^{-\frac{E_L - E_F}{kT}} \quad \text{mit} \quad N_L = 2\left(\frac{2\pi m_n kT}{h^2}\right)^{3/2} \tag{66a}$$

und

$$p = N_V\, e^{-\frac{E_F - E_V}{kT}} \quad \text{mit} \quad N_V = 2\left(\frac{2\pi m_p kT}{h^2}\right)^{3/2}. \tag{66b}$$

Hierin ist h das Plancksche Wirkungsquantum ($h = 6{,}625 \cdot 10^{-34}\,\mathrm{Wsec^2}$); m_n und m_p sind die effektiven Massen der Elektronen im Leitungsband bzw. der Löcher im Valenzband[2]. Der eigenleitende Halbleiter läßt sich danach beschreiben als aus zwei N_L- bzw. N_V-fach entarteten Energietermen E_L und E_V bestehend, die nach einer Boltzmann-Statistik mit

[1] Siehe hierzu die einschlägige Halbleiterliteratur [14, 15].

[2] Ein Elektron im freien Raum besitzt die Ruhemasse $m_0 = 9{,}1 \cdot 10^{-28}$ g. Bei der Beschreibung von Elektronen und Löchern im Festkörper unter Beibehaltung des Teilchenbildes wird ihre Wechselwirkung mit den Gitterbausteinen durch die Einführung effektiver Massen berücksichtigt. Die effektiven Massen können wesentlich von der Ruhemasse des Elektrons abweichen.

Elektronen und Löchern besetzt sind, E_F hat dabei die Bedeutung einer Bezugsenergie.

Das Produkt aus Elektronen- und Löcherkonzentration ist unabhängig vom Fermi-Niveau E_F und hängt lediglich vom Bandabstand $\Delta E = E_L - E_V$ und der Temperatur ab:

$$n\,p = N_L N_V \,\mathrm{e}^{-\frac{\Delta E}{kT}} = n_i^2. \tag{67}$$

$n_i = n = p$ ist die Trägerkonzentration des eigenleitenden Halbleiters und wird kurz als die Eigenleitungskonzentration bezeichnet. In Abb. 39

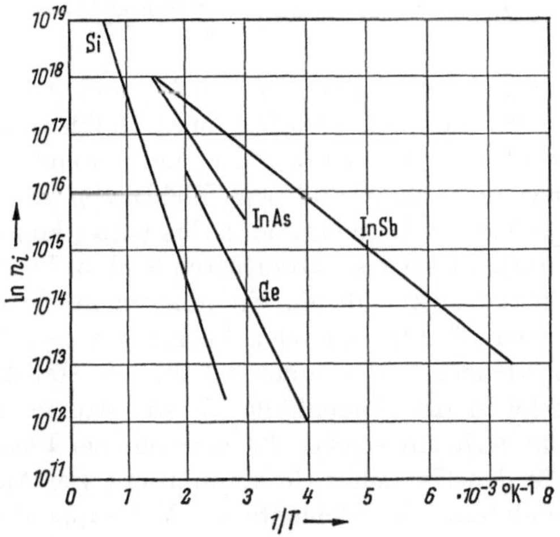

Abb. 39
Eigenleitungskonzentration von Si, Ge, InAs und InSb in Abhängigkeit von der Temperatur.

ist für die Halbleiter Silizium, Germanium, Indiumarsenid und Indiumantimonid der Logarithmus der Eigenleitungskonzentration n_i über der reziproken Temperatur aufgetragen. In dieser Darstellung erscheint die Abhängigkeit der Eigenleitungskonzentration n_i von der Temperatur für jeden dieser Halbleiter als eine Gerade mit unterschiedlichem Anstieg. Der Grund hierfür ist, daß die Temperaturabhängigkeit der Eigenleitungskonzentration gemäß Gl. (67) durch den starken Temperaturgang der Exponentialfunktion bestimmt wird. Die nur schwache Temperaturabhängigkeit von N_L und N_V ($\sim T^{3/2}$) fällt dagegen nicht ins Gewicht. Der Anstieg der Geraden in Abb. 39 ist dem Bandabstand der zugehörigen Halbleiter proportional.

Gl. (67) hat die Gestalt des aus der Chemie her bekannten Massenwirkungsgesetzes für den Prozeß der Elektron-Loch-Paarerzeugung und deren Rekombination. Es gilt über den eigenleitenden Halbleiter hinaus ganz allgemein: Die Anzahl der pro Sekunde stattfindenden Elektron-

Loch-Rekombination ist proportional dem Produkt $n\,p$, während die Zahl der pro Sekunde erzeugten Elektron-Loch-Paare wegen des beliebigen Vorrats an Elektronen im Valenzband und freien Plätzen im Leitungsband bei gegebenem Halbleiter nur von der Temperatur T abhängt.

Haben Elektron und Loch in einem eigenleitenden Halbleiter die gleiche effektive Masse, so liegt die Fermi-Kante genau in der Mitte der verbotenen Zone. Der Einfluß der effektiven Massen auf die Lage der Fermi-Kante wird durch die Beziehung

$$E_F = \frac{1}{2}(E_L + E_V) - \frac{3}{4} kT \ln \frac{m_n}{m_p} \tag{68}$$

beschrieben, die durch Gleichsetzen von (66a) und (66b) entsteht.

Bisher haben wir nur den Idealfall eines Halbleiters, nämlich den eigenleitenden Halbleiter betrachtet. Der eigenleitende Halbleiter hat ebensoviel Löcher im Valenzband wie Elektronen im Leitungsband. Durch Einbau geeigneter Fremdatome in das Gitter können Elektronen spendende oder auch Elektronen absorbierende, d. h. Löcher erzeugende Zentren geschaffen werden. Ob ein Fremdatom in einem bestimmten Halbleiter zusätzlich Elektronen oder Löcher erzeugt, hängt von der Anzahl seiner Elektronen in der äußeren Hülle ab. Hat das Fremdatom ein Elektron mehr in der Außenhülle als die Atome des Halbleitergitters, so verhält sich ein solches Fremdatom als Elektronenspender oder Donator. Für den Halbleiter Germanium mit vier Außenelektronen sind Donatorfremdatome die Elemente der V. Gruppe des periodischen Systems, wie z. B. Phosphor, Arsen und Antimon. Donatoren für die III-V-Halbleiter, wie Indiumantimonid und Indiumarsenid, sind Elemente der VI. Gruppe des periodischen Systems, also z. B. Schwefel und Selen. Löcher erzeugende Fremdatome werden Elektronenfänger oder Akzeptoren genannt. Sie haben ein Außenelektron weniger als die Atome des Halbleitergitters. Akzeptoren für Germanium sind daher die Elemente der III. Gruppe, wie Bor und Aluminium, für die III-V-Halbleiter die Elemente der II. Gruppe, wie Cadmium und Zink.

Die in ein Halbleitergitter eingebauten Fremdatome werden auch als Störstellen bezeichnet. Im Bändermodell erscheinen Störstellen als Energieniveaus innerhalb der verbotenen Zone. Dabei liegen die Donatorniveaus nahe der unteren Leitungsbandgrenze und die Akzeptorniveaus unmittelbar über der oberen Kante des Valenzbandes. Wir betrachten zunächst einen Störstellenhalbleiter, der nur mit Donatoren dotiert ist. Einen solchen Halbleiter nennt man auch einen Überschußhalbleiter oder n-leitenden Halbleiter. Abb. 40 zeigt sein Termschema. Die Elektronen im Leitungsband können aus den je nach Temperatur mehr oder weniger dissoziierten Donatorniveaus oder aus dem Valenzband stammen. Ihre Verteilung wird dabei durch die Fermi-Statistik bestimmt, wobei die Lage der Fermi-Kante von der Donatorkonzentration und der Temperatur abhängt. Zur Berechnung des Fermi-Niveaus geht man davon aus, daß der Störstellenhalbleiter als Ganzes elektrisch neutral sein muß. Bei der Dissoziation eines Donatorniveaus bleibt das Fremdatom als positives Ion im Halbleitergitter zurück. Die Neutralitätsbedingung für die elektrische Ladung lautet daher

$$n = p + N_D - n_D. \quad (69)$$

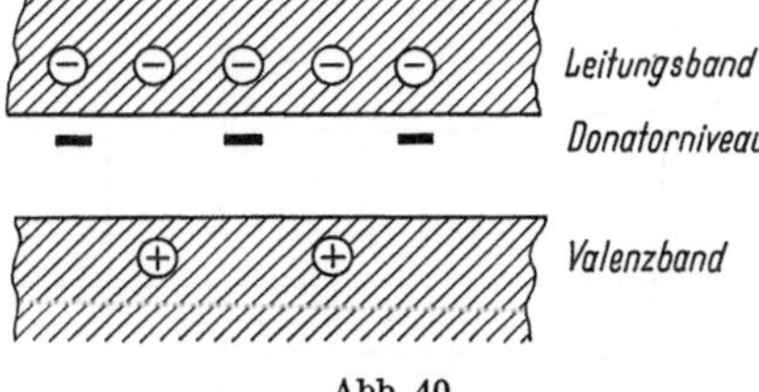

Abb. 40
Termschema eines n-leitenden Halbleiters.

Hierin sind N_D die Donatorkonzentration, mit der der Halbleiter dotiert wurde und n_D die Zahl der Elektronen pro cm³ in den Donatorstellen. $N_D - n_D$ ist somit die Anzahl der ionisierten Störstellen pro cm³, die bei der elektrischen Ladungsbilanz in Gl. (69) als positive Ladungskonzentration zu der Löcherkonzentration hinzuzuzählen ist. Ist E_D das Energieniveau der Donatorterme, so folgt unter Anwendung der Fermi-Statistik auf die einzelnen Glieder von Gl. (69)

$$N_L \, e^{-\frac{E_L - E_F}{kT}} = N_V \, e^{-\frac{E_F - E_V}{kT}} + N_D - N_D \frac{1}{e^{-\frac{E_D - E_F}{kT}} + 1}. \quad (70)$$

Gl. (70) ist eine Bestimmungsgleichung 3. Grades für $e^{-\frac{E_F}{kT}}$. Aus ihr ergibt sich die Lage der Fermi-Kante in Abhängigkeit von der Donatorkonzentration N_D und der Temperatur T. Abb. 41 zeigt als Beispiel den Verlauf der Fermi-Kante als Funktion der Temperatur T für einen Halbleiter mit einem Bandabstand von $\Delta E = 1$ eV, dessen Donator-

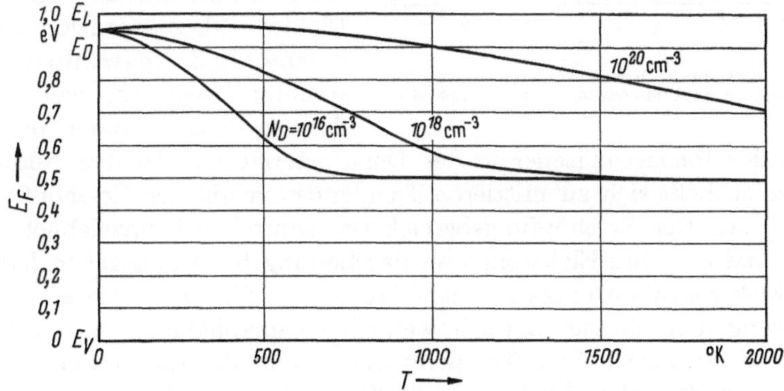

Abb. 41. Verlauf der Fermi-Energie in Abhängigkeit von der Temperatur für einen Überschußhalbleiter.

niveaus um 0,1 eV unter dem Leitungsband liegen. Die Kurven wurden unter der Annahme $m_n = m_p = m_0$ für drei verschiedene Donatorkonzentrationen berechnet. Bei der Temperatur $T = 0$ liegt die Fermi-Kante genau in der Mitte zwischen E_L und E_D. Mit ansteigender Temperatur läuft sie gegen die Mitte der verbotenen Zone und nähert sich dieser um so früher, je geringer die Donatorkonzentration ist. Ist die Lage der Fermi-Kante in Abhängigkeit von Donatorkonzentration und Temperatur bekannt, so können mit den Gln. (66a) und (66b) Elektronen- und Löcherkonzentrationen als Funktion der Temperatur berechnet werden. Abb. 42 zeigt in logarithmischer Darstellung die Elektronenkonzentration als Funktion der reziproken Temperatur für den angenommenen Modellhalbleiter. Der Temperaturverlauf der Elektronenkonzentration läßt drei verschiedene Bereiche erkennen. Im Reservebereich bei tiefen Temperaturen sind die Donatorterme noch nicht vollständig ionisiert und können mit zunehmender Temperatur noch weitere Elektronen an das Leitungsband abgeben. Die Elektronenkonzentration steigt deshalb in der gewählten Darstellung linear an, wobei der Anstieg dieser Geraden proportional der Ionisierungsenergie der Donatorterme ist. An den Reservebereich schließt sich zu mittleren Temperaturen hin der Erschöpfungsbereich an. Der Erschöpfungsbereich ist dadurch gekennzeichnet, daß alle Donatoren ihre Elektronen an das Leitungsband abgegeben haben. Die Elektronenkonzentration ist daher $n \approx N_D$ und für schwache Dotierungen in diesem Bereich weitgehend unabhängig von der Temperatur. Für noch höhere Temperaturen nimmt die Elektronenkonzentration im Eigenleitungsbereich wieder stark zu und geht schließlich in die Eigenleitungskonzentration über.

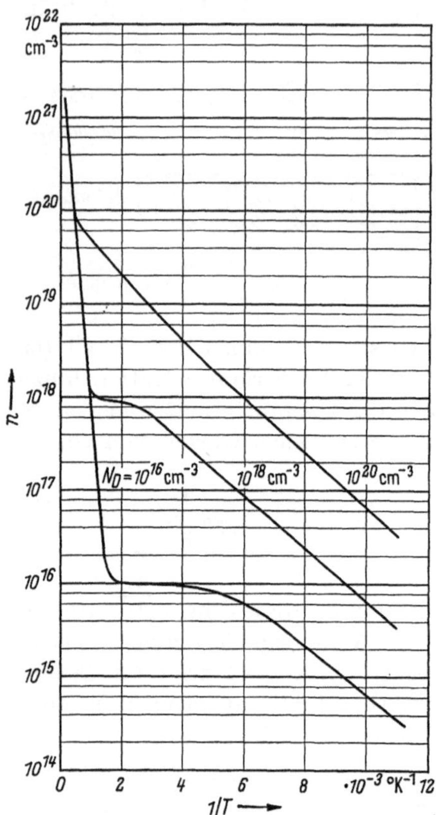

Abb. 42. Elektronenkonzentration eines n-leitenden Halbleiters als Funktion der reziproken Temperatur.

In der gleichen Weise verhält sich der nur mit Akzeptoren dotierte Defekthalbleiter. Bei ihm durchläuft die Löcherkonzentration mit steigender Temperatur einen Reserve-, Erschöpfungs- und Eigenleitungsbereich.

Schließlich sei als allgemeinster Fall noch der gemischte Störstellenhalbleiter betrachtet, bei dem Donatoren und Akzeptoren gleichzeitig vorhanden sind. Wir beschränken uns auf den Fall, daß die Donatorkonzentration N_D größer als die Akzeptorkonzentration N_A ist. Den

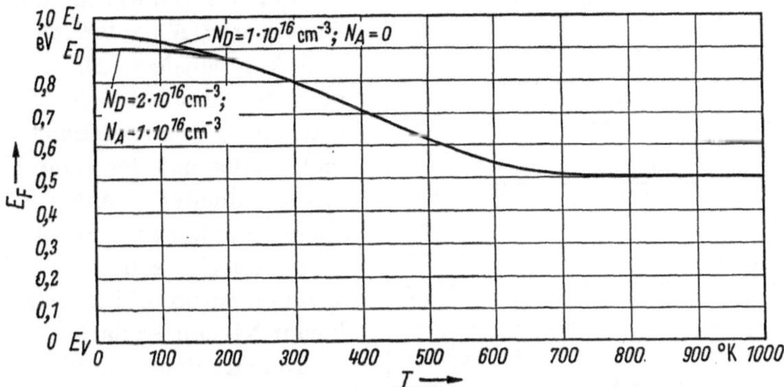

Abb. 43. Verlauf der Fermi-Kante in Abhängigkeit der Temperatur für einen reinen Überschußhalbleiter und einen gemischten Halbleiter mit $N_D > N_A$.

Ausgangspunkt zur Berechnung der Fermi-Kante bildet wiederum die Neutralitätsbedingung, die für den gemischten Störstellenhalbleiter

$$n + n_A = p + N_D - n_D \tag{71}$$

lautet. Hierin ist n_A die Zahl der sich auf den Akzeptorniveaus befindlichen Elektronen. Links in Gl. (71) steht also die pro cm³ vorhandene negative elektrische Ladung, die der rechts stehenden positiven Ladungsdichte gleich sein muß. Unter Anwendung der Fermi-Statistik auf die einzelnen Terme von Gl. (71) ergibt sich zur Bestimmung von $e^{-\frac{E_F}{kT}}$ eine Gleichung 4. Grades. In Abb. 43 ist der Verlauf der Fermi-Kante in Abhängigkeit von der Temperatur für einen Halbleiter mit $\Delta E = E_L - E_V = 1$ eV, $E_L - E_D = 0{,}1$ eV und $E_A - E_V = 0{,}2$ eV für $N_D = 10^{16}/\text{cm}^3$ und $N_A = 0$ sowie für eine Dotierung $N_D = 2 \cdot 10^{16}/\text{cm}^3$ und $N_A = 1 \cdot 10^{16}/\text{cm}^3$ dargestellt. Für den reinen Überschußhalbleiter liegt bei der Temperatur $T = 0$ die Fermi-Kante in der Mitte zwischen E_L und E_D. Ist der Halbleiter gleichzeitig mit Akzeptoren $N_A < N_D$ dotiert, geht die Fermi-Kante vom Donatorniveau aus. Dies ist verständlich, da beim absoluten Nullpunkt N_A Elektronen von den Akzeptorniveaus aufgenommen werden und somit die Donatorniveaus noch mit $N_D - N_A$ Elektronen besetzt sind. Beide Kurven streben mit steigender Temperatur gegen die Mitte der verbotenen Zone. Abb. 44 zeigt den Verlauf der Elektronenkonzentration n in Abhängigkeit von der Temperatur für beide Störstellenhalbleiter. Der gemischte Störstellenhalbleiter verhält sich im Eigenleitungs- und Erschöpfungsbereich genau so, wie ein reiner Überschußhalbleiter mit der Donatorkonzentration $N_D - N_A$. Der hohe Donatorgehalt ($N_D = 2 \cdot 10^{16}/\text{cm}^3$) wird also durch die eingebauten Akzeptoren ($N_A = 10^{16}/\text{cm}^3$) zum Teil kompensiert. Diese Kompensation gilt bei tiefen Temperaturen im Reservebereich nicht mehr. Hier hat der reine Überschußhalbleiter eine höhere Elektronenkonzentration. Dies wird durch sein bei tiefen Temperaturen höher liegendes Fermi-Niveau erklärt.

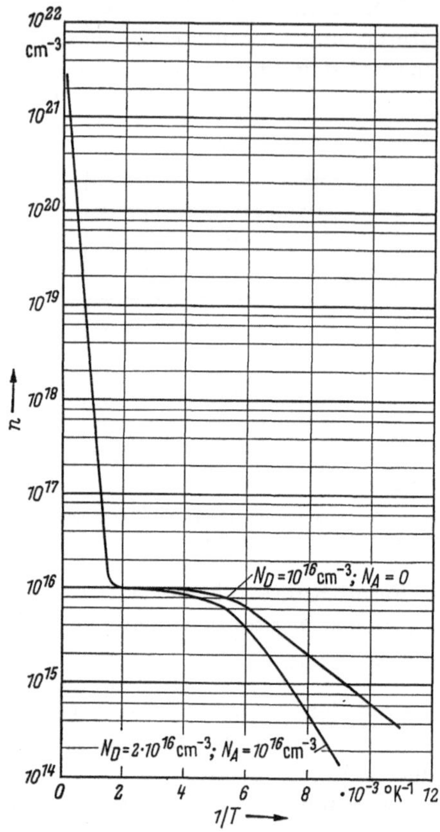

Abb. 44. Elektronenkonzentration in Abhängigkeit von der reziproken Temperatur für einen reinen Überschußhalbleiter und einen gemischten Halbleiter.

Neben dem Bandabstand, den effektiven Massen von Elektron und Loch, der Störstellenkonzentration und der Lage der Störstellenniveaus wird ein Halbleiter noch durch drei weitere Größen charakterisiert, nämlich die Lebensdauer eines Elektron-Loch-Paares und die Beweglichkeiten der Ladungsträger. Werden in einem Halbleiter durch die Einstrahlung von Lichtquanten Elektron-Loch-Paare erzeugt, so wird die der Fermi-Statistik entsprechende thermische Gleichgewichtskonzentration der Elektronen und Löcher gestört. Diese elektrisch neutrale Abweichung vom thermischen Gleichgewicht kann nicht beliebig lange bestehen, sondern klingt durch Rekombination der Elektron-Loch-Paare exponentiell mit der Zeitkonstante τ_{np} ab, die als Lebensdauer des Elektron-Loch-Paares bezeichnet wird. Gitterbaufehler und Fremdatome im Halbleitergitter wirken dabei als Rekombinationszentren, d. h. als Stellen, an denen sich die Rekombination des Elektron-Loch-Paares bevorzugt abspielt. Um eine hohe Lebensdauer zu erreichen, muß man daher zunächst einmal einen von

Gitterbaufehlern freien und möglichst reinen Halbleiterkristall herstellen. Dann hängt die Lebensdauer nur noch von der Struktur des Leitungs- und Valenzbandes ab. Bei der bisherigen Darstellung der Energiebänder blieb die Bedeutung der Abszisse offen oder wurde mit einer räumlichen Koordinate des Halbleitergitters identifiziert (Abb. 37). Die Bänder kennzeichnen in diesen Darstellungen durch ihre Breite den gesamten kontinuierlichen Wertevorrat für die Elektronenenergie. Die Elektronenenergie hängt aber vom Elektronenimpuls ab, so daß bei einer Darstellung der Elektronenenergie in Abhängigkeit vom Elektronenimpuls die Energiewerte eines Bandes zu einer Fläche[1] aufgespannt werden, deren Maxima und Minima den Bandkanten zugeordnet sind. Durch diese Impulsstruktur der Bänder wird die Rekombinationswahrscheinlichkeit eines Elektron-Loch-Paares im störungsfreien Halbleiter bestimmt. Direkte Übergänge aus dem Minimum des Leitungsbandes in das Maximum des Valenzbandes unter gleichzeitiger Erhaltung des Elektronenimpulses besitzen eine große Wahrscheinlichkeit und führen daher zu kleinen Lebensdauern τ_{np}. Indirekte Übergänge dagegen, bei denen das Elektron im Minimum des Leitungsbandes einen anderen Impuls besitzt als im Maximum des Valenzbandes, erfordern zur Aufrechterhaltung des Impulssatzes die gleichzeitige Beteiligung eines Schallquants an dem Rekombinationsprozeß. Diese Übergänge sind daher sehr unwahrscheinlich. Liegt eine solche Bandstruktur vor, so hat das Elektron-Loch-Paar eine große Lebensdauer. Dies ist z. B. der Fall für die Halbleiter Germanium und Silizium mit $\tau_{np} = 2$ msec bzw. $\tau_{np} = 2$ sec. Die III-V-Halbleiter besitzen demgegenüber wesentlich geringere Lebensdauern. So beträgt z. B. die Lebensdauer eines Elektron-Loch-Paares im Indiumantimonid nur etwa 10^{-8} sec [16]. Da die Diffusionslänge eines Teilchens seiner Lebensdauer proportional ist, wird die Reichweite, über die ein in eine Sperrschicht injiziertes Elektron oder Loch wirken kann, entscheidend durch seine Lebensdauer τ_{np} bestimmt. Für die Vorgänge in Halbleitern mit Sperrschichten (Gleichrichter, Transistoren, Thyristoren) spielt daher die Lebensdauer eine ganz entscheidende Rolle.

Für Halbleiter, bei denen die galvanomagnetischen Effekte ausgenutzt werden, besteht die Forderung nach einer hohen Lebensdauer der Elektron-Loch-Paare nicht. Ein Halbleiter ist für die Verwendung in Hallgeneratoren und magnetfeldabhängigen Widerständen um so besser geeignet, je höher seine Elektronenbeweglichkeit ist. Bei Anlegen eines elektrischen Feldes hat die Wechselwirkung der Elektronen mit den in thermischer Bewegung befindlichen Gitterbausteinen zur Folge, daß die Elektronen durch das elektrische Feld nicht frei beschleunigt

[1] Sie ist eine 3-dimensionale Fläche im 4-dimensionalen Impuls-Energieraum.

werden, sondern eine mittlere Driftgeschwindigkeit annehmen, die der angelegten elektrischen Feldstärke proportional ist:

$$\boldsymbol{v}_{\text{Drift}} = -\mu_n \boldsymbol{E}. \tag{72}$$

Der Proportionalitätsfaktor μ_n ist die Elektronenbeweglichkeit des Halbleiters. In derselben Weise läßt sich auch für die Löcher eine Beweglichkeit μ_p definieren[1]. Durch Einführung der Elektronen- und Löcherbeweglichkeit gilt für die elektrische Leitfähigkeit eines Halbleiters

$$\sigma = e(n\,\mu_n + p\,\mu_p). \tag{73}$$

Für die Halbleiter Si, Ge, InSb und InAs sind in Tab. 3 die Werte für Bandabstand und Beweglichkeiten bei Raumtemperatur zusammengestellt.

Tabelle 3

	ΔE in eV	μ_n in cm^2/Vsec	μ_p in cm^2/Vsec
Ge	0,72	3900	1900
Si	1,12	1350	480
InSb	0,17	78000	750
InAs	0,35	33000	450

2 Galvanomagnetische Effekte

2.1 Der Hall-Effekt

In diesem Abschnitt wird die Hallformel (1) für einen Halbleiter mit Elektronen und Löchern abgeleitet. Dabei beschränken wir uns vorerst auf den Hall-Effekt an einer in Steuerstromrichtung langgestreckten Halbleiterschicht. Bei Halbleiterschichten mit einem endlichen Seitenverhältnis von Länge zu Breite ist die Hallspannung auch von der Geometrie abhängig. Dieser Geometrieeinfluß wird im Abschnitt 2.2 behandelt.

Zunächst soll die bekannte Hallformel (1) in elementarer Weise abgeleitet werden. Hierzu wird vereinfachend vorausgesetzt, daß nur Elektronen als Ladungsträger vorhanden sind, die keine thermische Bewegung ausführen und auch nicht mit den Atomen des Halbleiter-

[1] In der einschlägigen Halbleiterliteratur wird für die Beweglichkeit abgeleitet:

$$\mu_n = \frac{e\,\tau_n}{m_n} \quad \text{und} \quad \mu_p = \frac{e\,\tau_p}{m_p}.$$

Hierin ist τ_n bzw. τ_p die Stoßzeit, d. h. die Zeit, die im Mittel zwischen zwei Stößen des Elektrons bzw. eines Loches mit den Gitterbausteinen vergeht; m_n bzw. m_p sind die effektiven Massen der Elektronen und Löcher.

gitters zusammenstoßen. Der den Halbleiterstreifen mit der Dicke d und Breite b in x-Richtung durchfließende Strom i_1 (Abb. 45) werde von Elektronen aufgebracht, die sich mit konstanter Geschwindigkeit v_x stoßfrei durch den Halbleiter hindurchbewegen. Senkrecht zu seiner Fläche werde der Halbleiterstreifen von einem räumlich und zeitlich

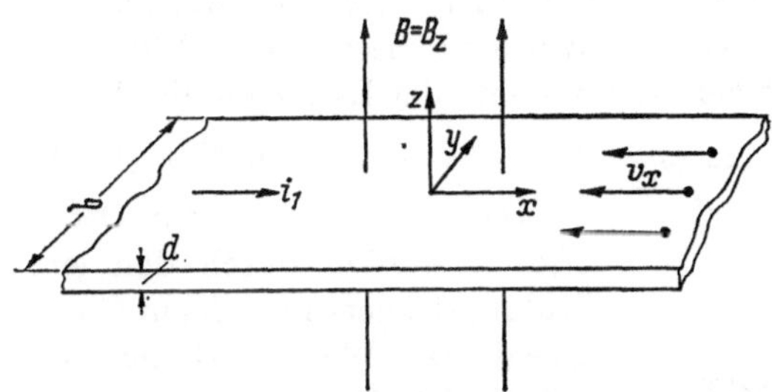

Abb. 45. Elektronenleitender Halbleiterstreifen im transversalen Magnetfeld.

konstanten Magnetfeld $B = B_z$ durchsetzt. Wegen (3) und (28) wirkt dann auf die Elektronen im Halbleiterkristall die Kraft

$$\boldsymbol{K} = -e\big(\boldsymbol{E} + (\boldsymbol{v} \times \boldsymbol{B})\big). \tag{74}$$

Im stationären Zustand muß die y-Komponente dieser Kraft verschwinden, eine Forderung, die zu

$$E_y = v_x B \tag{75}$$

führt. Die ablenkende Kraftwirkung des Magnetfeldes $v_x B$ wird also durch eine elektrische Feldstärke E_y kompensiert. Dieses elektrische Feld wird durch die Aufladung der Randzonen des Halbleiterstreifens aufgebaut. E_y ist die Hallfeldstärke. Durch Einführen der Stromdichte $g_x = -n\,e\,v_x$ erhält man für die Hallfeldstärke

$$E_y = -\frac{1}{n\,e} g_x B. \tag{76}$$

Hierin ist n die Anzahl der Elektronen/cm³, und man bezeichnet

$$R_H = -\frac{1}{n\,e} \tag{77}$$

als die Hallkonstante des elektronenleitenden Halbleiters. Aus der Hallfeldstärke erhält man die Hallspannung durch Integration über die Streifenbreite von $-b/2$ bis $+b/2$

$$u_{20} = \int_{-b/2}^{b/2} E_y\,dy = R_H\,b\,g_x\,B \tag{78}$$

und mit dem Gesamtstrom $i_1 = g_x\,b\,d$ die Hallformel (1)

$$u_{20} = \frac{R_H}{d} i_1 B. \tag{1}$$

In Wirklichkeit bewegen sich die Elektronen nicht mit konstanter Geschwindigkeit stoßfrei durch den Halbleiter. Vielmehr besteht eine verhältnismäßig starke Wechselwirkung zwischen dem Elektronengas und den in thermischer Bewegung befindlichen Atomen des Halbleitergitters. Frei bewegen können sich die Elektronen und Löcher immer nur in den kurzen Zeitintervallen zwischen zwei aufeinanderfolgenden Stößen mit dem Gitter. Während dieses freien Fluges gilt für die Ladungsträger mit der Masse m und der Ladung q die Bewegungsgleichung

$$m\,\dot{\boldsymbol{v}} = q\big(\boldsymbol{E} + (\boldsymbol{v}\times\boldsymbol{B})\big). \tag{79}$$

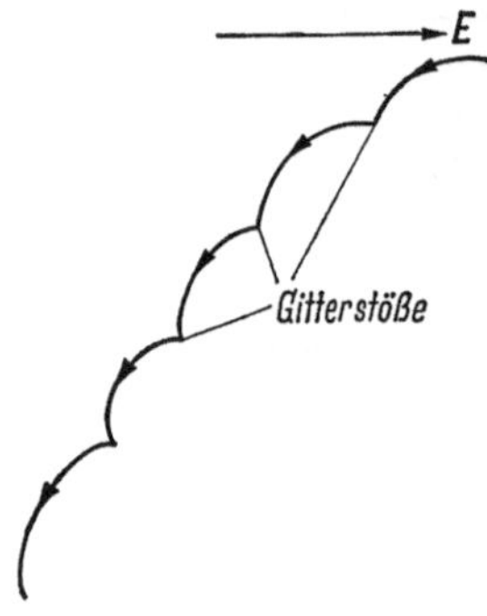

Abb. 46. Weg eines Elektrons im Halbleitergitter bei Vorhandensein eines elektrischen und eines transversalen magnetischen Feldes.

Die Anfangswerte für Ort und Geschwindigkeit werden durch den letzten Stoß des Ladungsträgers mit einem Gitterbaustein festgelegt. Die Weg-Zeit-Funktion des Ladungsträgers ist dann durch die obige Bewegungsgleichung eindeutig bestimmt und endet beim nächsten Gitterstoß. Der gesamte Weg eines Ladungsträgers durch das Halbleitergitter setzt sich also aus kleinen, stetig differenzierbaren Bahnstücken zusammen (Abb. 46). Der von dem Ladungsträger zurückgelegte mittlere Weg wird bestimmt durch das Mittelwertsverhalten der Anfangsgeschwindigkeit nach jedem Stoßprozeß und durch die mittlere Flugzeit. Der mittlere Weg pro Sekunde ist die Driftgeschwindigkeit. Sie hängt von den gleichzeitig einwirkenden elektrischen und magnetischen Feldern ab. Ihre Berechnung führt zu mathematischen Ausdrücken für den Hall-Effekt und die Hallkonstante.

Den skizzierten Rechnungsgang beginnen wir mit der Lösung der Bewegungsgleichung für einen Ladungsträger während der freien Bewegung zwischen zwei aufeinanderfolgenden Stößen. Die Bewegungsgleichung (79) lautet in Komponenten

$$m\,\dot{v}_x = q\,E_x + q\,v_y\,B, \tag{79a}$$

$$m\,\dot{v}_y = q\,E_y - q\,v_x\,B, \tag{79b}$$

$$m\,\dot{v}_z = 0. \tag{79c}$$

Auf die z-Komponente der Bewegung, d. h. auf die Bewegung in Richtung des magnetischen Feldes, hat weder das magnetische noch das elektrische Feld einen Einfluß; die Bewegung eines Ladungsträgers in z-Richtung erfolgt mit konstanter Geschwindigkeit. Da alle Geschwindigkeiten nach einem Stoß mit einem Gitterbaustein gleich wahrscheinlich sind, ergibt die Mittlung über eine große Zahl von Stößen keine mittlere resultierende Geschwindigkeit in z-Richtung. Wir können uns daher auf die wesentlichen Gleichungen für die x- und y-Komponente der Bewegung beschränken. Die beiden Komponentengleichungen lassen sich in einfacher Weise lösen, wenn man die $x\,y$-Ebene des Halbleiterstreifens als eine komplexe $\zeta = (x + j\,y)$-Ebene auffaßt. Die beiden Geschwindigkeitskomponenten bilden dann die komplexe Geschwindigkeit $v = (v_x + j\,v_y)$ und die Komponenten der elektrischen Feldstärke die komplexe Feldstärke $E = (E_x + j\,E_y)$. Die Bewegungsgleichung lautet dann

$$\dot{v} + j\frac{q\,B}{m}v = \frac{q}{m}E \tag{80}$$

und hat mit den Anfangswerten ζ_0 für den Ort und v_0 für die Geschwindigkeit die Lösung

$$\zeta(t) = \zeta_0 - j\frac{E}{B}t + \frac{m}{q\,B}\left(\frac{E}{B} - j\,v_0\right)\left(1 - e^{-j\frac{q\,B}{m}t}\right). \tag{81}$$

Die Bahn eines Ladungsträgers im elektrischen und gleichzeitig dazu senkrecht stehenden Magnetfeld ist in der Ebene senkrecht zum Magnetfeld im allgemeinsten Fall eine Zykloide. Sie entsteht durch die Überlagerung einer gleichförmigen, translatorischen Bewegung mit der Geschwindigkeit $-j\,E/B$ und einer gleichförmigen Kreisbewegung mit dem Radius $\frac{m}{q\,B}\left(\frac{E}{B} - j\,v_0\right)$ und der Winkelgeschwindigkeit $q\,B/m$.

Für nicht zu hohe Magnetfelder, d. h. $\frac{q\,B}{m}t \ll 1$, wird zwischen zwei Stößen nur ein kleiner Kreisbogen der Zykloide durchlaufen. Die e-Funktion in Gl. (81) kann dann entwickelt werden. Die Entwicklung der Exponentialfunktion bis zur dritten Potenz von $\frac{q\,B}{m}t$ führt zu einem Ausdruck für ζ bis zum linearen Glied in B:

$$\zeta(t) = \zeta_0 + v_0\,t + \frac{1}{2}\frac{q}{m}E\,t^2 - j\frac{1}{2}\frac{q\,B}{m}t\left(v_0\,t + \frac{1}{3}\frac{q}{m}E\,t^2\right). \tag{82}$$

Zur Zeit $t = 0$ befindet sich der Ladungsträger an der Stelle ζ_0 mit der Geschwindigkeit v_0. Durch Gl. (82) wird dann die Bewegung bis zum ersten Stoß beschrieben. Der erste Stoß möge zur Zeit $t = t_1$ an der Stelle

$$\zeta_1 = \zeta_0 + v_0\,t_1 + \frac{q\,E}{2m}t_1^2 - j\frac{q\,B}{2m}t_1\left(v_0\,t_1 + \frac{q\,E}{3m}t_1^2\right)$$

erfolgen.

Danach beginnt mit den Anfangswerten ζ_1 und v_1 ein neuer Bewegungsablauf. Allgemein besteht zwischen den Orts- und Geschwindigkeitskoordinaten des v-ten und den Ortskoordinaten $(v + 1)$-ten Stoßes sowie der zwischen diesen beiden Stößen liegenden Flugzeit $(t_{v+1} - t_v)$ der Zusammenhang

$$\begin{aligned}\zeta_{v+1} = \zeta_v + v_v(t_{v+1} - t_v) + \frac{q\,E}{2m}(t_{v+1} - t_v)^2 - \\ - j\frac{q\,B}{2m}(t_{v+1} - t_v)\left\{v_v(t_{v+1} - t_v) + \frac{q\,E}{3m}(t_{v+1} - t_v)^2\right\}.\end{aligned} \tag{83}$$

Schließlich wird beim N-ten Stoß der Ort ζ_N erreicht

$$\zeta_N = \zeta_{N-1} + v_{N-1}(t_N - t_{N-1}) + \frac{qE}{2m}(t_N - t_{N-1})^2 - \\ - j\frac{qB}{2m}(t_N - t_{N-1})\left\{v_{N-1}(t_N - t_{N-1}) + \frac{qE}{3m}(t_N - t_{N-1})^2\right\}.$$

Die Summierung der Gln. (83) über alle N Stöße ergibt

$$\sum_{v=0}^{N-1}\zeta_{v+1} = \sum_{v=0}^{N-1}\zeta_v + \sum_{v=0}^{N-1} v_v(t_{v+1} - t_v) + \frac{qE}{2m}\sum_{v=0}^{N-1}(t_{v+1} - t_v)^2 - \\ - j\frac{qB}{2m}\sum_{v=0}^{N-1} v_v(t_{v+1} - t_v)^2 - j\frac{q^2EB}{6m^2}\sum_{v=0}^{N-1}(t_{v+1} - t_v)^3. \tag{84}$$

Die beiden Summen über die Ortskoordinaten ζ_{v+1} und ζ_v können zu $\zeta_N - \zeta_0$ auf der linken Seite von Gl. (84) zusammengefaßt werden. Die beiden Summen auf der rechten Seite von Gl. (84), in denen die Geschwindigkeiten v_v auftreten, wachsen nicht mit der Zahl N der Stöße an. Die Geschwindigkeiten v_v können nach jedem Stoß alle Werte für Richtung und Größe statistisch mit gleicher Wahrscheinlichkeit annehmen. Die Summen enthalten positive und negative Summanden, die sich gegenseitig aufheben. Ist die Zahl N der betrachteten Stöße sehr groß, so liefern diese beiden Summen im Vergleich zu den anderen Termen von Gl. (84) keine endlichen Beiträge. Die dritte und fünfte Summe besteht demgegenüber nur aus positiven Summanden. Unter Einführung der Mittelwerte $\overline{t^2}$ und $\overline{t^3}$ läßt sich somit Gl. (84) schreiben in der Form

$$\zeta_N - \zeta_0 = \frac{qE}{2m}N\,\overline{t^2} - j\frac{q^2EB}{6m^2}N\,\overline{t^3}. \tag{85}$$

Ist $\bar{t}$ die mittlere Flugzeit zwischen zwei Stößen, so ist $N\bar{t}$ die Gesamtzeit, in der der Ladungsträger den Weg $\zeta_N - \zeta_0$ zurücklegt. $(\zeta_N - \zeta_0)/N\bar{t}$ ist somit die Driftgeschwindigkeit $\bar{v}$ des Ladungsträgers. Wird Gl. (85) durch $N\bar{t}$ dividiert, so ergibt sich für die Driftgeschwindigkeit $\bar{v}$ der Ausdruck

$$\bar{v} = \frac{q\overline{t^2}}{2m\bar{t}}E - j\frac{q^2\overline{t^3}}{6m^2\bar{t}}EB. \tag{86}$$

$\tau = \overline{t^2}/2\bar{t}$ wird als mittlere Stoßzeit definiert. Gl. (86) gilt gleichermaßen für Elektronen und Löcher. Unter Einführung der Elektronenbeweglichkeit $\mu_n = \frac{e\tau_n}{m_n}$ und Löcherbeweglichkeit $\mu_p = \frac{e\tau_p}{m_p}$ erhält man für die Driftgeschwindigkeiten der Elektronen und Löcher die Beziehungen

$$\bar{v}_n = -\mu_n E - j\,Q_n\,\mu_n^2\,EB, \tag{87a}$$

$$\bar{v}_p = \mu_p E - j\,Q_p\,\mu_p^2\,EB. \tag{87b}$$

Hierin sind

$$Q_{n,\,p} = \frac{2}{3}\,\frac{\bar{t}\,\overline{t^3}}{(\overline{t^2})^2}$$

die Streufaktoren für Elektronen und Löcher des betrachteten Halbleiters. Sie hängen ab von der statistischen Verteilung der freien Flugzeit und haben immer Werte, die nur wenig von 1 abweichen. Für eine exponentiell abklingende Verteilungskurve der Flugzeiten ist $Q_n = Q_p = 1$; für eine Gaußsche Verteilungskurve um die mittlere Flugzeit $\bar{t}$ haben die Streufaktoren dagegen den Wert $3\pi/8$. Der Einfachheit halber wird für die folgenden Überlegungen angenommen, daß $Q_n = Q_p = 1$ ist. Multipliziert man Gl. (87a) mit $(-e\,n)$ und Gl. (87b) mit $(+e\,p)$, so erhält man Ausdrücke für die Elektronenstromdichte $\boldsymbol{g}_n$ und die Löcherstromdichte $\boldsymbol{g}_p$ mit den Komponenten

$$g_{n\,x} = n\,e\,\mu_n\,E_x - n\,e\,\mu_n^2\,E_y\,B, \tag{88a}$$

$$g_{n\,y} = n\,e\,\mu_n\,E_y + n\,e\,\mu_n^2\,E_x\,B, \tag{88b}$$

$$g_{p\,x} = p\,e\,\mu_p\,E_x + p\,e\,\mu_p^2\,E_y\,B, \tag{89a}$$

$$g_{p\,y} = p\,e\,\mu_p\,E_y - p\,e\,\mu_p^2\,E_x\,B. \tag{89b}$$

Die Gleichgewichtsbedingung für den Hall-Effekt in einem Halbleiterstreifen mit Elektronen- und Löcherleitung kann allgemein folgendermaßen formuliert werden: Im stationären Zustand muß die y-Komponente der Stromdichte verschwinden, also

$$g_{n\,y} + g_{p\,y} = 0. \tag{90}$$

Aus dieser Bedingung folgt mit (88b) und (89b)

$$E_y = \frac{p\,\mu_p^2 - n\,\mu_n^2}{p\,\mu_p + n\,\mu_n}\,E_x\,B. \tag{91}$$

Wird aus dieser Gleichung die x-Komponente der elektrischen Feldstärke eliminiert, indem wir in erster Näherung

$$g_x = e\,(n\,\mu_n + p\,\mu_p)\,E_x$$

setzen, so folgt für die Hallfeldstärke

$$E_y = \frac{1}{e}\,\frac{p\,\mu_p^2 - n\,\mu_n^2}{(p\,\mu_p + n\,\mu_n)^2}\,g_x\,B. \tag{92}$$

Damit haben wir für die Hallkonstante eines Halbleiters mit Elektronen und Löchern den allgemeinen Ausdruck

$$R_H = \frac{1}{e}\,\frac{p\,\mu_p^2 - n\,\mu_n^2}{(p\,\mu_p + n\,\mu_n)^2} \tag{93}$$

gefunden.

Für stark n-leitendes Halbleitermaterial, also $n \gg p$, geht (93) über in die bekannte Formel (77)

$$R_H = -\frac{1}{n\,e}, \tag{77}$$

entsprechend für stark p-leitendes Material, also $p \gg n$, in

$$R_H = \frac{1}{p\,e}. \tag{77a}$$

Führt man für das Verhältnis von Elektronenbeweglichkeit zu Löcherbeweglichkeit in Gl. (93) die Größe $\lambda = \mu_n/\mu_p$ ein, so wird

$$R_H = -\frac{1}{e}\,\frac{n\,\lambda^2 - p}{(n\,\lambda + p)^2}. \tag{93a}$$

Für den speziellen Fall der Eigenleitung ($n = p = n_i$) läßt sich dann die Hallkonstante schreiben

$$R_{Hi} = -\frac{1}{n_i e}\,\frac{\lambda - 1}{\lambda + 1}. \tag{93b}$$

Die Eigenleitungskonzentration n_i hängt nach Gl. (67) in erster Näherung entsprechend $e^{-\Delta E/2kT}$ von der Temperatur T ab. Trägt man daher den Logarithmus des Absolutbetrags der Hallkonstante über der reziproken Temperatur auf, so wird ihre Temperaturabhängigkeit im Bereich der Eigenleitung durch eine Gerade mit dem Anstieg $\Delta E/2k$ dargestellt (Abb. 47a). Sind Elektronen- und Löcherbeweglichkeit gleich groß, also $\lambda = 1$, so ist die Hallkonstante im Eigenleitungsbereich Null; ein solcher eigenleitender Halbleiter würde keinen Hall-Effekt zeigen. Elektronen und Löcher bewegen sich dann in x-Richtung mit gleicher Drift-

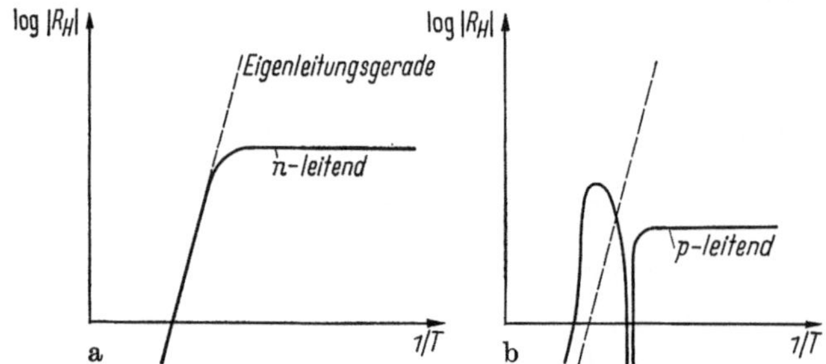

Abb. 47a u. b. Hallkonstante in Abhängigkeit von der Temperatur für einen n- und p leitenden Halbleiter bei einem Beweglichkeitsverhältnis $\lambda > 3{,}7$.

geschwindigkeit, jedoch in entgegengesetzter Richtung. Beide Ladungsträgerarten werden in gleicher Weise auf den Rand des Halbleiterstreifens hin abgelenkt. Die y-Komponenten der Elektronen- und Löcherstromdichten sind einander entgegengesetzt gleich, so daß der Gesamtstrom in y-Richtung entsprechend Forderung (90) verschwindet. Die Randzonen können sich daher nicht aufladen; es wird kein Hallfeld erzeugt. Die durch das Magnetfeld in die Randzone abgelenkten überschüssigen Elektron-Loch-Paare verschwinden durch Rekombination.

Im allgemeinen ist aber bei einem Halbleiter die Elektronenbeweglichkeit größer als die Löcherbeweglichkeit, bei den III-V-Halbleitern

InSb und InAs sogar um etwa zwei Zehnerpotenzen (s. Tab. 3). Als Funktion der Temperatur hat die Hallkonstante bei $p/n = \lambda^2$ einen Nulldurchgang. Da $\lambda > 1$ ist, tritt dieser Nulldurchgang nur bei p-leitendem Material auf. Für n-leitendes Material ist dagegen der Verlauf der Hallkonstante in Abhängigkeit von der Temperatur sehr einfach. Bei mittleren Temperaturen, d. h. im Erschöpfungsbereich, ist die Hallkonstante annähernd temperaturunabhängig, hat den Wert

$$R_H = -\frac{1}{e\,n} = -\frac{1}{e\,N_D}$$

und mündet schließlich mit steigender Temperatur in die bereits erwähnte Eigenleitungsgerade ein (Abb. 47a). Bei einem p-leitenden Halbleiter folgt auf den Erschöpfungsbereich ein sehr starker Abfall zum Nulldurchgang hin. Nach dem Nulldurchgang hat die Hallkonstante negatives Vorzeichen wie bei einem n-dotierten Halbleiter, durchläuft bei $p/n = \lambda$ ein Maximum

$$R_{H\,\max} = -\frac{1}{e}\,\frac{(\lambda - 1)^2}{4\,\lambda\,N_A} \tag{94}$$

und nähert sich mit zunehmender Temperatur der Eigenleitungsgeraden (Abb. 47b). Da die Hallkonstante im p-leitenden Erschöpfungsbereich

$$R_{H\,\mathrm{Er}} = \frac{1}{e\,N_A}$$

beträgt, ist das Verhältnis der Hallkonstante im Maximum zur Hallkonstante im Erschöpfungsbereich nur von λ abhängig, und zwar gilt

$$\left|\frac{R_{H\,\max}}{R_{H\,\mathrm{Er}}}\right| = \frac{(\lambda - 1)^2}{4\,\lambda}. \tag{95}$$

Für InSb mit $\lambda \approx 100$ beträgt dieses Verhältnis etwa 25. Vergleicht man dagegen den Wert der Hallkonstante im Maximum mit der zur Temperatur $T_{\max}$ gehörenden Hallkonstante des eigenleitenden Materials, so ergibt sich für dieses Verhältnis

$$\left|\frac{R_{H\,\max}}{R_{Hi}(T_{\max})}\right| = \frac{\lambda + 1}{4\sqrt{\lambda}}. \tag{96}$$

Ist das Beweglichkeitsverhältnis $\lambda \gg 1$, insbesondere $\lambda > 3{,}7$, so geht für n-leitendes Material die Hallkonstante aus dem Erschöpfungsbereich kommend von unten her in die Eigenleitungsgerade über (Abb. 47a), während der p-Leitungsast nach dem Durchlaufen eines Maximums von oben in die Eigenleitungsgerade einmündet. Für ein Beweglichkeitsverhältnis $1{,}46 < \lambda < 3{,}7$ liegt dagegen das Maximum des p-Leitungsastes unterhalb der Eigenleitungsgeraden, und die Hallkonstante des p-dotierten Materials nähert sich von unten her der Eigenleitungsgeraden (Abb. 48b) [17, 18]. Im Gegensatz dazu überschneidet für solche λ-Werte der n-Leitungsast die Eigenleitungsgerade und mündet von oben in sie ein (Abb. 48). Diese, in Abb. 48 schematisch dargestellten Verhältnisse für die Temperaturabhängigkeit der Hallkonstante gelten z. B. für die Halbleiter Silizium und Germanium mit $\lambda_{Si} = 2{,}81$ und

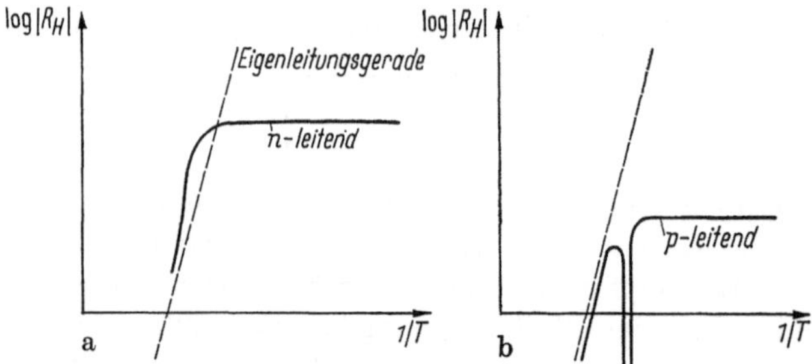

Abb. 48a u. b. Hallkonstante in Abhängigkeit von der Temperatur für einen n- und p-leitenden Halbleiter bei einem Beweglichkeitsverhältnis $1{,}46 < \lambda < 3{,}7$.

$\lambda_{Ge} = 2{,}05$. Schließlich wird für $\lambda < 1{,}46$ das Verhältnis für die Hallkonstanten im p-leitenden Maximum und im p-leitenden Erschöpfungsbereich so klein, daß neben dem n-Leitungsast auch der p-leitende Ast noch vor dem Nulldurchgang über die Eigenleitungsgerade hinüberragt.

2.2 Grundgleichung der elektrischen Leitung bei gleichzeitigem Vorhandensein eines elektrischen und magnetischen Feldes

Im Abschn. 2.1 wurden bereits Gleichungen für die Elektronen- und Löcherstromdichte eines Halbleiters im transversalen Magnetfeld abgeleitet. Diese Ausdrücke gelten jedoch nur für schwache Magnetfelder. Die Komponentengleichungen (88a, b) und (89a, b) sind so aufgebaut, daß jeweils zum ohmschen Anteil, der das Verhalten ohne Magnetfeld beschreibt, ein magnetfeldproportionaler Term hinzutritt, der noch die y- bzw. x-Komponente der elektrischen Feldstärke enthält. Unter der Voraussetzung kleiner magnetischer Induktionen läßt sich die elektrische Feldstärke in diesen Zusatztermen durch die Komponenten der Stromdichte ersetzen, so daß sich die Gln. (88a, b) und (89a, b) in der vektoriellen Form

$$\boldsymbol{g}_n = e\, n\, \mu_n \boldsymbol{E} - \mu_n(\boldsymbol{g}_n \times \boldsymbol{B}), \tag{97a}$$

$$\boldsymbol{g}_p = e\, p\, \mu_p \boldsymbol{E} + \mu_p(\boldsymbol{g}_p \times \boldsymbol{B}) \tag{97b}$$

schreiben lassen. Dies sind die allgemeinen Gleichungen für Elektronen- und Löcherstromdichte in einem Halbleiter bei gleichzeitigem Vorhandensein eines elektrischen und magnetischen Feldes. Obwohl sie unter der Voraussetzung schwacher Magnetfelder abgeleitet wurden, gelten sie doch ganz allgemein auch für beliebige Magnetfelder. Dies soll im folgenden gezeigt werden.

In einem elektrisch leitenden Festkörper nehmen die Ladungsträger unter dem Einfluß einer antreibenden Kraft eine Driftgeschwindigkeit an, indem sie dieser Kraftwirkung durch eine im Mittel gleichförmige Bewegung folgen. Ist nur ein elektrisches Feld vorhanden, so ist diese Driftgeschwindigkeit der elektrischen Feldstärke proportional, und es gilt

$$\boldsymbol{v}_{\text{Drift}} = \overline{\boldsymbol{v}} = -\mu_n \boldsymbol{E},$$

wobei μ_n bereits als die Beweglichkeit der Elektronen in dem betreffenden Festkörper definiert wurde. Bei Vorhandensein eines Magnetfeldes wirkt zusätzlich zur elektrischen Feldstärke $\boldsymbol{E}$ das Lorentz-Glied $\boldsymbol{v} \times \boldsymbol{B}$ auf die Elektronen ein. Die Mittelwertsbildung über viele Stöße ergibt eine mittlere Lorentz-Kraftwirkung $\overline{\boldsymbol{v}} \times \boldsymbol{B}$, die als additives Glied zur elektrischen Feldstärke hinzutritt. Für die Driftgeschwindigkeit der Elektronen gilt daher

$$\overline{\boldsymbol{v}} = -\mu_n \{\boldsymbol{E} + (\overline{\boldsymbol{v}} \times \boldsymbol{B})\},$$

aus der durch Multiplikation mit $(-e\,n)$ die Gl. (97a) folgt. In entsprechender Weise gewinnt man für die Löcherstromdichte $\boldsymbol{g}_p$ die Gl. (97b)[1].

Die Gln. (97a, b) lassen sich für den Fall der gemischten Leitung zu einer Gleichung für die Gesamtstromdichte $\boldsymbol{g} = \boldsymbol{g}_n + \boldsymbol{g}_p$ zusammenfassen. Die Gleichung hat dieselbe Struktur wie die Einzelgleichungen (97a) und (97b), nämlich

$$\boldsymbol{g} = \sigma \boldsymbol{E} + \sigma R_H (\boldsymbol{g} \times \boldsymbol{B}). \tag{98}$$

Als Materialkonstanten treten die elektrische Leitfähigkeit σ und die Hallkonstante R_H auf.

Gl. (98) läßt sich durch vektorielle Multiplikation von rechts mit der magnetischen Induktion $\boldsymbol{B}$ nach $\boldsymbol{g}$ auflösen, und man erhält

$$\boldsymbol{g} = \frac{\sigma \boldsymbol{E} + \sigma^2 R_H (\boldsymbol{E} \times \boldsymbol{B})}{1 + \sigma^2 R_H^2 B^2}. \tag{99}$$

Auf die gleiche Weise kann man mit den Gln. (97a) und (97b) verfahren; entsprechend ergibt sich

$$\boldsymbol{g}_n = \frac{e\,n\,\mu_n \boldsymbol{E} - e\,n\,\mu_n^2 (\boldsymbol{E} \times \boldsymbol{B})}{1 + \mu_n^2 B^2}, \tag{100a}$$

sowie

$$\boldsymbol{g}_p = \frac{e\,p\,\mu_p \boldsymbol{E} + e\,p\,\mu_p^2 (\boldsymbol{E} \times \boldsymbol{B})}{1 + \mu_p^2 B^2}. \tag{100b}$$

---

[1] Bei dieser Ableitung wird durch die einfache Mittelwertbildung der Lorentz-Kraft die Abweichung der Streufaktoren Q_n und Q_p vom Wert 1 vernachlässigt. Eine Ableitung, die die Streufaktoren berücksichtigt, geht von der Transporttheorie unter Benutzung der Fermi-Statistik aus [19].

Da die Gesamtstromdichte die Summe aus Elektronen- und Löcherstromdichte ist, erhält man für die elektrische Leitfähigkeit und die Hallkonstante R_H des gemischten Halbleiters durch Koeffizientenvergleich der Summe der Gln. (100) mit Gl. (99) die Ausdrücke

$$\sigma(B) = \sigma(0) \frac{1 + (\mu_n B)^2 \dfrac{\left(1 - \dfrac{n}{p}\right)^2}{\left(1 + \dfrac{n}{p}\lambda\right)^2}}{1 + (\mu_n B)^2 \dfrac{\left(1 + \dfrac{n}{p}\dfrac{1}{\lambda}\right)}{\left(1 + \dfrac{n}{p}\lambda\right)}} \tag{101}$$

mit

$$\sigma(0) = e(n\,\mu_n + p\,\mu_p), \tag{73}$$

$$R_H(B) = R_H(0) \frac{1 + (\mu_n B)^2 \dfrac{\left(1 - \dfrac{n}{p}\right)}{\left(1 - \dfrac{n}{p}\lambda^2\right)}}{1 + (\mu_n B)^2 \dfrac{\left(1 - \dfrac{n}{p}\right)^2}{\left(1 + \dfrac{n}{p}\lambda\right)^2}} \tag{102}$$

mit

$$R_H(0) = \frac{p\,\mu_p^2 - n\,\mu_n^2}{e(p\,\mu_p + n\,\mu_n)^2}.$$

Wir finden also, daß im Fall der Elektronen- und Löcherleitung (Zweibandleitung) Leitfähigkeit σ und Hallkonstante R_H magnetfeldabhängig werden. Hierauf wird im Abschn. 2.3 noch näher eingegangen.

Multipliziert man Gl. (98) vektoriell von rechts mit der elektrischen Feldstärke $\boldsymbol{E}$, so erhält man für ein transversales, d. h. senkrecht auf der elektrischen Feldstärke stehendes Magnetfeld

$$(\boldsymbol{g} \times \boldsymbol{E}) = \sigma\,R_H\big((\boldsymbol{g} \times \boldsymbol{B}) \times \boldsymbol{E}\big) = \sigma\,R_H(\boldsymbol{g} \times \boldsymbol{E}) \cdot \boldsymbol{B}.$$

Es muß also stets

$$|\boldsymbol{g}| \cdot |\boldsymbol{E}| \sin \sphericalangle(\boldsymbol{g}, \boldsymbol{E}) = \sigma\,R_H\,|\boldsymbol{g}| \cdot |\boldsymbol{E}| \cos \sphericalangle(\boldsymbol{g}, \boldsymbol{E})\,B.$$

sein oder mit $\sphericalangle(\boldsymbol{g}, \boldsymbol{E}) = \Theta_H$,

$$\tan\Theta_H = \sigma\,R_H\,B. \tag{103}$$

Während in einem isotropen, elektrisch leitenden Festkörper ohne Magnetfeld Stromdichte und elektrische Feldstärke stets die gleiche Richtung haben, schließen bei Vorhandensein eines Magnetfeldes die beiden Vektoren einen endlichen Winkel ein, den sog. Hallwinkel Θ_H. In einer stromdurchflossenen Halbleiterplatte im transversalen, homogenen Magnetfeld ist der Verlauf des elektrischen Feldes und der Stromdichte so, daß in jedem Punkt der Platte $\boldsymbol{g}$ und $\boldsymbol{E}$ den konstanten Hallwinkel miteinander bilden (Abb. 49). Bei gleichzeitigem Vorhandensein eines elektrischen und magnetischen Feldes ist also der Hallwinkel eine Invariante des elektrischen Leitungsproblems.

Für stark n-leitendes bzw. stark p-leitendes Halbleitermaterial geht das Produkt σR_H mit den Ausdrücken (101) und (102) in die Elektronenbeweglichkeit μ_n bzw. die Löcherbeweglichkeit μ_p über. Es gilt dann

$$\tan\Theta_{Hn} = \mu_n B, \qquad (104\text{a})$$

bzw.

$$\tan\Theta_{Hp} = \mu_p B. \qquad (104\text{b})$$

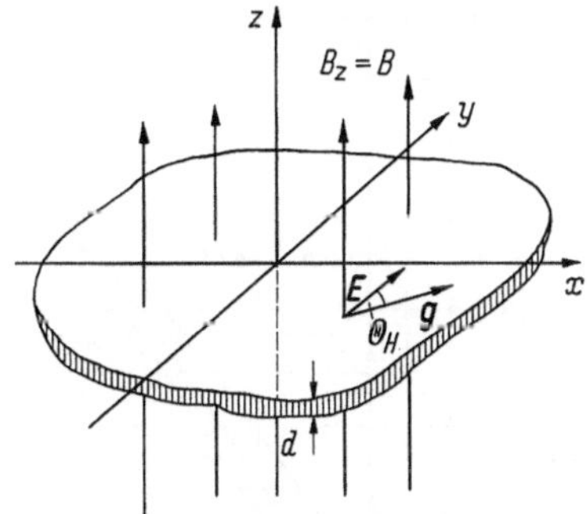

Abb. 49. Stromdichte und elektrische Feldstärke in einer vom Magnetfeld durchsetzten Leiterplatte.

In Analogie hierzu bezeichnet man auch beim gemischten Halbleiter das Produkt σR_H als Hallbeweglichkeit μ_H, so daß sich Gl. (103) auch schreiben läßt als

$$\tan\Theta_H = \mu_H B. \qquad (103\text{a})$$

2.3 Einfluß des Magnetfeldes auf Leitfähigkeit und Hallkonstante

Elektrische Leitfähigkeit und Hallkonstante werden experimentell bestimmt an einem langgestreckten Halbleiterstreifen, der senkrecht vom Magnetfeld durchsetzt wird (Abb. 45). Da im stationären Zustand der elektrische Strom nur in Längsrichtung des Streifens fließt, ist die y-Komponente der Stromdichte in Gl. (98) Null zu setzen. Damit erhält man für die x-Komponente der Stromdichte

$$g_x = \sigma(B)\, E_x \qquad (105)$$

und für die Hallfeldstärke

$$E_y = R_H(B)\, g_x\, B. \qquad (106)$$

Hierin sind $\sigma(B)$ die magnetfeldabhängige elektrische Leitfähigkeit gemäß Gl. (101) und $R_H(B)$ der allgemeine magnetfeldabhängige Ausdruck für die Hallkonstante nach Gl. (102). Das Absinken der elektrischen Leitfähigkeit im Magnetfeld ist der physikalische Widerstandseffekt. Dabei ist die Änderung der Leitfähigkeit unabhängig von der Richtung des transversalen Magnetfeldes, da B in Gl. (101) nur quadratisch eingeht. Das gleiche gilt für die Magnetfeldabhängigkeit der Hallkonstante.

Es ist nicht auszuschließen, daß auch Elektronen- und Löcherbeweglichkeit selbst noch vom Magnetfeld abhängen, da für starke Magnetfelder die Elektronen bzw. Löcher daran gehindert werden, während des freien Fluges zwischen zwei Stößen der angelegten elektrischen Feldstärke auf einer parabelförmigen Flugbahn zu folgen, wie im magnetfeldfreien Fall. Demzufolge können mit zunehmendem Magnetfeld die Beweglichkeiten abnehmen. Hieraus ergibt sich eine weitere Magnetfeldabhängigkeit für Hallkonstante und Leitfähigkeit, die in die Gln. (101) und (102) zusätzlich implizit eingeht.

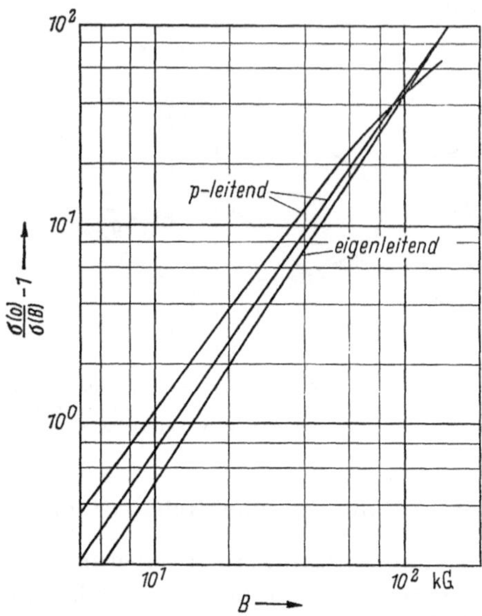

Abb. 50. Erhöhung des spezifischen Widerstandes in Abhängigkeit vom Magnetfeld für drei InSb-Proben. Nach [20].

Für die Halbleitersubstanz mit der höchsten Elektronenbeweglichkeit, Indiumantimonid, konnten Hieronymus und Weiss [20] zeigen, daß die experimentell beobachtete Magnetfeldabhängigkeit von Leitfähigkeit und Hallkonstante sich durch die Gln. (101) und (102) beschreiben lassen, wenn man magnetfeldunabhängige Beweglichkeiten annimmt. In Abb. 50 ist die spezifische Widerstandsänderung als Funktion des Magnetfeldes in doppelt logarithmischem Maßstab für eine eigenleitende und für zwei schwach p-leitende InSb-Proben aufgetragen.

Für die Magnetfeldabhängigkeit von σ liefert Gl. (101) in der Eigenleitung ($n = p = n_i$) den Ausdruck

$$\frac{\sigma(0)}{\sigma(B)} = 1 + \mu_p \, \mu_n \, B^2, \qquad (101\,\text{a})$$

der mit den Werten für Elektronen- und Löcherbeweglichkeit von InSb ($\mu_n = 76000$ cm²/Vsec; $\mu_p = 750$ cm²/Vsec) die experimentellen Meßwerte gut beschreibt. Mit diesen Werten beträgt z. B. die Widerstandserhöhung für eigenleitendes InSb bei $B = 10$ kG rund 55% in Übereinstimmung mit Abb. 50. Für stark n-leitendes Material ist der physikalische Widerstandseffekt wesentlich geringer, und man erhält für $n/p \gg 1$ aus Gl. (101)

$$\frac{\sigma(0)}{\sigma(B)} = 1 + \frac{p}{n} \, \mu_p \, \mu_n \, B^2. \qquad (101\,\text{b})$$

Auch diese Beziehung konnte am Halbleiter InSb experimentell bestätigt werden [21].

Nach Gl. (101) nimmt die Leitfähigkeit für alle Dotierungen mit wachsendem Magnetfeld ab, da für jedes Verhältnis n/p der Nenner in seiner Magnetfeldabhängigkeit stärker ansteigt als der Zähler. Dies gilt für die durch die Zweibandleitung bedingte Magnetfeldabhängigkeit der Hallkonstante nicht. Für eigenleitendes Material ($n = p = n_i$) ist die Hallkonstante $R_H(B) = R_H(0)$, also unabhängig vom Magnetfeld. In der Umgebung der Eigenleitung läßt sich Gl. (102) entwickeln, und man erhält

$$R_H(B) = R_H(0)\left\{1 - (\mu_p B)^2\left(1 - \frac{n}{p}\right)\right\}. \tag{102a}$$

Da die Magnetfeldabhängigkeit durch das Produkt $\mu_p B$ bestimmt wird und die Löcherbeweglichkeit für InSb und InAs sehr klein ist, hängt R_H nur schwach von B ab. Die Magnetfeldabhängigkeit der Hallkonstante ist daher nur bei hohen Magnetfeldern beobachtbar. Für n-leitendes Halbleitermaterial steigt die Hallkonstante mit der magnetischen Induktion an, im p-leitenden Bereich fällt sie dagegen mit zunehmendem Magnetfeld. Ist $n/p \gg 1$, liegt also starke n-Leitung vor, so läßt sich Gl. (102) schreiben in der Form

$$R_H(B) = R_H(0)\left\{1 + (\mu_p B)^2 \frac{p}{n}\right\}. \tag{102b}$$

Die Magnetfeldabhängigkeit der Hallkonstante wird also mit zunehmender Überschußleitung immer schwächer. Auch das durch Gl. (102) beschriebene Verhalten konnte an InSb experimentell bestätigt werden [20]. So zeigt Abb. 51 den Verlauf der Hallkonstante als Funktion des Magnetfeldes für eine schwach p-leitende und eine schwach n-leitende InSb-Probe. Schließlich konnte für stark n-leitendes InAs und stark n-leitendes InAsP experimentell gezeigt werden, daß die Hallkonstanten bis hinauf zu $B = 180$ kG im Rahmen der Meßgenauigkeit unabhängig vom Magnetfeld sind [22].

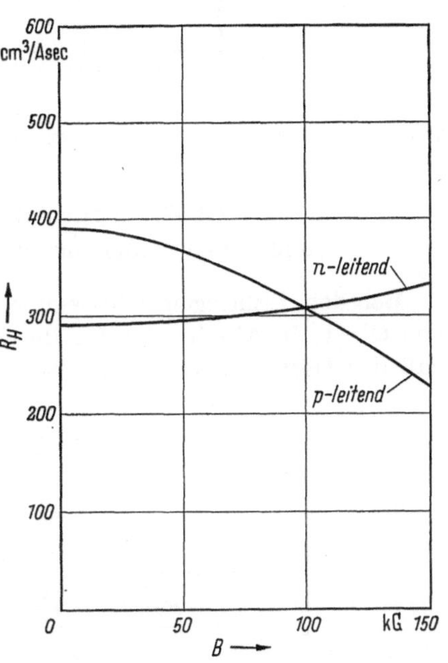

Abb. 51. Hallkonstante als Funktion des Magnetfeldes für zwei schwach dotierte InSb-Proben. Nach [20].

Da die Leitfähigkeit mit zunehmendem Magnetfeld absinkt, steigt der Tangens des Hallwinkels Gl. (103) mit B nicht beliebig an, sondern durchläuft ein Maximum. Abb. 52 zeigt den Verlauf von $\tan\Theta_H$ als Funktion des Magnetfeldes für schwach p-leitendes InSb [22]. Für eigenleitendes Halbleitermaterial liegt dieses Maximum bei $B_{\max} = 1/\sqrt{\mu_n \mu_p}$ mit $\tan\Theta_{H\max} = \frac{1}{2}\sqrt{\frac{\mu_n}{\mu_p}}$, woraus für eigenleitendes Indiumantimonid die Zahlenwerte $B_{\max} \approx 14$ kG und $\tan\Theta_{H\max} = 5$ folgen.

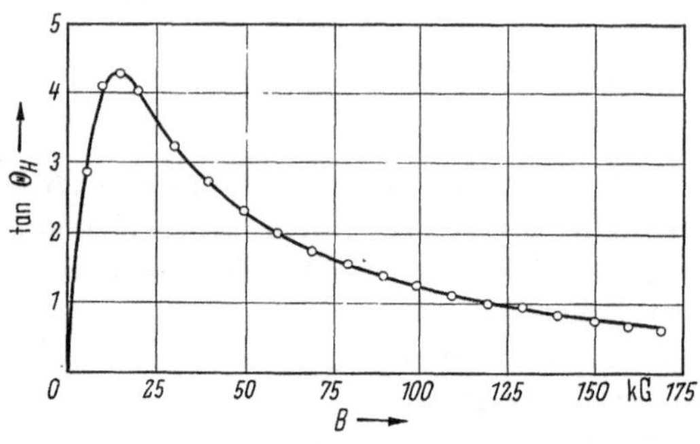

Abb. 52
Tangens des Hallwinkels in Abhängigkeit vom Magnetfeld für schwach p-leitendes InSb. Nach [22].

2.4 Geometrieeinfluß auf Hall-Effekt und transversalen magnetischen Widerstandseffekt

Bei den bisherigen Überlegungen, insbesondere bei der Ableitung von Gl. (1) in Abschn. 2.1 für die Hallspannung, wurde vorausgesetzt, daß der Halbleiterstreifen in Steuerstromrichtung unbegrenzt lang ist.

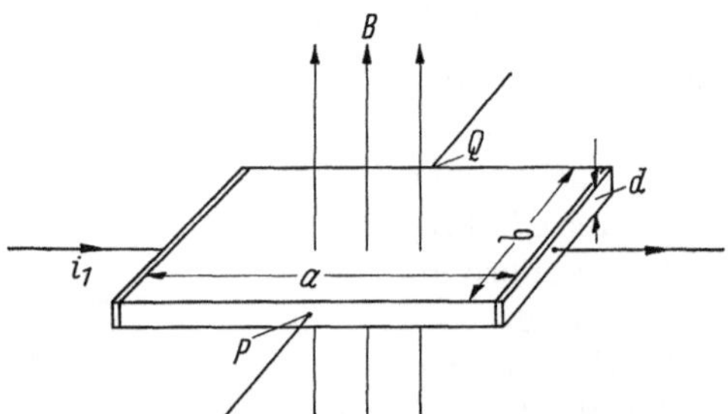

Abb. 53. Rechteckförmiger Halbleiter mit endlichem Seitenverhältnis a/b im homogenen Magnetfeld.

Diese Voraussetzung ist jedoch bei Hallgeneratoren nicht erfüllt. Sie enthalten eine Halbleiterschicht, die sowohl in Hallspannungs- wie auch in Steuerstromrichtung endliche Abmessungen hat. Für die technische Ausnutzung des Hall-Effektes ist es daher von Wichtigkeit, den Einfluß der Geometrie auf den Hall-Effekt zu kennen. In Abb. 53 ist eine rechteckige Halbleiterplatte der Dicke d, Breite b und Länge a

in Steuerstromrichtung dargestellt. Die metallisch leitenden Elektroden (hohe Leitfähigkeit, kleine Elektronenbeweglichkeit) zur Zuführung des Steuerstroms sind über die ganze Breite b des Halbleiterplättchens ausgedehnt. Hierdurch wird eine unzulässig hohe Erwärmung vermieden, wie sie durch die Zusammendrängung der Strombahnen in der unmittelbaren Umgebung punktförmiger Steuerstromelektroden auftreten würde. Durch die metallisch leitenden Steuerstromelektroden wird das Hallfeld an den beiden Enden der Halbleiterplatte kurzgeschlossen. Je kürzer die Halbleiterplatte in Steuerstromrichtung ist, um so stärker wird sich dieser Kurzschlußeffekt an den Enden auch auf die in der Mitte der Halbleiterschicht zwischen den Punkten P und Q abgegriffene Hallspannung schwächend auswirken. Für die Hallspannung u_{20} einer Halbleiterplatte mit endlichem Seitenverhältnis a/b gilt daher an Stelle von Gl. (1) der allgemeinere Ausdruck

$$u_{20} = \frac{R_H}{d} i_1 B \, G_H(a/b, B) = u_{20}^{\infty} \, G_H(a/b, B) \tag{107}$$

mit u_{20}^{∞} als Hallspannung des langgestreckten Streifens $(a/b \to \infty)$. Die Geometriefunktion $G_H(a/b, B)$ hängt also vom Seitenverhältnis a/b wie auch von der magnetischen Induktion selbst ab. Sie ist für endliche Seitenverhältnisse kleiner als 1 und geht für $a/b \to \infty$ asymptotisch gegen 1.

Während die endliche Geometrie der rechteckigen Halbleiterplatte auf die Hallspannung einen abschwächenden Einfluß hat, wird der magnetische Widerstandseffekt durch eine Begrenzung des Halbleiterstreifens in Steuerstromrichtung verstärkt. Zu dem bereits beschriebenen „physikalischen" Widerstandseffekt $\sigma(B)$ tritt zusätzlich eine Widerstandserhöhung im Magnetfeld auf, die durch die Ablenkung der makroskopischen Strombahnen verursacht wird. Bei der rechteckigen, mit Steuerelektroden versehenen Halbleiterplatte nach Abb. 53 durchsetzt der elektrische Strom die Halbleiterplatte nicht mehr auf dem kürzesten Wege geradlinig von einer Elektrode zur anderen, sondern die Strombahnen werden durch das Magnetfeld mehr oder weniger seitlich abgelenkt. Die Verlängerung der Strombahnen sowie die Verkleinerung ihrer Querschnitte bedingen eine zusätzliche Widerstandserhöhung, die als „geometrischer" Widerstandseffekt bezeichnet wird. Für den relativen Widerstand $R(B)/R(0)$ einer rechteckigen Halbleiterplatte mit dem Seitenverhältnis a/b gilt daher allgemein

$$r(B) = \frac{R(B)}{R(0)} = \frac{\sigma(0)}{\sigma(B)} G_R(a/b, B). \tag{108}$$

Diese Geometriefunktion ist für endliche a/b und beliebige Magnetfelder stets größer als 1. Sie geht mit $a/b \to \infty$ unabhängig von der magnetischen Induktion B gegen den Wert 1.

Zur Bestimmung der beiden Geometriefunktionen G_H und G_R ist die Lösung des Potentialproblems für die stromdurchflossene, rechteckige Halbleiterplatte mit dem Seitenverhältnis a/b im transversalen Magnetfeld notwendig. Dabei sollen sich die metallisch leitenden Stromelektroden über die gesamte Breite b an den beiden Enden der Halbleiterplatte erstrecken. Im stationären Zustand ist die Änderungsgeschwindigkeit der magnetischen Induktion Null und daher wegen Gl. (21)

$$\operatorname{rot} \boldsymbol{E} = 0 . \tag{21a}$$

Das elektrische Feld ist also wirbelfrei und läßt sich darstellen als negativer Gradient einer Potentialfunktion

$$\boldsymbol{E} = -\operatorname{grad} \varphi . \tag{109}$$

Aus den Gln. (8) und (16) folgt der Satz von der Erhaltung der Ladung

$$\operatorname{div} \boldsymbol{g} = -\frac{\partial \varrho}{\partial t}, \tag{110}$$

der für den zeitlich stationären Fall

$$\operatorname{div} \boldsymbol{g} = 0 \tag{110a}$$

ergibt. Aus Gl. (110a) folgt zusammen mit der Grundgleichung (98) der elektrischen Leitung im transversalen Magnetfeld

$$\operatorname{div} \boldsymbol{E} = 0 \tag{111}$$

und daher mit Gl. (109) für die Potentialfunktion

$$\Delta \varphi(x, y) = 0 . \tag{112}$$

Ist die Potentialfunktion $\varphi(x, y)$ auf der rechteckförmigen Halbleiterplatte bekannt, so ist wegen (109) die elektrische Feldstärke als Funktion von x und y bestimmt, und die Hallspannung kann durch Integration gewonnen werden.

Zur Bestimmung der Potentialfunktion $\varphi(x, y)$ muß die Differentialgleichung (112) mit folgenden Randbedingungen auf den Seiten der rechteckförmigen Halbleiterplatte gelöst werden: Die metallischen Steuerstromelektroden sind auf Grund ihrer gegenüber dem Halbleitermaterial extrem hohen Leitfähigkeit Äquipotentiallinien. Auf den beiden b-Rändern muß daher die Potentialfunktion φ konstante, vorgegebene Werte besitzen. Ist U die an die Halbleiterplatte angelegte elektrische Spannung, so kann ohne Beschränkung der Allgemeinheit gefordert werden:

$$\varphi(-a/2, y) = U \quad \text{und} \quad \varphi(a/2, y) = 0 . \tag{113a}$$

Da der Hallwinkel Θ_H bei homogenem Magnetfeld B auf der ganzen Halbleiterplatte konstant ist, muß die elektrische Feldstärke entlang der

a-Ränder unter dem Winkel Θ_H zur x-Richtung geneigt sein (Abb. 54). Die Randbedingungen für die Potentialfunktion auf den beiden a-Rändern lauten daher

$$-\left(\frac{\partial\varphi/\partial y}{\partial\varphi/\partial x}\right)_{y=\pm b/2} = \sigma(B)\, R_H\, B. \qquad (113\text{b})$$

Dieses Randwertproblem läßt sich nach der Methode der konformen Abbildung unter Zuhilfenahme des Schwarz-Christoffelschen Satzes lösen [23—26]. Für die Geometriefunktion der Hallspannung findet man

$$G_H(a/b,\Theta_H) = \frac{1}{\sin\Theta_H}\,\frac{Z_H}{N} \qquad (114)$$

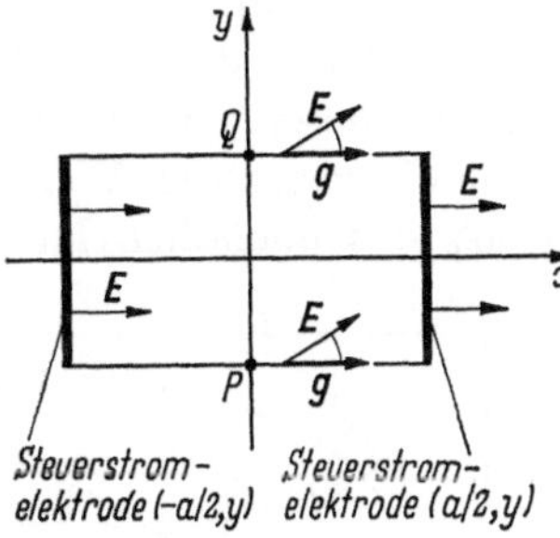

Abb. 54. Randbedingungen für die Potentialfunktion $\varphi(x, y)$.

mit

$$Z_H = \int\limits_0^\infty \frac{\sinh\left(2\,\frac{\Theta_H}{\pi}\,v\right)}{\sqrt{\frac{4k}{(1+k)^2} + (\sinh v)^2}}\,dv \qquad (115)$$

und

$$N = \int\limits_0^\infty \frac{\cosh\left(2\,\frac{\Theta_H}{\pi}\,v\right)}{\sqrt{\frac{(1-k)^2}{(1+k)^2} + (\sinh v)^2}}\,dv. \qquad (116)$$

In diesen Integralen ist k der Modul des vollständigen, elliptischen Integrals $K(k)$, der mit dem Seitenverhältnis a/b durch die Relation

$$\frac{a}{b} = \frac{K(\sqrt{1-k^2})}{2K(k)}$$

verknüpft ist. Diese allgemeine Beziehung läßt sich in dem für Hallgeneratoren interessanten Wertebereich $0{,}85 \leqq a/b \leqq \infty$ entwickeln. Es ergibt sich für k der einfache Ausdruck

$$k = 4\,\mathrm{e}^{-\pi\frac{a}{b}}.$$

Mit dieser Beziehung findet man für die Geometriefunktion im Bereich kleiner Hallwinkel

$$G_H(a/b,\Theta_H) = 1 - \frac{16}{\pi^2}\,\mathrm{e}^{-\frac{\pi}{2}\frac{a}{b}}\left\{1 - \frac{8}{9}\,\mathrm{e}^{-\pi\frac{a}{b}}\right\}\left\{1 - \frac{\Theta_H^2}{3}\right\} \qquad (114\text{a})$$

und für große Hallwinkel

$$G_H(a/b,\Theta_H) = 1 - \frac{8}{\pi}\,\mathrm{e}^{-\frac{\pi}{2}\frac{a}{b}}\cot\Theta_H. \qquad (114\text{b})$$

In Abb. 55 ist $G_H(a/b,\Theta_H)$ als Funktion von a/b mit Θ_H als Parameter dargestellt. Mit $\Theta_H \to 0$ strebt die Geometriefunktion gegen die Grenzkurve $G_H(a/b, 0)$, die sich für kleine a/b wie eine Nullpunktsgerade mit dem Anstieg $0{,}91 \cdot 8/\pi^2$ verhält und für große a/b nach (114a) exponentiell in die im Abstand 1 zur Abszisse parallele Gerade einmündet. Für alle $\Theta_H \neq 0$ wird $G_H(a/b, \Theta_H)$ durch Kurven dargestellt, die oberhalb dieser Grenzkurve liegen. Mit $a/b \to \infty$ geht $G_H(a/b, \Theta_H)$ für alle Θ_H gegen den Wert 1, d. h., die Hallspannung u_{20} wird identisch mit u_{20}^{∞} des unendlich langen Streifens. Bis zu einem Hallwinkel Θ_H

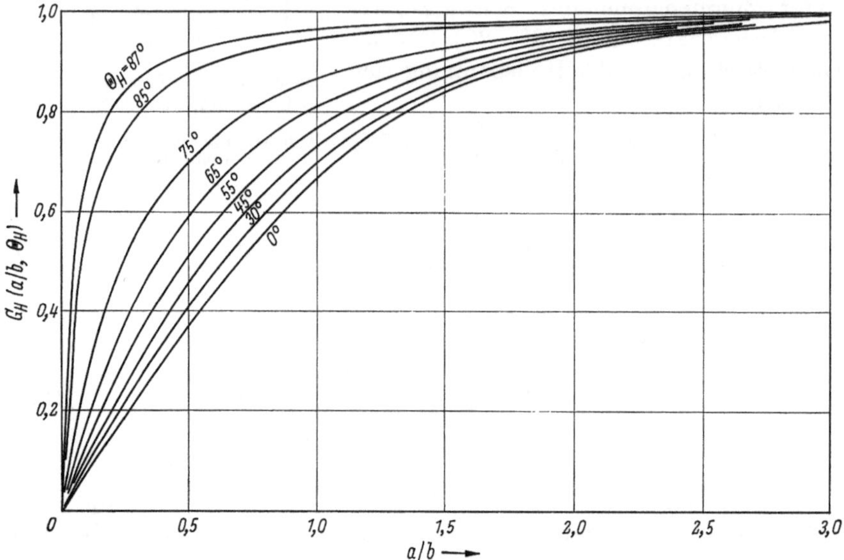

Abb. 55. Geometriefunktion der Hallspannung für rechteckförmige Halbleiterplatten. Nach [25].

von etwa 30° werden die Kurven $G_H(a/b, \Theta_H)$ für $a/b > 0{,}85$ durch Gl. (114a) beschrieben, für $\Theta_H \to \pi/2$ dagegen durch den Ausdruck (114b). Da die Geometriefunktion nach Abb. 55 für kleine a/b unterhalb $a/b = 1{,}5$ stark abfällt und damit die Hallspannungen kurzer Rechteckplatten erheblich unter u_{20}^{∞} absinken, werden für die praktische Ausführung von Hallgeneratoren in den meisten Fällen Seitenverhältnisse gewählt, die bei etwa $a/b = 2$ liegen [12]. Eine Vergrößerung des Seitenverhältnisses über $a/b = 2$ hinaus bedeutet einen erheblich größeren Materialaufwand ohne nennenswerte Steigerung der Hallspannung.

Abb. 56 zeigt den Verlauf der Äquipotentiallinien für eine rechteckförmige Halbleiterplatte mit dem Seitenverhältnis $a/b = 2{,}4$ bei einem Hallwinkel $\Theta_H = \pi/4$ nach Haeusler [26]. In der Mitte der Platte ($x = 0$) ist noch ein verhältnismäßig homogenes Hallfeld ausgebildet, während sich zu den beiden b-Rändern hin die Kurzschlußwirkung der Steuerstromelektroden immer mehr bemerkbar macht. Gleichzeitig sind in Abb. 56 die elektrischen Stromlinien eingezeichnet, die als Trajektorien die Äquipotentiallinien unter dem Winkel Θ_H schneiden. In der Mitte der Platte herrscht ein halbwegs homogenes Stromdichtefeld mit in Längsrichtung parallel verlaufenden Stromlinien, während in den Bereichen vor den Steuerelektroden die Strombahnen in die Richtung der Diagonale abgelenkt werden, wodurch eine ungleichmäßige Stromdichteverteilung vor den Steuerelektroden entsteht.

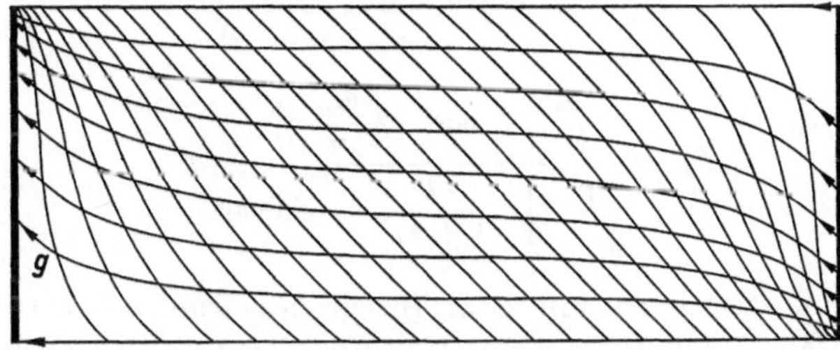

Abb. 56. Strom- und Äquipotentiallinien einer Halbleiterplatte mit dem Seitenverhältnis $a/b = 2{,}4$ bei einem Hallwinkel $\Theta_H = \pi/4$. Nach [26].

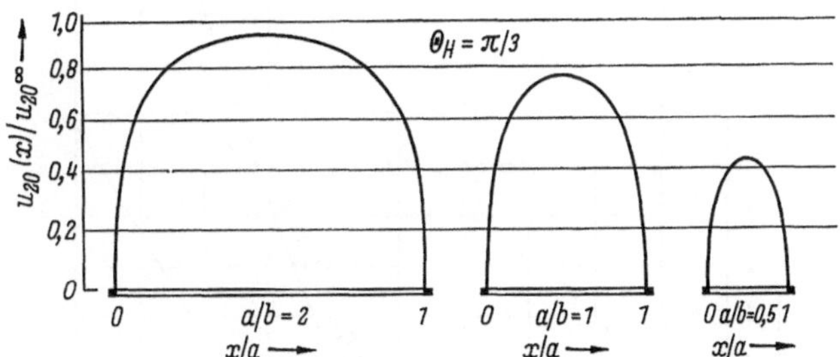

Abb. 57. Hallspannungsverlauf über der Koordinate in Steuerstromrichtung für drei verschiedene Seitenverhältnisse bei $\Theta_H = \pi/3$. Nach [27].

Die Lösung des Randwertproblems der rechteckförmigen, stromdurchflossenen Halbleiterplatte im transversalen Magnetfeld gestattet nicht nur die Berechnung der Hallspannung zwischen den Punkten P und Q in der Mitte der Längsseiten (Abb. 53), sondern auch zwischen zwei außerhalb der Mitte senkrecht zur Steuerstromrichtung liegenden Elektrodenpunkten. Trägt man diese Spannung über der Steuerstromrichtung x auf, so erhält man eine glockenförmige Kurve, die auf den beiden Rändern $x = \mp a/2$ wegen der Kurzschlußwirkung der Steuerelektroden Null ist und in der Mitte bei $x = 0$ den Maximalwert $u_{20} = u_{20}^{\infty} G_H(a/b, \Theta_H)$ erreicht. Abb. 57 zeigt diesen Hallspannungsverlauf für die drei Seitenverhältnisse $a/b = 2{,}0$; $1{,}0$ und $0{,}5$ bei einem Hallwinkel $\Theta_H = \pi/3$ [27]. Für große Seitenverhältnisse ist das sich über der Mitte aufbauende Hallspannungsmaximum verhältnismäßig flach. Mit kleiner werdendem Seitenverhältnis sinkt die Höhe des Maximums entsprechend der Geometriefunktion $G_H(a/b, \Theta_H)$ ab, wobei gleichzeitig die Krümmung im Scheitelwert zunimmt.

Auch der Geometrieeinfluß auf die magnetische Widerstandserhöhung einer rechteckförmigen Halbleiterplatte kann nach der Methode der konformen Abbildung berechnet werden. Für die in Gl. (108) definierte Geometriefunktion $G_R(a/b, \Theta_H)$ findet man den Ausdruck

$$G_R(a/b, \Theta_H) = \frac{b}{a} \frac{1}{\cos\Theta_H} \frac{Z_R}{N} \tag{117}$$

mit

$$Z_R = \int_0^\infty \frac{\cosh\left(2\frac{\Theta_H}{\pi}v\right)}{\sqrt{\frac{4k}{(1+k)^2} + (\sinh v)^2}} dv, \tag{118}$$

während N identisch ist mit dem Integralausdruck Gl. (116). Da der Hallwinkel Θ_H in den Integralen (116) und (118) nur unter dem hyper-

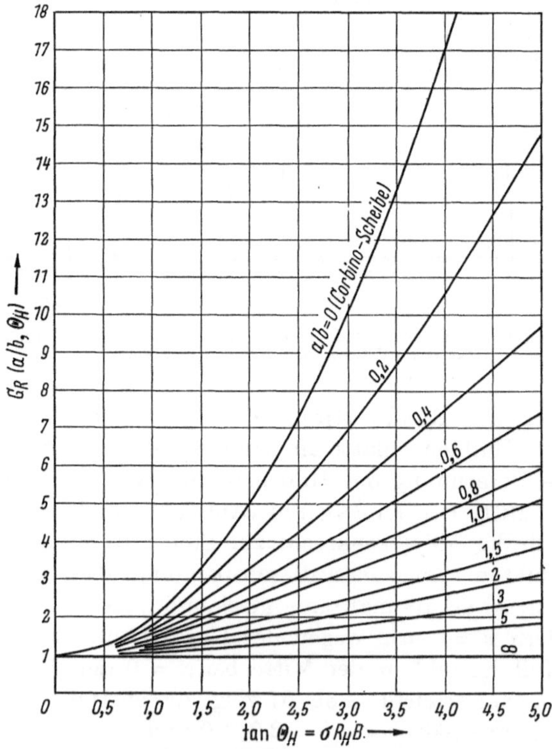

Abb. 58. Geometriefunktion für die magnetische Widerstandserhöhung rechteckiger Halbleiterplatten. Nach [24].

bolischen und in Gl. (117) unter dem trigonometrischen Cosinus auftritt, ist die Geometriefunktion unabhängig vom Vorzeichen von Θ_H und somit eine gerade Funktion von B. Das gleiche gilt auch für die elektrische Leitfähigkeit $\sigma(B)$. Damit ist ganz allgemein die magnetische Widerstandserhöhung unabhängig vom Vorzeichen des Magnetfeldes. Ebenso wie bei der Berechnung der Hallspannung an der rechteckförmigen Halbleiterplatte lassen sich auch hier die in die Geometriefunktion $G_R(a/b, \Theta_H)$ eingehenden Integralausdrücke nicht geschlossen analytisch darstellen. Die numerische Auswertung der Integrale ergibt den in Abb. 58 dargestellten Verlauf der Geometriefunktion G_R in Abhängigkeit vom $\tan\Theta_H$ mit dem Seitenverhältnis a/b als Parameter. Für den in Steuerstromrichtung langgestreckten Halbleiterstreifen ($a/b = \infty$) ist die Geometriefunktion unabhängig vom Magnetfeld identisch gleich 1, während für den quer zur Steuerstromrichtung unbegrenzt ausgedehnten Halbleiterstreifen die Geometriefunktion als Grenzkurve aller Geometriefunktionen mit beliebigen Seitenverhältnissen die zu jedem Magnetfeld größtmögliche Widerstandserhöhung beschreibt. Den Grenzübergang $a/b \to 0$ kann man in Gl. (117) durchführen, und man erhält für die Grenzkurve

$$G_R(a/b = 0, \Theta_H) = 1 + (\tan\Theta_H)^2. \quad (119)$$

Dieser Ausdruck für die Geometriefunktion der unendlich breiten Halbleiterplatte läßt sich auch in elementarer Weise ableiten. Da sich ein Hallfeld durch an den Rändern aufgestaute elektrische Ladungen nicht aufbauen kann, existiert durch die angelegte Spannung U im Innern der Platte ein elektrisches Feld nur in x-Richtung $E_x = U/a$. Die elektrischen Stromlinien verlaufen daher unter dem Winkel Θ_H zur x-Richtung geneigt wie in Abb. 59 dargestellt.

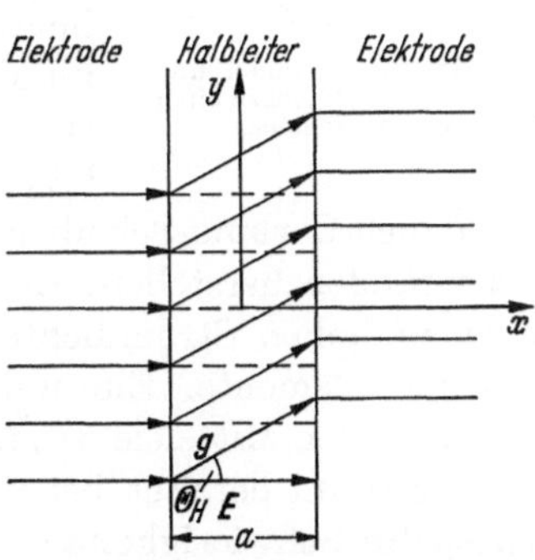

Abb. 59. Strombahnen und elektrische Feldlinien in der unendlich breiten Halbleiterplatte ($a/b = 0$).

Aus Gl. (99) folgt für die x-Komponente der Stromdichte mit $E_y = 0$

$$g_x = \frac{\sigma E_x}{1 + (\tan\Theta_H)^2}. \quad (120)$$

Da für den Widerstand bei angelegtem Magnetfeld

$$R(B) = \frac{U}{I} = \frac{a E_x}{b d g_x} \quad (121)$$

und für den Nullwert des Widerstandes

$$R(0) = \frac{a}{b d \sigma(0)} \quad (122)$$

gilt, erhält man zusammen mit Gl. (120) für den relativen Widerstand

$$r(B) = \frac{R(B)}{R(0)} = \frac{\sigma(0)}{\sigma(B)}\left(1 + (\tan\Theta_H)^2\right). \qquad (123)$$

Die unendlich breite Halbleiterplatte läßt sich nur angenähert realisieren. Hinsichtlich der Magnetfeldabhängigkeit des relativen Widerstandes entspricht ihr exakt eine kreisförmige Anordnung, die sog. Corbino-Scheibe [28]. Bei der Corbino-Scheibe sind die Anschlußelektroden zwei konzentrische Kreise; die vom Magnetfeld senkrecht durchsetzte Halbleiterschicht ist also eine ringförmige Platte (Abb. 60). Die elektrischen Feldlinien gehen strahlenförmig vom gemeinsamen Mittelpunkt der beiden konzentrischen Kreise aus und werden unter dem konstanten Winkel Θ_H von den Stromlinien geschnitten. Die Strombahnen sind daher logarithmische Spiralen. Corbino-Scheiben aus Indiumantimonid sind magnetfeldabhängige Widerstände mit der bis heute größten relativen Widerstandserhöhung im Magnetfeld. Da der Absolutwert ihres Widerstandes proportional dem Logarithmus des Verhältnisses von Außenradius zu Innenradius ist, lassen sich Corbino-Scheiben nur mit verhältnismäßig niedrigen Innenwiderständen herstellen. Eine annähernd punktförmige Mittelelektrode führt zu hohen Stromdichten und damit zu einer geringen Belastbarkeit der Elemente. Ein weiterer Nachteil dieser Bauart ist der zum Anschluß der Mittelelektrode notwendige Zuführungsdraht. Dieser Zuführungsdraht bereitet bei Einbringen von Corbino-Scheiben in kleinste Luftspalte Schwierigkeiten.

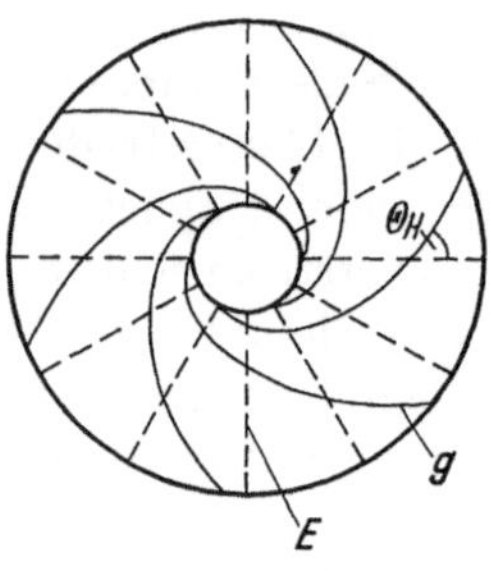

Abb. 60. Strombahnen und elektrische Feldlinien in einer Corbino-Scheibe.

Für praktische Anwendungen geeigneter sind galvanomagnetische Bauelemente mit Anschlußelektroden an den Außenseiten. Aus diesem Grund wählt man auch für magnetfeldabhängige Widerstände rechteckförmige Halbleitergeometrien jedoch mit möglichst kleinem a/b-Seitenverhältnis. Um den Grundwiderstand zu erhöhen, schaltet man solche Querstreifen in großer Zahl in Reihe. Hierzu wird auf die Oberfläche eines langgestreckten Halbleiterstreifens ein feinstrukturiertes Querraster, z. B. aus Silber aufgedampft oder elektrolytisch aufgebracht. Abb. 61

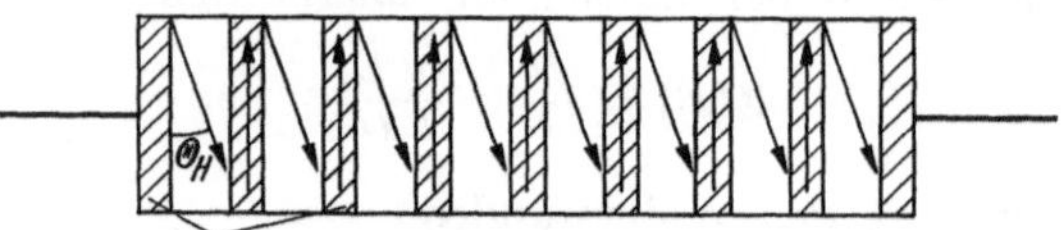

Abb. 61. Rasterplatte als magnetfeldabhängiger Widerstand.

zeigt eine solche Rasterplatte. Im transversalen Magnetfeld laufen die Strombahnen im Halbleitermaterial unter dem Winkel Θ_H zur Längsrichtung der Rasterplatte. In den elektrisch gut leitenden Kurzschlußstreifen aus Silber fließt der elektrische Strom auf die andere Seite des Halbleiterstreifens zurück, um dann wieder unter dem Winkel Θ_H in den nächsten halbleitenden Querstreifen einzutreten. Auf diese Weise mäandriert der Strom entsprechend der Querstruktur des Streifens, wodurch eine hohe, geometriebedingte Widerstandserhöhung im Magnetfeld eintritt. Dabei ist die Widerstandserhöhung um so höher, je feiner die Rasterstruktur ist.

Ein eleganter Weg, feine elektrisch gut leitende Kurzschlußstreifen in Indiumantimonid einzubauen, wurde von WEISS und WILHELM [29, 30] angegeben. Danach lassen sich in Indiumantimonid parallel ausgerichtete NiSb-Nadeln durch gerichtete Erstarrung eutektisch ausscheiden. Die Nadeln haben eine Länge von durchschnittlich 50 μm bei einem Durchmesser von 1 μm. Diese NiSb-Einschlüsse besitzen eine wesentlich höhere elektrische Leitfähigkeit als das sie umgebende InSb, so daß für die Halbleiterbereiche zwischen den Nadeln die angestrebte Geometrie mit kleinen a/b-Verhältnissen existiert. Bei Verwendung dieses Halbleitermaterials mit eingebauter Nadelstruktur zur Herstellung magnetfeldabhängiger Widerstände ist eine Oberflächenrasterung nicht mehr erforderlich. Ein weiterer Vorteil besteht darin, daß die Kurzschlußwirkung der elektrisch gut leitenden Querstreifen nicht nur an der Oberfläche der Halbleiterschicht, wie bei den Rasterplatten, sondern im Innern des Materials über den gesamten stromtragenden Querschnitt wirksam ist. Magnetfeldabhängige Widerstände aus InSb mit eutektisch eingebauten Nadeln aus NiSb werden Feldplatten genannt [31]. In einem Magnetfeld von 10 kG erhöhen sie ihren Widerstand etwa um den Faktor 20. Aus Schichten von wenigen mm² Fläche lassen sich dabei Grundwiderstände bis zu einigen 100 Ω herstellen.

Die Geometriefunktion $G_R(a/b, \Theta_H)$ hängt bei beliebigem Seitenverhältnis für kleine Magnetfelder quadratisch vom Hallwinkel Θ_H ab. Durch Entwicklung von Gl. (117) nach Θ_H erhält man für kleine Θ_H

$$G_R(a/b, \Theta_H) = 1 + \Theta_H^2 f(a/b) \tag{124}$$

mit

$$f(a/b) = 1 - 0{,}544 \frac{a}{b} \quad \text{für} \quad 0 \leqq a/b \leqq 0{,}35 \tag{124a}$$

und

$$f(a/b) = 1 - 0{,}544 \frac{b}{a} \quad \text{für} \quad 1 \leqq a/b < \infty . \tag{124b}$$

Für große Magnetfelder und endliche a/b wird das asymptotische Verhalten der Geometriefunktion durch

$$G_R(a/b, \Theta_H) \sim \tan \Theta_H \tag{125}$$

beschrieben.

Für eine quadratische Halbleiterplatte, also $a/b = 1$, ist $4k = (1-k)^2$, so daß Zähler- und Nennerintegral in Gl. (117) identisch werden. Die Geometriefunktion einer quadratischen Platte läßt sich daher als geschlossener, analytischer Ausdruck angeben und ist

$$G_R(a/b = 1, \Theta_H) = \sqrt{1 + (\tan \Theta_H)^2}. \tag{126}$$

Zwischen dem relativen Widerstand des unendlich langen Streifens $r_\infty(B) = \sigma(0)/\sigma(B)$, dem relativen Widerstand der quadratischen Platte $r_\square(B)$ und dem relativen Widerstand der Corbino-Scheibe $r_\odot(B)$ gilt wegen Gl. (126) die Beziehung

$$r_\square(B) = \sqrt{r_\infty(B)\, r_\odot(B)}. \tag{127}$$

Der relative Widerstand einer quadratischen Platte im Magnetfeld ist danach das geometrische Mittel aus dem relativen Widerstand des unendlich langen Streifens (kleinstmögliche Widerstandserhöhung) und dem relativen Widerstand einer Corbino-Scheibe (größtmögliche Widerstandserhöhung).

3 Halbleitermaterialien zur technischen Ausnutzung des Hall-Effektes

3.1 Maximal erreichbare Hallspannung im Leerlauf

Ein Halbleitermaterial eignet sich zur technischen Ausnutzung des Hall-Effektes um so besser, je höher seine Elektronenbeweglichkeit ist. Bei den Anwendungen arbeiten Hallgeneratoren mit anderen elektrischen Bauteilen und Geräten zusammen. Ihre Ausgangsspannung und ihre Innenwiderstände sind daher aus Gründen der elektrischen Anpassung nur in gewissen Grenzen frei wählbar. Ausgangsspannung und Innenwiderstände hängen aber von der Elektronenbeweglichkeit und der Trägerkonzentration des Halbleitermaterials ab; durch Beweglichkeit und Trägerkonzentration sind nämlich Hallkonstante und elektrische Leitfähigkeit bestimmt. Im folgenden wird der Einfluß der elektrischen Daten des Halbleitermaterials auf die Ausgangsspannung und den Wirkungsgrad eines Hallgenerators diskutiert.

Nach Gl. (107) haben wesentlichen Einfluß auf die Höhe der Leerlaufhallspannung die Hallkonstante R_H, die Schichtdicke d und der maximal zulässige Steuerstrom $i_{1\,\max}$. Der maximal zulässige Steuerstrom wird durch die in der Halbleiterschicht erzeugte Verlustwärme begrenzt. Da beim Betrieb eines Hallgenerators eine maximal zulässige Übertemperatur $\Delta T_{\max}$ der Halbleiterschicht nicht überschritten werden darf, ist dieser Übertemperatur, bedingt durch die Wärmeableitung, eine bestimmte Verlustleistung pro cm² Halbleiterschicht zugeordnet. Diese Verlustleistungsdichte $n_{v\max}$ hängt von der Einbettung der Halbleiterschicht sowie von den Umgebungsverhältnissen des Hallgenerators ab. Die Wärmeabgabe eines Hallgenerators an die ihn umgebende Luft ist nämlich wesentlich geringer als z. B. die beidseitige Wärmeableitung an das Eisen bei Einbau des Hallgenerators in den Luftspalt eines magnetischen Kreises. Die Verlustleistungsdichte $n_{v\max}$ ist verknüpft mit dem maximal zulässigen Steuerstrom $i_{1\max}$ durch die Beziehung

$$a\, b\, n_{v\max} = R_{10}(B)\, i_{1\max}^2. \tag{128}$$

Hierin ist $R_{10}(B)$ der steuerseitige Innenwiderstand des Hallgenerators im Leerlauf, für den unter Benutzung von Gl. (108) gilt

$$R_{10}(B) = \frac{1}{\sigma(B)}\,\frac{a}{b\,d}\,G_R(a/b,\,B). \tag{129}$$

Aus (128) und (129) folgt für den maximal zulässigen Steuerstrom

$$i_{1\max} = \sqrt{\frac{n_{v\max}}{G_R(a/b,\,B)}\,\sigma\, d\, b^2} \tag{130}$$

und mit Gl. (107) für die maximal erreichbare Hallspannung im Leerlauf

$$u_{20\max} = b\sqrt{\frac{R_H^2\,\sigma}{d}\, n_{v\max}\,\frac{G_H^2}{G_R}}\, B. \tag{131}$$

Für Halbleitermaterialien mit starker Überschußleitung (n-leitend) oder auch eigenleitende Halbleitermaterialien, bei denen jedoch die Elektronenbeweglichkeit wesentlich größer ist als die Löcherbeweglichkeit, kann für das Produkt σR_H die Elektronenbeweglichkeit μ_n gesetzt werden, so daß sich Gl. (131) schreiben läßt in der Form

$$u_{20\max} = \frac{b}{\sqrt{d}}\,\sqrt{R_H\,\mu_n}\,\sqrt{n_{v\max}}\,\frac{G_H}{\sqrt{G_R}}\, B. \tag{131a}$$

Die maximal erreichbare Leerlaufhallspannung ist also proportional der Wurzel aus dem Produkt von Hallkonstante und Elektronenbeweglichkeit. Beide Größen, R_H und μ_n, lassen sich durch Wahl des Halbleitermaterials in weiten Grenzen ändern. Wesentlich beeinflussen läßt sich $u_{20\max}$ auch noch durch die geometrischen Abmessungen, wie Breite b der Halbleiterschicht und die Schichtdicke d. Demgegenüber kann die Verlustleistungsdichte $n_{v\max}$ durch die Einbettungsart nur in verhältnismäßig engen Grenzen variiert werden. So liegt z. B. für den in den Luftspalt eines Magnetkreises eingebauten Hallgenerator bei beidseitiger Wärmeableitung und einer Übertemperatur $\Delta T_{\max} = 10\,°\mathrm{C}$ der Halbleiterschicht die maximal zulässige Verlustleistungsdichte $n_{v\max}$ zwischen 0,5 und 1 W/cm².

Um eine möglichst hohe Leerlaufhallspannung zu erreichen, müssen Materialien ausgewählt werden, die einen hohen Produktwert aus Hallkonstante und Elektronenbeweglichkeit besitzen. Metalle mit ihren sehr niedrigen Elektronenbeweglichkeiten und ihren entsprechend der hohen Elektronenkonzentration extrem kleinen Hallkonstanten scheiden für die Erzeugung hoher Leerlaufhallspannungen von vornherein aus. Hohe Produktwerte $R_H \mu_n$ findet man nur bei den Halbleitern. Die heute bekannten Halbleitermaterialien lassen sich in zwei Gruppen einteilen. Die eine Gruppe wird gebildet von Halbleitern mit verhältnismäßig niedriger Elektronenbeweglichkeit; infolge ihres hohen Bandabstandes ΔE können aber bei entsprechender Reinheit sehr hohe Hallkonstanten erreicht werden. Ein typischer Vertreter dieser Gruppe ist das Silizium mit $\mu_n = 1350\ \mathrm{cm^2/Vsec}$, das bei einer Elektronenkonzentration von einigen $10^{13}\ \mathrm{cm^{-3}}$ eine Hallkonstante von $10^5\ \mathrm{cm^3/Asec}$ hat. Die für die maximal erreichbare Leerlaufhallspannung maßgebende Kennziffer $\sqrt{R_H \mu_n}$ liegt für Silizium dieser Reinheit also bei 12000. Zur anderen Gruppe zählen als typische Vertreter die III-V-Halbleiter Indiumantimonid und Indiumarsenid [4—10]. Sie besitzen extrem hohe Elektronenbeweglichkeiten, lassen aber auf Grund ihres kleinen Bandabstandes nur verhältnismäßig niedrige Hallkonstanten zu. Für eigenleitendes InSb, mit einer Elektronenbeweglichkeit von $\mu_n = 78000\ \mathrm{cm^2/Vsec}$ und einer Hallkonstante von $380\ \mathrm{cm^3/Asec}$ bei $T = 300\ °\mathrm{K}$, beträgt der $\sqrt{R_H \mu_n}$-Wert 5400. Grundsätzlich läßt sich danach mit Silizium eine höhere Leerlaufhallspannung erzeugen als mit Indiumantimonid. Hieraus den Schluß zu ziehen, daß Silizium eine für die technische Ausnutzung des Hall-Effektes geeignetere Halbleitersubstanz ist als Indiumantimonid, wäre jedoch falsch. Die Höhe der Leerlaufhallspannung allein reicht nämlich für die Bewertung eines Halbleitermaterials auf seine Verwendbarkeit zur technischen Nutzung des Hall-Effektes nicht aus. Neben der Höhe der Leerlaufhallspannung muß auch das Leistungsvermögen, d. h. also der Innenwiderstand des Hallelements in eine solche Bewertung mit einbezogen werden. Die Ausgangsleistung eines Hallelements wird aber entscheidend bestimmt durch die Elektronenbeweglichkeit, wie im nächsten Abschnitt gezeigt wird.

Ganz abgesehen davon läßt sich auch für Anwendungen, bei denen nur eine hohe Leerlaufhallspannung gefordert wird, bereits ein Vorteil für Halbleiter mit hoher Elektronenbeweglichkeit und verhältnismäßig niedriger Hallkonstante ableiten. Die hohe Hallkonstante bei den Materialien der genannten ersten Gruppe setzt nämlich einen hohen Reinheitsgrad voraus. Infolge der geringen Elektronenkonzentration haben aber dann die immer vorhandenen, unkontrolliert auftretenden Störterme an der Oberfläche der Halbleiterschicht einen merklichen Einfluß auf die elektrische Leitung. Die Qualität eines Hallgenerators wird neben der Höhe der abgegebenen Hallspannung entscheidend durch die Stabilität seines Nullpunkts (Restspannung bei $B = 0$) bestimmt. Bei Halbleitern mit hohem Reinheitsgrad wird aber gerade diese Nullpunktsstabilität durch unkontrolliert auftretende Oberflächenleitterme stark herabgesetzt. Die gegenüber Indiumantimonid tausendmal höhere Hallkonstante des Siliziums führt zwar zu einer doppelt so hohen maximal erreichbaren Leerlaufhallspannung, bringt dafür aber eine um den Faktor 1000 größere Neigung zu Nullpunktsinstabilitäten mit sich. So muß bereits bei der Auswahl geeigneter Halbleiter, mit denen sich eine hohe Leerlaufhallspannung guter Nullpunktsstabilität erzeugen läßt, den III-V-Halbleitern mit hoher Elektronenbeweglichkeit der Vorzug gegeben werden.

3.2 Wirkungsgrad bei Anpassung auf maximale Leistungsabgabe

Nach Abb. 5 fließt bei Belastung eines Hallgenerators mit einem Innenwiderstand R_L im Hallkreis der Hallstrom i_2. Auf den Belastungswiderstand R_L wird dabei die elektrische Leistung $R_L\, i_2^2$ übertragen. Diese Leistung ist am größten, wenn der Abschlußwiderstand R_L gleich dem hallseitigen Innenwiderstand R_{20} des Hallgenerators gewählt wird. $R_{20} = R_L$ ist die Anpassung auf maximale Leistungsabgabe oder auch kurz Leistungsanpassung.

Eine den Hallgenerator bewertende Größe ist sein Wirkungsgrad bei Leistungsanpassung. Unter diesem Wirkungsgrad versteht man das Verhältnis der auf den angepaßten Widerstand R_L übertragenen Ausgangsleistung zur Eingangsleistung des Hallgenerators. Da das stationäre Magnetfeld B keine Leistung auf die Halbleiterschicht übertragen kann, besteht die Eingangsleistung des Hallgenerators allein aus der zugeführten elektrischen Steuerleistung $u_1\, i_1$.

Der Wirkungsgrad bei Anpassung auf maximale Leistungsabgabe läßt sich für kleine Magnetfelder sehr einfach berechnen. Die dem Hallgenerator eingangsseitig zugeführte elektrische Leistung ist $P_1 = R_{10}\, i_1^2$, während sich die an den Abschlußwiderstand $R_L = R_{20}$ abgegebene elektrische Leistung zu $P_2 = u_{20}^2/4 R_{20}$ berechnet. Für den Wirkungsgrad bei Leistungsanpassung folgt somit

$$\eta_{\max} = \frac{P_2}{P_1} = \frac{u_{20}^2}{4 R_{20} R_{10}\, i_1^2}. \tag{132}$$

Für Hallgeneratoren mit einem Seitenverhältnis $a/b = 2$ und einem Verhältnis von Hallelektrodenbreite s zu Seitenkante a von 0,1 ist der hallseitige Innenwiderstand R_{20} annähernd gleich dem steuerseitigen Innenwiderstand R_{10}, so daß mit

$$R_{10} = \frac{1}{\sigma} \frac{a}{b\, d}$$

unter Vernachlässigung des transversalen magnetischen Widerstandseffektes folgt

$$\eta_{\max} \approx \frac{(R_H\, \sigma\, B)^2}{4 a^2/b^2}. \tag{132a}$$

Für das Seitenverhältnis $a/b = 2$ und $\sigma R_H = \mu_n$ erhält man somit für den Wirkungsgrad bei Leistungsanpassung den Ausdruck

$$\eta_{\max} \approx \frac{1}{16} (\mu_n B)^2, \tag{2}$$

der für $\mu_n B \ll 1$ gültig ist.

Gl. (2) zeigt nochmals deutlich die große Überlegenheit der III-V-Halbleiter mit hoher Elektronenbeweglichkeit hinsichtlich ihrer Verwendung in Hallgeneratoren. Mit den bereits genannten Werten für die Elektronenbeweglichkeit des Siliziums und des Indiumantimonids ergibt sich für kleine Magnetfelder ein um den Faktor 2500 höherer Wirkungsgrad eines Hallgenerators aus InSb gegenüber einem solchen aus Si. Bei einem Magnetfeld von $B = 1$ kG besitzt ein Hallgenerator aus InSb einen Wirkungsgrad von etwa 4%. Dieser Wert erscheint auf den ersten Blick gering. Immerhin beträgt er bereits $^1/_4$ von der Höhe des Wirkungsgrades, der sich mit einem 4-Elektroden-Hallgenerator bei beliebig großem $\mu_n B$-Produkt überhaupt erreichen läßt.

Da die Eingangsleistung eines Hallgenerators durch die Ableitung der Verlustwärme begrenzt wird, ist nach Gl. (2) die maximal erreichbare Ausgangsleistung eines Hallgenerators proportional dem Quadrat des Produkts aus Elektronenbeweglichkeit und magnetischer Induktion. Diese Eigenschaft ist für Anwendungen wichtig, bei denen der Hallgenerator nur von sehr kleinen Magnetfeldern angesteuert wird. Eine einwandfreie Umsetzung kleinster Magnetfelder in Steuer- und Meßsignale ist nur dann möglich, wenn sich das Ausgangssignal hinreichend von dem stets vorhandenen Störpegel abhebt. Der Störpegel kann aus induktiven oder kapazitiven Einstreuungen in den Meßkreis bestehen. Im störungsfreien Fall verbleibt noch das Rauschen des Halbleiters selbst. Diese Störgrößen, insbesondere auch das Rauschen, werden im Leistungsmaß gemessen. Für die Meßwertverarbeitung muß daher eine im Vergleich zum Störpegel hohe Ausgangsleistung des Hallspannungssignals angestrebt werden. Diese Forderung wird aber auch am besten von den Halbleitern mit hoher Elektronenbeweglichkeit erfüllt. Je höher die Elektronenbeweglichkeit ist, um so kleiner ist das Magnetfeld, das sich noch eindeutig vom Störpegel trennen läßt.

3.3 Eigenschaften der III-V-Halbleiter mit hoher Elektronenbeweglichkeit

Aus der Vielzahl der Verbindungshalbleiter aus den Elementen der III. und V. Gruppe des periodischen Systems sind Indiumantimonid und Indiumarsenid die Halbleiter mit der höchsten Elektronenbeweglichkeit. Sie werden daher für die Herstellung von Hallgeneratoren bevorzugt verwendet. Für hochgenaue Magnetfeldmessungen werden auch noch Hallgeneratoren aus dem Mischkristallhalbleiter InAsP hergestellt. Im folgenden sollen die elektrischen Eigenschaften, wie Elektronenbeweglichkeit, Leitfähigkeit und Hallkonstante dieser drei Halbleiter eingehender diskutiert werden.

Die Elektronenbeweglichkeit des eigenleitenden Indiumantimonids beträgt bei Raumtemperatur 78000 cm²/Vsec. Sie ist temperaturabhängig und wird bei Dotierung vom Störstellengehalt beeinflußt.

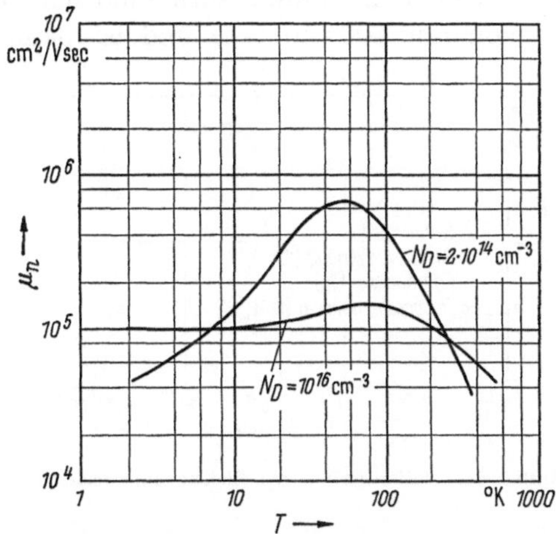

Abb. 62. Elektronenbeweglichkeit als Funktion der Temperatur für zwei InSb-Proben unterschiedlicher Dotierung. Nach [32].

In Abb. 62 ist die Elektronenbeweglichkeit als Funktion der Temperatur für zwei verschiedene InSb-Proben nach PUTLEY [32] wiedergegeben. Für die n-leitende Probe mit einer Störstellenkonzentration von $10^{16}\,\text{cm}^{-3}$ ist die Elektronenbeweglichkeit unterhalb von 100 °K nur schwach temperaturabhängig. Im Bereich höherer Temperaturen sinkt die Elektronenbeweglichkeit mit zunehmender Temperatur und läßt sich oberhalb von 200 °K in erster Näherung durch

$$\mu_n = 78000 \left(\frac{T}{300\,^\circ\text{K}}\right)^{-1{,}66} \tag{133}$$

beschreiben. Ein reineres, n-leitendes InSb mit einer Störstellenkonzentration von $2 \cdot 10^{14}\,\text{cm}^{-3}$ zeigt in diesem Temperaturbereich einen stärkeren Temperaturgang der Elektronenbeweglichkeit mit einem ausgeprägten Maximum von über 600000 cm²/Vsec bei etwa $T = 70\,^\circ\text{K}$. Abb. 63 zeigt den Einfluß der Dotierung auf die Elektronenbeweglichkeit des InSb. Zusammengestellt sind Meßwerte verschiedener Autoren [32—36]. Indiumantimonid mit einer Störstellenkonzentration $< 10^{16}\,\text{cm}^{-3}$ hat bei Raumtemperatur eine Elektronenbeweglichkeit von

78000 cm²/Vsec. Mit zunehmender Verunreinigung fällt μ_n ab und beträgt bei einer Störstellenkonzentration von 10^{18} cm^{-3} nur noch 20000 cm²/Vsec. Die Abnahme der Elektronenbeweglichkeit mit der Temperatur und zunehmenden Störstellenkonzentration wird durch die Streuung der Elektronen an den in thermischer Schwingung befindlichen Gitterbausteinen bzw. durch die Streuung an den ionisierten Störstellen verursacht. Eine umfassende theoretische Beschreibung dieser Vorgänge ist bis heute nicht gelungen [37].

Die Löcherbeweglichkeit im Indiumantimonid hat bei Raumtemperatur einen Wert von nur 600 cm²/Vsec und ist damit um mehr als

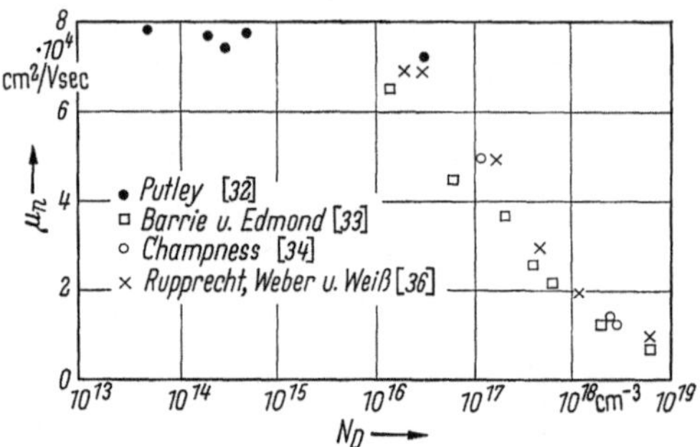

Abb. 63. Einfluß der Dotierung auf die Elektronenbeweglichkeit im InSb.

100mal kleiner als die Elektronenbeweglichkeit; auch sie ist abhängig von der Temperatur und vom Störstellengehalt.

Die Eigenleitungskonzentration des Indiumantimonids hat bei Raumtemperatur den Wert $n_i = 2 \cdot 10^{16}$ cm^{-3}. Nach optischen Messungen der Absorptionskante ist für $T = 0$ °K die Breite der verbotenen Zone $\varDelta E = 0{,}25$ eV. Mit steigender Temperatur nimmt $\varDelta E$ gemäß

$$\varDelta E = \left(0{,}25 - 2{,}8 \frac{T}{10^4\ {}^\circ\mathrm{K}}\right) \mathrm{eV} \tag{134}$$

ab, so daß für Raumtemperatur der Bandabstand 0,17 eV beträgt. Durch Eigenleitungskonzentration und Bandabstand bei Raumtemperatur ist in einer logarithmischen Darstellung der Hallkonstante über $1/T$ die in Abschn. 2.1 beschriebene Eigenleitungsgerade festgelegt. Abb. 64 gibt einen Überblick über die Temperaturabhängigkeit der Hallkonstante des Indiumantimonids in dieser Darstellungsart. Die Abbildung enthält den Temperaturverlauf von drei unterschiedlich n-leitend und vier p-leitend dotierten Proben [9, 38]. Das hochreine n-leitende InSb mit einer Trägerkonzentration von 10^{13} cm^{-3} folgt bis hinunter zu einer Temperatur von 150 °K der Eigenleitungsgeraden des Indiumantimonids, wobei nach Übergang in den horizontal verlaufenden Störleitungsast eine Hallkonstante von 10^5 cm³/Asec erreicht wird. Die Hallkonstanten der beiden höher dotierten n-leitenden Proben liegen im Bereich der Störleitung wesentlich tiefer, und der Übergang in die Eigenleitung erfolgt bei entsprechend höheren Temperaturen. Der

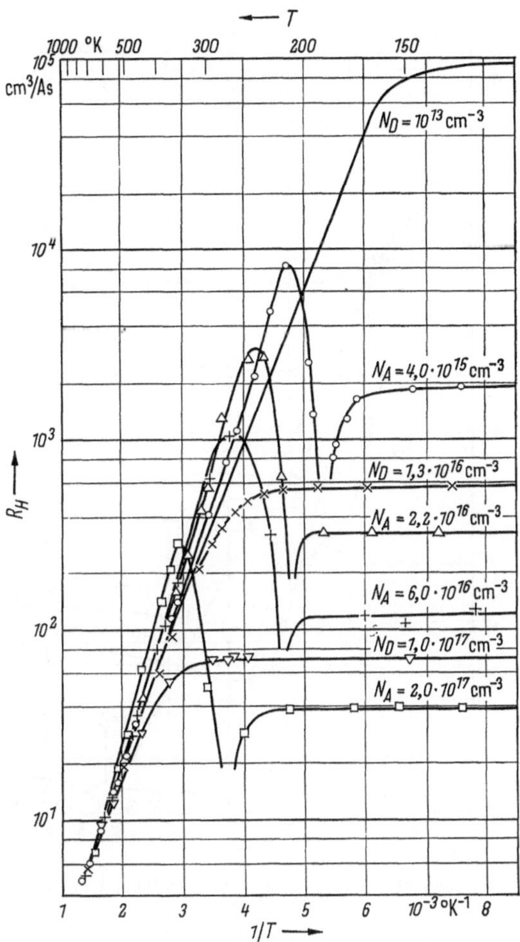

Abb. 64. Hallkonstante über $1/T$ für Indiumantimonid unterschiedlicher Dotierung. Nach [9, 38].

Temperaturverlauf der vier p-dotierten InSb-Proben zeigt den bereits in Abschn. 2.1 eingehend diskutierten Nulldurchgang mit anschließendem Maximum. Im Störleitungsgebiet ist die Hallkonstante der p-leitenden Proben positiv, nach dem Nulldurchgang im Bereich der Eigenleitung dagegen negativ. Entsprechend ist in Abb. 65 der Temperaturverlauf der elektrischen Leitfähigkeit dieser Proben dargestellt.

Aus Abb. 64 geht hervor, daß für eine weitgehend temperaturunabhängige Hallkonstante in dem technisch interessierenden Temperaturbereich von $-20\,^\circ\mathrm{C}$ bis $+100\,^\circ\mathrm{C}$ ein n-leitendes InSb mit einer Dotierung $> 2 \cdot 10^{17}\ \mathrm{cm}^{-3}$ verwendet werden müßte. Bei einer derartig

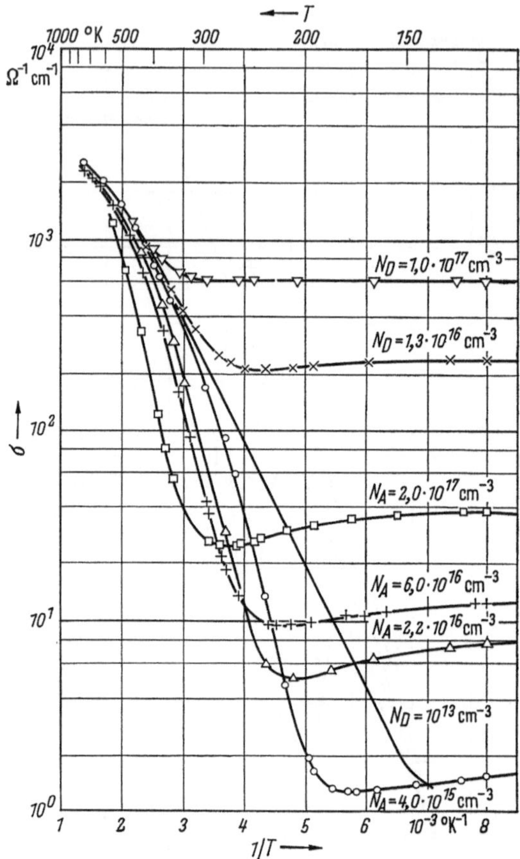

Abb. 65. Elektrische Leitfähigkeit σ über $1/T$ für Indiumantimonid unterschiedlicher Dotierung. Nach [9, 38].

hohen Störstellenkonzentration ist aber die Elektronenbeweglichkeit nach Abb. 63 bereits unter $40\,000\ \mathrm{cm}^2/\mathrm{Vsec}$ abgesunken. Will man daher den Vorteil der hohen Elektronenbeweglichkeit des Indiumantimonids voll nutzen, so muß eigenleitendes Material verwendet und die damit verbundene Temperaturabhängigkeit von Hallkonstante und Leitfähigkeit in Kauf genommen werden. Das Standardmaterial für InSb-Hallgeneratoren ist daher Indiumantimonid mit einer Reinheit von einigen $10^{15}\ \mathrm{cm}^{-3}$. In dem Temperaturbereich von $-20\,^\circ\mathrm{C}$ bis $+100\,^\circ\mathrm{C}$

befindet sich dieses Material in der Eigenleitung mit einer Hallkonstante $R_H = -380\ \mathrm{cm^3/Asec}$ bei Raumtemperatur.

Indiumarsenid mit einer Störstellenkonzentration von $10^{16}\ \mathrm{cm^{-3}}$ hat bei 300 °K eine Elektronenbeweglichkeit von 33000 cm²/Vsec. Dabei wird das Temperaturverhalten im Bereich oberhalb 170 °K beschrieben durch

$$\mu_n = 33000 \left(\frac{T}{300\ °\mathrm{K}}\right)^{-1,2}. \qquad (135)$$

Wie beim InSb hat auch hier der Störstellengehalt, insbesondere bei Temperaturen unterhalb 170 °K, einen starken Einfluß auf den Temperaturgang der Elektronenbeweglichkeit. Der Einfluß der Störstellenkonzentration auf die Elektronenbeweglichkeit bei Raumtemperatur ist in Abb. 66 für n-leitendes InAs dargestellt [16]. Danach fällt die Elektronenbeweglichkeit von 33000 cm²/Vsec bei einem Störstellengehalt von $10^{16}\ \mathrm{cm^{-3}}$ auf 10000 cm²/Vsec bei 10^{19} Störstellen pro cm³. n-leitendes InAs, dessen Störstellengehalt einer Hallkonstante von $R_H = -100\ \mathrm{cm^3/Asec}$ entspricht, besitzt danach eine Elektronenbeweglichkeit von 24000 cm²/Vsec. Die Löcherbeweglichkeit des Indiumarsenids ist wiederum sehr niedrig; sie beträgt etwa 450 cm²/Vsec [10].

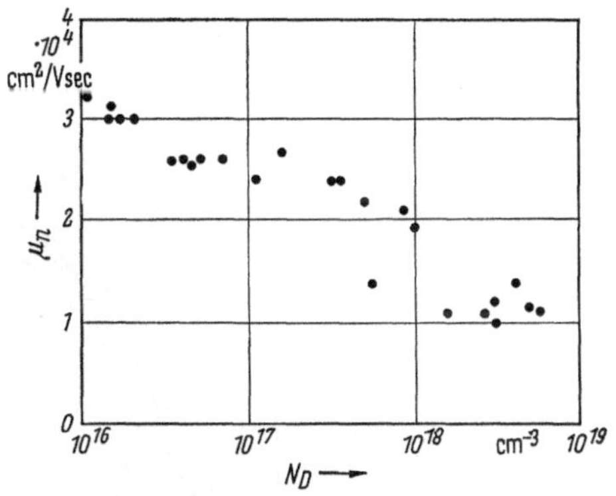

Abb. 66. Elektronenbeweglichkeit von n-leitendem Indiumarsenid als Funktion der Dotierung.

Bei $T = 0$ °K hat die verbotene Zone des Indiumarsenids eine Breite von 0,44 eV. Mit steigender Temperatur sinkt sie entsprechend

$$\Delta E = \left(0{,}44 - 2{,}8\,\frac{T}{10^4\ °\mathrm{K}}\right) \mathrm{eV} \qquad (136)$$

ab. Dies führt bei 300 °K zu einem Bandabstand von 0,35 eV. Auf Grund des im Vergleich zum InSb höheren Bandabstandes verläuft die Eigenleitungsgerade des Indiumarsenids in einer logarithmischen Darstellung der Hallkonstante über der reziproken Temperatur entsprechend steiler. In Abb. 67 ist der Temperaturverlauf der Hallkonstante des Indiumarsenids wiedergegeben. Die Darstellung enthält fünf n-leitende und zwei p-leitende Proben [10]. Der Verlauf der Eigenleitungsgeraden zeigt, daß im Bereich der Störleitung bei Raumtemperaturen Hallkonstanten bis über $10^3\ \mathrm{cm^3/Asec}$ möglich sind. Mit InAs läßt sich daher die Forderung nach einer von -20 °C bis $+100$ °C weitgehend temperaturunabhängigen Hallkonstante erfüllen, ohne hierfür eine Störstellenkonzentration wählen zu müssen, die einen zu starken Verfall der Elektronenbeweglichkeit mit sich bringt. Das bereits erwähnte n-leitende InAs mit einer Hallkonstante $R_H = -100$ cm³/Asec und einer Elektronenbeweglichkeit von $\mu_n = 24000$ cm²/Vsec zeigt die angestrebte Temperaturunabhängigkeit der Hallkonstante bis über +100 °C, wie aus Abb. 67 hervorgeht. Das mit einem Störstellengehalt von $7 \cdot 10^{16}$ cm^{-3}

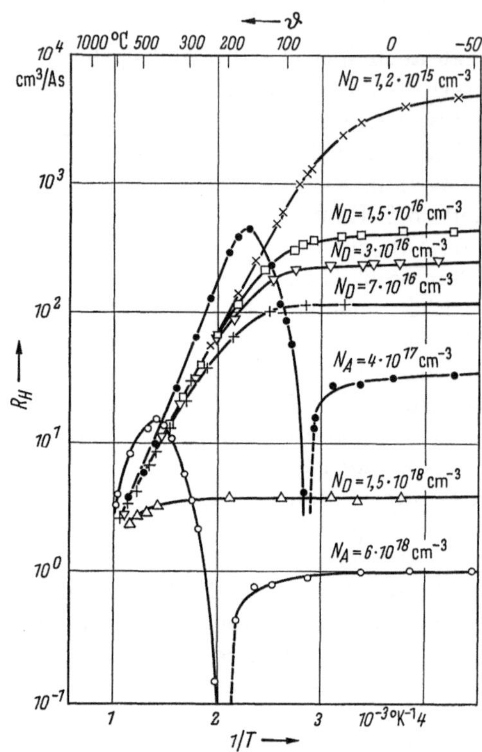

Abb. 67. Hallkonstante über $1/T$ für Indiumarsenid unterschiedlicher Dotierung. Nach [10].

n-leitend dotierte Indiumarsenid ist daher das zweite Standardmaterial für die Herstellung von Hallgeneratoren. Schließlich zeigt Abb. 68 noch den Temperaturverlauf der elektrischen Leitfähigkeit für die in Abb. 67 enthaltenen InAs-Proben. Im Temperaturbereich zwischen −20 °C und +100 °C besitzt das Standard-Indiumarsenid mit $R_H = -100$ cm³/Asec einen negativen Temperaturkoeffizienten der elektrischen Leitfähigkeit. Demgegenüber hat eigenleitendes InSb einen positiven Koeffizienten der elektrischen Leitfähigkeit.

Die hohen Elektronenbeweglichkeiten des Indiumantimonids und des Indiumarsenids führten bei rechteckförmigen Halbleiterschichten mit endlichem Seitenverhältnis a/b (s. Abschn. 2.4) im magnetischen Aussteuerbereich bis 10 kG bereits zu Abweichungen von der Proportionalität zwischen Hallspannung und magnetischer Induktion. Bei der Magnetfeldmessung werden aber oft hohe Anforderungen an die Linearität der Kennlinie eines Hallgenerators gestellt. Da für derartige Anwen-

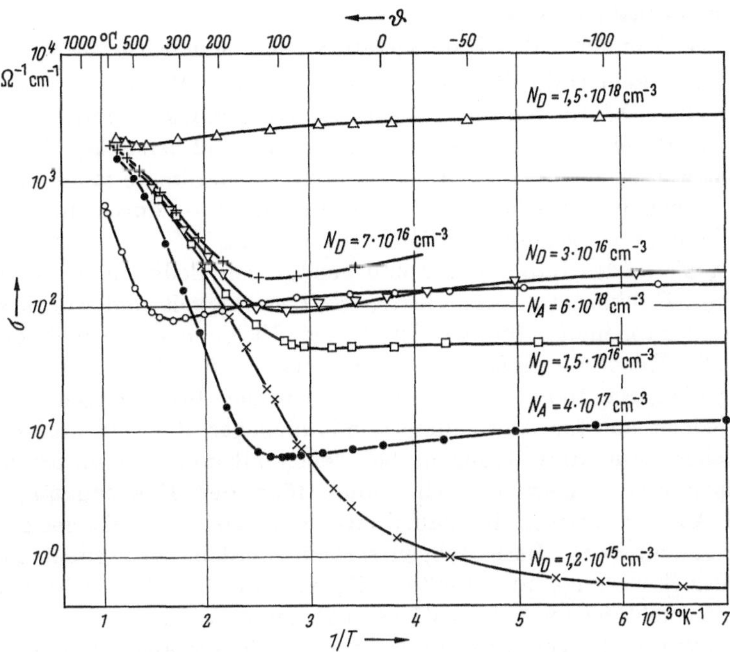

Abb. 68. Leitfähigkeit über $1/T$ für Indiumarsenid unterschiedlicher Dotierung. Nach [10].

dungen in der Meßtechnik die möglichst genaue Einhaltung der Proportionalität zwischen u_2 und B höher bewertet wird als eine hohe Ausgangsleistung des Hallgenerators, wird hierfür ein Halbleitermaterial mit niedrigerer Elektronenbeweglichkeit bevorzugt. Ersetzt man im Indiumarsenidkristall einen Teil der Arsenatome durch Phosphor, so wird durch diese Mischkristallbildung die hohe Elektronenbeweglichkeit des stöchiometrischen Indiumarsenids herabgesetzt. So stellt z. B. der Mischkristall mit 80% Arsen und 20% Phosphor einen Halbleiter dar, der bei n-Dotierung mit einer Hallkonstante von -180 cm³/Asec eine Elektronenbeweglichkeit von nur noch 10000 cm²/Vsec besitzt. Aus diesem Material werden Hallgeneratoren für hochgenaue Magnetfeldmessungen hergestellt.

3.4 Die drei Standardmaterialien für die Herstellung von Hallgeneratoren

Bei der Auswahl geeigneter Halbleiterwerkstoffe für Hallgeneratoren sind die folgenden vier Gesichtspunkte maßgebend:

1. Die Elektronenbeweglichkeit muß möglichst groß sein.
2. Das Produkt $R_H \mu_n$ muß große Werte besitzen.
3. Hallkonstante und elektrische Leitfähigkeit sollten weitgehend temperaturunabhängig sein.
4. Die Kennlinie des Hallgenerators sollte möglichst linear sein.

Es gibt kein Halbleitermaterial, das alle vier Bedingungen gleichzeitig erfüllt. Würde ein solches Material existieren, so könnte man alle Hallgeneratoren grundsätzlich aus diesem Material herstellen. In Wirklichkeit werden die drei bereits erwähnten Standardmaterialien verwendet, je nachdem, welche der vier Eigenschaften — durch die Anwendung bedingt — vorrangig erfüllt sein müssen.

Eigenleitendes Indiumantimonid genügt den Bedingungen 1 und 2 sehr gut. Hallkonstante und elektrische Leitfähigkeit sind jedoch stark temperaturabhängig. Infolge der hohen Elektronenbeweglichkeit ist auch die Kennlinie eines InSb-Hallgenerators nur bis zu verhältnismäßig niedrigen Induktionen linear. Die beiden Bedingungen 3 und 4 sind jedoch nur für Anwendungen mit analoger Meßwertverarbeitung zu stellen. Für Anwendungen, bei denen allein das Vorzeichen der Hallspannung ausgewertet wird, die Höhe der Hallspannung aber keine Aussage besitzt, ist daher eigenleitendes InSb die geeignetste Halbleitersubstanz. InSb-Hallgeneratoren werden angewendet in der digitalen Steuerungs- und Meßtechnik, wie z. B. für die berührungslose Stellungsmeldung und Informationsübertragung. Wie später noch gezeigt wird, läßt sich die Temperaturabhängigkeit der Ausgangsspannung eines InSb-Hallgenerators stark reduzieren, wenn er mit konstanter Steuerspannung betrieben wird. Dies geht jedoch auf Kosten einer weiteren Verschlechterung der Linearität.

Eine weitgehende Temperaturunabhängigkeit von Hallkonstante und Leitfähigkeit läßt sich nur durch Zugeständnisse bei den Forderungen 1 und 2 erreichen. Würde man z. B. InSb durch starke n-Dotierung in den störleitenden Erschöpfungsbereich bringen, so daß die Hallkonstante bis $+100\,°C$ temperaturunabhängig wird, so ist hierzu eine Dotierung $> 2 \cdot 10^{17}$ Störstellen pro cm^3 notwendig. Bei dieser Dotierung sinkt aber die Elektronenbeweglichkeit unter $40000\ cm^2/Vsec$ ab, und die Hallkonstante beträgt nur noch etwa $-10\ cm^3/Asec$. Das Produkt $R_H \mu_n$ liegt dann unter dem des n-dotierten Indiumarsenids mit einer Hallkonstante $R_H = -100\ cm^3/Asec$, einer Elektronenbeweglichkeit von $24000\ cm^2/Vsec$ und einer vergleichbaren Temperaturunabhängigkeit. Darüber hinaus ist auf Grund der höheren Elektronenbeweglichkeit auch des stark dotierten Indiumantimonids die Linearität der Kennlinie schlechter als bei n-leitendem Indiumarsenid. Hallgeneratoren für die analoge Meßwertsverarbeitung, wie z. B. Magnetfeldmessung und elektrische Multiplikation, werden daher aus n-leitendem Indiumarsenid mit der Hallkonstante $R_H = -100 \text{ cm}^3/\text{Asec}$ hergestellt.

Wird neben der bereits vorhandenen weitgehenden Temperaturunabhängigkeit des n-leitenden Indiumarsenids besonderer Wert auf

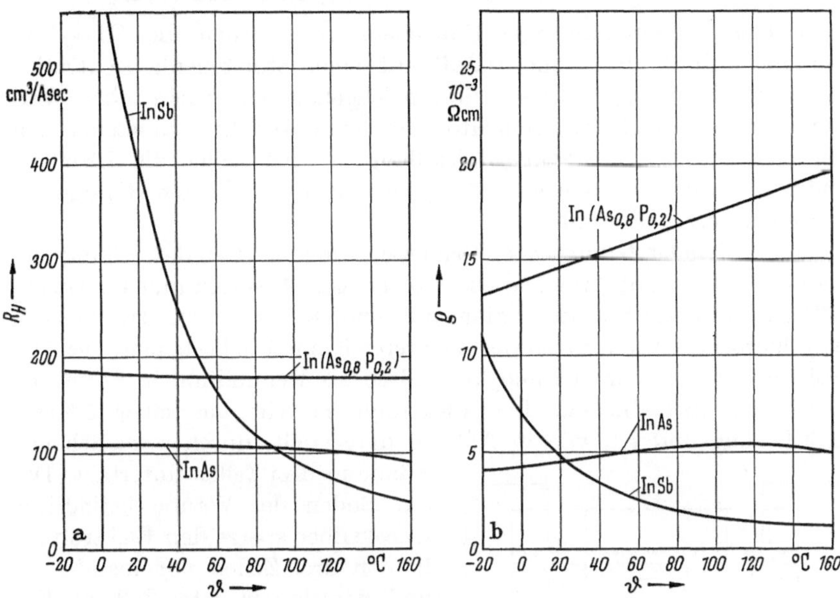

Abb. 69. Hallkonstante (a) und spezifischer Widerstand (b) der drei Standardmaterialien in Abhängigkeit von der Temperatur.

eine sehr lineare Kennlinie gelegt, so wird der Mischkristall $In(As_{0,8}P_{0,2})$ verwendet, dessen Elektronenbeweglichkeit nur 10000 cm^2/Vsec beträgt.

In Abb. 69a ist die Hallkonstante und in Abb. 69b der spezifische Widerstand der drei Standardmaterialien über der Temperatur im Bereich von $-20\,°\text{C}$ bis $+150\,°\text{C}$ aufgetragen. Man erkennt aus dem stark fallenden Temperaturverlauf den eigenleitenden Charakter des Indiumantimonids. InAs geht demgegenüber erst oberhalb von $+120\,°\text{C}$ aus der Störleitung in die Eigenleitung über. Diese Übergangsstelle liegt beim $In(As_{0,8}P_{0,2})$ bei noch höheren Temperaturen. In Tab. 4 sind für diese drei Halbleiterwerkstoffe die elektrischen Daten für 25 °C und deren mittlere Temperaturkoeffizienten zusammengestellt. Hierin sind β der im Bereich zwischen 0 und 100 °C geltende, mittlere Temperaturkoeffizient der Hallkonstante und α der entsprechend gemittelte Temperaturkoeffizient des spezifischen Widerstandes $\varrho = 1/\sigma$.

Tabelle 4

	μ_n in cm²/Vsec	R_H in cm³/Asec	σ in Ω^{-1} cm⁻¹	β in %/°C	α in %/°C
InSb	78000	−380	200	−1,5	−1,2
InAs	24000	−100	240	−0,07	+0,24
$InAs_{0,8}P_{0,2}$	10000	−180	55	−0,04	+0,22

3.5 Herstellung der Halbleiter InSb, InAs und InAsP

Für die Herstellung von Hallgeneratoren werden die III-V-Verbindungen InSb, InAs und InAsP mit einer Störstellenkonzentration $< 10^{16}$ cm^{-3} benötigt. Dieser Störstellengehalt entspricht einer Verunreinigung von einem Fremdatom auf etwa 10^6 Gitterbausteine. Vor der eigentlichen Verbindungsdarstellung müssen daher die Elemente Indium, Antimon, Arsen und Phosphor einem gründlichen Reinigungsprozeß unterzogen werden.

3.5.1 Reindarstellung der Elemente. Für die Reindarstellung des Indiums hat sich die Amalgamelektrolyse nach FISCHER und POLITYCKI [39] gut bewährt. Das Rohindium mit einer Reinheit von etwa 99,95% wird hierbei als Anode in eine aus mehreren Kammern bestehende elektrolytische Wanne gebracht und kathodisch als Reinindium in Form von Dendriten abgeschieden. Der Elektrolyt besteht aus einer 5%igen HCl-Lösung und ist, wie in Abb. 70 dargestellt, durch zwei Scheidewände in drei Zellen unterteilt. Das am Boden der Wanne befindliche Quecksilber sperrt den Elektrolyten in den drei Zellen voneinander ab und dient in der ersten Zelle als Kathode, in das sich das abgeschiedene Indium als Amalgam löst. In der mittleren Zelle ist das Quecksilber durch einen isolierenden Steg unterteilt und bildet hier sowohl Anode wie Kathode, während es in der letzten Zelle wieder Anode ist. Das Indium gelangt durch Amalgambildung und Diffusion über die Bodensperre von einer Zelle zur anderen. Die dreimalige anodische Auflösung und dreimalige kathodische Abscheidung ergeben den gewünschten Reinigungseffekt. Die Verunreinigungen bleiben als Anodenschlamm bzw. in gelöster Form im Elektrolyten und Quecksilber zurück. Durch Ausheizen des kathodisch abgeschiedenen Indiums im Vakuum bei 1000 °C wird das in geringer Menge mit abgeschiedene Quecksilber ausgetrieben. Das zurückbleibende Indium besitzt einen Reinheitsgrad von besser als 10^{-6}.

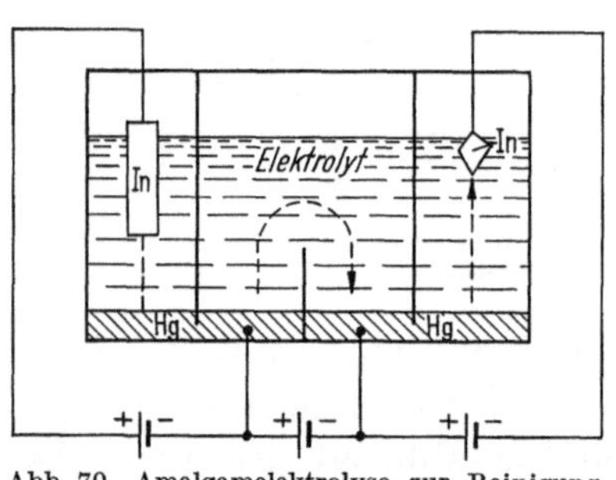

Abb. 70. Amalgamelektrolyse zur Reinigung von Indium.

Das Element Antimon wird auf chemischem Wege gereinigt. Hierzu wird das technisch reine Sb (Reinheitsgrad 99%) im Chlorstrom in $SbCl_5$ übergeführt. Durch Auftropfen des flüssigen Antimonpentachlorids auf festes Antimon findet eine Reduktion zu $SbCl_3$ statt. Eine erste Reinigungsstufe ist dann die Destillation des so gewonnenen $SbCl_3$ bei 223 °C und Atmosphärendruck. Das destillierte $SbCl_3$ wird dann wieder durch Zugabe von Chlor zu $SbCl_5$ aufoxydiert. Mit HCl wird das $SbCl_5$ in $HSbCl_6$ umgewandelt, das mit Wasser und Ammoniak zu Sb_2O_5 hydrolysiert. Durch Glühen bei 800 °C entsteht aus dem Sb_2O_5 dann Sb_2O_4, das im Wasserstoffstrom zu reinem Antimon reduziert wird. Die Reinheit des so gewonnenen Antimons reicht jedoch im allgemeinen zur Herstellung von InSb für Hallgeneratoren nicht aus. Aus diesem Grunde wird an den beschriebenen chemischen Reinigungsprozeß noch eine weitere Reinigungsstufe durch Zonenschmelzen angeschlossen.

Die Reindarstellung des Arsens kann dagegen auf chemischem Wege allein erfolgen. Technisch reines Arsen (99%) wird bei 630 °C sublimiert und anschließend im Chlorstrom in $AsCl_3$ übergeführt, dann mit Salzsäure und Tetrachlorkohlenstoff extrahiert, wobei sich nur das $AsCl_3$, nicht aber die Chloride der Verunreinigungen im CCl_4 lösen. Nach Trennen der beiden Phasen wird durch Zugabe von Wasser das Arsen als As_2O_3 aus dem Tetrachlorkohlenstoff ausgefällt, abgenutscht, gewaschen und getrocknet. Das As_2O_3-Pulver wird schließlich im Wasserstoffstrom bei 1000 °C reduziert und bei 450 °C als kristallines α-Arsen kondensiert.

Zur Reindarstellung des Phosphors geht man von der weißen Modifikation aus. Der technisch reine Phosphor wird in 30%iger Salpetersäure bei 50 °C unter gleichzeitigem Einleiten von Stickstoff zur Durchwirbelung mehrere Tage lang ausgelaugt. Als weitere Reinigungsstufe schließt sich dann eine zweifache Wasserdampfdestillation an. Der so gereinigte Phosphor wird im Vakuum getrocknet und anschließend durch acht Tage langes Tempern bei 300 °C bzw. 500 °C in die zur leichteren Handhabung geeignetere rote Modifikation übergeführt.

3.5.2 Darstellung der Verbindungshalbleiter. Zur Herstellung des Indiumantimonids werden die gereinigten Elemente nach stöchiometrischer Einwaage in einem karborierten, langgestreckten Quarzglasschiffchen bei 550 °C unter Schutzgas zusammengeschmolzen. Der auf diese Weise gewonnene InSb-Stab wird einer weiteren Reinigung durch Zonenschmelzen unterworfen [39]. Beim Zonenschmelzen macht man von der Tatsache Gebrauch, daß die Konzentration $C_{\text{flüssig}}$ einer Verunreinigung in der Schmelze einerseits und die Konzentration C_{fest} in einem aus dieser Schmelze langsam wachsenden Kristall im allgemeinen nicht gleich sind, d. h., daß der „Verteilungskoeffizient" $k = C_{\text{fest}}/C_{\text{flüssig}}$

$\neq 1$ ist. Erzeugt man mit Hilfe eines Ringstrahlers, der das karborierte Quarzschiffchen mit dem eingelegten InSb-Stab umfaßt (Abb. 71), eine schmale Schmelzzone, die beim Bewegen des Ringstrahlers langsam durch den Stab hindurchwandert, so schmilzt das Indiumantimonid an der in Bewegungsrichtung vorn liegenden Phasengrenze fest-flüssig auf und erstarrt wieder an der hinteren Phasengrenze. Beim Wiedererstarren des Indiumantimonids wird nur eine Verunreinigungskonzentration in die feste Phase eingebaut, die dem Verteilungskoeffizienten bezogen auf die Verunreinigungskonzentration in der Schmelze entspricht. Für einen Verteilungskoeffizienten $k < 1$ ist diese Verunreinigungskonzentration kleiner als in der Schmelzzone, für $k > 1$ dagegen

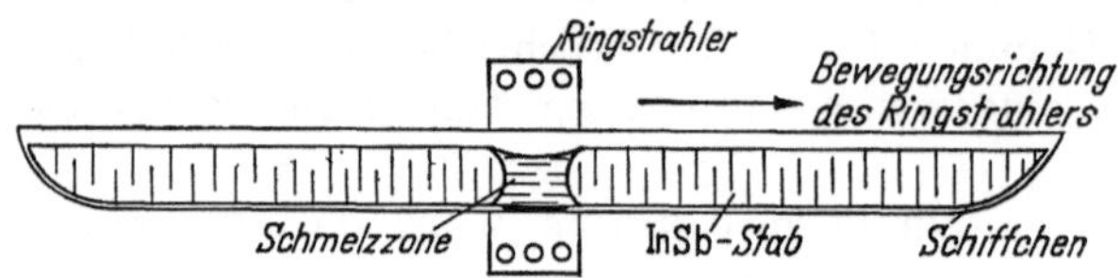

Abb. 71. Reinigung des Indiumantimonids durch Zonenschmelzen.

größer. Wird nun eine Schmelzzone wiederholt langsam in derselben Richtung durch den InSb-Stab hindurchbewegt, so reichern sich Verunreinigungen mit einem Verteilungskoeffizienten < 1 am Stabende an, Verunreinigungen mit $k > 1$ dagegen am vorderen Ende des Stabes. Verunreinigungen, die einen Verteilungskoeffizienten $k = 1$ besitzen, werden von diesem Reinigungsverfahren nicht erfaßt und bleiben gleichmäßig im Stab verteilt. Der reinigenden Wirkung des Zonenschmelzverfahrens wird schließlich durch das sich im Stab aufbauende Konzentrationsgefälle eine Grenze gesetzt.

Geht man bei der Herstellung des Indiumantimonids von den nach 3.5.1 vorgereinigten Elementen In und Sb aus, so wird nach 30 Zügen mit dem Zonenschmelzverfahren eine Reinheit von einigen 10^{15} Störstellen/cm^3 erreicht. Dieses InSb hat bei Raumtemperatur eine Hallkonstante von etwa -380 cm^3/Asec bei einer Elektronenbeweglichkeit von 78000 cm^2/Vsec. Da bei diesem Material die Störstellenkonzentration bereits weit unter der Eigenleitungskonzentration bei Raumtemperatur liegt, sind dies die für R_H und μ_n bei Raumtemperatur maximal erreichbaren Grenzwerte. Das Material ist polykristallin, wobei die einzelnen Kristalle Abmessungen von einigen mm haben.

Indiumarsenid wird nach dem Zweitemperaturverfahren hergestellt. In eine geschlossene, evakuierte Quarzampulle sind in stöchiometrischer Einwaage voneinander räumlich getrennt Indium und Arsen eingebracht. Dabei befindet sich das In in einem karborierten Schiffchen, während die As-Einwaage frei in der Ampulle liegt. Die Ampulle wird in zwei nebeneinander stehende Rohröfen eingeschoben (Abb. 72). Der Rohrofen, in dem sich das Arsen befindet, wird auf 650 °C aufgeheizt, der Ofen mit dem Indiumschiffchen dagegen auf 960 °C. Durch das Aufheizen wandert das Arsen über die Dampfphase zum Indium und verbindet sich mit ihm zu Indiumarsenid. Die beiden unterschiedlichen Temperaturen der Rohröfen sind so gewählt, daß der Dampfdruck des Arsens über dem InAs etwa eine Atmosphäre beträgt und dem Dampfdruck des freien Arsens im linken Rohrofen gleich ist. Nachdem sich die beiden Komponenten vollständig zum Indiumarsenid verbunden haben (bis auf eine die Ampulle füllende Arsenrestdampfmenge, die bei der

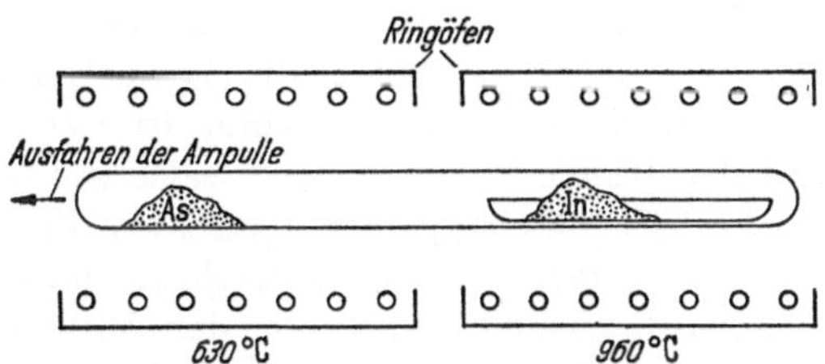

Abb. 72. Herstellung von Indiumarsenid nach dem Zweitemperaturverfahren.

stöchiometrischen Einwaage des Arsens vorgehalten wurde), wird die Ampulle langsam über die kältere Seite aus den beiden Öfen ausgefahren. Dabei erstarrt die Schmelze durch einseitig gerichtete Kristallisation zu polykristallinem Indiumarsenid. Bei Verwendung von vorgereinigtem Indium und Arsen, entsprechend den in 3.5.1 beschriebenen Reinigungsverfahren, erhält man auf diese Weise ein Indiumarsenid mit einer Hallkonstante von etwa -350 cm³/Asec. Zur Herstellung von Hallgeneratoren aus Indiumarsenid wird aber ein n-leitendes Halbleitermaterial mit einer Hallkonstante von nur $R_H = -100$ cm³/Asec benötigt. Aus diesem Grunde wird bei der Einwaage der gereinigten Elemente eine entsprechende Schwefeldotierung zugegeben. Da die erforderliche Dotierungsmenge an Reinschwefel so klein ist, daß sie nicht eingewogen werden kann, wendet man zur gezielten Dotierung das Verdünnungsprinzip an, d. h. man dotiert nicht mit reinem Schwefel, sondern mit einem Indiumarsenid, das Schwefel in definierter, höherer Konzentration enthält. Die Hallkonstante des auf diese Weise hergestellten Indiumarsenids schwankt über die Stablänge zwischen -90 und -110 cm³/Asec, wobei die Elektronenbeweglichkeit 24000 cm²/Vsec beträgt.

Auch der Mischkristall InAsP wird nach dem Zweitemperaturverfahren hergestellt. Dabei befinden sich das Arsen und der Phosphor in dem Ringofen mit der niedrigeren Temperatur. Die beiden Öfen werden auf dieselben Temperaturen aufgeheizt wie bei der Herstellung des Indiumarsenids. Im übrigen verläuft der Herstellungsablauf in entsprechender Weise wie beim InAs. Die stöchiometrische Einwaage wird so vorgenommen, daß sich der Mischkristall $In(As_{0,8}P_{0,2})$ bildet. Die Dotierung erfolgt wiederum mit in InAs aufgelöstem Schwefel. Zur Homogenisierung des dotierten InAsP-Stabes wird nach der einseitig gerichteten Kristallisation nochmals eine Schmelzzone von 960 °C einmal durch den Stab hin und her gezogen. Durch diesen Prozeß erreicht man über eine Stablänge von 20 cm eine Gleichförmigkeit der Hallkonstante zwischen -160 und -200 cm^3/Asec bei einer Elektronenbeweglichkeit von etwa 10000 cm^2/Vsec.

Das nach der Herstellung vorliegende stabförmige Halbleitermaterial hat im Querschnitt die Form des karborierten Schiffchens, wobei infolge der Oberflächenspannung die beim Erschmelzen bzw. Zonenziehen freie Oberfläche konvex gewölbt ist. Vor der weiteren Verarbeitung wird das Halbleitermaterial auf seine elektrischen Eigenschaften hin in einer Vielspitzenapparatur gemessen. Zu diesem Zweck muß der Prüfling einen rechteckigen Querschnitt haben, der durch Schleifen oder Sägen hergestellt wird. In der Vielspitzenapparatur werden Hallkonstante und Leitfähigkeit über die Länge des Stabes von Zentimeter zu Zentimeter gemessen. Das gewonnene Meßprotokoll entscheidet über die verwendbare Länge des Halbleiterstabs.

Teil II

Aufbau und Eigenschaften der Hallgeneratoren

4 Aufbau eines Hallgenerators

Im Vergleich zu anderen Halbleiterbauelementen besitzen Hallgeneratoren die Besonderheit, daß eine ihrer Steuergrößen ein Magnetfeld ist. Dabei wirkt das steuernde Magnetfeld je nach Anwendungsart auf unterschiedlichste Weise auf den Hallgenerator ein. So wird z. B. bei der Magnetfeldmessung in elektrischen Maschinen der Hallgenerator in ein vorgegebenes Magnetfeld gebracht. Das zu messende Magnetfeld darf durch die Anwesenheit des Hallgenerators nicht gestört werden. Der Hallgenerator muß daher aus unmagnetischen Materialien aufgebaut und in seinen Abmessungen, insbesondere in seiner Zungenstärke, den räumlichen Gegebenheiten der Meßaufgabe angepaßt sein. Ganz anders liegen dagegen die Verhältnisse bei der Anwendung eines Hallgenerators zur berührungs- und kontaktlosen Signalgabe. Bei der berührungslosen Signalgabe muß ein möglichst hoher Magnetfluß des sich vorbeibewegenden Dauermagneten vom Hallgenerator eingefangen werden. Aus diesem Grund wird die Halbleiterschicht in ferromagnetisches Material eingebettet. Eine andere Konstruktion wiederum haben Hallgeneratoren, die für die Multiplikation zweier elektrischer Größen Verwendung finden. Bei solchen Hallgeneratoren muß der magnetische Pfad so ausgelegt sein, daß im magnetischen Kreis durch eine möglichst geringe Amperewindungszahl ein dem Spulenstrom proportionales Magnetfeld in der Halbleiterschicht erzeugt wird. An diesen drei Beispielen erkennt man die starke Abhängigkeit des Hallgeneratoraufbaus von der jeweiligen Anwendung. Diese Abhängigkeit ist der Grund für die Vielzahl der heutigen Hallgeneratorkonstruktionen.

4.1 Elektrisches System und Mantel

Allen Hallgeneratoren gemeinsam ist eine dünne Schicht aus den III-V-Halbleitern InSb, InAs oder $In(As_{0,8}P_{0,2})$. Die Halbleiterschicht hat die Form eines Rechtecks oder eines Kreuzes. Sie ist im allgemeinen mit vier Anschlußelektroden versehen. Zwei Elektroden dienen zur Zuführung des Steuerstroms und zwei zur Abnahme der Hallspannung. Die mit den vier Elektroden kontaktierte Halbleiterschicht wird als das elektrische System des Hallgenerators bezeichnet. Bei elektrischen Systemen mit Rechteckform sind die Steuerelektroden über die ganze Breite der Halbleiterschicht ausgedehnt (Abb. 3,) um ein Zusammendrängen der Strombahnen und damit eine lokale Erwärmung der Halbleiterschicht vor den Steuerelektroden zu vermeiden. Aus dem gleichen Grunde sind auch bei kreuzförmigen elektrischen Systemen die Steuerelektroden über die ganze Balkenbreite kontaktiert (Abb. 73a, b). Die Hallelektroden greifen bei rechteckförmigen elektrischen Systemen nur wenig in die Halbleiterschicht ein und haben eine Breite s in Steuerstromrichtung. Neben dem Seitenverhältnis a/b hat auch diese Breite s Einfluß auf die Linearität der Kennlinie des Hallgenerators. Die Kontaktierungsbreite der Hallelektroden kann jedoch nicht beliebig gewählt werden, da zu breite Hallelektroden auf Grund ihrer im Vergleich zum Halbleitermaterial wesentlich größeren elektrischen Leitfähigkeit den Steuerstrom aus dem mittleren Bereich des elektrischen Systems abziehen. Dadurch sinkt die Empfindlichkeit des Hallgenerators. Im allgemeinen wird bei rechteckförmigen elektrischen Systemen eine Kontaktierungsbreite der Hallelektroden mit einem Verhältnis $s/a = 0{,}1$ gewählt. Für kreuzförmige elektrische Systeme können sich dagegen die Hallelektroden über die volle Balkenbreite erstrecken (Abb. 73a). In diesem Falle liegen nämlich die gut leitenden Hallelektroden weit außerhalb des vom Steuerstrom durchflossenen Bereichs der Halbleiterschicht. Es sind aber auch bei kreuzförmigen elektrischen Systemen punkt- bzw. linienförmige Hallkontakte entsprechend Abb. 73b bekannt.

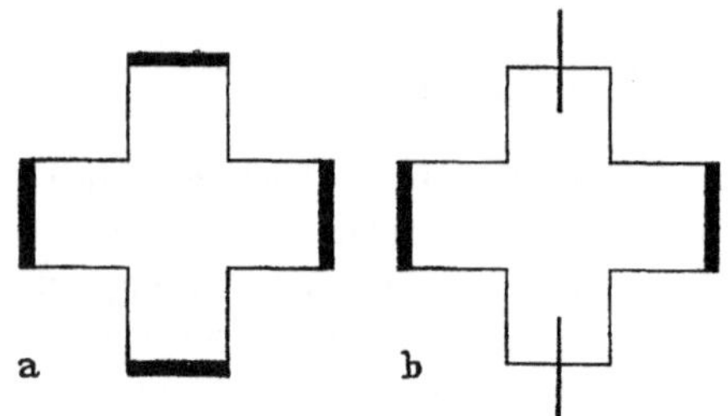

Abb. 73a u. b. Kreuzförmige elektrische Systeme.

Während die Flächenabmessungen des elektrischen Systems im allgemeinen einige Millimeter betragen, muß die Dicke der Halbleiterschicht möglichst gering sein, um gemäß Gl. (131a) eine hohe Hallspannung zu erzeugen. Nach unten hin wird die Schichtdicke nicht nur durch technologische Schwierigkeiten begrenzt; auch aus physikalischen Gründen ist es nicht sinnvoll, Schichtdicken unter 1 μm anzustreben, da derart dünne Halbleiterschichten nicht mehr die hohe Elektronenbeweglichkeit des Massivmaterials aufweisen. Die elektrischen Systeme der heutigen Hallgeneratoren haben je nach Type eine Schichtdicke von etwa 100 μm bis hinunter zu wenigen μm.

Um den dünnen elektrischen Systemen die notwendige mechanische Stabilität zu geben, werden die Halbleiterschichten auf Grundplatten aus geeignetem Material hoher Festigkeit aufgebracht. Dabei muß der Werkstoff für die Grundplatte elektrisch isolierend sein und einen thermischen Ausdehnungskoeffizienten haben, der möglichst gut mit dem des Halbleiterwerkstoffs übereinstimmt. Im Temperaturbereich von 0 bis 100 °C hat InSb einen mittleren Ausdehnungskoeffizienten von $5{,}5 \cdot 10^{-6}/°C$; annähernd die gleichen Werte gelten auch für InAs und $In(As_{0,8}P_{0,2})$. Darüber hinaus soll die Grundplatte ein guter Wärmeleiter sein, da sie die Verlustleistung des elektrischen Systems ableiten muß. Gesintertes Aluminiumoxid und bestimmte Ferrite erfüllen diese drei Bedingungen und werden daher vornehmlich als Grundplattenwerkstoff verwendet. Ihre mechanischen, thermischen und magnetischen Eigenschaften sind in Tab. 5 zusammengestellt.

Tabelle 5

Werkstoff	Gesintertes Aluminiumoxid	Nickel-Zink-Ferrit
Druckfestigkeit in kp/mm^2	300	7,5
Zugfestigkeit in kp/mm^2	26,5	1,8
Thermischer Ausdehnungskoeffizient in 1/°C im Bereich von 0 · · · 200 °C	$6{,}7 \cdot 10^{-6}$	$6 \cdots 10 \cdot 10^{-6}$
Wärmeleitfähigkeit in cal/cm sec °C	0,75	0,01
Elektrische Leitfähigkeit in $\Omega^{-1}\,cm^{-1}$	$7 \cdot 10^{-12}$	$10^{-4} \cdots 10^{-2}$
Permeabilität	1	2000

Die Verbindung zwischen Halbleiterschicht und Grundplatte ist im allgemeinen eine Klebung mit Kunstharz. Dagegen wird bei aufgedampften elektrischen Systemen die Halbleiterschicht im Hochvakuum aus der Dampfphase unmittelbar auf die Grundplatte niedergeschlagen.

Die weitere Ummantelung des elektrischen Systems ist sehr unterschiedlich. Im einfachsten Fall wird die Halbleiterschicht durch eine Lackabdeckung geschützt. Bei aufwendigeren Konstruktionen wird die der Grundplatte abgewandte Seite der Halbleiterschicht durch eine weitere Aluminiumoxid- oder Ferritplatte abgedeckt. Bei dieser von K. Maaz vorgeschlagenen „Sandwich"-Bauweise liegt die Halbleiterschicht gegenüber Biegebeanspruchungen in bzw. nahe der neutralen Zone der aus drei Schichten bestehenden Anordnung. Die über die Deckplatte hinausstehenden Steuer- und Hallelektroden sowie deren Anschlußdrähte sind mit einer Silicongummischicht überzogen und werden durch eine Kunstharzabdeckung fixiert und geschützt. Das Prinzip dieser Bauweise ist in Abb. 74 dargestellt. Grundplatte, Deckplatte und Randverguß bilden zusammen den Mantel des Hallgenerators.

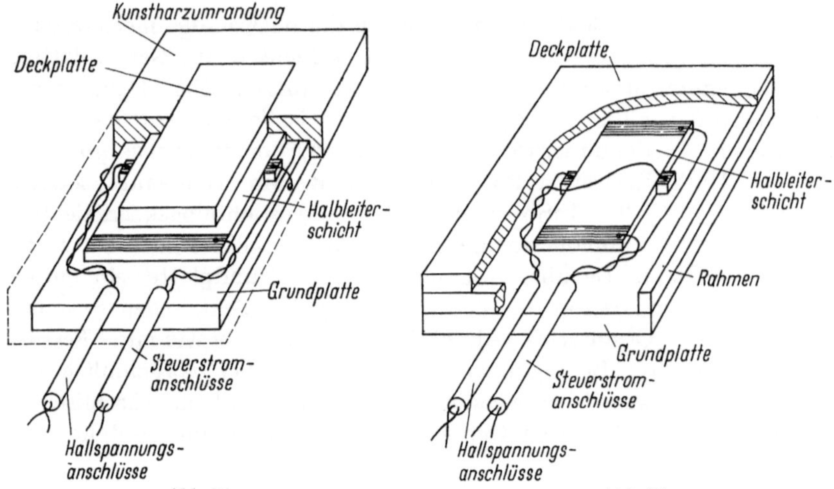

Abb. 74
Sandwichbauweise eines Hallgenerators.

Abb. 75
Hallgenerator in Kastenbauweise.

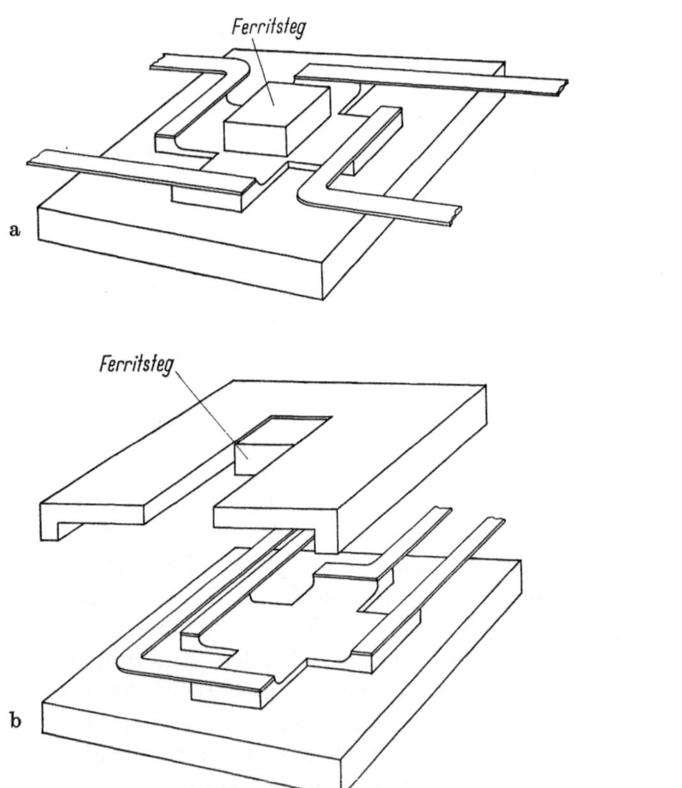

Abb. 76a u. b. Stegbauweise für flußempfindliche Ferrit-Hallgeneratoren. Nach K. MAAZ.

Eine andere Mantelkonstruktion ist die Kastenbauweise. Bei der Kastenbauweise (Abb. 75) trägt die Grundplatte einen das elektrische System umgebenden Rahmen, auf den die Deckplatte aufgesetzt wird. Die Deckplatte hat also keine unmittelbare Berührung mehr mit dem elektrischen System. Im allgemeinen treten bei dieser Konstruktion die elektrischen Anschlußfahnen bzw. Anschlußlitzen durch den Rahmen nach außen.

Hallgeneratoren mit hoher Flußempfindlichkeit haben eine Grundplatte aus Ferrit und einen Ferritsteg, über den der Magnetfluß auf die Mitte des elektrischen Systems gelenkt wird. Dieser Ferritsteg kann unmittelbar auf der Halbleiterschicht aufsitzen (Abb. 76a), oder der Steg wird durch eine Brückenkonstruktion aus unmagnetischem Material über der Halbleiterschicht gehalten (Abb. 76b). Der flußempfindliche Ferrit-Hallgenerator ist immer in dieser Stegbauweise ausgeführt.

Hallgeneratoren in Stegbauweise sind magnetisch unsymmetrisch, bezogen auf die Halbleiterschicht, da die Grundplatte aus Ferrit wesentlich größer ist als der Ferritsteg. Für viele Anwendungen werden aber flußempfindliche Ferrit-Hallgeneratoren benötigt, die magnetisch symmetrisch aufgebaut sind. Einen solchen Aufbau erhält man in einfacher Weise aus der in Abb. 76b dargestellten Hallgeneratorkonstruktion, indem auf die Oberseite der den Steg tragenden Keramikbrücke eine der Grundplatte entsprechende Ferritdeckplatte aufgesetzt wird. Diese Konstruktion ist in Abb. 77 im Schnitt dargestellt. Der den Magnetfluß auf die Mitte der Halbleiterschicht konzentrierende Ferritsteg befindet sich im Innern des Bauelements und stellt die magnetische Verbindung zwischen Grund- und Deckplatte dar. Grund- und Deckplatte haben eine wesentlich größere Querschnittsfläche als der Steg. Bei Anwendungen, wie z. B. der berührungs- und kontaktlosen Signalgabe, bei denen sich ein kleiner Dauermagnet an einem solchen Hallgenerator vorbeibewegt, wird über die großen Ferritstücke der Fluß des Permanentmagneten eingefangen. Beim Übertritt in den Steg wird der Fluß stark gebündelt, so daß die auf die Halbleiterschicht einwirkende magnetische Induktion im Verhältnis der Querschnittsfläche von Grund- und Deckplatte zum Stegquerschnitt ansteigt. Grund- und Deckplatten aus Ferrit übernehmen beim Einbau des Hallgenerators in einen magnetischen Kreis die Funktion magnetischer Anschlußstücke. Infolge der großen Querschnittsfläche wird dem Fluß beim Übertritt in das Bauelement auch bei

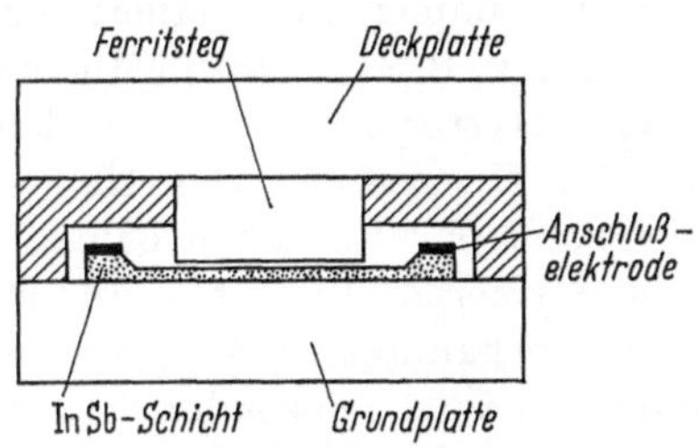

Abb. 77. Schnitt durch einen flußempfindlichen, magnetisch symmetrischen Ferrit-Hallgenerator.

Vorhandensein kleiner Luftspalte nur ein verhältnismäßig geringer Widerstand entgegengesetzt. Die Einpassung des Bauelements in den Luftspalt eines Magnetkreises ist daher unkritisch und kann vom Anwender leicht ausgeführt werden. Der magnetische Widerstand des Bauelements selbst wird entscheidend von den Luftspalten am Steg bestimmt. Sie müssen daher bei der Herstellung mit engen Toleranzen eingehalten werden.

4.2 Hallgeneratoren mit unmagnetischem Mantel

Hallgeneratoren mit unmagnetischem Mantel werden vornehmlich zur Magnetfeldmessung verwendet. Der unmagnetische Mantel stellt sicher, daß durch die Anwesenheit des Hallgenerators das auszumessende Magnetfeld nicht gestört wird[1]. Darüber hinaus werden Hallgeneratoren mit unmagnetischem Mantel aber auch in magnetische Kreise eingebaut, wenn zur Aussteuerung eine hohe Amperewindungszahl vorgegeben ist. In diesem Fall ist zur Vermeidung der Sättigung des Eisenkreises ein großer Luftspalt notwendig. Ein Anwendungsbeispiel hierfür sind die Hochstromjoche zur Messung hoher Gleichströme [41, 42]. Auch in Magnetkreisen mit kleiner Amperewindungszahl werden oftmals Hallgeneratoren mit unmagnetischem Mantel eingesetzt. Dabei handelt es sich aber immer um magnetische Kreise aus extrem weichem Magnetmaterial (z. B. Mumetall). Mit einem Ferrit-Hallgenerator läßt sich ein kleiner Hysteresefehler in solchen Magnetkreisen nicht erreichen. Die für die Herstellung von Hallgeneratoren mit magnetischem Mantel geeigneten Ferrite haben nämlich eine um mehr als eine Zehnerpotenz höhere Koerzitivkraft als Mumetall.

Die bekanntesten Beispiele für Hallgeneratoren mit unmagnetischem Mantel sind die Feldsonden der FA-Reihe aus InAs in Sandwich-Bauweise und der FC-Reihe aus $In(As_{0,8}P_{0,2})$ in Kastenbauweise der Siemens AG [43]. Diese Sonden haben eine Zungenstärke von 1 bzw. 1,5 mm, und ihre elektrischen Systeme besitzen Flächen von 10 mm² (FC 32, FA 22e) bis 80 mm² (FC 34, FA 24).

Zur Messung der magnetischen Induktion in kleinen Luftspalten, wie sie z. B. bei Lautsprechermagneten vorliegen, benötigt man Hallgeneratoren mit dünnerer Zungenstärke [45], die auch flächenmäßig klein sein müssen (etwa $1 \times 2\,mm^2$), um sie in gekrümmte, schmale Luftspalte einführen zu können. Mit solchen Sonden ist auch eine nahezu punktförmige Ausmessung magnetischer Felder möglich. Das

[1] Das durch den Steuerstrom erzeugte Eigenmagnetfeld des Hallgenerators durchsetzt die Halbleiterschicht senkrecht, ist aber bezogen auf die Mittellinie in Steuerstromrichtung eine ungerade Funktion und führt daher normalerweise zu keiner Hallspannung [40].

elektrische System ist auf einen dünnen Keramikschaft aufgebracht. Durch diese starre Halterung ist eine genaue Positionierung des elektrischen Systems am Meßort möglich. Der starre Schaft hat jedoch den Nachteil, bei unachtsamer Handhabung zu zerbrechen, insbesondere bei Heranführung der Sonde an das Meßobjekt von Hand. Für derartige Anwendungen stehen heute auch Sonden mit biegsamem Schaft zur Verfügung.

Zur Messung der magnetischen Feldstärke in zylindrischen Bohrungen und Längskanälen werden Axialfeldsonden [43] benutzt. Bei diesen Sonden steht die Fläche des elektrischen Systems senkrecht auf dem Halterungsschaft, so daß bei Einführung der Sonde in axialer Richtung die magnetische Feldstärke das elektrische System senkrecht durchsetzt. Meßaufgaben dieser Art treten z. B. bei der Entwicklung von Wanderfeldröhren auf. Über die Verwendungsmöglichkeit solcher Axialfeldsonden entscheidet nicht zuletzt ihr maximaler Durchmesser; je kleiner dieser Durchmesser ist, um so größer ist im allgemeinen die Zahl der möglichen Anwendungsfälle. Im Handel befinden sich heute Axialfeldsonden mit einem Durchmesser von nur 2 mm.

Zu den Hallgeneratoren mit unmagnetischem Mantel gehören auch die Tangentialfeldsonden [43]. Sie werden zur Bestimmung der Tangentialfeldstärke an der Oberfläche eines magnetischen Prüflings benutzt. Aus der unmittelbar über der Oberfläche herrschenden Tangentialfeldstärke kann nämlich unter bestimmten Voraussetzungen auf die magnetische Feldstärke im Innern des Prüflings geschlossen werden. In einer Tangentialfeldsonde muß daher das elektrische System so angeordnet sein, daß beim Aufsetzen der Sonde auf die Oberfläche des Prüflings das elektrische System senkrecht auf dieser steht und von ihr einen möglichst kleinen Abstand hat. Dieser Abstand von etwa 0,1 mm dient zugleich zur elektrischen Isolation zwischen Halbleiterschicht und Prüfling.

Zur Magnetfeldmessung bei tiefen Temperaturen bis hinunter zur Temperatur des flüssigen Heliums (4 °K) können Hallgeneratoren mit aufgeklebter Halbleiterschicht nicht verwendet werden, da die Kunstharzklebeschicht bei diesen Temperaturen versprödet. Für derart extreme Temperaturbedingungen haben sich InAs-Aufdampfhallgeneratoren gut bewährt. Sie haben keine Klebeschicht; ihre durch Aufdampfen im Hochvakuum erzeugte Halbleiterschicht haftet unmittelbar auf der Grundplatte. Da der thermische Ausdehnungskoeffizient der Trägerplatte aus Keramik weitgehend mit dem des aufgedampften Indiumarsenids übereinstimmt, bleibt diese Haftung bis hinunter zu tiefsten Temperaturen bestehen. Bei Tieftemperatur-Hallgeneratoren [44] ist zur elektrischen Isolation die mit der Halbleiterschicht bedampfte Grundplatte einschließlich der angelöteten Anschlußdrähte allseitig mit einer dünnen Kunststoffschicht überzogen. Diese dünne Kunststoffschicht kann auch bei tiefen Temperaturen keine mechanischen Spannungen auf die Halbleiterschicht ausüben.

Auch für Betriebstemperaturen höher als 100 °C können Hallgeneratoren mit aufgedampfter InAs-Schicht eingesetzt werden [44]. Erreicht werden zulässige Betriebstemperaturen von maximal 250 °C. Solche Feldsonden unterscheiden sich von den Tieftemperatur-Hallgeneratoren nur durch ein anderes Kontaktierungslot und einen für die höheren Temperaturen geeigneten Siliconlackschutz.

Es werden heute auch Hallgeneratoren hergestellt, die zwei elektrische Systeme enthalten. Dabei können die beiden elektrischen Systeme z. B. nebeneinander auf der Grundplatte liegen. Mit einem solchen Hallgenerator läßt sich auf einfache Weise der magnetische Feldgradient $\partial B_z/\partial y$ messen, d. h. also der Gradient des Magnetfeldes senkrecht zur Feldrichtung. Mit einem Doppelsystem, bestehend aus zwei übereinander parallel angeordneten Halbleiterschichten, kann dagegen der Gradient in Richtung des magnetischen Feldes $\partial B_z/\partial z$ gemessen werden. Genaugenommen wird mit derartigen Doppelsystemen der Differenzenquotient $\Delta B_z/\Delta y$ bzw. $\Delta B_z/\Delta z$ bestimmt. Hierbei sind die Wegdifferenzen Δy und Δz identisch mit den Mittenabständen der beiden elektrischen Systeme. Die Abstände Δy und Δz müssen hinreichend klein sein, damit der Unterschied zwischen dem gemessenen Differenzenquotienten und dem Differentialquotienten vernachlässigbar ist.

Auch für die Tangentialfeldmessung an magnetischen Prüflingen sind Hallgeneratoren mit zwei parallel übereinander, an der Vorderkante der Ummantelungen angeordneten elektrischen Systemen vorteilhaft (Abb. 78a). Die dem Prüfling zugewandten Hallelektroden sind im Innern der Sonde leitend miteinander verbunden, während die beiden vom Prüfling abgewandten Hallelektrodenanschlüsse zur Abnahme der Meßspannung herausgeführt sind. Bei der Messung der Tangentialfeldstärke werden die beiden elektrischen Systeme von zwei einander entgegengesetzt gerichteten, galvanisch getrennten Steuerströmen erregt, so daß sich die Hallspannungen der beiden Systeme addieren. Durch die beiden entgegengesetzt gerichteten, gleich großen Steuerströme wird das magnetische Eigenfeld der Sonde nach außen hin weitgehend kompensiert, so daß eine Magnetisierung des Prüflings durch das Eigenfeld vermieden wird [40]. Beim Aufsetzen der Sonde auf einen magnetischen Prüfling wird die Steuerstromverlustwärme der beiden elektrischen Systeme über die berührende Fläche bevorzugt abgeführt. Dadurch entsteht ein Temperaturgefälle senkrecht zur Steuerstromrichtung; in den beiden Einzelsystemen werden Thermospannungen erzeugt, die sich den Hallspannungen überlagern. Bei der in Abb. 78a dargestellten Anordnung der elektrischen Systeme kompensieren sich jedoch die Thermospannungen im Hallkreis und haben daher auf die als Meßspannung auftretende Summenhallspannung keinen Einfluß. — Natürlich kann eine Tangentialfeldsonde mit Doppelsystem auch zur Messung des Gradienten in Feldrichtung benutzt werden. Hierzu muß

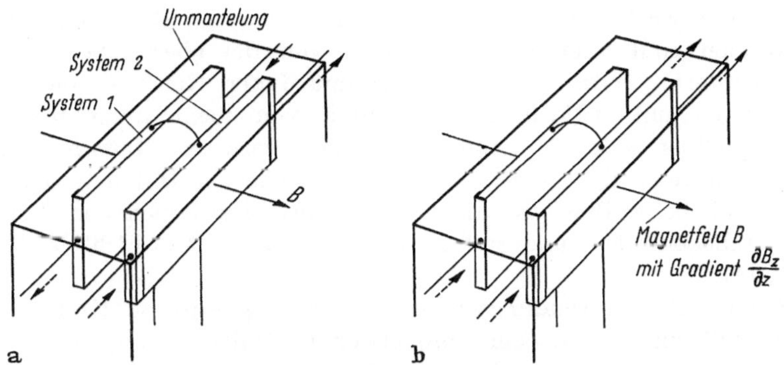

Abb. 78a u. b. Feldsonde mit Doppelsystem.
a) Betriebsart zur Ausschaltung des Eigenfeldfehlers bei der Messung der Tangentialfeldstärke; b) Messung des Feldgradienten $\partial B_z/\partial z$.

die Sonde lediglich mit zwei galvanisch getrennten Steuerströmen gleicher Richtung versorgt werden, die so bemessen sind, daß beide Systeme die gleiche Feldempfindlichkeit besitzen (Abb. 78b).

4.3 Hallgeneratoren mit magnetischem Mantel

Bei den meisten Hallgeneratoranwendungen besteht die Aufgabe, mit nur kleinen Amperewindungszahlen bzw. kleinen Magnetflüssen möglichst hohe Hallspannungen zu erzeugen. Kleine Amperewindungszahlen führen in einem geschlossenen magnetischen Kreis aber nur dann zu hohen Induktionen, wenn größere Luftspalte im Kreis vermieden werden. Bei Anwendungen mit vorgegebenem Magnetfluß erreicht man die zur Aussteuerung des Hallgenerators notwendige magnetische Induktion durch eine entsprechende Querschnittsverengung des Magnetflusses im Bereich der Halbleiterschicht. Durch Mantelkonstruktionen aus ferromagnetischem Material können beide Aufgaben gelöst werden.

Die für die Herstellung von Hallgeneratoren verwendeten III-V-Halbleiter sind nicht ferromagnetisch. In einem magnetischen Kreis mit Hallgenerator stellt daher die Halbleiterschichtdicke die nicht zu unterschreitende Luftspalthöhe dar. Der Mantel des Hallgenerators kann dagegen magnetisch leitend ausgebildet werden. Hierzu wird die dünne Halbleiterschicht auf eine Grundplatte aus Ferrit aufgeklebt; der weitere Mantelaufbau geschieht in der bereits unter 4.1 erwähnten

Kasten- oder Sandwichbauweise. Bei der Kastenbauweise gemäß Abb. 75 besteht auch die Deckplatte aus Ferrit und stützt sich über einen unmagnetischen, das elektrische System umfassenden Rahmen auf die Grundplatte ab. Die Höhe des unmagnetischen Rahmens bestimmt den wirksamen Luftspalt eines solchen Ferrit-Hallgenerators. Da bei der Kastenbauweise auch die sich über die Halbleiterschicht erhebenden Hall- und Steuerelektroden von der oberen Ferritplatte mit überdeckt werden, erreicht man mit dieser Konstruktion Hallgeneratoren mit wirksamen Luftspalten von nicht unter 0,2 mm. Demgegenüber läßt die Sandwichbauweise wirksame Luftspalte zu, die nur unwesentlich größer sind als die Dicke der Halbleiterschicht, indem bei dieser Bauweise die Ferritdeckplatte zwischen den Steuer- und Hallelektroden unmittelbar auf der Halbleiterschicht aufsitzt (Abb. 74).

Soll die Amperewindungserregung eines magnetischen Kreises mit Ferrit-Hallgenerator in eine proportionale Hallspannung umgesetzt werden, so ist zur Vermeidung von Hysterese- und Remanenzfehlern eine gewisse Scherung des Magnetkreises notwendig. Bei Verwendung eines Ferrit-Hallgenerators in Kastenbauweise wird der scherende Luftspalt durch die Höhe des unmagnetischen Rahmens eingestellt. Bei Hallgeneratoren in Sandwichbauweise ist meistens neben der Halbleiterschicht noch ein weiterer Luftspalt außerhalb des Hallgenerators im magnetischen Kreis vorzusehen.

Um Remanenz- und Hysteresefehler eines Magnetkreises mit Hallgenerator zu senken, wird der Querschnitt des Magnetkreises im Bereich des Hallgenerators eingeengt, so daß die Halbleiterschicht von der zur Aussteuerung notwendigen Induktion durchsetzt, der übrige Eisenkreis aber nur mit einer sehr niedrigen Induktion beansprucht wird. Diese Einschnürung wird erreicht durch geeignete Wahl des Verhältnisses von Querschnitt des Eisenkreises zur Größe des Ferrit-Hallgenerators. Bei Ferrit-Hallgeneratoren in Sandwichbauweise wird sie noch unterstützt durch die zwischen den Steuer- und Hallelektroden liegende Ferritdeckplatte, die kleiner ist als die Ferritgrundplatte.

Wird von einem Magnetkreis eine extrem niedrige Remanenz gefordert, so darf in einen derartigen Kreis jedoch kein Ferrit-Hallgenerator eingebaut werden. Als ferromagnetisches Mantelmaterial kommen in diesem Fall nur Mumetall oder ähnlich hochpermeable Legierungen in Frage. Da diese Legierungen elektrisch leitend sind und außerdem einen etwa doppelt so großen thermischen Ausdehnungskoeffizienten haben wie das Halbleitermaterial, kann das elektrische System nicht mehr unmittelbar auf eine Grundplatte aus diesen ferromagnetischen Werkstoffen aufgebracht werden. Zur elektrischen Isolation und zum Ausgleich der Ausdehnungskoeffizienten verwendet man dann eine dünne Pufferschicht aus Oxidkeramik zwischen Grundplatte und elektrischem System.

Das Prinzip der Flußeinschnürung im Bereich der Halbleiterschicht wird auch zur Steigerung der Flußempfindlichkeit von Ferrit-Hallgeneratoren angewendet. Die Flußempfindlichkeit ist der Quotient aus Leerlaufhallspannung und ansteuerndem Magnetfluß. Ganz allgemein läßt sich zunächst zeigen, daß die Flußempfindlichkeit eines Hallgenerators um so größer wird, je kleiner sein elektrisches System ist. Wenn man davon ausgeht, daß der dem Hallgenerator angebotene Magnetfluß sich bei einem rechteckförmigen System mit der Länge a und Breite b gleichmäßig über die gesamte Fläche des elektrischen Systems verteilt, so gilt

$$\Phi = B_z\, a\, b\,. \tag{137}$$

Ersetzt man in Gl. (131a) die Induktion B_z durch diesen Magnetfluß Φ, so ergibt sich für die maximal erreichbare Leerlaufhallspannung der Ausdruck

$$u_{20\,\max} = \frac{1}{a\sqrt{d}}\, \sqrt{R_H\, \mu_n}\, \sqrt{n_{v\,\max}}\, \frac{G_H}{\sqrt{G_R}}\, \Phi\,. \tag{138}$$

Bei vorgegebenem Magnetfluß steigt also die maximal erreichbare Leerlaufhallspannung umgekehrt proportional mit der Linearabmessung des elektrischen Systems an. Bei der Entwicklung flußempfindlicher Hallgeneratoren war also der erste Schritt der Übergang zu möglichst kleinen elektrischen Systemen. Darüber hinaus müssen flußempfindliche Ferrit-Hallgeneratoren noch einen kleinen magnetischen Widerstand, d. h. einen Luftspalt annähernd gleich der Halbleiterschichtdicke haben. Es kommt daher für solche Hallgeneratoren nur die Sandwichbauweise in Frage, bei der die Ferritdeckplatte zwischen den Steuer- und Hallelektroden entweder unmittelbar auf der Halbleiterschicht aufsitzt oder durch eine entsprechende Konstruktion in geringem Abstand über der Halbleiterschicht gehalten wird.

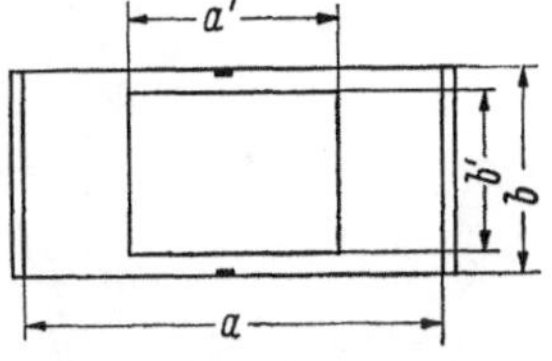

Abb. 79. Elektrisches System mit aufgesetztem quaderförmigem Steg der Querschnittsfläche $a'\,b'$.

Schließlich ist eine weitere Steigerung der Flußempfindlichkeit dadurch möglich, daß die Deckplatte aus Ferrit nicht die gesamte Fläche der Halbleiterschicht zwischen den Elektroden überdeckt, sondern zu einem Steg entartet, der den angebotenen Fluß auf die Mitte der Halbleiterschicht zwischen den Hallelektroden konzentriert.

Abb. 79 zeigt die Grundrißfläche des quaderförmigen Steges mit den Seiten a' und b' über der rechteckförmigen Halbleiterschicht mit der Längsseite a und der Breite b. Eine Verkürzung des Stegs senkrecht zur Steuerstromrichtung bringt zwar eine Einschnürung des Magnetflusses und damit eine Steigerung der magnetischen Induktion unter dem Steg, jedoch kein Anwachsen der Hallspannung mit sich. Unter der Voraussetzung, daß die Stromdichte g_x konstant angenommen wird, ist die Hallspannung proportional dem Integral über die magnetische Induktion entlang einer gedachten Verbindungsgeraden zwischen den beiden Hallelektroden. Da die magnetische Induktion B nur im Bereich unterhalb des Steges von $-b'/2$ bis $+b'/2$ von Null verschieden ist, gilt für die Hallspannung

$$u_{20} = R_H\, g_x \int_{-b/2}^{b/2} B_z\, dy = R_H\, g_x\, B_z\, b'.$$

Daraus folgt mit $\Phi = B_z\, a'\, b'$

$$u_{20} = R_H\, g_x \frac{\Phi}{a'}. \tag{139}$$

Die Hallspannung ist also unabhängig von der Stegbreite b'. Eine Steigerung der Flußempfindlichkeit durch eine Einschnürung des

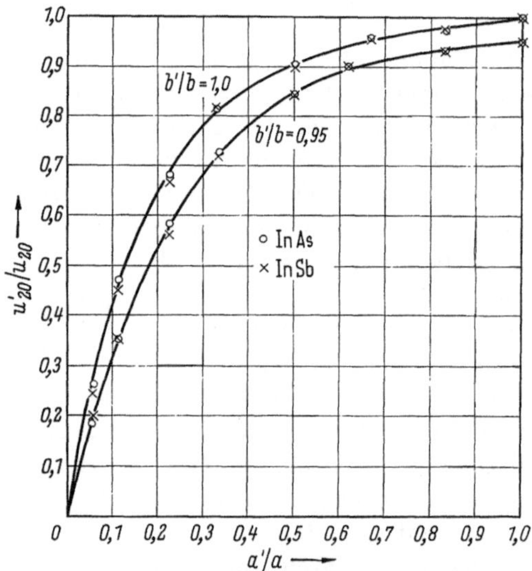

Abb. 80. Einfluß der Steglänge in Steuerstromrichtung auf die Leerlauf-Hallspannung.

Magnetflusses in y-Richtung ist daher nicht möglich. Man wählt deshalb $b' \approx b$ und erreicht hierdurch bei kleinstem magnetischem Innenwiderstand eine volle Ausnutzung des Steuerstroms; für $b' < b$ wird nämlich bei höheren Steginduktionen der Steuerstrom in die seitlichen Bereiche abgedrängt, die nicht von der magnetischen Induktion durchsetzt werden. Demgegenüber steigt die Flußempfindlichkeit an, wenn der

Steg in Steuerstromrichtung verkürzt wird. Läßt man die magnetische Induktion B nur im Bereich $a'\,b'$ (mit $b' \approx b$) auf das elektrische System des Hallgenerators einwirken, so mißt man zwischen den Hallelektroden die Leerlaufhallspannung u'_{20}. u'_{20} ist kleiner als die Hallspannung u_{20}, die zwischen den Hallelektroden entsteht, wenn die magnetische Induktion B auf die ganze Fläche $a\,b$ des elektrischen Systems einwirkt. In Abb. 80 ist das Verhältnis u'_{20}/u_{20} über dem Abmessungsverhältnis a'/a für $b'/b = 1$ und $b'/b = 0{,}95$ aufgetragen. Die beiden Kurven wurden experimentell ermittelt. Das Hallspannungsverhältnis u'_{20}/u_{20} fällt zunächst mit abnehmendem a'/a nur sehr schwach ab und liegt bei $a'/a = 0{,}5$ noch zwischen 80 und 90%. Da demgegenüber bei Kürzung des Steges in Steuerstromrichtung auf $a'/a = 0{,}5$ die Induktion unter dem Steg auf den doppelten Wert ansteigt, erkennt man, daß durch diese Maßnahme die Flußempfindlichkeit größer wird. Bei Vernachlässigung der infolge des Luftspaltes seitlich austretenden Streuflußanteile steigt die Flußempfindlichkeit auch für $a'/a < 0{,}5$ weiter monoton an und erreicht für $a'/a = 0$ den größtmöglichen Wert. Wird dagegen der Streufluß berücksichtigt, so durchläuft die Flußempfindlichkeit ein Maximum, das je nach Steglänge und Luftspalthöhe zwischen $a'/a = 0{,}3$ bis 0,5 liegt. Ferrit-Hallgeneratoren mit hoher Flußempfindlichkeit haben daher Steggeometrien, die dieser Dimensionierung entsprechen.

5 Herstellungsverfahren

Der wichtigste Arbeitsgang bei der Herstellung eines Hallgenerators ist die Erzeugung der dünnen Halbleiterschicht. Sie kann auf zwei grundsätzlich verschiedene Weisen gewonnen werden, nämlich durch Abtragen des erschmolzenen Halbleiterkristalls oder durch Aufbau aus den Einzelkomponenten.

Bei den abtragenden Verfahren geht man von dem polykristallinen Halbleiterstab aus, der durch Schleifen oder Ätzen auf die gewünschte Schichtdicke gebracht wird. Schleif- und Läppverfahren werden hierbei bis hinunter zu einer Schichtdicke von 20 μm eingesetzt. Sollen noch dünnere Schichten hergestellt werden, so wird der vorgeschliffene Halbleiterkristall durch chemisches Ätzen weiter abgetragen. Auf diese Weise erreicht man planparallele Schichten von 4 bis 5 μm Dicke. Durch die schonende Abtragung des chemischen Ätzens bleibt das Gefüge des Halbleiterkristalls unzerstört, so daß die dünne Schicht die elektrischen Eigenschaften des Massivkristalls besitzt.

Ein anderes Herstellungsverfahren ist der Aufbau der Halbleiterschicht durch Bedampfen eines Trägers im Hochvakuum [45]. Für diese Bedampfung sind drei verschiedene Methoden bekannt. Bei der „Wechselbedampfung" werden die einzelnen Komponenten durch wechselweises Verdampfen aus verschiedenen Tiegeln auf der Trägerplatte niedergeschlagen. Durch nachträgliches Tempern bildet sich dann die Halbleiterverbindung. Es ist daher vorteilhaft, die wechselweise Verdampfung in möglichst kleinen Einzelschritten vorzunehmen, so daß viele dünne Schichten aus den Einzelkomponenten übereinander liegen.

Ein zweites Verfahren ist die „Stoßverdampfung" (Flash Evaporation). Hierbei werden einem überhitzten Verdampfer kleine Stückchen des Verbindungshalbleiters zugeführt, die eruptionsartig verdampfen. Beide Verfahren haben sich jedoch für die Herstellung dünner III-V-Halbleiterschichten nicht durchgesetzt.

Aufdampfhallgeneratoren werden heute durch eine simultan ablaufende Bedampfung aus zwei Tiegeln mit den Einzelkomponenten hergestellt. Nach K. G. Günther [46] müssen hierzu die einzelnen Verdampfertemperaturen sowie auch die Temperatur der Kondensationsfläche geeignet gewählt werden. Diese Methode zur Herstellung dünner, stöchiometrischer Zweikomponentenschichten wird daher als 3-Temperatur-Verfahren bezeichnet.

5.1 Herstellungsgang für Hallgeneratoren mit geschliffener Halbleiterschicht

Der Herstellungsgang eines Hallgenerators mit geschliffener Halbleiterschicht ist in Abb. 81 schematisch dargestellt. Die Ausgangsmaterialien sind ein auf rechteckigen Querschnitt geschliffener Indiumarsenidstab sowie Grund- und Deckplatten aus gesintertem Aluminiumoxid bzw. Ferrit. Der Halbleiterstab wird mit einer Säge in rechteckige Scheiben von etwa 0,5 mm Dicke aufgeschnitten. Die InAs-Scheibchen werden auf einer Topfschleifmaschine einseitig mit einem Planschliff versehen; die Grund- und Deckplatten dagegen werden doppelseitig planparallel auf ihre endgültige Dicke geschliffen. Im nächsten Arbeitsgang wird das Halbleiterplättchen mit seiner geschliffenen Seite auf die Grundplatte mit Kunstharz aufgeklebt. Die Klebeschicht wird in einem Ofen bei höherer Temperatur unter gleichzeitiger Einwirkung von Druck ausgehärtet. Hierdurch werden dünne Klebeschichten von nur 1 bis 2 μm Dicke erreicht. An diesen Arbeitsgang schließt sich der Dünnschliff der Halbleiterschicht an. Mit der heutigen Schleiftechnik können Schichtdicken bis hinunter zu 20 μm hergestellt werden. Bei Hallgeneratoren in Sandwichbauweise wird auf die geschliffene Halbleiterschicht die Deckplatte aufgeklebt und die Klebeschicht wieder bei Temperatur unter Druck ausgehärtet. Steuer- und Hallelektroden werden bei InAs-Schichten galvanisch aufgebracht. Hierzu wird der unter der Deckplatte hervorragende Teil der Halbleiterschicht bis auf die

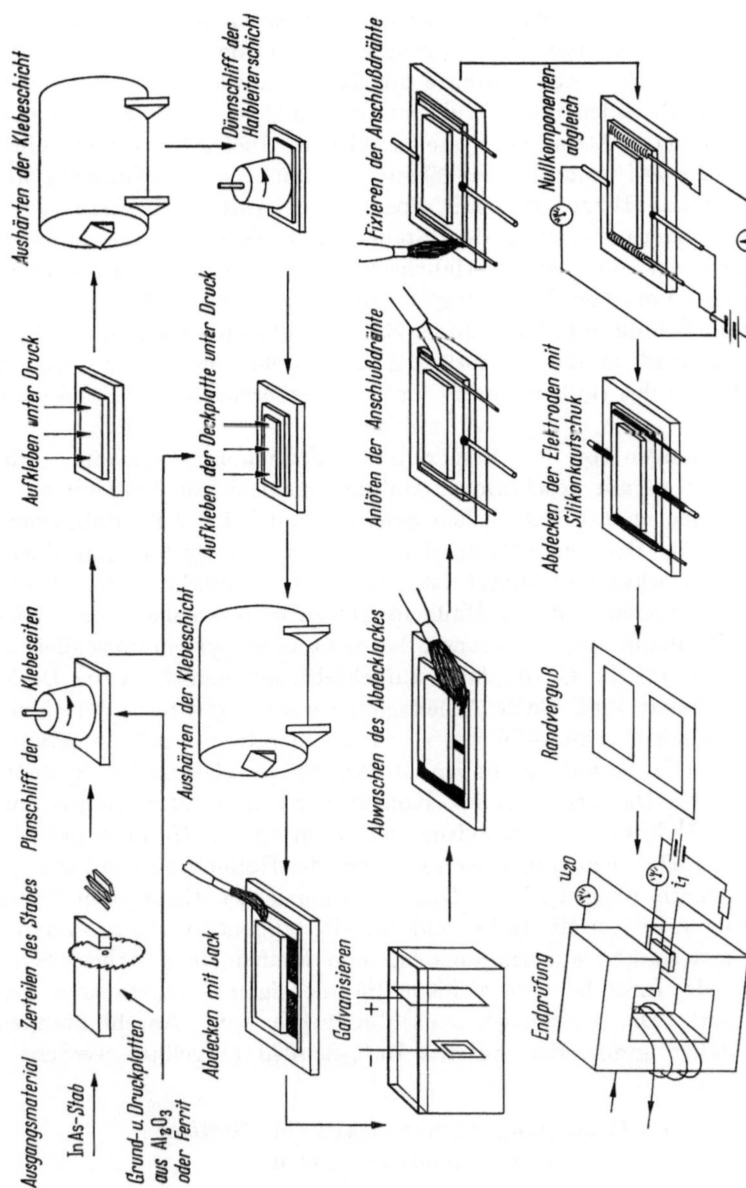

Abb. 81. Herstellungsgang eines Hallgenerators mit geschliffener Halbleiterschicht in Sandwichbauweise. Nach K. Maaz.

Elektrodenstellen mit einem Abdecklack überzogen. Nach Aufbringen einer galvanischen Kupferschicht, die anschließend noch versilbert wird, können der Abdecklack wieder abgewaschen und die Anschlußdrähte angelötet werden. Zur Zugentlastung bei den weiteren Arbeitsgängen werden die Anschlußdrähte mit Kunstharz auf der Grundplatte fixiert. Im anschließenden Nullspannungsabgleich des mit Steuerstrom erregten elektrischen Systems wird die bei Abwesenheit eines Magnetfeldes zwischen den Hallelektroden anstehende Spannung auf Null gebracht. Hierzu wird mit einem Schleifstift Halbleitermaterial an den Rändern zwischen den Steuer- und Hallelektroden so lange abgetragen, bis die beiden Hallelektroden auf einer Äquipotentiallinie liegen. Vor dem Randverguß mit Kunstharz werden die Elektroden zum Schutz mit einer dünnen Siliconkautschukschicht überzogen. Schließlich wird in der Endprüfung festgestellt, ob die elektrischen Eigenschaften des Hallgenerators im Toleranzbereich seiner Kenndaten liegen.

Abweichungen von dem beschriebenen Fertigungsablauf können für Hallgeneratoren mit geschliffener Halbleiterschicht bei der Ummantelung, der Kontur des elektrischen Systems und bei der Kontaktierung auftreten. Für Hallgeneratoren, deren elektrisches System nur durch eine Lackabdeckung geschützt ist, entfällt das Aufkleben der Deckplatte. Das gleiche gilt für Hallgeneratoren in Kastenbauweise. Hier wird zur Ummantelung ein dünner, das elektrische System umschließender Rahmen auf die Grundplatte aufgeklebt, auf den dann die Deckplatte aufgesetzt wird. Beide Arbeitsgänge werden erst nach dem Nullspannungsabgleich ausgeführt. — Hallgeneratoren mit möglichst linearer Leerlaufkennlinie haben kreuzförmige elektrische Systeme (Abb. 73a, b). Die kreuzförmige Kontur wird nach dem Dünnschliff mit einem Abdecklack im Siebdruckverfahren auf die Halbleiterschicht aufgedruckt. Die nicht bedruckten Bereiche der Halbleiterschicht werden dann chemisch weggeätzt. — Das Aufbringen der Elektroden durch Galvanisieren ist nur für InAs- und InAsP-Hallgeneratoren notwendig. Bei Hallgeneratoren aus Indiumantimonid können diese Arbeitsgänge entfallen, da InSb bei verhältnismäßig niedrigen Temperaturen mit Zinn legiert. Die verzinnten Anschlußdrähte bzw. Anschlußfahnen können daher unmittelbar auf die InSb-Schicht aufgelötet werden.

5.2 Herstellung dünner elektrischer Systeme durch chemisches Ätzen

Für viele Anwendungen in der Steuerungs- und Automationstechnik werden Hallgeneratoren mit noch dünneren Halbleiterschichten benötigt, als sie durch Schleifen oder Läppen hergestellt werden können.

Bei diesen Anwendungen besteht die Aufgabe, mit magnetischen Steuerflüssen von nur wenigen Maxwell und Steuerströmen unter 100 mA Hallspannungen zu erzeugen, die einen nachgeschalteten Transistor sicher durchsteuern. Erfüllt wird diese Bedingung von flußempfindlichen Ferrit-Hallgeneratoren mit einem elektrischen System aus InSb, das eine Schichtdicke von nur wenigen μm besitzt. Die maximal erreichbare Hallspannung eines elektrischen Systems ist nämlich nach Gl. (131a) umgekehrt proportional der Wurzel aus der Dicke d und wird damit um so größer, je dünner die Halbleiterschicht ist. Nach Gl. (130) nimmt dabei der zugehörige maximale Steuerstrom mit $1/\sqrt{d}$ ab. Aber auch der Luftspalt und damit der magnetische Widerstand eines Ferrit-Hallgenerators in Sandwich- bzw. Stegbauweise wird maßgebend durch die Dicke der Halbleiterschicht bestimmt. Kleine Schichtdicken lassen starke Flußeinschnürungen im Bereich der Halbleiterschicht bei gleichzeitig niedrigem magnetischem Innenwiderstand zu.

Halbleiterschichtdicken von nur wenigen μm können durch Schleifen allein nicht mehr hergestellt werden. Beim mechanischen Schleifen werden auch bei Verwendung feinster Schleifmittel kleine Partikel aus dem Halbleiterkristall herausgebrochen. Hierdurch entsteht nicht nur eine Oberfläche mit einer gewissen Rauhigkeit, sondern unmittelbar unter der Oberfläche wird auch das Gefüge des Kristalls zerstört. Bei einer angestrebten Schichtdicke von 5 μm würde daher bereits ein nennenswerter Teil der Halbleiterschicht aus zerstörtem Gefüge bestehen. Zur Abtragung der Halbleiterschicht unter 20 μm wird daher ein chemisches Ätzverfahren eingesetzt.

Beim chemischen Ätzen wird die auf die Grundplatte aufgeklebte, vorgeschliffene Halbleiterschicht einer Ätzlösung im Sprühstrahl ausgesetzt. Die abtragende Wirkung wird durch ein in der Ätzlösung vorhandenes freies oder frei werdendes Halogen bewirkt. Durch einen beigegebenen Polierzusatz, wie z. B. Glyzerin, wird erreicht, daß die Abtragung eine glatte und plane Oberfläche ergibt [47]. Der Sprühstrahl bringt laufend frisches Ätzmittel an die Oberfläche heran und schlägt die sich bildende Oxidschicht immer wieder auf.

Die Sprühstrahlätzung kann z. B. in einer Ätzschleuder vorgenommen werden (Abb. 82). In die Ätzlösung am Boden eines säurebeständigen Gefäßes taucht ein Kunststoffrohr ein. Die Mantelfläche des Rohres ist mit kleinen Löchern versehen, während im unteren Teil des Rohres senkrecht stehende Schaufeln angeordnet sind. Wird nun durch einen Motor das Rohr in schnelle Rotation versetzt, so nehmen die rotierenden Schaufeln die in das Rohr eindringende Ätzlösung mit. Infolge der Zentrifugalkraft steigt die Ätzlösung innen an der Rohrwand hoch und wird durch die feinen Löcher im Mantel tangential in den Außenraum abgeschleudert. In diesen horizontal gerichteten Sprühregen werden die abzutragenden Halbleiterschichten gebracht. Ihre Grundplatten sind auf einer Halterung befestigt, die angetrieben von einer Exzenterscheibe sich im Sprühregen auf- und abbewegt. Hierdurch wird für ein gleichmäßiges Besprühen der Halbleiterschichten gesorgt. Die Abtragungsgeschwindigkeit hängt von der Temperatur und Konzentration der Ätzlösung ab. Um eine konstante Abtragungsgeschwindigkeit sicherzustellen, wird die Ätzlösung mit einem Thermostaten auf konstanter Temperatur gehalten; durch die Ätzdauer ist dann die Abtragung und damit die Enddicke festgelegt. Übliche Abtragungsgeschwindigkeiten liegen bei etwa 1 μm/min.

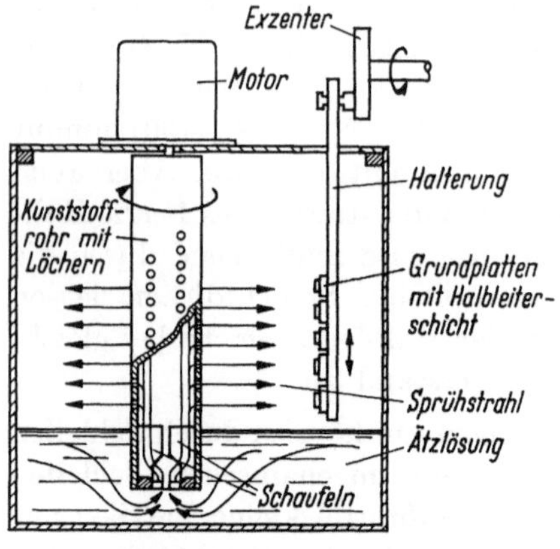

Abb. 82. Herstellung dünner InSb-Schichten in einer Ätzschleuder. Nach [47].

Die Kontaktierung einer nur wenige μm starken Indiumantimonidschicht ist durch unmittelbares Löten nicht möglich, da die dünne Schicht von dem aufgebrachten Lot sofort aufgesaugt würde. Um auch dünnschichtige InSb-Systeme direkt löten zu können, müssen die Lötstellen der Halbleiterschicht ihre Vorschliffhöhe von 20 μm be-

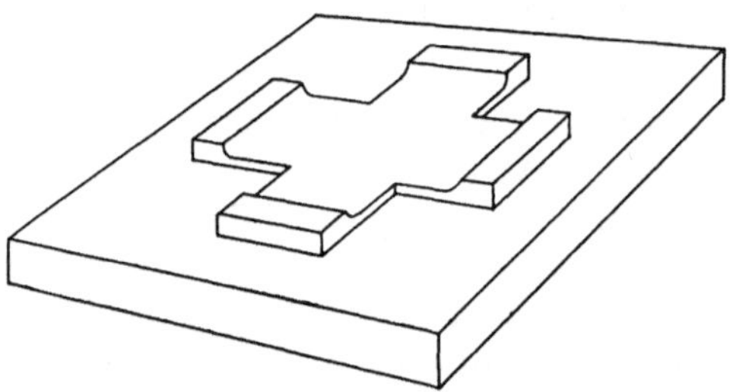

Abb. 83. Dünnes InSb-System mit erhöhten Elektrodenanschlußstellen.

halten. Für dünne InSb-Systeme hat sich daher eine reliefartige Struktur der Halbleiterschicht — wie in Abb. 83 dargestellt — bewährt. Das kreuzförmige elektrische System besitzt nur in der Mitte zwischen den Elektroden die gewünschte Schichtdicke von 5 μm. Die Enden der Kreuzbalken sind als Plateaus mit einer Höhe von 20 μm zum Anlegieren der Anschlußdrähte bzw. Anschlußfahnen ausgebildet. Derartige Schichtstrukturen mit kreuzförmiger Kontur werden durch zwei Siebdruck- und zwei Ätzvorgänge hergestellt. Beim ersten Siebdruck wird die vorgeschliffene Halbleiterschicht bis auf eine kleine quadratische Zone in der Mitte mit Lack abgedeckt. Durch eine anschließende Abtragungsätzung wird diese Zone auf eine Schichtdicke von 5 μm gebracht. Nach Entfernung des ersten Siebdrucklacks wird in einem zweiten Siebdruckvorgang ein Lackkreuz aufgedruckt, das den Außenkonturen des späteren elektrischen Systems entspricht. In einem zweiten Ätzvorgang mit einer nicht polierenden Ätzlösung wird schließlich das gesamte, außerhalb des Lackkreuzes liegende Halbleitermaterial aufgelöst.

Das beschriebene Siebdruckätzverfahren läßt sich, wie am Einzelsystem, unter Beibehaltung der Arbeitsschritte gleichzeitig an einem ganzen Kollektiv bestehend aus mehreren 100 Systemen durchführen. Dadurch wird die für eine rationelle Massenherstellung notwendige Verdichtung der einzelnen Arbeitsgänge erreicht. Bei der Fertigung großer Stückzahlen entfällt auch die Kontaktierung durch Anlöten einzelner Anschlußdrähte. Durch chemisches Ätzen wird aus einer verzinnten Kupferfolie ein zusammenhängendes Raster herausgeschnitten, das aus einer Vielzahl von Anschlußfahnen für mehrere elektrische Systeme besteht. Werden nun die elektrischen Systeme entsprechend der Rasterteilung angeordnet, so stellt sich bei Auflegen des Rasters eine genaue Zuordnung zwischen den Kontaktierungsplateaus der einzelnen Systeme und den zugehörigen Anschlußfahnen ein. In einem Ofen können dann alle durch das Raster überdeckten Systeme gleichzeitig gelötet werden. Hierdurch wird auch der Arbeitsgang des Kontaktierens hinreichend entfeinert und verdichtet.

5.3 Aufdampfen der Halbleiterschicht im Hochvakuum

Die drei wichtigsten Verfahren zum Aufdampfen dünner Schichten aus InSb und InAs im Hochvakuum wurden bereits in der Einleitung zu diesem Kapitel genannt. Zur Herstellung von Aufdampfhallgeneratoren wird heute vorwiegend das 3-Temperatur-Verfahren nach K. G. Günther angewendet. Insbesondere ist es mit diesem Verfahren erstmals gelungen, auch InAs-Schichten stöchiometrisch aufzudampfen. Das Aufdampfen zweikomponentiger Verbindungen ist um so schwieriger, je mehr sich die Dampfdrücke der beiden Komponenten voneinander unterscheiden. Während dieser Unterschied für die beiden Komponenten des Indiumantimonids etwa drei Zehnerpotenzen ausmacht, liegt er beim InAs für Temperaturen, die eine ausreichende Verdampfungsgeschwindigkeit des Indiums ergeben, bei acht bis neun Zehnerpotenzen. Die Verdampfung der Verbindung führt daher zu ihrer thermischen Zersetzung mit fraktionierter Destillation der einzelnen Komponenten, so daß der Niederschlag auf dem Auffänger zunächst allein aus der leichtflüchtigen Komponente (Sb, As) besteht, über die sich bei genügend hoher Temperatur des Verdampfers schließlich eine zweite Schicht aus der schwerflüchtigen Komponente Indium legt.

Beim 3-Temperatur-Verfahren werden die beiden Komponenten aus getrennten Tiegeln mit den Temperaturen T_1 und T_2 gleichzeitig abgedampft und auf einem Aufhänger mit der Temperatur T_3 niedergeschlagen. Dabei wird der physikalische Tatbestand ausgenutzt, daß der Dampfdruck der leichtflüchtigen Komponente über der Verbindung — also z. B. der Dampfdruck des Arsens über InAs — wesentlich niedriger ist, als der Dampfdruck der leichtflüchtigen Komponente über der arteigenen Unterlage — also z. B. der Dampfdruck des Arsens über Arsen. Ein einfallendes As-Atom ist daher nach Eingehen der Verbindung InAs wesentlich fester an die Auffängeroberfläche gebunden als ein niedergeschlagenes As-Atom, das diese Verbindung nicht eingegangen ist. Die Bildung der stöchiometrischen Verbindung wird also bei der Kondensation stark bevorzugt. Daher ist es möglich, trotz der so verschiedenen Dampfdrücke der Komponenten, bei geeigneter Wahl der beiden Verdampfertemperaturen T_1 und T_2 sowie der Temperatur des Auffängers T_3 stöchiometrische InAs-Schichten aufzudampfen.

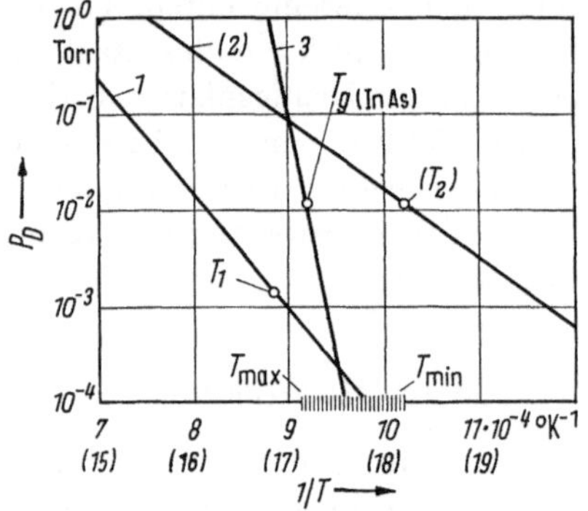

Abb. 84. Dampfdruckkurven. *1* In über In; *2* As über As; *3* As über InAs. Nach [45].

Die richtige Vorgabe der drei Temperaturen sei am Beispiel des Indiumarsenids näher erläutert. In Abb. 84 sind die Dampfdruckkurven des Indiums über In (Kurve *1*), des Arsens über As (Kurve *2*) und des Arsens über InAs (Kurve *3*) wiedergegeben. Dabei gelten für Kurve *2* die eingeklammerten Abszissenwerte. Die Temperatur T_1 des In-Tiegels wird so vorgegeben, daß sich über den Dampfdruck des Indiums eine für den Herstellungsablauf ausreichende Bedampfungsgeschwindigkeit ergibt. Die Temperatur T_3 des Auffängers wird kleiner als T_1 gewählt, damit die aus der Dampfphase auf den Auffänger auftreffenden In-Atome fortschreitend kondensieren können. Um den auf der Oberfläche kondensierten In-Atomen eine hinreichend große Zahl von As-Reaktionspartnern anzubieten, wird der Dampfdruck des Arsens durch die Temperatur T_2 des As-Tiegels um etwa eine Zehnerpotenz höher eingestellt als der In-Dampfdruck. Dem Dampfdruck des Arsens entspricht auf der Dampfdruckkurve *3* des Arsens über InAs eine Temperatur $T_{g(\mathrm{InAs})}$ als Grenztemperatur, unterhalb der fortschreitende Kondensation des Arsens unter Bildung von InAs stattfindet. Die Auffängertemperatur T_3 muß also auch kleiner sein als $T_{g(\mathrm{InAs})}$; nur unter dieser Bedingung bleibt das As, das sich mit dem In zu InAs verbunden hat, auf dem Auffänger zurück. Die angestrebte Stöchiometrie der Aufdampfschicht wird aber nur dann erhalten, wenn das Arsen, das nicht mit In zu InAs reagiert hat, in den Dampfraum remittiert wird. Hieraus resultiert $T_3 > T_2$ als die dritte Bedingung für die Auffängertemperatur. Die drei Bedingungen für die Auffängertemperatur T_3 lassen sich mathematisch zusammenfassen zu

$$T_2 < T_3 < \mathrm{Min}\begin{Bmatrix} T_{g(\mathrm{InAs})} \\ T_1 \end{Bmatrix}. \tag{140}$$

Für die Herstellung stöchiometrischer InAs-Aufdampfschichten muß daher die Temperatur T_3 in dem in Abb. 94 schraffierten Temperaturbereich liegen, der sich von 280 °C bis 820 °C erstreckt. Die bei der Bestimmung der Temperatur T_3 benutzten Dampfdruckkurven gelten für den thermodynamischen Gleichgewichtszustand. Die flächenhafte Kondensation auf dem Auffänger läuft aber über Keimbildungsvorgänge ab, die das Einsetzen der Kondensation zu tieferen Temperaturen hin verschieben (Unterkühlung). Entsprechend verschiebt sich auch der aus den thermodynamischen Dampfdruckkurven ermittelte Temperaturbereich für T_3 zu niedrigeren Temperaturwerten. Experimentell wurde von K. G. Günther gezeigt, daß sich bei Auffängertemperaturen zwi-

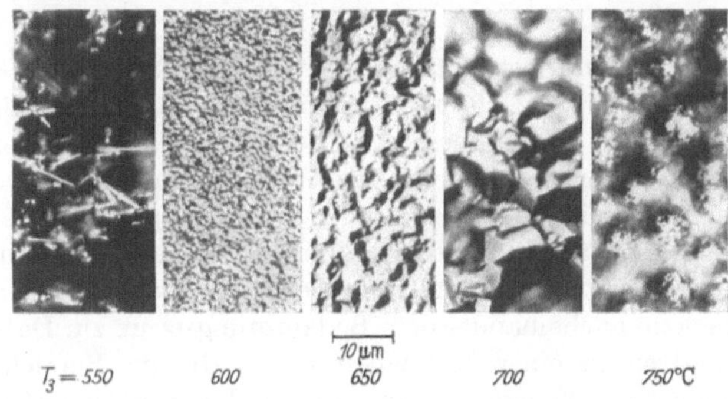

Abb. 85. Lichtoptische Aufnahmen des Kristallwachstums aufgedampfter InAs-Schichten für verschiedene Auffängertemperaturen. Nach [45].

schen 200 °C und 700 °C stöchiometrische InAs-Schichten bilden. Der entsprechende Temperaturbereich liegt für InSb zwischen 400 °C und 630 °C. Dabei wird die obere Grenze durch den Schmelzpunkt des Indiumantimonids vorgegeben.

Abb. 85 zeigt lichtoptische Aufnahmen des Kristallwachstums aufgedampfter InAs-Schichten für verschiedene Auffängertemperaturen. Mit wachsender Auffängertemperatur T_3 nimmt die Größe der Kristallite zu. Für 750 °C ist die Bedingung für fortschreitende Kondensation des Indiumarsenids verletzt, so daß auch Arsen in den Dampfraum remittiert, das sich bereits zu InAs auf der Oberfläche verbunden hatte. Die Schicht zeigt deutlich überschüssiges Indium, das in Form kleiner Kugeln ausgeschieden ist.

Abb. 86 zeigt eine Aufdampfapparatur für das 3-Temperatur-Verfahren. Der Bedampfungsvorgang findet in einem zylindrischen Vakuumbehälter aus Quarz statt, der mit einer Quecksilberdiffusionspumpe auf einen Restgasdruck von einigen 10^{-6} Torr abgepumpt wird. Die beiden

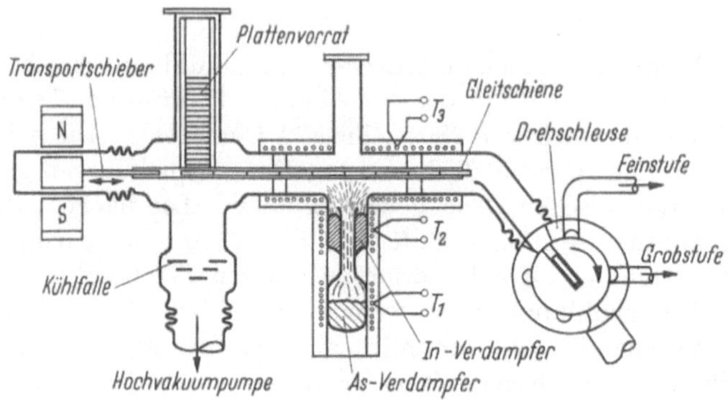

Abb. 86. Aufdampfapparatur für das 3-Temperatur-Verfahren. Nach [45].

Verdampfertiegel sind konzentrisch übereinander angeordnet und von unten an den Vakuumbehälter angeschmolzen. Der obere Tiegel wird mit hochgereinigtem Indium beschickt, der untere Tiegel mit gereinigtem Sb bzw. As. Bei der Beschickung der Aufdampfapparatur werden die Grundplatten übereinander geschichtet in ein Magazin eingefüllt, das mit dem eigentlichen Bedampfungsraum in direkter Verbindung steht. Ein von außen magnetisch betätigter Schieber führt die Grundplatten aus dem Magazin nacheinander dem Bedampfungsraum zu. Dabei gleiten die Grundplatten in einer Molybdänschiene, die im Bereich der Bedampfungszone ein Fenster besitzt, durch das der Dampfstrahl von unten auf die Grundplatten trifft. Durch die konstante Vorschubgeschwindigkeit des Schiebers wird die Bedampfungszeit und damit die Dicke der Aufdampfschicht bestimmt. Nach Vorschieben einer Grundplatte springt der Schieber in seine Ausgangslage zurück, und aus dem Magazin wird eine neue Grundplatte vorgelegt. Die beiden Tiegel und die Grundplatten im Bereich der Bedampfungszone werden je von einer Widerstandsspirale beheizt, die von außen über das Vakuumgefäß geschoben sind. Die bedampften Grundplatten fallen in einen Vorratsbehälter, aus dem sie nach Abkühlen ausgeschleust werden.

Mit dem 3-Temperatur-Verfahren lassen sich feinkristalline InSb- und InAs-Aufdampfschichten mit einer Dicke von einigen μm herstellen. Die Schichten sind *n*-leitend und besitzen Hallkonstanten, die etwa denen des erschmolzenen Materials entsprechen [48]. Demgegenüber werden Elektronenbeweglichkeiten erreicht, die bei Raumtemperatur für InAs bei nur maximal 13000 $cm^2/Vsec$ und für InSb bei nur maximal 20000 $cm^2/Vsec$ liegen. Diese Maximalwerte wurden an Aufdampfschichten gemessen, die eine Kristallitgröße von 10 μm haben. Bei Aufdampfschichten mit kleinerer Kristallitgröße sinkt die Elektronenbeweglichkeit ab. Daraus kann geschlossen werden, daß Streuprozesse an den Korngrenzen für die im Vergleich zum Massivmaterial niedrigeren Elektronenbeweglichkeiten verantwortlich sind. Wieder, Carroll und Spivak [49, 50] ist es gelungen, durch eine sich an den Aufdampfprozeß anschließende Rekristallisation grobkristalline InSb-Schichten mit dendritenförmigen Nadelkristallen von einigen mm Länge zu erzeugen, an denen bei Raumtemperatur Elektronenbeweglichkeiten von 35000 bis 45000 $cm^2/Vsec$ gemessen wurden. Die Rekristallisation wurde von Carroll und Spivak unter Schutzgasatmosphäre nach vorhergehender Oberflächenoxidation der Aufdampfschicht vorgenommen. Allen InSb-Aufdampfschichten ist gemeinsam, daß im Gegensatz zum Verhalten des Massivkristalls die Elektronenbeweglichkeit im Bereich der Raumtemperatur ein Maximum durchläuft. Die Ursache hierfür konnte bisher noch nicht aufgeklärt werden.

6 Eigenschaften

Aus der Vielzahl der die Eigenschaften eines Bauelements beschreibenden Größen werden nur solche zu Kenngrößen erhoben, die eine Aussage über die wesentlichen Funktionen des Bauelements machen. Die zahlenmäßigen Angaben für die Kenngrößen sind die Kenndaten, die im Datenblatt eines Bauelements zusammengestellt sind. Auch die verschiedenen Hallgeneratortypen werden durch Kenndaten charakterisiert. Bei vielen Anwendungen sind die Hallgeneratoren besonderen Umgebungseinflüssen ausgesetzt, wie z. B. großen Temperaturschwankungen, Temperaturgradienten, unerwünschten magnetischen Einstreuungen oder der Einwirkung von Kernstrahlung. Um ihre Einsatzmöglichkeiten auch in solchen Fällen beurteilen zu können, muß das Verhalten der Hallgeneratoren unter diesen äußeren Störeinflüssen bekannt sein. Schließlich ist für Anwendungen mit zeitlich schnell veränderlichen Steuergrößen das Frequenzverhalten eines Hallgenerators von Interesse. Durch die Kenndaten, die Auswirkungen äußerer Störeinflüsse und das Frequenzverhalten sind die für die unterschiedlichen Anwendungsfälle wichtigen Eigenschaften ausreichend beschrieben.

6.1 Kenngrößen

In diesem Abschnitt werden die wichtigsten Kenngrößen eines Hallgenerators definiert, ihre Abhängigkeit vom Magnetfeld und der Temperatur diskutiert und der Wertebereich der entsprechenden Kenndaten angegeben.

6.1.1 Steuer- und hallseitiger Innenwiderstand im Leerlauf. Zwischen den vier elektrischen Anschlüssen eines Hallgenerators können sechs Widerstände gemessen werden. Dies sind der Widerstand zwischen den beiden Steuerstromanschlüssen, der Widerstand zwischen den beiden Hallspannungsanschlüssen und die vier untereinander gleichen Widerstände zwischen je einem Steuer- und einem Hallspannungsanschluß. Der letztgenannte Widerstand $R_{120}(B)$ wird im allgemeinen in den Datenblättern nicht aufgeführt. Eine wichtige Kenngröße ist dagegen der steuerseitige Innenwiderstand im Leerlauf R_{10}, der bei offenem Hallkreis zwischen den Steuerstromzuführungen gemessen wird. Auf Grund des magnetischen Widerstandseffekts ist der steuerseitige Leerlaufwiderstand magnetfeldabhängig, also $R_{10}(B)$. In den Hallgenerator-Datenblättern wird als Kenngröße der steuerseitige Leerlaufwiderstand beim Magnetfeld $B = 0$, also $R_{10}(0)$ angegeben, wobei der Einfachheit halber die in Klammern stehende Null weggelassen wird. Für Hallgeneratoren mit rechteckigen elektrischen Systemen läßt sich in erster Näherung unter Vernachlässigung der endlichen Hallelektrodenbreite s schreiben

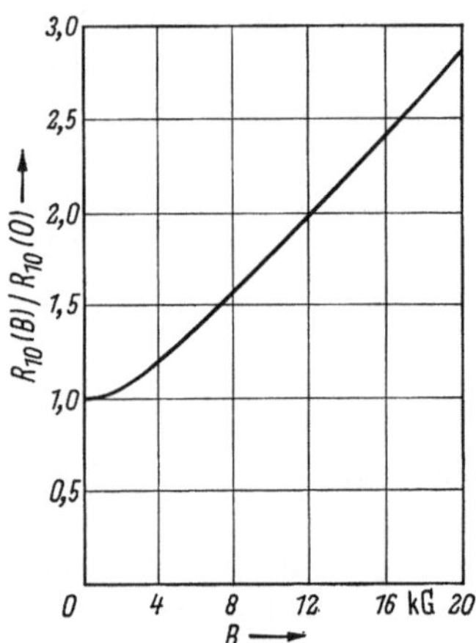

Abb. 87. Magnetfeldabhängigkeit des steuerseitigen Leerlaufwiderstandes eines InAs-Hallgenerators.

$$R_{10}(0) = \frac{a}{b\, d\, \sigma(0)}. \qquad (141)$$

Die Magnetfeldabhängigkeit des steuerseitigen Leerlaufwiderstandes nimmt mit der Elektronenbeweglichkeit des verwendeten Halbleitermaterials zu und ist daher für Hallgeneratoren aus $In(As_{0,8}P_{0,2})$ am kleinsten und für Hallgeneratoren aus InSb am größten. Als Beispiel zeigt Abb. 87 die Magnetfeldabhängigkeit des steuerseitigen Leerlaufwiderstandes eines InAs-Hallgenerators (Siemens-Hallgenerator FA24) im Steuerfeldbereich zwischen 0 und 20 kG. Danach beträgt die Widerstandserhöhung für diesen Hallgenerator bei einem Magnetfeld von 10 kG etwa 75%. Demgegenüber erhöht sich der steuerseitige Leerlaufwiderstand eines Hallgenerators aus eigenleitendem Indiumantimonid bei einem Seitenverhältnis des elektrischen Systems von

$a/b = 2$ bei 10 kG auf das etwa 3,5fache seines Wertes beim Magnetfeld Null.

Die zweite wichtige Widerstandskenngröße ist der hallseitige Innenwiderstand gemessen bei offenem Steuerkreis, der im Sinne einer Vierpolbeschreibung des Hallgenerators kurz als hallseitiger Leerlaufwiderstand R_{20} bezeichnet wird. Auch der hallseitige Leerlaufwiderstand ist magnetfeldabhängig, so daß allgemein $R_{20}(B)$ geschrieben werden muß. In den Datenblättern wird auch hier nur $R_{20}(0)$ angegeben, wobei wie beim steuerseitigen Leerlaufwiderstand die in Klammern stehende Null weggelassen wird. Auf den hallseitigen Leerlaufwiderstand hat die Breite s der Hallelektroden entscheidenden Einfluß. Durch Lösung des Potentialproblems findet man für den hallseitigen Leerlaufwiderstand ohne Magnetfeld den Ausdruck

$$R_{20}(0) = \frac{2}{\pi}\,\frac{1}{d\sigma(0)}\left\{\ln\left(\frac{8}{\pi}\,\frac{b}{s}\right) + \frac{1}{48}\left(\frac{\pi s}{b}\right)^2 - 4\,\mathrm{e}^{-\pi a/b}\right\}. \qquad (142)$$

Diese Beziehung gilt für $a/b > 1{,}5$ und $s/b \ll 1$. Die Magnetfeldabhängigkeit des hallseitigen Leerlaufwiderstandes entspricht weitgehend der des steuerseitigen.

Geschliffene Hallgeneratoren aus InAs und $\mathrm{In(As_{0,8}P_{0,2})}$ haben steuer- und hallseitige Leerlaufwiderstände von einigen Ohm. Die Innenwiderstände geätzter Dünnschicht-Hallgeneratoren aus InSb liegen zwischen 30 Ω und 60 Ω, während die Innenwiderstände aufgedampfter Hallgeneratoren bis 500 Ω betragen können.

Dem verwendeten Halbleitermaterial entsprechend sind die steuer- und hallseitigen Innenwiderstände temperaturabhängig. In den Datenblättern wird für die Temperaturabhängigkeit ein mittlerer Temperaturkoeffizient α angegeben. Hierdurch wird der Temperaturgang im Bereich von 0 bis 100 °C durch eine lineare Funktion angenähert. Hallgeneratoren aus den Standardmaterialien InAs und $\mathrm{In(As_{0,8}P_{0,2})}$ besitzen einen positiven Temperaturkoeffizienten von etwa 1 ‰/°C, Hallgeneratoren aus InSb dagegen einen negativen Temperaturkoeffizienten von −1,2 %/°C.

6.1.2 Steuerstrom. Der Steuerstrom eines Hallgenerators wird mit i_1 bezeichnet, wobei der Index 1 darauf hinweist, daß bei einer Vierpolbeschreibung der Steuerstrom eine dem Eingangskreis zugehörige Größe ist. Durch den Steuerstrom wird die Halbleiterschicht aufgeheizt. Der Steuerstrom besitzt daher eine obere Grenze. Der Nennsteuerstrom i_{1n} ist so festgelegt, daß bei stationärem Betrieb des Hallgenerators mit i_{1n} in ruhender Luft von 25 °C die Halbleiterschicht eine Übertemperatur von 15 °C annimmt. Da der steuerseitige Leerlaufwiderstand magnetfeldabhängig ist, hängt strenggenommen bei Vorgabe einer bestimmten Übertemperatur der Halbleiterschicht auch der Nennsteuerstrom vom

Magnetfeld ab. Hallgeneratoren aus InAs und $In(As_{0,8}P_{0,2})$ haben bei 10 kG eine Widerstandserhöhung von 75% oder weniger. Bei festem Nennsteuerstrom bewegt sich die Übertemperatur der Halbleiterschicht im magnetischen Aussteuerbereich von 0 bis 10 kG etwa zwischen 8 °C bis 15 °C. Für höhere Magnetfelder muß dagegen der Einfluß der Widerstandszunahme auf den Nennsteuerstrom berücksichtigt werden. Dieser Einfluß tritt bei InSb-Hallgeneratoren schon bei wesentlich niedrigeren magnetischen Induktionen auf. Da Hallgeneratoren mit elektrischen Systemen aus InSb meistens einen Ferritmantel haben und daher nur bis etwa 2 kG ausgesteuert werden können, kann für diesen kleineren magnetischen Aussteuerbereich auch hier ein einheitlicher Nennsteuerstrom angegeben werden. Im Abschn. 6.1.5 wird gezeigt, daß auch eine Belastung im Hallkreis den steuerseitigen Innenwiderstand erhöht. Dieser Einfluß ist am größten, wenn der Hallgenerator ausgangsseitig kurzgeschlossen wird. Bei normaler Leistungsentnahme kann jedoch dieser Effekt bei der Festsetzung des Nennsteuerstroms vernachlässigt werden.

Zur Bestimmung des Nennsteuerstroms wird im Endwert des magnetischen Aussteuerbereichs die Leerlaufhallspannung u_{20} in Abhängigkeit vom Steuerstrom gemessen. Für kleine i_1 ist u_{20} dem Steuerstrom streng proportional. Bei höheren Steuerströmen weicht die Leerlaufhallspannung schließlich von diesem geradlinigen Verlauf ab, entsprechend dem Absinken der Hallkonstante mit zunehmender Schichttemperatur. Aus dieser Abweichung läßt sich mit Hilfe der bekannten Temperaturabhängigkeit der Hallkonstante derjenige Steuerstrom bestimmen, bei dem die Halbleiterschicht eine Übertemperatur von 15 °C annimmt.

Der maximal zulässigen Übertemperatur $\Delta T_{\max}$ der Halbleiterschicht ist ein maximal zulässiger Steuerstrom $i_{1\max}$ zugeordnet. Die Temperaturdifferenz $\Delta T_{\max}$ zwischen Halbleiterschicht und Umgebung kann die maximale Verlustleistung pro cm² Halbleiterschicht $n_{V\max}$ an die Umgebung abführen. Der maximal zulässige Steuerstrom ist nach Gl. (130) proportional der Breite b des elektrischen Systems und der Wurzel aus der Verlustleistungsdichte $n_{V\max}$. Dabei hängt $n_{V\max}$ in starkem Maße von der jeweiligen Betriebsart ab, d. h. von den Kühlungsverhältnissen des Hallgenerators bedingt durch seinen Einbau. Für den Betrieb in ruhender Luft von 25 °C gehört z. B. zu $\Delta T_{\max} = 30$ °C eine Verlustleistungsdichte $n_{V\max}$ von etwa 0,5 W/cm². In den Datenblättern wird der maximal zulässige Steuerstrom $i_{1\max}$ immer für den Betrieb in ruhender Luft von 25 °C angegeben. Er ist im allgemeinen um das 1,2- bis 1,5fache höher als der Nennsteuerstrom. $i_{1\max}$ ist ein Garantiewert, dessen Überschreitung, wenn nicht besondere Vorkehrungen zur Ableitung der Verlustwärme getroffen werden, zu einer thermischen Zerstörung des elektrischen Systems führen kann.

Um den maximal zulässigen Steuerstrom für andere Kühlungsverhältnisse als in ruhender Luft berechnen zu können, wird in den Datenblättern für Hallgeneratoren auch der Wärmewiderstand R_{th} in °C/W zwischen Halbleiterschicht und der Außenseite des Mantels angegeben. Der Wärmewiderstand bezieht sich dabei im allgemeinen auf beidseitige Wärmeabfuhr.

Ist der Steuerstrom ein Wechselstrom, so haben der Nennwert des Steuerstroms i_{1n} und der maximal zulässige Steuerstrom $i_{1\max}$ die Bedeutung von Effektivwerten.

Zur Steigerung der Empfindlichkeit kann der Steuerstrom eines Hallgenerators gepulst werden[1]. Bei hinreichend kurzer Impulsdauer darf nämlich der Scheitelwert des Impulsstroms um ein Mehrfaches höher sein als der maximal zulässige Steuerstrom im stationären Betrieb. Wird der Steuerstrom nur einmalig gepulst, so ist sein Scheitelwert lediglich durch die Wärmekapazität $C_{th} = a\,b\,d\,\gamma\,c_{th}$ der Halbleiterschicht begrenzt. Hierin sind γ das spezifische Gewicht und c_{th} die spezifische Wärme des Halbleitermaterials[2]. Bei einem rechteckförmigen Impulsstrom mit der Impulsdauer Δt gilt für den maximal zulässigen Scheitelwert $\hat{i}_{1p}$

$$\hat{i}_{1p}^2\, R_{10}(B)\, \Delta t = C_{th}\, \Delta T_{\max}$$

und daraus

$$\hat{i}_{1p} = \sqrt{\frac{C_{th}\, \Delta T_{\max}}{R_{10}(B)\, \Delta t}}\,. \qquad (143)$$

Gl. (143) gilt nur dann exakt, wenn die Impulsdauer Δt des Steuerstroms so klein ist, daß die Wärmeableitung an die Umgebung während des Aufheizvorgangs vernachlässigt werden kann; Δt muß also klein sein gegen die thermische Zeitkonstante $1/C_{th}\, R_{th}$ des eingebetteten elektrischen Systems.

Für den Siemens-Hallgenerator FA 24 beträgt z. B. die Wärmekapazität der Halbleiterschicht $C_{th} = 1{,}2 \cdot 10^{-2}$ Wsec/°C. Mit $\Delta T_{\max} = 30\,°\mathrm{C}$ und einer Impulsdauer $\Delta t = 10^{-3}$ sec erhält man bei $B = 10$ kG aus Gl. (143) einen maximal zulässigen Impulsstrom von $\hat{i}_{1p} = 14$ A gegenüber einem maximal zulässigen Steuerstrom von nur 500 mA im stationären Betrieb.

---

[1] Durch diese Maßnahme wird im allgemeinen das Signalstörspannungsverhältnis nicht verbessert. Bei der Magnetfeldmessung kann jedoch durch die Steigerung der Feldempfindlichkeit unter Umständen eine Anpassungsverstärkerstufe für die nachgeschaltete, registrierende Meßeinrichtung eingespart werden. Für spezielle Anwendungen in der Steuerungstechnik kann durch einen gepulsten Steuerstrom auch das Signalstörspannungsverhältnis erhöht werden. Hierzu wird durch eine gezielte Pulsung des Steuerstroms die Empfangseinrichtung mit Hallgeneratoren nur dann erregt, wenn der Informationsträger vor der Empfangseinrichtung steht und unerwünschte magnetische Fremdeinstreuungen abschirmt.

[2] InAs: $\gamma = 5{,}5$ g/cm³; $c_{th} = 0{,}064$ cal/g °C;
InSb: $\gamma = 5{,}7$ g/cm³; $c_{th} = 0{,}053$ cal/g °C.

Wird der Hallgenerator mit sich periodisch wiederholenden Steuerstromimpulsen eingespeist, so wird der Impulsstrom durch die Ableitung der Verlustwärme über den Mantel mitbestimmt. Abb. 88 zeigt schematisch den zeitlichen Verlauf der Schichttemperatur bei rechteckförmigem, sich mit der Frequenz f wiederholendem maximal zulässigem Impulsstrom i_{1p} der Dauer Δt. Mit T_0 ist die Umgebungstemperatur bezeichnet. Die Schichttemperatur schwankt zwischen der Anfangstemperatur T_a am Beginn einer Periode und dem Spitzenwert T_1 nach Ablauf des Steuerstromimpulses. In der Zeit von $t_1 = \Delta t$ bis $t_2 = 1/f$ sinkt die Schichttemperatur durch Wärmeableitung über den Wärmewiderstand R_{th} von T_1 wieder auf den Anfangswert T_a ab. $T_1 - T_0 = \Delta T_{\max}$ ist die maximal zulässige Übertemperatur. Um den Temperaturverlauf zu berechnen, gehen wir aus von der Wärmebilanz während des Impulsstroms

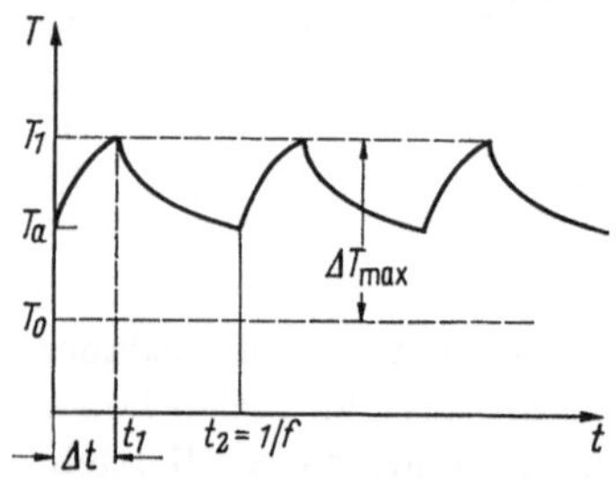

Abb. 88. Zeitlicher Verlauf der Schichttemperatur bei Betrieb mit periodisch gepulstem Steuerstrom.

$$i_{1p}^2 R_{10}(B)\,dt = C_{th}\,d(T - T_0) + \frac{T - T_0}{R_{th}}\,dt.$$

Diese Differentialgleichung hat mit T_a als Anfangstemperatur zur Zeit $t = 0$ die Lösung

$$T - T_0 = \left(T_a - T_0 - i_{1p}^2 R_{10}(B) R_{th}\right) e^{-t/C_{th} R_{th}} + i_{1p}^2 R_{10}(B) R_{th}.$$

Während der Abkühlphase fällt die Schichttemperatur entsprechend der Differentialgleichung

$$0 = C_{th}\,d(T - T_0) + \frac{T - T_0}{R_{th}}\,dt,$$

deren Lösung mit der Anfangsbedingung $T = T_1$ zur Zeit $t = t_1$

$$T - T_0 = (T_1 - T_0)\,e^{(t_1 - t)/C_{th} R_{th}}$$

lautet. Aus den beiden angestückelten Lösungen für die Aufheiz- und Abkühlphase folgt für die maximal zulässige Höhe des Impulsstroms

$$i_{1p} = \sqrt{\frac{\Delta T_{\max}}{R_{10}(B) R_{th}}\,\frac{1 - e^{-1/f C_{th} R_{th}}}{1 - e^{-\Delta t/C_{th} R_{th}}}}. \qquad (144)$$

Gl. (144) geht für $f \to 0$ (einmaliger Steuerstromimpuls) und $\Delta t \ll 1/C_{th} R_{th}$ über in Gl. (143).

Abschließend sei für den Betrieb mit periodisch gepulstem Steuerstrom wieder ein Zahlenbeispiel angegeben. Der Siemens-Hallgenerator FA 24 hat in ruhender Luft einen Wärmewiderstand $R_{th} = 68\,°\mathrm{C/W}$. Bei einer Wiederholfrequenz von $f = 10$ Hz und einer Impulsdauer $\Delta t = 10^{-3}$ sec ergibt sich nach Abb. 144 ein maximal zulässiger Impulsstrom von nur $i_{1p} = 5$ A.

6.1.3 Magnetische Steuergrößen. Je nach Anwendung kann die magnetische Steuergröße eines Hallgenerators die magnetische Induktion, der Magnetfluß oder im geschlossenen magnetischen Kreis die Amperewindungszahl sein. Für Hallgeneratoren mit unmagnetischem Mantel ist die magnetische Induktion die naturgemäße Steuergröße. Ihr Aussteuerbereich ist zu hohen Induktionen hin praktisch unbegrenzt [22, 51]. In den Datenblättern werden für Hallgeneratoren mit unmagnetischem Mantel die von der magnetischen Aussteuerung abhängigen Größen, wie z. B. die Leerlaufhallspannung u_{20} und der Linearisierungswiderstand R_{LL}, meist für den Bezugswert $B_n = 10\,\text{kG}$ angegeben. Ferrit-Hallgeneratoren und auch Hallgeneratoren, die fest in einem magnetischen Kreis eingebaut sind, wie Multiplikatoren, besitzen auf Grund der ferromagnetischen Sättigung eine natürliche magnetische Aussteuergrenze. Bei flußempfindlichen Ferrit-Hallgeneratoren tritt diese Sättigung auf, wenn im Ferritsteg eine magnetische Induktion von etwa 2 kG erreicht ist. Da die Stegquerschnitte solcher Hallgeneratoren bei etwa 1 mm² liegen, ist dieser Steginduktion ein den Hallgenerator aussteuernder Magnetfluß von rund 20 Maxwell zugeordnet. Diese Aussteuergrenze bildet für flußempfindliche Ferrit-Hallgeneratoren den Bezugswert Φ_n der magnetischen Steuergröße. In entsprechender Weise wird für einen Hallgenerator im geschlossenen magnetischen Kreis ein Bezugswert Θ_n für die Amperewindungsdurchflutung definiert, der durch die beginnende Sättigung des Magnetkreises festgelegt ist.

6.1.4 Empfindlichkeiten im Leerlauf. Für rechteckförmige elektrische Systeme mit endlicher Hallelektrodenbreite s gilt in Erweiterung von Gl. (107) für die Leerlaufhallspannung

$$u_{20} = \frac{R_H}{d} i_1 B \, G_H(a/b, s/a, B). \qquad (145)$$

Die Geometriefunktion G_H wurde für den speziellen Fall punktförmiger Hallelektroden, also für $s/a = 0$, bereits im Abschn. 2.4 diskutiert. In Abb. 89 ist die erweiterte Geometriefunktion G_H über der magnetischen Induktion für ein rechteckförmiges elektrisches System aus InAs mit einem Seitenverhältnis $a/b = 2$ und s/a als Parameter dargestellt. G_H wächst monoton mit der magnetischen Induktion und geht für $B \to \infty$ asymptotisch gegen 1. Mit zunehmender Hallelektrodenbreite nimmt G_H ab. Hallgeneratoren aus

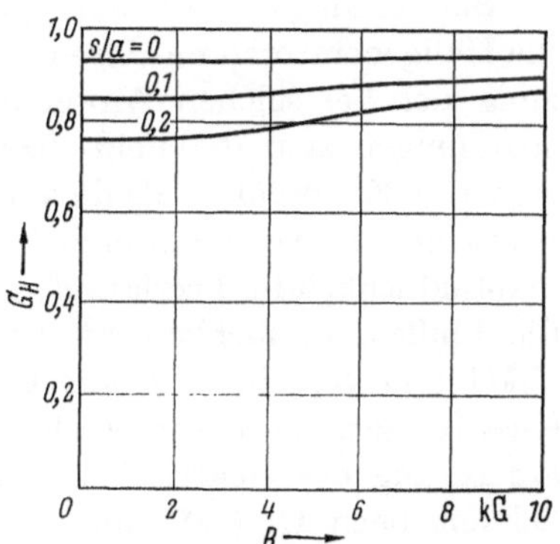

Abb. 89. Geometriefunktion G_H für ein rechteckiges elektrisches System mit $a/b = 2$ aus InAs in Abhängigkeit von der magnetischen Induktion mit s/a als Parameter.

InAs mit rechteckigem elektrischem System besitzen meistens eine Elektrodenbreite von $s/a = 0{,}1$.

Gl. (145) läßt sich einfacher schreiben in der Form

$$u_{20} = K_{B0}(B)\, i_1\, B, \tag{146}$$

indem $R_H\, G_H(B)$ zu $K_{B0}(B)$ zusammengefaßt wird. $K_{B0}(B)$ wird als die induktionsbezogene Leerlaufempfindlichkeit eines Hallgenerators bezeichnet und hängt bei vorgegebener Geometrie des elektrischen Systems entsprechend Abb. 89 nur schwach von der magnetischen Induktion B ab. Die induktionsbezogene Leerlaufempfindlichkeit hat die Dimension V/A kG. In den Datenblättern wird die Leerlaufempfindlichkeit für den Bezugswert B_n der magnetischen Induktion, also meistens für $B_n = 10$ kG angegeben. Als Symbol für diese Leerlaufempfindlichkeit wird der Einfachheit halber K_{B0} geschrieben, wobei die Angabe des in Klammern stehenden Bezugswertes entfällt. Die induktionsbezogene Leerlaufempfindlichkeit liegt bei Hallgeneratoren mit geschliffener Halbleiterschicht aus InAs bei etwa 0,1 V/A kG, während Aufdampfhallgeneratoren aus InAs Leerlaufempfindlichkeiten von etwa 0,6 V/A kG und solche aus InSb von maximal 10 V/A kG aufweisen.

Entsprechend läßt sich für einen flußempfindlichen Hallgenerator eine flußbezogene Leerlaufempfindlichkeit $K_{\Phi 0}$, für einen Hallgenerator im geschlossenen magnetischen Kreis eine durchflutungsbezogene Leerlaufempfindlichkeit $K_{\theta 0}$ definieren. $K_{\Phi 0}$ hat die Dimension V/A M, $K_{\theta 0}$ wird in V/A² gemessen. Flußempfindliche Ferrit-Hallgeneratoren mit geätzter InSb-Schicht haben Leerlaufempfindlichkeiten von etwa 0,2 V/A M, während die Leerlaufempfindlichkeit handelsüblicher Multiplikatoren bei $5 \cdot 10^{-3}$ V/A² liegt.

Bei der Magnetfeldmessung und der kontaktlosen Signalgabe werden die Hallgeneratoren mit ihrem Nennsteuerstrom betrieben. Zur Abschätzung der bei solchen Anwendungen auftretenden Meß- bzw. Signalspannungen sind die Feld- bzw. Flußempfindlichkeit im Leerlauf geeignetere Kenngrößen als die oben genannten auf die Steuerstromeinheit bezogenen Leerlaufempfindlichkeiten K_{B0} und $K_{\Phi 0}$. Es ist die Feldempfindlichkeit im Leerlauf $E_{B0} = K_{B0}\, i_{1n}$, entsprechend $E_{\Phi 0} = K_{\Phi 0}\, i_{1n}$ die Flußempfindlichkeit im Leerlauf. E_{B0} wird daher unmittelbar in V/kG und $E_{\Phi 0}$ in V/M angegeben. Während die Feldempfindlichkeit eines Hallgenerators entsprechend Gl. (131 a) proportional mit der Linearabmessung des elektrischen Systems anwächst, ist die Flußempfindlichkeit nach Gl. (138) umgekehrt proportional der Linearabmessung des elektrischen Systems, d. h. sie ist um so größer, je kleiner das elektrische System ist. Als Zahlenbeispiel sei die Feldempfindlichkeit des Siemens-Hallgenerators FA 24 mit $E_{B0} = 50$ mV/kG genannt. Die Flußempfindlichkeit des Siemens-Ferrit-Hallgenerators SBV 560 beträgt im Leerlauf etwa 10 mV/M.

6.1.5 Empfindlichkeit und Eingangswiderstand bei Belastung. Die bisher diskutierten Innenwiderstände und Empfindlichkeiten sind Leerlaufkenngrößen. Eine Belastung im Hallkreis beeinflußt sowohl den eingangsseitigen Innenwiderstand als auch die Empfindlichkeit. Bei Belastung fließt im Hallkreis ein Strom i_2. So wie der Steuerstrom bei gleichzeitiger Einwirkung eines Magnetfeldes zu einer Hallfeldstärke in der Halbleiterschicht zwischen den Hallelektroden führt, erzeugt auch

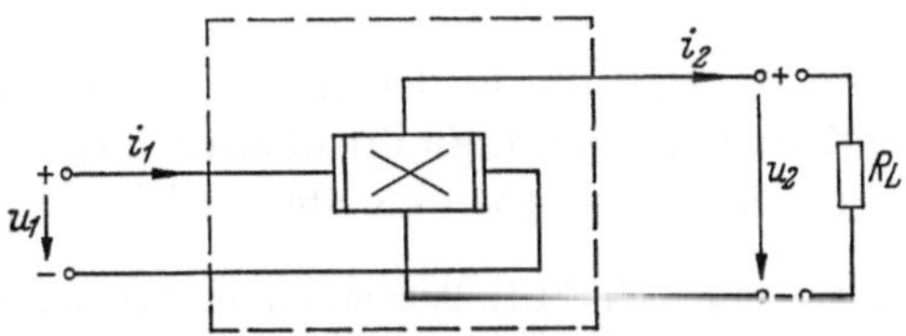

Abb. 90. Hallgenerator als Vierpol.

dieser Querstrom i_2 eine Hallfeldstärke zwischen den beiden Steuerstromelektroden und wirkt auf diese Weise auf den Steuerkreis zurück (sekundärer Hall-Effekt).

Man kann also einen Hallgenerator auch über die Hallelektroden einspeisen und an den Steuerelektroden eine Hallspannung abnehmen. Die induktionsbezogene Leerlaufempfindlichkeit sei für diesen Fall mit K'_{B0} bezeichnet. Durch eine solche Betrachtungsweise verlieren Steuer- und Hallelektroden die ihnen ursprünglich zugeordnete, grundsätzlich verschiedene Funktion, so daß der Hallgenerator als ein Vierpol angesehen werden kann [52, 23, 53]. Abb. 90 zeigt einen mit dem Abschlußwiderstand R_L belasteten Hallgenerator unter Betonung seines Vierpolcharakters. Die elektrischen Größen des Eingangskreises sind durch den Index 1, die des Ausgangskreises durch den Index 2 gekennzeichnet. Durch die eingezeichneten Pfeile wird ihr positiver Zählsinn festgelegt. Zwischen den Spannungen u_1 und u_2 und den Strömen i_1 und i_2 besteht ein linearer Zusammenhang, so daß die Vierpolgleichungen des Hallgenerators lauten

$$u_1 = Z_{11}\, i_1 + Z_{12}\, i_2, \tag{147a}$$

$$u_2 = Z_{21}\, i_1 + Z_{22}\, i_2. \tag{147b}$$

Beide Gleichungen müssen auch gelten, wenn Eingangskreis oder Ausgangskreis stromlos sind. Bei einem symmetrischen Hallgenerator, d. h. bei Spiegelsymmetrie, bezogen auf die Mittelpunktsachse in Steuerstromrichtung, haben daher die Koeffizienten Z_{ik} folgende Bedeutung:

Für $i_2 = 0$ gilt

$$Z_{11} = \frac{u_1}{i_1}\bigg|_{i_2=0} = R_{10}(B), \tag{148a}$$

$$Z_{21} = \frac{u_2}{i_1}\bigg|_{i_2=0} = K_{B0}(B)\,B. \tag{148b}$$

Entsprechend folgt für offenen Eingangskreis ($i_1 = 0$)

$$Z_{12} = \frac{u_1}{i_2}\bigg|_{i_1=0} = K'_{B0}(B)\,B, \tag{148c}$$

$$Z_{22} = \frac{u_2}{i_2}\bigg|_{i_1=0} = -R_{20}(B). \tag{148d}$$

Es läßt sich nun zeigen, daß die beiden in den Kernwiderständen des Vierpols auftretenden Leerlaufempfindlichkeiten K_{B0} und K'_{B0} für einen symmetrischen Hallgenerator einander gleich sind.

Im allgemeinsten Fall läßt sich ein Hallgenerator auch so betreiben, daß seinen vier Elektroden vier verschiedene Ströme zugeführt werden. Diese Ströme haben positives und negatives Vorzeichen. Wegen des Satzes von der Erhaltung der Ladung ist die Summe der zugeführten Ströme Null, so daß ohne Beschränkung der Allgemeinheit eine Elektrode, z. B. eine Steuerelektrode, auf Nullpotential gelegt werden kann, wie in Abb. 91 dargestellt. Die drei übrigen Elektroden seien dann mit 1, 2 und 3 durchnumeriert. Fließen den drei Elektroden die Ströme i'_1, i'_2 und i'_3 zu, so nehmen die Elektroden die Potentiale φ_1, φ_2 und φ_3 an. Auf Grund des Superpositionsprinzips sind die drei Potentiale lineare Funktionen der drei Ströme:

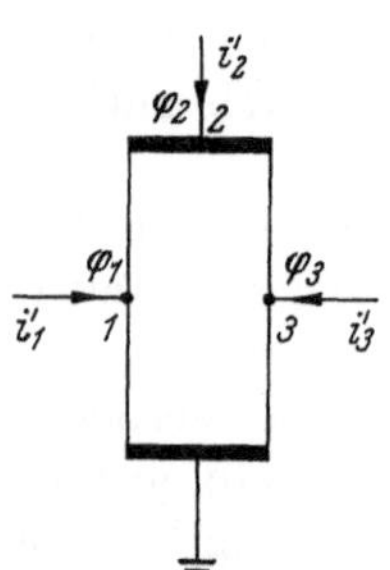

Abb. 91. Allgemeinste Betriebsart eines Hallgenerators.

$$\left.\begin{aligned}\varphi_1 &= r_{11}\,i'_1 + r_{12}\,i'_2 + r_{13}\,i'_3,\\ \varphi_2 &= r_{21}\,i'_1 + r_{22}\,i'_2 + r_{23}\,i'_3,\\ \varphi_3 &= r_{31}\,i'_1 + r_{32}\,i'_2 + r_{33}\,i'_3.\end{aligned}\right\} \tag{149}$$

Durch die Matrix der magnetfeldabhängigen Koeffizienten $r_{ik}(B)$ sind die elektrischen Eigenschaften eines Hallgenerators vollständig beschrieben. Die steuerseitige Leerlaufempfindlichkeit K_{B0} läßt sich durch die Koeffizienten r_{ik} ausdrücken, indem die Potentialdifferenz $\varphi_1 - \varphi_3$, bezogen auf den Strom $i'_2 \neq 0$ bei $i'_1 = i'_3 = 0$, aus den Gln. (149) gebildet wird:

$$\frac{\varphi_1 - \varphi_3}{i'_2}\bigg|_{i'_1 = i'_3 = 0} = K_{B0}(B)\,B = r_{12} - r_{32}. \tag{150}$$

In entsprechender Weise findet man für die Leerlaufempfindlichkeit K'_{B0} bei Einspeisung über die Hallelektroden

$$\frac{\varphi_2}{i'_3}\bigg|_{i'_2=0,\, i'_1=-i'_3} = K'_{B0}(B)\,B = r_{23} - r_{21}. \tag{151}$$

Da die Matrix der Koeffizienten r_{ik} bei einem symmetrischen Hallgenerator die Symmetrieeigenschaft $r_{ik}(B) = r_{ki}(-B)$ besitzt [52], ergibt sich bereits aus den Gln. (150) und (151) die zu beweisende Gleichheit von K_{B0} und K'_{B0}.

Für einen unmittelbaren Beweis können wir die Koeffizientendifferenz $r_{23} - r_{21}$ in Gl. (151) auch schreiben

$$\left.\frac{\varphi_1 + \varphi_3}{i_3'}\right|_{i_2' = 0,\, i_1' = -i_3'} = -r_{11} + r_{13} - r_{31} + r_{33} = r_{23} - r_{21}. \qquad (152)$$

Bei einer äußeren Beschaltung des Hallgenerators entsprechend Abb. 92 gilt $\varphi_1 = \varphi_3$, $\varphi_2 = 0$ und $i_1' = i_3' = -i_2'$.

Damit wird

$$\left.\frac{\varphi_1}{i_1'}\right|_{i_1' = i_3' = -i_2'} = r_{11} - r_{12} + r_{13}$$

$$= \left.\frac{\varphi_3}{i_1'}\right|_{i_1' = i_3' = -i_2'} = r_{31} - r_{32} + r_{33}. \qquad (153)$$

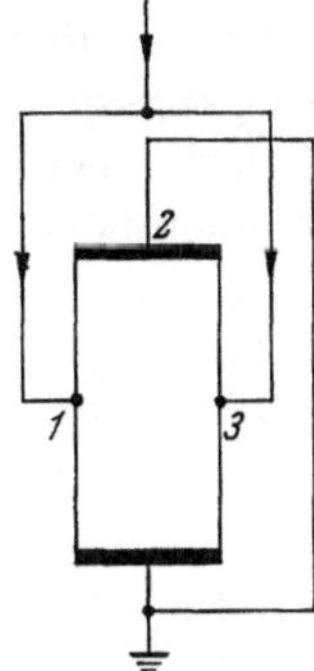

Abb. 92 Zusammenfassung der Steuer- sowie Hallelektroden zu einem Zweipol.

Durch Subtraktion dieser Gleichung von Gl. (152) erhält man

$$r_{23} - r_{21} = r_{12} - r_{32} + 2(r_{33} - r_{11}). \qquad (154)$$

r_{33} ist aber das auf den Strom i_3' bezogene Potential der Elektrode 3 für $i_1' = i_2' = 0$; entsprechend ist r_{11} das auf den Strom i_1' bezogene Potential der Elektrode 1 bei $i_2' = i_3' = 0$. r_{33} und r_{11} sind also reine Widerstände und identisch mit dem gemischten Leerlaufwiderstand R_{120} zwischen einer Steuer- und einer Hallelektrode. Wegen der Gleichheit von r_{33} und r_{11} verschwindet also der Klammerausdruck in Gl. (154), womit $K_{B0} = K_{B0}'$ bewiesen ist.

Die Koeffizientenmatrix $r_{ik}(B)$ eines symmetrischen Hallgenerators läßt sich nach Wick [23] durch die bereits genannten vier Kenngrößen, nämlich $R_{10}(B)$, $R_{20}(B)$, $R_{120}(B)$ und $K_{B0}(B)$ ausdrücken

$$\begin{pmatrix} R_{120} & \dfrac{R_{10} + K_{B0} B}{2} & R_{120} + \dfrac{K_{B0} B - R_{20}}{2} \\ \dfrac{R_{20} - K_{B0} B}{2} & R_{10} & \dfrac{R_{10} + K_{B0} B}{2} \\ R_{120} - \dfrac{R_{20} + K_{B0} B}{2} & \dfrac{R_{10} - K_{B0} B}{2} & R_{120} \end{pmatrix}. \qquad (155)$$

Die Koeffizienten in der Hauptdiagonale dieser Matrix sind reine Widerstände und damit gerade Funktionen von B. Die außerhalb der Hauptdiagonale stehenden und die Übertragungseigenschaften des Hallgenerators kennzeichnenden Koeffizienten enthalten demgegenüber den ungeraden Anteil $K_{B0} B$.

Die Vierpolgleichungen des Hallgenerators lauten somit

$$u_1 = R_{10}(B)\, i_1 + K_{B0}(B)\, B\, i_2, \qquad (156\text{a})$$

$$u_2 = K_{B0}(B)\, B\, i_1 - R_{20}(B)\, i_2. \qquad (156\text{b})$$

Für den belasteten Hallgenerator ist die Ausgangsspannung u_2 aber zugleich auch die Spannung am Lastwiderstand R_L, also

$$u_2 = R_L\, i_2. \qquad (157)$$

Aus den Gln. (157) und (156b) folgt für die Ausgangsspannung bei Belastung mit dem Lastwiderstand R_L

$$u_2 = \frac{K_{B0}(B)\, B\, i_1}{1 + \frac{R_{20}(B)}{R_L}} = \frac{u_{20}}{1 + \frac{R_{20}(B)}{R_L}}. \tag{158}$$

Für $R_L \to \infty$ geht die belastete Hallspannung in die Leerlaufhallspannung u_{20} über. Abb. 93 zeigt den Einfluß des Lastwiderstandes auf die Ausgangsspannung eines Hallgenerators FA 24 im magnetischen Aussteuerbereich zwischen 0 und 10 kG. Als Ordinate ist die auf die Steuerstromeinheit bezogene Hallspannung aufgetragen. Während ein Hallgenerator im Leerlauf die höchste Empfindlichkeit besitzt und seine Kennlinie bedingt durch die Geometriefunktion $G_H(a/b, s/a, B)$ leicht nach oben aufgebogen ist, bewirkt eine Belastung insgesamt eine Verminderung der Steilheit der Kennlinie, darüber hinaus aber auch eine Linearisierung, indem durch die Magnetfeldabhängigkeit des hallseitigen Innenwiderstandes $R_{20}(B)$ der Nenner von Gl. (158) mit dem Magnetfeld anwächst. Für kleine Belastungswiderstände R_L wird der Einfluß des magnetischen Widerstandseffekts im Hallkreis schließlich so groß, daß die Kennlinie nach unten abbiegt.

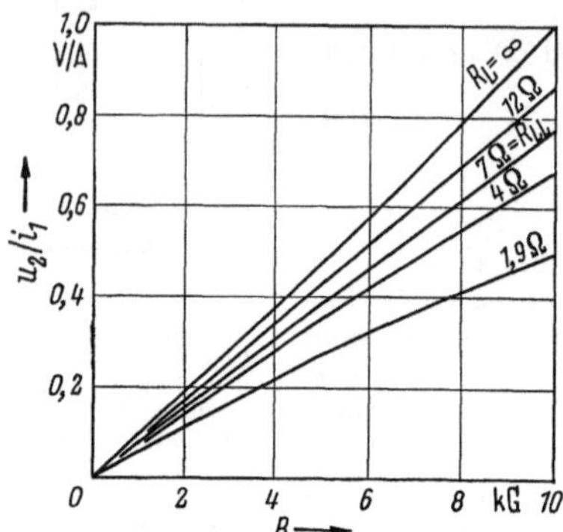

Abb. 93. Einfluß des Belastungswiderstandes auf die Ausgangsspannung eines Hallgenerators.

Zwischen der Leerlaufempfindlichkeit und der Empfindlichkeit bei Belastung besteht der einfache Zusammenhang

$$K_B(B) = \frac{K_{B0}}{1 + \frac{R_{20}(B)}{R_L}}. \tag{158a}$$

Aus Gln. (157) und (156b) folgt für den Ausgangsstrom i_2

$$i_2 = \frac{K_{B0}(B)\, B}{R_L + R_{20}(B)}\, i_1$$

und durch Einsetzen dieses Ausdrucks in Gl. (156a) schließlich für den Eingangswiderstand des belasteten Hallgenerators $R_1 = u_1/i_1$

$$R_1(B) = R_{10}(B) + \frac{(K_{B0}(B)\, B)^2}{R_L + R_{20}(B)}. \tag{159}$$

Ist der Hallgenerator unbelastet, also $R_L = \infty$, so geht R_1 definitionsgemäß in den steuerseitigen Leerlaufwiderstand $R_{10}(B)$ über. Für den ausgangsseitigen Kurzschluß $R_L = 0$ erhält man die größte Abweichung des Eingangswiderstandes von $R_{10}(B)$, und zwar wird dann das Verhältnis von Eingangswiderstand zu steuerseitigem Leerlaufwiderstand

$$\frac{R_1(B)}{R_{1\,0}(B)} = 1 + \frac{(K_{B\,0}(B)\,B)^2}{R_{1\,0}(B)\,R_{2\,0}(B)}. \tag{160}$$

Bei einem InAs-Hallgenerator, wie der Feldsonde FA 24, beträgt diese Abweichung für $B_n = 10$ kG etwa 30%. Für flußempfindliche Ferrit-Hallgeneratoren, insbesondere für den Siemens-Ferrit-Hallgenerator RHY 15, liegt die Abweichung im Endwert des magnetischen Aussteuerbereichs ebenfalls bei 30%.

6.1.6 Abschlußwiderstand für lineare Anpassung und Linearisierungsfehler. Die Magnetfeldmessung und die Verwendung von Hallgeneratoren in Gleichstromisolierwandlern und Multiplikatoren erfordern die Einhaltung einer möglichst genauen Proportionalität zwischen Hallspannung und magnetischer Steuergröße. Eine strenge Proportionalität zwischen Hallspannung und magnetischer Induktion besteht nur im Idealfall des unendlich langgestreckten Halbleiterstreifens bei Abnahme der Hallspannung über punktförmige Elektroden im Leerlauf. In diesem Fall ist die Leerlaufempfindlichkeit $K_{B\,0} = R_H/d$ eine von der magnetischen Induktion unabhängige Konstante. Bei einem endlichen Seitenverhältnis a/b und endlicher Hallelektrodenbreite s ist die Leerlaufempfindlichkeit $K_{B\,0}(B)$ vom Magnetfeld abhängig, und zwar steigt die Leerlaufempfindlichkeit mit der magnetischen Induktion an (s. Abb. 89). Die Leerlaufkennlinie eines Hallgenerators, d. h. die auf die Steuerstromeinheit bezogene Leerlaufhallspannung in Abhängigkeit von der magnetischen Induktion, zeigt daher den in Abb. 94 dargestellten Verlauf. Dabei ist die Abweichung der Kennlinie von der idealen Nullpunktsgeraden mit dem Anstieg R_H/d des unendlich langgestreckten Halbleiterstreifens mit punktförmigen Hallelektroden übertrieben wiedergegeben. Die Kennlinie eines elektrischen Systems mit endlichen a/b und s/a liegt immer unterhalb der idealen Kennlinie $R_H\,B/d$ und verläuft für $\mu_n\,B \to \infty$ parallel zu dieser. Dabei beträgt der Abstand beider Kennlinien in Ordinatenrichtung

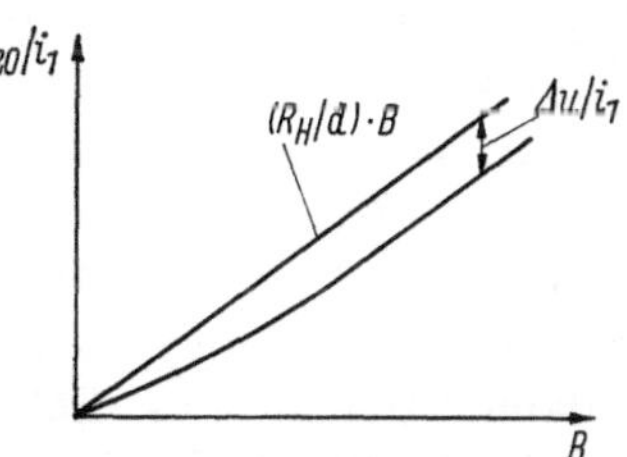

Abb. 94. Leerlaufkennlinie eines rechteckigen elektrischen Systems mit endlichem a/b und s/a.

$$\frac{\Delta u}{i_1} = \frac{u_{2\,0}^{\infty} - u_{2\,0}}{i_1}$$

$$= \frac{1}{\sigma(B)\,d}\left\{\frac{s}{b} + \frac{8}{\pi}\,\mathrm{e}^{-\pi a/2b}\cosh\left(\frac{\pi}{2}\,\frac{s}{b}\right) + \frac{4}{\pi}\,\mathrm{e}^{-\pi a/b}\sinh\left(\pi\,\frac{s}{b}\right)\right\}. \tag{161}$$

Man erkennt, daß dieser Abstand um so größer wird, je kleiner das Seitenverhältnis a/b und je größer die Hallelektrodenbreite s ist. Für kleine magnetische Induktionen verläßt die Kennlinie für $a/b = 2$ und

$s/a = 0{,}1$ den Nullpunkt mit einer Steilheit, die entsprechend Abb. 89 bei etwa 80% der Steilheit der idealen Kennlinie liegt und geht mit einer leichten Aufbiegung schließlich in das beschriebene asymptotische Verhalten über.

Nach O. HALLA bestehen bei kreuzförmigen elektrischen Systemen wesentlich kleinere Abweichungen von der idealen Kennlinie. Potentialtheoretisch läßt sich mit der Methode der konformen Abbildung zeigen, daß jedem kreuzförmigen elektrischen System ein rechteckförmiges System mit gleichen elektrischen Eigenschaften zugeordnet werden kann. Balkenlänge und Balkenbreite des Kreuzes bestimmen dabei das Seitenverhältnis a/b und die Elektrodenbreite s/a des äquivalenten rechteckigen Systems. So entspricht z. B. nach HAEUSLER und LIPPMANN [54] einem kreuzförmigen System, dessen Balkenlänge dreimal so groß ist wie die Balkenbreite, ein rechteckiges elektrisches System mit $a/b = 2{,}72$ und $s/a = 0{,}013$.

Die Kennlinie eines Hallgenerators kann durch Wahl eines geeigneten Lastwiderstandes linearisiert werden. Bei Belastung hat die Magnetfeldabhängigkeit des hallseitigen Innenwiderstandes einen Einfluß auf die Empfindlichkeit, da im Nenner von Gl. (158a) das Verhältnis des hallseitigen Innenwiderstandes zum Belastungswiderstand R_L auftritt. Durch geeignete Wahl des Belastungswiderstandes R_L kann die Magnetfeldabhängigkeit des Nenners so eingestellt werden, daß sie der Magnetfeldabhängigkeit des Zählers $K_{B0}(B)$ weitgehend entspricht und damit die Empfindlichkeit des belasteten Hallgenerators als Quotient beider Größen in erster Näherung magnetfeldunabhängig wird. Im Gegensatz zum hallseitigen Innenwiderstand $R_{20}(B)$ wächst die Leerlaufempfindlichkeit $K_{B0}(B)$ mit zunehmender magnetischer Induktion nicht beliebig an, sondern nähert sich asymptotisch dem Wert R_H/d. Eine Kompensation von Zähler und Nenner ist deshalb nur in einem begrenzten magnetischen Aussteuerbereich möglich. Die Wahl eines Abschlußwiderstandes, für den die Linearisierung der Kennlinie am günstigsten wird, kann daher nur im Zusammenhang mit der Festlegung eines definierten magnetischen Aussteuerbereichs getroffen werden. Für kleine Aussteuerbereiche — bei elektrischen Systemen aus Indiumarsenid z. B. bis maximal 2000 G — kann durch Wahl des Belastungswiderstandes R_L die Magnetfeldabhängigkeit des Nenners in Gl. (158a) praktisch exakt angepaßt werden, so daß eine lineare Belastungskennlinie entsteht. Für größere Aussteuerbereiche — bei Indiumarsenid z. B. bis 10 kG — läßt sich eine Übereinstimmung der Magnetfeldabhängigkeit von Zähler und Nenner im gesamten Aussteuerbereich nicht mehr erreichen. Für große Lastwiderstände R_L bleibt die Kennlinie im gesamten Aussteuerbereich nach oben aufgebogen (Abb. 95a); für kleine Lastwiderstände biegt dagegen die Kennlinie nach unten ab (Abb. 95b).

Zur Definition des Linearisierungsfehlers wird nun durch die Kennlinie eine Nullpunktsgerade derart gelegt, daß die Maximalabweichungen ε_{max} der Kennlinie von dieser Geraden in Ordinatenrichtung nach oben und unten dem Betrage nach gleich groß sind. Der Linearisierungsfehler F wird dann definiert als die auf die Hallspannung im Meßbereichsendwert B_n bezogene Maximalabweichung, also

$$F = \frac{|\varepsilon_{max}|}{u_2(B_n)}. \tag{162}$$

Der kleinste Linearisierungsfehler wird dann erreicht, wenn man den Abschlußwiderstand R_L so wählt, daß im unteren Aussteuerbereich die

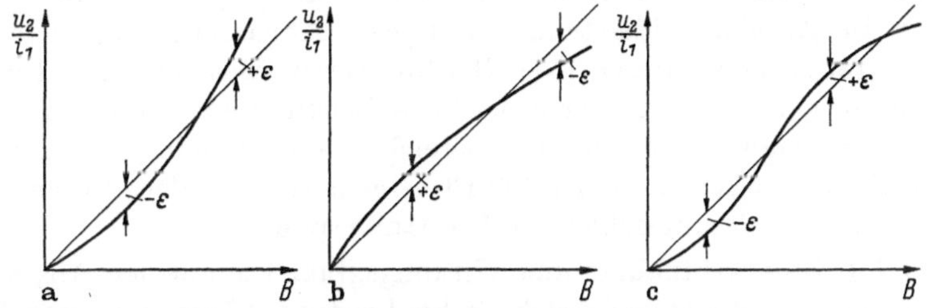

Abb. 95a—c. Linearisierung der Kennlinie durch geeignete Wahl des Lastwiderstandes R_L.

Magnetfeldabhängigkeit von $K_{B0}(B)$ und im oberen Teil des Aussteuerbereichs der magnetische Widerstandseffekt von $R_{20}(B)$ überwiegt. Als Kennlinie resultiert dann eine die mittlere Nullpunktsgerade umschlin-

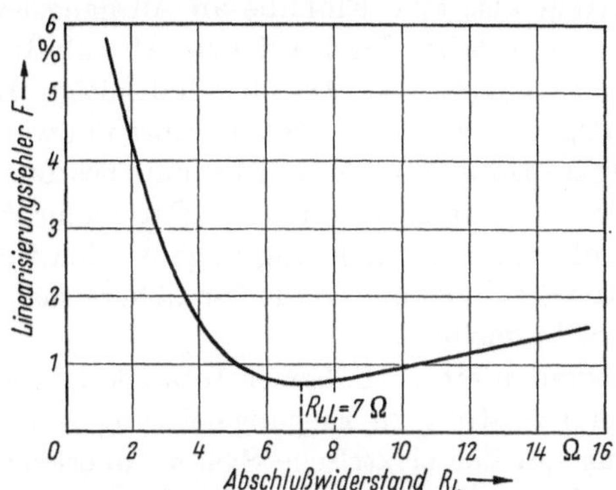

Abb. 96. Linearisierungsfehler abhängig vom Lastwiderstand für die Siemens-Feldsonde FA 24 im Aussteuerbereich von 0 bis 10 kG.

gende Kurve (Abb. 95c). In Abhängigkeit vom Abschlußwiderstand R_L durchläuft also der Linearisierungsfehler ein Minimum F_{min} für den Abschlußwiderstand R_{LL}. In Abb. 96 ist z. B. für die Siemens-Feldsonde FA 24 der Linearisierungsfehler F über R_L für einen Aussteuerbereich von 10 kG dargestellt. Bei $R_{LL} = 7\ \Omega$ liegt der kleinste Linearisierungsfehler mit $F_{\min} = 0{,}8\%$ vor. Man kann also bei einem Hallgenerator zu jedem vorgegebenen magnetischen Aussteuerbereich eine Anpassung auf kleinsten Linearisierungsfehler finden. Die mittlere Empfindlichkeit bei linearer Anpassung, also der Anstieg der Nullpunktsgeraden, der sich die Kennlinie mit dem kleinsten Linearisierungsfehler anpaßt, wird mit K_{BL} bezeichnet.

Hallgeneratoren mit kreuzförmigem elektrischem System haben von Natur aus eine geradlinigere Leerlaufkennlinie. Durch Wahl eines geeigneten Abschlußwiderstandes läßt sich ihre Linearität noch weiter erhöhen. Die kleinsten erreichbaren Linearisierungsfehler sind um etwa 5mal kleiner als die Linearisierungsfehler rechteckiger Systeme, wobei jedoch die Abschlußwiderstände für lineare Anpassung R_{LL} etwa um den Faktor 10 höher liegen [54]. Bei linearer Anpassung kann also solchen Hallgeneratoren weniger elektrische Leistung entnommen werden.

Ist der magnetische Aussteuerbereich praktisch unbegrenzt, sollen also z. B. Magnetfelder bis zu 200000 G gemessen werden, so wird der kleinste Linearisierungsfehler im Leerlauf erreicht.

6.1.7 Leistungsentnahme und Wirkungsgrad. Die auf den Abschlußwiderstand R_L übertragene elektrische Leistung hängt von dem Verhältnis des Abschlußwiderstandes zum hallseitigen Innenwiderstand des Hallgenerators ab. Ist dieses Verhältnis > 1, wie z. B. beim Abschluß mit dem Linearisierungswiderstand R_{LL}, so wird dem Hallgenerator nicht die größtmögliche Leistung entnommen. Die Linearisierung eines Hallgenerators bringt also eine Einbuße an Ausgangsleistung mit sich. Die maximale Leistung wird dann auf den Abschlußwiderstand übertragen, wenn $R_L = R_{20}(B)$ ist. Da der hallseitige Innenwiderstand magnetfeldabhängig ist, wird bei festem Abschlußwiderstand R_L die optimale Leistungsanpassung immer nur für eine bestimmte magnetische Aussteuerung des Hallgenerators erreicht. Für kleine Magnetfelder ist die Anpassung auf maximale Leistungsabgabe identisch mit der Anpassung auf maximalen Wirkungsgrad; für höhere magnetische Induktionen gilt dies nicht mehr.

Der Wirkungsgrad η eines Hallgenerators ist definiert als das Verhältnis von Ausgangsleistung zu Eingangsleistung. Da vom Magnetfeld keine Wirkleistung auf das elektrische System übertragen wird, ist die Eingangsleistung die dem Hallgenerator über den Steuerstrom zugeführte elektrische Leistung $P_1 = u_1 i_1$. Die Ausgangsleistung ist die an den Abschlußwiderstand R_L abgegebene Nutzleistung $P_2 = u_2 i_2$. Aus den Gln. (156) und (157) folgt somit für den Wirkungsgrad

$$\eta = \frac{P_2}{P_1} = \frac{1 - \dfrac{R_{20}(B)}{R_L + R_{20}(B)}}{1 + \dfrac{R_{10}(B)\,(R_L + R_{20}(B))}{(K_{B0}(B)\,B)^2}}. \tag{163}$$

Der Wirkungsgrad ist also unabhängig vom Steuerstrom i_1 und hängt bei vorgegebenen Kenngrößen $R_{10}(B)$, $R_{20}(B)$ und $K_{B0}(B)$ nur vom Steuerfeld B und vom Abschlußwiderstand R_L ab. η verschwindet für $R_L = 0$ und $R_L \to \infty$; als Funktion von R_L muß daher der Wirkungsgrad bei einem endlichen Wert $R_{L\max}$ ein Maximum durchlaufen. Abb. 97 zeigt den Verlauf des Wirkungsgrades als Funktion von $R_L/R_{20}(0)$ mit B als Parameter für den Siemens-Hallgenerator FA 24.

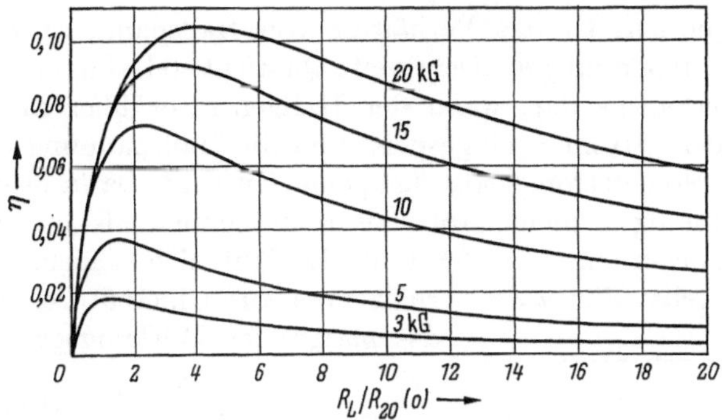

Abb. 97. Wirkungsgrad in Abhängigkeit vom Lastwiderstand für verschiedene magnetische Aussteuerungen.

Bei einem magnetischen Steuerfeld von $B_n = 10$ kG wird ein maximaler Wirkungsgrad von etwa 7% bei $R_{L\max} = 2R_{20}(0)$ erreicht. Durch Differentiation von Gl. (163) nach R_L erhält man allgemein

$$R_{L\max} = R_{20}(B)\sqrt{1+\varkappa} \tag{164}$$

mit der Abkürzung

$$\varkappa = \frac{(K_{20}(B)\,B)^2}{R_{10}(B)\,R_{20}(B)} \tag{164a}$$

und für den zugehörigen maximalen Wirkungsgrad

$$\eta_{\max} = \frac{\sqrt{1+\varkappa}-1}{\sqrt{1+\varkappa}+1}. \tag{165}$$

Für kleine magnetische Aussteuerungen kann $\varkappa$ unter der Wurzel in Gl. (164) vernachlässigt werden, womit — wie bereits behauptet — die Anpassung auf maximalen Wirkungsgrad identisch wird mit der Anpassung auf maximale Leistungsabgabe. Das gleiche gilt für die Wurzel im Nenner des Ausdrucks für den maximalen Wirkungsgrad. Für kleine magnetische Aussteuerungen erhält man hier

$$\eta_{\max} = \frac{1}{4}\varkappa = \frac{1}{4}\,\frac{(K_{B0}(B)\,B)^2}{R_{10}(B)\,R_{20}(B)}, \tag{166}$$

ein Ausdruck, der mit $R_{20} \approx R_{10} = a/b\,d\sigma$ unter Vernachlässigung der Geometriefunktion G_H identisch wird mit Gl. (2). Da allgemein der hallseitige Innenwiderstand R_{20} nach Gl. (142) entscheidend von der Hallelektrodenbreite s abhängt, wird auch der Wirkungsgrad eines Hallgenerators stark durch die Kontaktierungsbreite der Hallelektroden beeinflußt.

Für große Magnetfelder strebt der maximale Wirkungsgrad gegen einen Grenzwert. Die Größe $\varkappa$ läßt sich schreiben in der Form

$$\varkappa = \frac{K_{B0}(B)\, B\, i_1}{R_{10}(B)\, i_1} \, \frac{K_{B0}(B)\, B\, i_2}{R_{20}(B)\, i_2}.$$

Der erste Quotient ist das Verhältnis von Hallspannung u_{20} zur angelegten Steuerspannung u_1. Der zweite Quotient stellt das entsprechende Spannungsverhältnis dar, wenn der Hallgenerator über die Hallelektroden mit dem Strom i_2 eingespeist und die Hallspannung u_{10} an den unbelasteten Steuerstromelektroden gemessen wird. Da in beiden Fällen die Hallspannungen nicht größer werden können als die angelegten Steuerspannungen, muß $\varkappa < 1$ sein. Es läßt sich zeigen, daß $\varkappa \to 1$ für $B \to \infty$ geht. Für $\varkappa = 1$ erhält man aus Gl. (165) den Grenzwert des maximalen Wirkungsgrades

$$\eta_{\max}\Big|_{B\to\infty} = \frac{\sqrt{2}-1}{\sqrt{2}+1} = 0{,}172. \qquad (167)$$

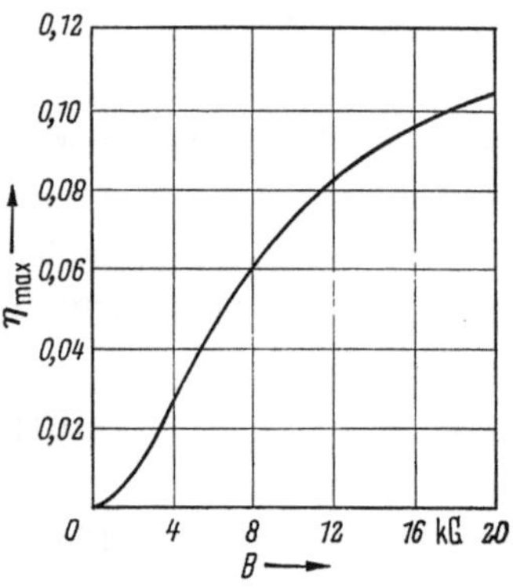

Abb. 98. Maximaler Wirkungsgrad des Hallgenerators FA 24 in Abhängigkeit von der magnetischen Induktion.

Bei Hallgeneratoren mit zwei Steuer- und zwei Hallelektroden kann dieser Grenzwert des maximalen Wirkungsgrades auch bei Verwendung von Halbleitermaterialien mit beliebig hoher Elektronenbeweglichkeit und bei Aussteuerung mit beliebig hohen Magnetfeldern nicht überschritten werden.

Als Beispiel ist in Abb. 98 der maximale Wirkungsgrad $\eta_{\max}$ in Abhängigkeit von der magnetischen Induktion für die Feldsonde FA 24 dargestellt. Es ist die quadratische Abhängigkeit von B für kleine Steuerfelder zu erkennen, während für hohe magnetische Induktionen der maximale Wirkungsgrad immer schwächer mit B ansteigt.

6.1.8 Ohmsche Nullspannung. Die bisher vorausgesetzte Spiegelsymmetrie eines Hallgenerators bezüglich seiner Mittelpunktsachsen in Steuerstrom- und Hallspannungsrichtung gilt nur im theoretischen Idealfall. In Wirklichkeit treten immer kleine Abweichungen von dieser Symmetrie auf, wobei die Verletzung der Spiegelsymmetrie, bezogen auf die Mittelpunktsachse in Steuerstromrichtung, zu einer unerwünschten Eigenschaft, nämlich der ohmschen Nullspannung führt. Abb. 99 zeigt als Beispiel für diese Hallgeneratoren ein elektrisches System, bei dem die Hallelektroden nicht mehr auf einer Senkrechten zur Steuerstromrichtung liegen, sondern in Steuerstromrichtung gegeneinander verschoben sind. Diese Verschiebung der Hallelektroden läßt sich aus fertigungstechnischen Gründen grundsätzlich nicht vermeiden; sie ist jedoch in Abb. 99 übertrieben dargestellt. Auf Grund dieses Symmetriefehlers wird an den Hallelektroden auch beim Magnetfeld Null eine dem Steuerstrom proportionale Restspannung, die ohmsche Nullspannung

$$u_{2r0} = r_0 i_1 \quad (168)$$

gemessen. Der Proportionalitätsfaktor r_0 wird als ohmsche Nullkomponente bezeichnet und in der Einheit V/A angegeben.

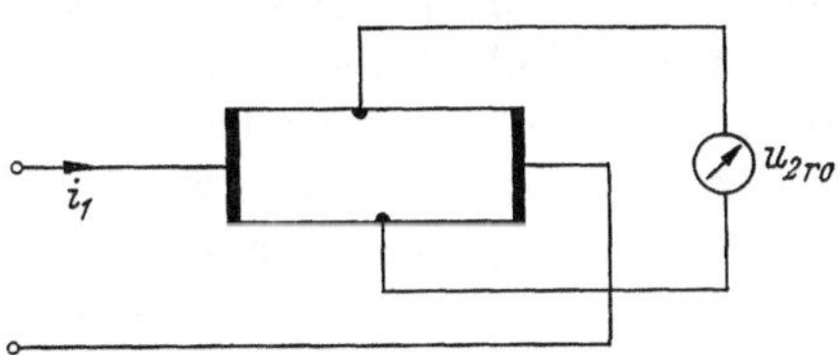

Abb. 99. In Steuerstromrichtung versetzte Hallelektroden als Ursache für die ohmsche Nullspannung.

Die ohmsche Nullspannung bei Nennsteuerstrom bzw. die ohmsche Nullkomponente r_0 gehört zu den Kenngrößen eines Hallgenerators.

Neben dem geometrischen Versatz der Hallelektroden in Steuerstromrichtung kann eine ohmsche Nullkomponente auch durch eine keilförmige Halbleiterschicht verursacht werden, deren Dickengradient in Richtung der Diagonalen des rechteckigen elektrischen Systems liegt. Über diese geometrischen Ursachen hinaus kann eine Nullkomponente auch entstehen durch Inhomogenitäten des Halbleitermaterials, wie z. B. einen Dotierungsgradienten in Diagonalrichtung. Auch mechanische Verspannungen des elektrischen Systems führen wegen der Druck- und Zugabhängigkeit der elektrischen Leitfähigkeit des Halbleitermaterials unter Umständen zu einer ohmschen Nullspannung. Schließlich können auch Richtleitereffekte an den Hallelektroden eine ohmsche Nullspannung hervorrufen, da bei Hallelektroden mit endlicher Kontaktierungsbreite s ein Teil des Steuerstroms die Hallelektroden durchfließt.

Keine der genannten Ursachen für das Auftreten ohmscher Nullspannungen kann bei der Herstellung des elektrischen Systems vollständig ausgeschaltet werden. Daher wird nach Fertigstellung des elektrischen Systems die ohmsche Nullspannung durch einen definierten Materialabtrag an den Rändern der Halbleiterschicht auf einen möglichst kleinen Wert gebracht. Für die dann noch verbleibende ohmsche Nullkomponente wird in den Datenblättern für jede Type ein oberer Grenzwert garantiert. Dieser Grenzwert liegt bei Hallgeneratoren aus Indiumarsenid bei einigen mΩ und für Dünnschichthallgeneratoren aus Indiumantimonid bei wenigen $^1/_{10}\,\Omega$.

Es wäre jedoch falsch, die ohmsche Nullkomponente für sich allein als ein Qualitätsmerkmal eines Hallgenerators anzusehen. Über die Einsatzmöglichkeit eines Hallgenerators entscheidet vielmehr das Verhältnis der ohmschen Nullspannung zur Signalspannung, also bei der durch die Anwendung vorgegebenen magnetischen Aussteuerung die Größen r_0/K_{B0} bzw. $r_0/K_{\Phi 0}$. Auch bei dieser auf die Signalspannung bezogenen Bewertung der ohmschen Nullspannung sind im allgemeinen die Dünnschichthallgeneratoren aus InSb etwa um den Faktor 3 schlechter als Hallgeneratoren aus InAs. Trotzdem werden Dünnschichthallgeneratoren aus InSb auf Grund ihrer hohen Flußempfindlichkeit für viele Anwendungen den InAs-Hallgeneratoren vorgezogen. Die Anforderungen, die von der Anwendungsseite her an das Verhältnis ohmsche Nullspannung zu Signalspannung gestellt werden, sind nämlich sehr unterschiedlich; im Bereich der Steuerungs- und Automationstechnik mit digitaler Signalverarbeitung sind diese Anforderungen erheblich geringer als bei Aufgaben mit analoger Meßwertverarbeitung, so daß für die erstgenannten Anwendungen das Verhältnis $r_0/K_{\Phi 0}$ der Dünnschichthallgeneratoren aus InSb immer noch ausreichend klein ist.

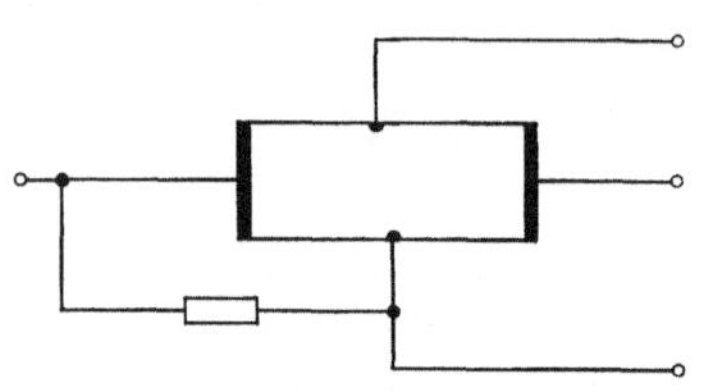

Abb. 100
Kompensation der ohmschen Nullspannung durch einen Widerstand zwischen einer Steuer- und einer Hallelektrode.

Die Nullspannung eines Hallgenerators kann durch äußere Beschaltung weitgehend kompensiert werden. Im einfachsten Fall wird hierzu eine Hallelektrode mit einer Steuerelektrode über einen geeignet bemessenen, gegenüber dem Hallgenerator hochohmigen Festwiderstand verbunden (Abb. 100). Diese Kompensationsmethode ist jedoch temperaturabhängig, d. h., der Abgleich der ohmschen Nullspannung gelingt nur für eine ganz bestimmte Temperatur. Ihre Wirkungsweise kann am einfachsten so verstanden werden: Im Ersatzschaltbild wird der Hallgenerator als eine aus vier annähernd gleichen Widerständen bestehende Brückenschaltung aufgefaßt. Die äußere Beschaltung mit dem hochohmigen Kompensationswiderstand ist dann eine Parallelschaltung dieses Widerstandes zu einem der vier Brückenwiderstände. Hierdurch wird der betreffende Brückenwiderstand erniedrigt und die Brückenspannung, d. h. die Spannung zwischen den beiden Hallelektroden auf Null abgeglichen. Durch den Kompensationswiderstand wird aber auch der Temperaturgang des geshunteten Brückenzweigs geändert; der Abgleich ist also temperaturabhängig.

Der Temperaturgang des Nullspannungsabgleichs kann abgemildert werden, wenn vor die eine Steuerelektrode des Hallgenerators ein weiterer Festwiderstand gelegt wird, den der Kompensationswiderstand mit überbrückt (s. Abb. 101).

Abb. 102 zeigt eine äußere Beschaltung zur Kompensation der ohmschen Nullspannung, die keinen Einfluß auf den Temperaturgang der Nullkomponente hat. Parallel zum Steuerstrompfad liegt die Widerstandskette R_I, R und R_{II}, wobei $R_{II} > R_I$ ist, und beide Widerstände hochohmig gegenüber dem Innenwiderstand des Hallgenerators sind. Der Widerstand R liegt dagegen in der Größenordnung des steuerseitigen Innenwiderstandes. Für den Nullspannungsabgleich wird zunächst zwischen eine Hallelektrode und den Festabgriff am Widerstand R ein empfindliches Mittelpunktsinstrument gelegt und der Widerstand R_{II} so eingestellt, daß Hallelektrode und Festabgriff auf gleichem Potential liegen. Durch den veränderlichen Abgriff am Widerstand R wird anschließend die ohmsche Nullspannung im Hallkreis auf Null gebracht.

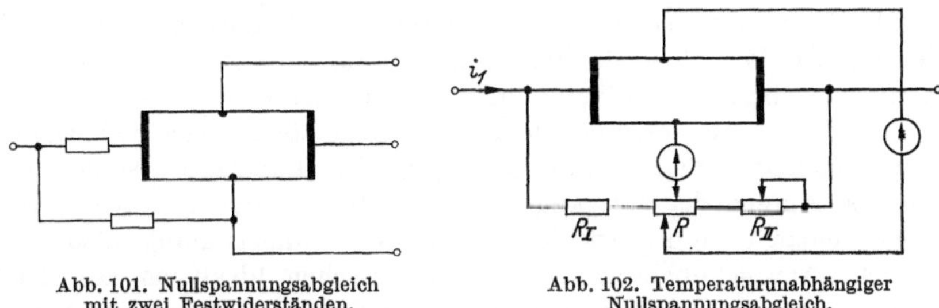

Abb. 101. Nullspannungsabgleich mit zwei Festwiderständen.

Abb. 102. Temperaturunabhängiger Nullspannungsabgleich.

Neben diesen und ähnlichen Verfahren äußerer Beschaltung läßt sich die ohmsche Nullspannung auch durch Einwirken eines kleinen konstanten Magnetfeldes kompensieren. Dabei kann das Magnetfeld von einem kleinen Permanentmagneten erzeugt werden oder bei Hallgeneratoren im geschlossenen magnetischen Kreis durch eine mit konstantem Strom erregte Kompensationswicklung. Der Nullspannungsabgleich erfolgt bei dieser Kompensationsart dadurch, daß dem ohmschen Spannungsabfall zwischen den beiden Hallelektroden eine echte Hallspannung entgegenwirkt. Da bei konstantem Steuerstrom der ohmsche Spannungsabfall temperaturabhängig mit dem Temperaturkoeffizienten α des Hallgenerator-Innenwiderstandes ist, die Hallspannung sich dagegen mit dem Temperaturkoeffizienten β der Hallkonstante ändert, ist der Nullspannungsabgleich mit konstantem Magnetfeld temperaturabhängig.

Auch bei Vorhandensein eines Magnetfeldes ist in der Ausgangsspannung eines Hallgenerators im allgemeinen ein kleiner ohmscher Spannungsanteil enthalten. Dieser ohmsche Spannungsanteil ist magnetfeldabhängig und läßt sich durch eine Widerstandsgröße $r_0(B)$ beschreiben. Die an den Hallelektroden gemessene Ausgangsspannung im Leerlauf ist daher

$$u_{2\,0} = \{K_{B\,0}(B)\,B + r_0(B)\}\,i_1 . \tag{169}$$

Der erste, dem idealen Hallgenerator zugehörige Term ist eine ungerade Funktion in B. Demgegenüber ist der ohmsche Spannungsanteil $r_0(B)\,i_1$

eine gerade Funktion in B. Da der erste Term bei Umkehr des Magnetfeldes sein Vorzeichen wechselt, der zweite Term jedoch unverändert bleibt, gilt für den realen Hallgenerator im allgemeinen

$$u_{20}(B) \neq -u_{20}(-B). \tag{170}$$

Diese Erscheinung nennt man auch den Umkehreffekt eines Hallgenerators.

Der ohmsche Anteil der Ausgangsspannung ist im Sonderfall für $B = 0$ identisch mit der ohmschen Nullspannung. Hieraus darf jedoch nicht geschlossen werden, daß ein ohmscher Anteil in der Ausgangsspannung nur dann vorhanden ist, wenn der Hallgenerator auch eine ohmsche Nullspannung besitzt. So kann es z. B. durchaus sein, daß beim Magnetfeld Null beide Hallelektroden auf einer Äquipotentiallinie liegen; eine ohmsche Nullkomponente ist dann nicht vorhanden, also $r_0 = r_0(0) = 0$. Mit zunehmendem Magnetfeld können sich jedoch die Strombahnen so verlagern, daß $r_0(B) \neq 0$ wird. Für das Entstehen des ohmschen Anteils der Ausgangsspannung können dieselben Ursachen geltend gemacht werden wie für die ohmsche Nullspannung, also geometrische Abweichungen von der symmetrischen Idealform des elektrischen Systems, Dotierungsgradienten an der Halbleiterschicht sowie mechanische Verspannungen.

Das Kompensationsverfahren für die ohmsche Nullspannung mit einem Festwiderstand zwischen einer Hallelektrode und einer Steuerelektrode gemäß Abb. 100 hat auch Einfluß auf den ohmschen Anteil der Ausgangsspannung bei von Null verschiedenem Magnetfeld und damit auf den Umkehreffekt. Bei konstanter Temperatur kann daher nach O. HALLA mit einem geeignet bemessenen Festwiderstand zwischen einer Hallelektrode und einer Steuerelektrode auch der Umkehreffekt eines Hallgenerators kompensiert werden. Dieses Verfahren wird z. B. bei hochgenauen Magnetfeldregelungen mit Hallgeneratoren angewandt. Ein anderes Verfahren, um bei solchen Anwendungen den Umkehreffekt auszuschalten, besteht nach J. HAEUSLER darin, mit der Feldumkehr zugleich das Steuer- und Hallelektrodenpaar in ihrer Funktion miteinander zu vertauschen. Diese Methode bietet sich vor allem für kreuzförmige elektrische Systeme an mit gleicher Steuer- und Hallelektrodenbreite.

6.1.9 Induktive Nullspannung. Bei zeitlich veränderlichem Magnetfeld kann in den Hallkreis eine der Änderungsgeschwindigkeit des Magnetfeldes proportionale Störspannung induziert werden. Diese induktive Störspannung hängt entscheidend von der Führung der Anschlußdrähte zu den Hallelektroden ab. Sind die Anschlußdrähte zur Abnahme der Hallspannung entsprechend Abb. 103 verlegt, so ist die vom Magnetfeld durchsetzte Leiterschleife des Hallkreises sehr groß und damit auch die induzierte Störspannung. Eine induktive Störspannung kann dagegen weitgehend vermieden werden, wenn die Anschlußdrähte zu den Hallelektroden wie in Abb. 104 verlegt sind. Im Idealfall des symmetrischen Hallgenerators wird dann die Leiterschleife des Hallkreises vom Magnetfeld nicht mehr durchsetzt. Bei den meisten Hallgeneratoren sind daher die Hallspannungsanschlüsse in entsprechender Weise ausgeführt. Dabei wird der isolierte Anschlußdraht von der hinteren Hallelektrode entweder direkt über die Halbleiterschicht zur vorderen Hallelektrode geführt oder der Anschlußdraht verläuft durch eine Kapillare in der Grundplatte.

Auch bei sorgfältigster Anordnung der Zuführungsdrähte kann eine induktive Störspannung nicht vollständig ausgeschaltet werden. Es

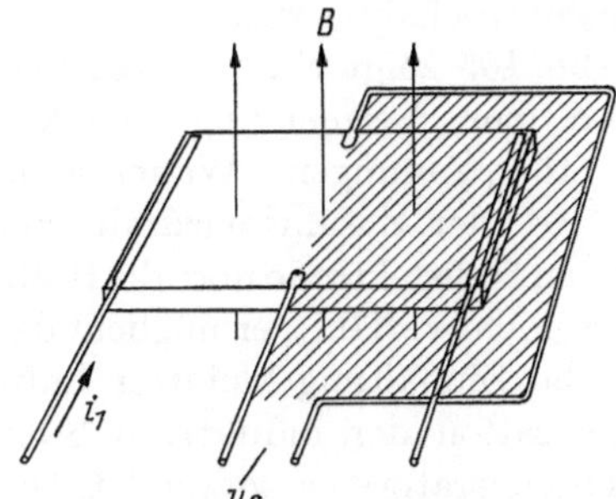

Abb. 103. Induktive Einstreuung in den Hallkreis.

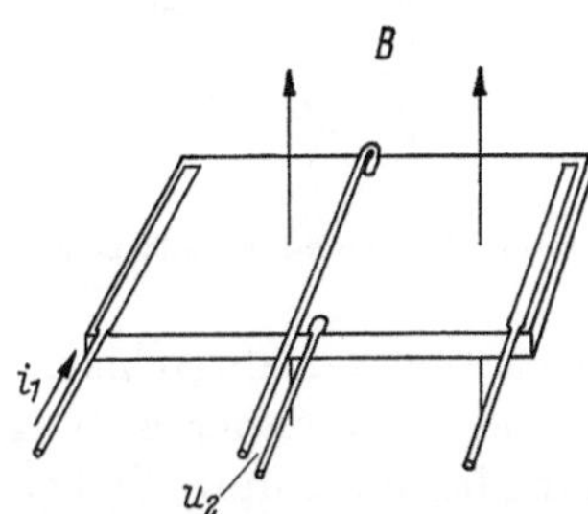

Abb. 104. Symmetrische Rückführung des hinteren Hallspannungsanschlusses zur Unterdrückung induktiver Störspannungen.

verbleibt eine restliche Leiterschleife mit der Fläche A, die im zeitlich veränderlichen Magnetfeld zu einer induktiven Nullspannung

$$u_{i0} = A \frac{dB}{dt} \tag{171}$$

führt. Die Fläche A nennt man die induktive Nullkomponente des Hallgenerators. Sie gehört zu seinen Kenngrößen und wird in cm^2 gemessen. Im Datenblatt wird für die induktive Nullkomponente ein oberer Grenzwert angegeben, der auch im Rahmen der Exemplarstreuung nicht überschritten wird. Für handelsübliche Hallgeneratoren liegt dieser Wert in der Größenordnung von einigen 10^{-2} cm^2. Im magnetischen Wechselfeld mit einer Amplitude von 10 kG und einer Frequenz von 50 Hz können daher induktive Störspannungen von einigen 100 μV auftreten.

So wie die ohmsche Nullkomponente kann auch die induktive Nullkomponente eines Hallgenerators durch äußere Maßnahmen kompensiert werden. Hierzu wird im einfachsten Fall eine kleine Leiterschleife in das auf den Hallgenerator einwirkende Magnetfeld gebracht und die in dieser Schleife induzierte Spannung in den Hallkreis eingeblendet. Durch Drehen der kleinen Leiterschleife im räumlich konstanten Magnetfeld werden bei ausgeschaltetem Steuerstrom die induktiven Störspannungen im Hallkreis auf Null abgeglichen und die Schleife in dieser Lage fixiert. Bei einem räumlich begrenzten Magnetfeld kann dieser Abgleich auch durch ein Verschieben der Leiterschleife in der Randzone des Magnetfeldes erfolgen. Schließlich ist auch bei einer im Magnetfeld fest angeordneten Leiterschleife eine Kompensation der induktiven Nullkomponente dadurch möglich, daß die in die Leiterschleife induzierte Spannung über ein Potentiometer geteilt und der induktiven Störspannung des Hallgenerators entgegengeschaltet wird.

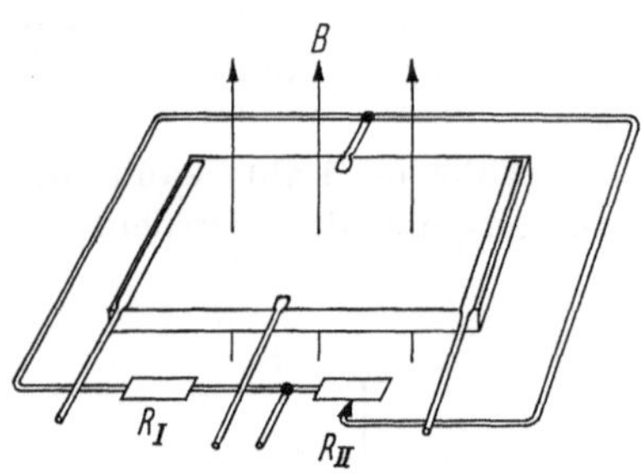

Abb. 105
Kompensation der induktiven Störspannung.

Abb. 105 zeigt ein weiteres Verfahren zur Vermeidung induktiver Störspannungen. Während in Abb. 104 der Zuführungsdraht zur hinteren Hallelektrode über die Halbleiterschicht verläuft, ermöglicht das Kompensationsverfahren nach Abb. 105 die Einhaltung kleinster Luftspalte und wird daher z. B. zur Kompensation der induktiven Störspannung bei flußempfindlichen Ferrit-Hallgeneratoren angewendet. Der Anschluß zur hinteren Hallelektrode ist in zwei Leiterbahnen aufgeteilt; sie umfassen die Halbleiterschicht weitgehend symmetrisch. Zum Feinabgleich werden in diese Ringleitung zwei Widerstände R_{I} und R_{II} gelegt, wobei $R_{\mathrm{II}} > R_{\mathrm{I}}$ ist; durch Verschieben des Abgriffs an R_{II} kann die induktive Störspannung auf Null abgeglichen werden.

6.1.10 Remanenz-Resthallspannung. Bei Ferrit-Hallgeneratoren und Hallgeneratoren im magnetischen Kreis tritt eine weitere Fehlerspannung auf, die durch die endliche Hysteresebreite des verwendeten Magnetwerkstoffs verursacht wird. Zwar besteht auch bei diesen Hallgeneratoren ein eindeutiger Zusammenhang zwischen Hallspannung und der die Halbleiterschicht durchsetzenden magnetischen Induktion. Wird aber als magnetische Steuergröße die den Magnetkreis mit Hallgenerator erregende Amperewindungszahl bzw. die räumliche Verrückung des Hallgenerators im von außen vorgegebenen inhomogenen Magnetfeld gewählt, so ist die der magnetischen Steuergröße zugeordnete Hallspannung nicht mehr eindeutig, sondern infolge der Hysterese in gewissen Grenzen abhängig von der magnetischen Vorgeschichte. Abb. 106 zeigt die Ausgangsspannung eines Hallgenerators im magnetischen Kreis in Abhängigkeit von der Amperewindungsdurchflutung. Die Steuerkennlinie entspricht der gescherten Hystereseschleife des verwendeten Magnetwerkstoffs. Ausgehend vom entmagnetisierten Zustand folgt die Hallspannung zunächst der Neukurve bis zur Durchflutung $+\Theta_n$ und bei wieder abnehmender Durchflutung dem oberen Ast der Hysteresekurve. Dieser Ast schneidet die Ordinatenachse bei $+u_{\mathrm{rem}}$ und nach Ummagnetisierung bis zur negativen Durchflutung $-\Theta_n$ und Rückkehr zu $\Theta = 0$ bei $-u_{\mathrm{rem}}$. Für alle Aussteuerungen zwischen $-\Theta_n$ und $+\Theta_n$ liegt die Hallspannung innerhalb der Hystereseschleife, deren maximale Breite in Ordinatenrichtung $2u_{\mathrm{rem}}$ ist. Die Remanenzhallspannung u_{rem} ist daher eine obere Grenze für den Hysteresefehler eines Hallgenerators im magnetischen Kreis und tritt auf als Nullspannung bei Nennsteuerstrom nach erfolgter Aussteuerung mit Θ_n. Die Remanenz-Resthallspannung zählt zu den Kenngrößen eines Hallgenerators im magnetischen Kreis. Für handelsübliche Multiplikatoren mit ferritischem Magnetkreis liegt sie bei etwa 1 mV und beträgt damit weniger als 1% der Hallspannung bei Aussteuerung mit i_{1n} und Θ_n. Wird der Magnetkreis aus hochpermeablen weichmagnetischen Werkstoffen aufgebaut, so ist die Remanenz-Resthallspannung wesentlich kleiner.

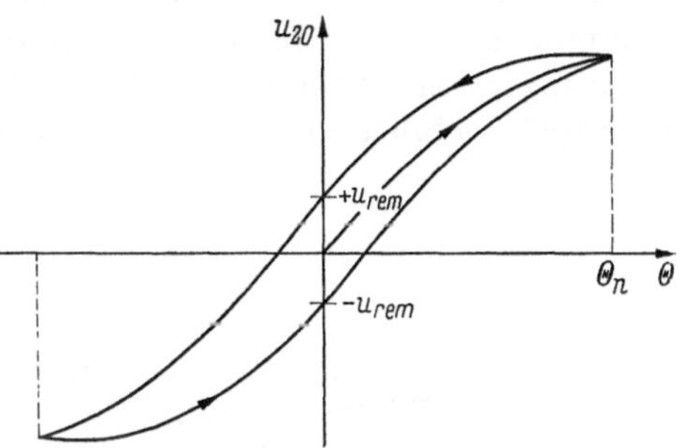

Abb. 106. Ausgangsspannung eines Hallgenerators im magnetischen Kreis in Abhängigkeit von der Amperewindungsdurchflutung.

Es gibt aber auch Hallgeneratoranwendungen, bei denen eine möglichst hohe Remanenz-Resthallspannung erwünscht ist. Beispiele hierfür sind Halbleiterkippstufen mit Gedächtnisverhalten bei Netzspannungsausfall oder berührungs- und kontaktlose Schalter, deren Schaltzustand bei Netzspannungsausfall wie bei mechanischen Schaltern nicht verlorengehen darf. Um hohe Resthallspannungen zu erhalten, wird der Magnetkreis zumindest teilweise aus Ferriten mit hoher Koerzitivkraft ausgebildet.

6.1.11 Nullspannungen durch das Magnetfeld des Steuerstroms. Das Magnetfeld des Steuerstroms kann auf zwei verschiedene Weisen Störspannungen im Hallkreis erzeugen, durch induktive Einkopplung oder durch den Hall-Effekt des magnetischen Eigenfeldes.

Abb. 107 zeigt, wie das Magnetfeld des Steuerstroms eine Störspannung in den Hallkreis induzieren kann. Wird der Steuerstrom von einer Seite her dem elektrischen System zugeführt und die Hall-

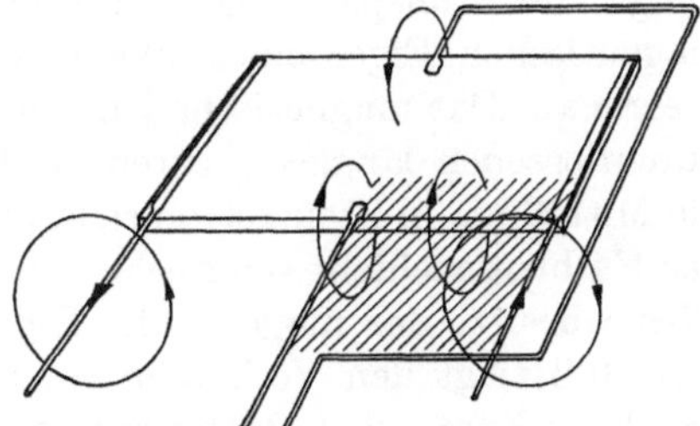
Abb. 107. Induktive Verkopplung von Steuer- und Hallkreis.

spannung über eine Leiterführung abgenommen, die die Halbleiterschicht C-förmig umgreift, so haben Steuer- und Hallkreis eine Fläche gemeinsam (in Abb. 107 schraffiert), über die beide Kreise induktiv miteinander verkoppelt sind. Ein zeitlich veränderlicher Steuerstrom führt daher zu einer induktiven Störspannung gleicher Frequenz im Hallkreis, die gegenüber dem Steuerstrom um 90° phasenverschoben ist. Die induktive Verkopplung beider Kreise wird weitgehend aufgehoben, wenn der Zuführungsdraht zur hinteren Hallelektrode über die Mitte der Halbleiterschicht geführt wird. Ganz allgemein läßt sich sagen, daß dieselben

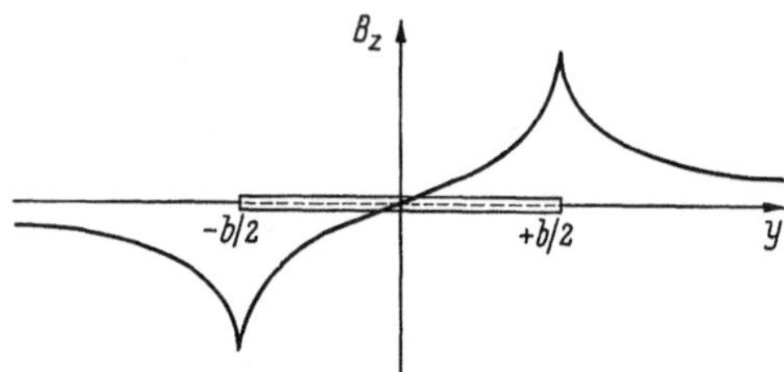

Abb. 108. z-Komponente des Steuerstromeigenfeldes in der Ebene der Halbleiterschicht.

Maßnahmen, die zu einer kleinen induktiven Nullkomponente führen, auch die induktive Einstreuung vom Steuerkreis in den Hallkreis unterdrücken.

Wie bei der ohmschen und induktiven Nullspannung läßt sich auch die verbleibende restliche Nullspannung, die durch das Magnetfeld des Steuerstroms in den Hallkreis induziert wird, durch äußere Beschaltung abgleichen. Bei konstanter Frequenz des Steuerstroms kann hierzu im einfachsten Fall ein kleiner Trimmerkondensator zwischen eine Steuer- und eine Hallelektrode gelegt werden. Durch diesen kapazitiven Beipaß wird eine gegenüber dem Steuerstrom um 90° phasenverschobene Nullspannung erzeugt, die zur Kompensation der vom Steuerstrom in den Hallkreis induzierten Störspannung geeignet ist.

Im Gegensatz zu den in den Hallkreis induzierten Störspannungen hängt die Nullspannung, hervorgerufen durch den Hall-Effekt des magnetischen Eigenfeldes, allein von der Leitungsführung des Steuerkreises ab. Das magnetische Eigenfeld eines mit konstanter Stromdichte durchflossenen langgestreckten Halbleiterstreifens der Breite b umgibt die Mittellinie in Steuerstromrichtung ringförmig; dabei wird die Ebene der Halbleiterschicht senkrecht von den Feldlinien durchsetzt. In dieser Ebene besitzt das magnetische Eigenfeld also nur eine z-Komponente. Abb. 108 zeigt den Verlauf dieser z-Komponente in Abhängigkeit von der Koordinate y in Hallspannungsrichtung. Da $B_z(y)$ eine ungerade Funktion in y ist, verschwindet die durch das magnetische Eigenfeld erzeugte Hallspannung

$$u_{20e} = R_H\, g_x \cdot \int_{-b/2}^{b/2} B_z(y)\, dy \equiv 0 \qquad (172)$$

identisch. Solange die Antisymmetrie der z-Komponente des Eigenfeldes auch durch die Steuerstromzuführungen nicht gestört wird, gilt diese Aussage auch für Hallgeneratoren mit endlichem Seitenverhältnis a/b. Wird jedoch der Steuerstrom entsprechend Abb. 107 dem elektrischen System von einer Seite her zugeführt, so überlagert sich dem antisymmetrischen Magnetfeldanteil der Halbleiterschicht das Magnetfeld der beiden Steuerstromzuführungen. Die z-Komponente des magnetischen Eigenfeldes $B_z(y)$ ist dann keine ungerade Funktion mehr in y, so daß bei der Integration von $-b/2$ bis $+b/2$ entsprechend Gl. (172) eine endliche Eigenfeld-Hallspannung verbleibt. Auch bei Zuführung des Steuerstroms in Richtung der Mittellinie des elektrischen Systems kann das magnetische Eigenfeld eines Hallgenerators durch in die Nähe gebrachte ferromagnetische Teile gestört werden. Auf diesen Störeffekt ist z. B. bei der Messung der Tangentialfeldstärke unmittelbar an der Oberfläche ferromagnetischer Prüflinge zu achten (s. hierzu Kap. 7). Auch das Eigenfeld eines Hallgenerators im magnetischen Kreis kann durch eine in bezug auf die Mittellinie in Steuerstromrichtung unsymmetrische Verteilung ferromagnetischer Teile beeinflußt werden. So entsteht z. B. eine Störung des Eigenfeldes bei flußempfindlichen Ferrit-Hallgeneratoren, wenn der den Fluß bündelnde Ferritsteg in y-Richtung aus der Mitte verschoben ist.

Ist der Steuerstrom i_1 ein Gleichstrom, so ist auch die Eigenfeld-Hallspannung eine Gleichspannung, die von der ohmschen Nullspannung des Hallgenerators nicht unterschieden werden kann. Eine Trennung der Eigenfeld-Hallspannung von der ohmschen Nullspannung ist dagegen möglich, wenn als Steuerstrom ein Wechselstrom gewählt wird. Die ohmsche Nullspannung oszilliert dann mit der Frequenz des Steuerstroms, während die Eigenfeld-Hallspannung proportional $\sin^2 \omega t$ ist und somit einen Gleichspannungsanteil und eine Wechselspannung mit der doppelten Frequenz 2ω enthält.

Die Eigenfeld-Hallspannung von Hallgeneratoren mit unmagnetischem Mantel liegt je nach Ausführungsform bei wenigen µV bis hinauf zu maximal 100 µV; höhere Eigenfeld-Hallspannungen bis zu 1 mV können bei Ferrit-Hallgeneratoren mit kleinem effektivem Luftspalt auftreten. Kleine Eigenfeld-Hallspannungen treten auch bei Ferrit-Hallgeneratoren auf, wenn die Steuerstromzuführungen eine 180°-Drehsymmetrie, bezogen auf den Mittelpunkt des Hallgenerators, aufweisen (z. B. z-förmige Zuführung des Steuerstroms). Die verbleibende estliche Eigenfeld-Hallspannung kann dann noch kom pensiert werden, indem auf den Steg des Ferrit-Hallgenerators eine kleine Zusatzwicklung aufgebracht wird, die über einen zum Abgleich einstellbaren Vorwiderstand von der Steuerstromquelle mit eingespeist wird. Dadurch wird ein zusätzliches Magnetfeld aufgebaut, das dem Mittelwert des gestörten Eigenfeldes entgegengesetzt gleich ist.

6.2 Störeinflüsse

Zu den Störeinflüssen, denen Hallgeneratoren meistens ausgesetzt sind, ist an erster Stelle die sich ändernde Umgebungstemperatur zu nennen. Neben der sich zeitlich ändernden Umgebungstemperatur kann auch ein Temperaturgradient über die Halbleiterschicht zu unerwünschten Störspannungen führen. Ein Temperaturgradient in der Halbleiterschicht entsteht, wenn sich der Hallgenerator in einem räumlich veränderlichen Temperaturfeld befindet. Ein solcher Temperaturgradient kann aber auch dadurch erzeugt werden, daß die Verlustwärme nicht gleichmäßig über die Oberfläche der Halbleiterschicht abgeführt wird. Dies tritt z. B. auf, wenn der Hallgenerator einer Luftströmung ausgesetzt ist oder durch Konvektion einseitig gekühlt wird. Auch eine ungleichmäßige Wärmeableitung über die Grundplatte kann störende Temperaturgradienten in der Halbleiterschicht aufbauen. Zu den Störeinflüssen zählt ferner auch die Einstreuung magnetischer Fremdfelder. Gegen diesen Störeinfluß kann jedoch der Hallgenerator ohne Schwierigkeiten durch geeignet angebrachte weichmagnetische Schirmbleche geschützt werden. Auf magnetische Schirmungen wird später bei der Beschreibung der Hallgeneratorbauteile im einzelnen eingegangen. Ein besonderer Störeinfluß ist die Kernstrahlung, der ein Hallgenerator bei kernphysikalischen Experimenten ausgesetzt sein kann. Eine über längere Zeit einwirkende Kernstrahlung kann die Halbleiterschicht so schädigen, daß sich die elektrischen Daten der Hallgeneratoren ändern.

6.2.1 Veränderliche Umgebungstemperatur. Die Innenwiderstände eines Hallgenerators R_{10} und R_{20}, seine Leerlaufempfindlichkeit K_{B0} sowie die Nullkomponente r_0 sind temperaturabhängige Größen. Dabei wird die Temperaturabhängigkeit der Innenwiderstände durch den Temperaturkoeffizienten α beschrieben, die Temperaturabhängigkeit der Leerlaufempfindlichkeit durch den Temperaturkoeffizienten β. Demgegenüber läßt sich über den Temperaturgang der ohmschen Nullkomponente keine allgemeingültige Aussage machen. Wird bei veränderlicher Umgebungstemperatur eine von den Temperaturänderungen weitgehend unabhängige Ausgangsspannung gefordert, so muß dies durch geeignete Kompensationsverfahren erreicht werden. Da die Hallspannung u_2 nur von den Kenngrößen R_{10}, R_{20} und K_{B0} sowie dem temperaturunabhängigen Belastungswiderstand R_L abhängt, kann wegen der bekannten Temperaturkoeffizienten α und β die Temperaturkompensation von u_2 für jeden Hallgenerator generell vorausberechnet werden. Dies gilt nicht für die Temperaturkompensation der ohmschen Nullspannung. Da die Temperaturabhängigkeit der ohmschen Nullspannung auch für einen bestimmten Hallgeneratortyp von Exemplar zu Exemplar unterschiedlich ist, kann hier eine Temperaturkompensation nur an jedem Hallgenerator individuell vorgenommen werden.

Zur Temperaturkompensation der Hallspannung bieten sich im wesentlichen drei Wege an. Eine sehr häufig angewandte Methode ist die der Kompensation der belasteten Hallspannung durch einen Heißleiter im Hallkreis entsprechend Abb. 109. Ist $R_h(\vartheta)$ der Widerstand des Heißleiters bei der Temperatur ϑ (in °C) mit dem Temperaturkoeffizienten $\alpha_h = 1/R_h \cdot dR_h/d\vartheta$, so wird die Temperaturabhängigkeit der Hallspannung u_2 am Belastungswiderstand R_L beschrieben durch

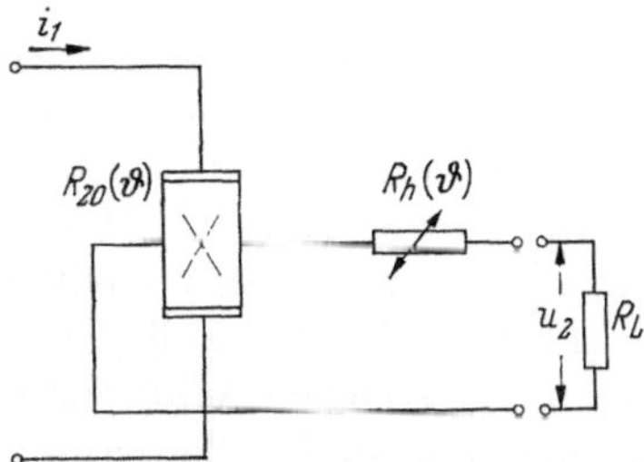

Abb. 109. Temperaturkompensation der belasteten Hallspannung durch einen Heißleiter im Hallkreis.

$$u_2(\vartheta) = \frac{K_{B0}(\vartheta)\, B\, i_1}{1 + \dfrac{R_{20}(\vartheta) + R_h(\vartheta)}{R_L}}. \tag{173}$$

Für kleine Temperaturänderungen $\Delta\vartheta$ läßt sich dieser Ausdruck für u_2 ausgehend von den Werten bei 20 °C entwickeln, und man erhält

$$u_2 = \frac{K_{B0}(20\,°\mathrm{C})\, B\, i_1}{1 + \dfrac{R_{20}(20\,°\mathrm{C}) + R_h(20\,°\mathrm{C})}{R_L}} \cdot \left\{1 + \left(\beta - \frac{R_{20}(20\,°\mathrm{C})\,\alpha + R_h(20\,°\mathrm{C})\,\alpha_h}{R_L + R_{20}(20\,°\mathrm{C}) + R_h(20°\,\mathrm{C})}\right)\Delta\vartheta\right\}. \tag{174}$$

Zur Kompensation des Temperaturgangs muß also der Klammerausdruck verschwinden, mit dem $\Delta\vartheta$ multipliziert wird. Für Hallgeneratoren aus InAs ist der Temperaturkoeffizient β der Leerlaufempfindlichkeit negativ, der Temperaturkoeffizient α der Innenwiderstände positiv. Beide Temperaturabhängigkeiten führen also zu einem Abfall der belasteten Hallspannung mit zunehmender Temperatur. Eine Temperaturkompensation kann daher nur durch einen negativen Temperaturkoeffizienten eines Heißleiters erreicht werden, wobei das negative Produkt $R_h(20\,°\mathrm{C})\,\alpha_h$ einen so großen Wert annehmen muß, daß der Klammerausdruck Null wird. Nach Wahl eines bestimmten Heißleiters können die in Gl. (174) eingehenden Werte von R_h und α_h durch Reihen- bzw. Parallelschaltung von Festwiderständen zu dem gewählten Heißleiter der Kompensationsbedingung angepaßt werden. Soll gleichzeitig die Kennlinie des temperaturkompensierten Hallgenerators möglichst linear sein, so müssen R_h und der Belastungswiderstand R_L so gewählt werden, daß ihre Summe gleich dem Linearisierungswiderstand R_{LL} ist. — Bei Hallgeneratoren aus eigenleitendem InSb sind beide Temperaturkoeffizienten α und β negativ. Dies hat zur Folge, daß bereits ein Belastungswiderstand R_L allein eine gewisse temperaturkompensierende Wirkung hat, indem an Stelle des Temperaturkoeffizienten β der Leerlaufhallspannung für die mit R_L belastete Hallspannung der reduzierte Temperaturkoeffizient

$$\beta - \frac{R_{20}(20\ ^\circ\mathrm{C})\,\alpha}{R_L + R_{20}(20\ ^\circ\mathrm{C})}$$

wirksam wird. Da $|\alpha| < |\beta|$ ist, wird diese Kompensation um so besser, je kleiner der Belastungswiderstand R_L ist. Im Kurzschlußfall $R_L \to 0$ würde er nur noch $\beta - \alpha = -0{,}2\,\%/^\circ\mathrm{C}$ betragen.

Die Reduzierung der Temperaturabhängigkeit auf den Wert $\alpha - \beta$ ohne Verwendung von Heißleitern läßt sich für InSb-Hallgeneratoren auch für die Leerlaufhallspannung bei Vorgabe einer konstanten Steuerspannung erreichen. Während bei der beschriebenen Temperaturkompensation mit einem Heißleiter im Hallkreis die Temperaturabhängigkeit von u_2 am Belastungswiderstand R_L dadurch entsteht, daß die mit zunehmender Temperatur abnehmende Leerlaufhallspannung durch den ebenfalls mit der Temperatur abnehmenden Innenwiderstand der Spannungsquelle (bestehend aus dem hallseitigen Innenwiderstand R_{20} und dem Widerstand des Heißleiters R_h) kompensiert wird, muß man zur Temperaturkompensation des unbelasteten Hallgenerators vom Steuerkreis ausgehen. In diesem Fall ist der einfachste Weg der, daß an Stelle eines konstanten Steuerstroms eine konstante Steuerspannung vorgegeben wird. Mit einer Reihenschaltung aus Hallgenerator und geeignet bemessenem Heißleiter im Steuerpfad läßt sich dann ganz allgemein die mit zunehmender Temperatur abnehmende Leerlaufempfindlichkeit K_{B0} durch ein Ansteigen des Steuerstroms kompensieren. Dieses Kompensationsverfahren ist in Abb. 110 dargestellt. Für die Leerlaufhallspannung bei der Temperatur ϑ erhält man den Ausdruck

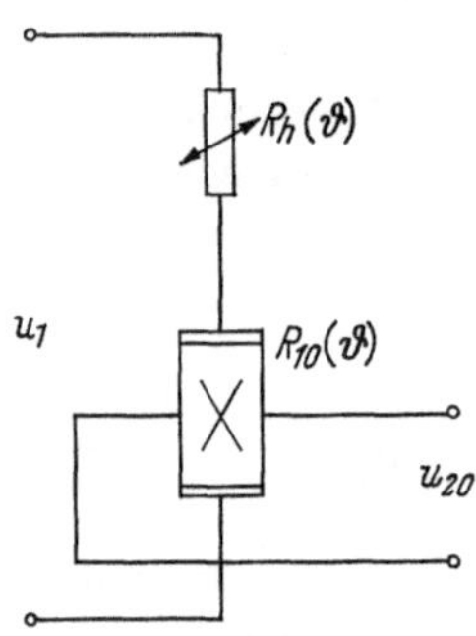

Abb. 110. Temperaturkompensation der Leerlauf-Hallspannung durch einen Heißleiter im Steuerkreis.

$$u_{20}(\vartheta) = \frac{K_{B0}(\vartheta)\,B\,u_1}{R_{10}(\vartheta) + R_h(\vartheta)}, \tag{175}$$

der sich für kleine Temperaturänderungen $\Delta\,\vartheta$ ausgehend von der Raumtemperatur $\vartheta = 20\ ^\circ\mathrm{C}$ entwickeln läßt zu

$$u_{20} = \frac{K_{B0}(20\ ^\circ\mathrm{C})\,B\,u_1}{R_{10}(20\ ^\circ\mathrm{C}) + R_h(20\ ^\circ\mathrm{C})}\left\{1 + \left(\beta - \frac{R_{10}(20\ ^\circ\mathrm{C})\,\alpha + R_h(20\ ^\circ\mathrm{C})\,\alpha_h}{R_{10}(20\ ^\circ\mathrm{C}) + R_h(20\ ^\circ\mathrm{C})}\right)\Delta\,\vartheta\right\}. \tag{176}$$

Besondere Bedeutung besitzt dieses Kompensationsverfahren für Hallgeneratoren aus eigenleitendem InSb. Werden an die Temperaturkompensation nicht zu hohe Anforderungen gestellt, wie z. B. bei der kontaktlosen Signalgabe, so kann bei Verwendung von eigenleitendem InSb der Heißleiter im Steuerkreis entfallen. Man erhält dann für die Leerlaufhallspannung eine Reduzierung ihres Temperaturkoeffizienten von $\beta = -1{,}5\,\%/°C$ auf $\beta - \alpha = -0{,}2\,\%/°C$[1]. Der verbleibende Temperaturgang mit $\beta - \alpha$ kann noch weiter verringert werden durch eine leichte Belastung des Hallgenerators, wodurch eine zusätzliche Kompensationswirkung erzielt wird, wie sie bereits eingangs beschrieben wurde.

Zur Kompensation der mit zunehmender Temperatur absinkenden Leerlaufhallspannung durch einen mit der Temperatur entsprechend ansteigenden Steuerstrom kann auch ein Widerstand mit positivem Temperaturkoeffizienten parallel zum Steuerstrompfad des Hallgenerators geschaltet werden. Für eine solche Kompensation eignet sich am besten ein Widerstand aus Nickel. Da Nickel in dem für technische Anwendungen interessierenden Temperaturbereich zwischen $-20\,°C$ und $+100\,°C$ einen annähernd konstanten Temperaturkoeffizienten von $\alpha_{Ni} = +0{,}5\,\%/°C$ besitzt, ist Ni zur Temperaturkompensation von Hallgeneratoren aus n-leitendem InAs bzw. InAsP besonders geeignet. Beide Materialien befinden sich in dem genannten Temperaturbereich in der Störleitung und haben daher hier ebenfalls annähernd konstante Temperaturkoeffizienten. Aus diesem Grund können mit zum Steuerpfad

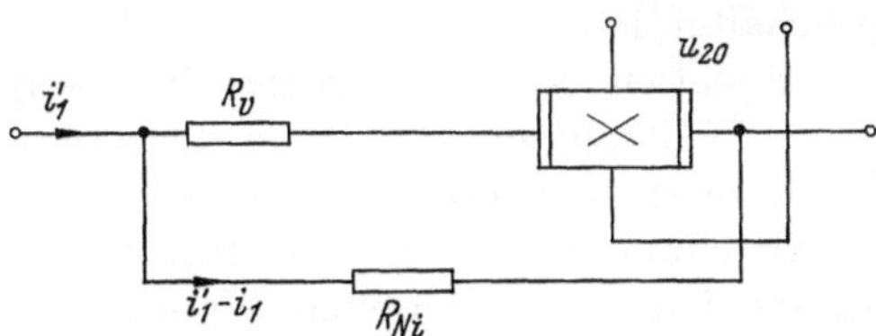

Abb. 111. Temperaturkompensation der Leerlauf-Hallspannung durch einen Widerstand mit positivem Temperaturkoeffizienten im Steuerkreis.

parallel geschalteten Nickelwiderständen sehr genaue Temperaturkompensationen in großen Temperaturintervallen realisiert werden. Die Aufteilung des Gesamtstroms i_1' auf Hallgenerator und Kompensationswiderstand soll nur von der Temperatur, nicht aber vom Magnetfeld B abhängen, da hierdurch der lineare Zusammenhang zwischen Hallspannung und Magnetfeld gestört würde. Um daher den magnetischen Widerstandseffekt am steuerseitigen Innenwiderstand des Hallgenerators auszuschalten, wird in Reihe zu R_{10} ein Vorwiderstand $R_v \gg R_{10}$ gelegt. Der Kompensationswiderstand R_{Ni} überbrückt die Reihenschaltung von R_v und R_{10}, wie Abb. 111 zeigt. Diese Kompensations-

[1] $\beta - \alpha$ ist der Temperaturkoeffizient der Hallbeweglichkeit μ_H.

schaltung führt zu einer Leerlaufhallspannung

$$u_{20} = \frac{K_{B0}(B)\, B\, i_1}{1 + \dfrac{R_v + R_{10}(\vartheta)}{R_{\mathrm{Ni}}(\vartheta)}}, \tag{177}$$

die für Abweichungen um $\Delta\vartheta$ von $\vartheta = 20\,°\mathrm{C}$ beschrieben wird durch

$$u_{20} = \frac{K_{B0}(20\,°\mathrm{C})\, B\, i_1'}{1 + \dfrac{R_v + R_{10}(20\,°\mathrm{C})}{R_{\mathrm{Ni}}(20\,°\mathrm{C})}} \cdot \left\{1 + \left(\beta - \frac{R_v + R_{10}(20\,°\mathrm{C})}{R_{\mathrm{Ni}}(20\,°\mathrm{C}) + R_v + R_{10}(20\,°\mathrm{C})}\,\alpha_{\mathrm{Ni}}\right)\Delta\vartheta\right\}. \tag{178}$$

Typische Kompensationswerte für einen Hallgenerator aus InAs mit einem steuerseitigen Innenwiderstand $R_{10} = 10\,\Omega$ sind $R_v = 100\,\Omega$ und R_{Ni} etwa $200\,\Omega$.

Alle drei Kompensationsverfahren sind wegen der magnetischen Widerstandsänderung von R_{10} und R_{20} magnetfeldabhängig, d. h., sie können immer nur für eine bestimmte magnetische Ansteuerung genau eingestellt werden. Die über den gesamten magnetischen Aussteuerbereich auftretenden Abweichungen sind jedoch in den meisten Fällen gering. Am besten verhält sich in dieser Hinsicht die zuletzt beschriebene Kompensation mit einem Nickelwiderstand, da hier wegen des hohen Vorwiderstandes R_v die magnetische Widerstandsänderung von R_{10} weitgehend ausgeschaltet ist.

Größere Schwierigkeiten bereitet dagegen die Temperaturkompensation der ohmschen Nullkomponente. Wäre die ohmsche Nullkomponente allein dadurch verursacht, daß die Hallelektroden nicht auf einer Senkrechten zur Mittellinie in Steuerstromrichtung liegen, so müßte der Temperaturkoeffizient der ohmschen Nullkomponente identisch sein mit α. Für Hallgeneratoren, bei denen die Hallelektroden in Steuerstromrichtung weit auseinanderliegen, ist dies auch tatsächlich der Fall. Die in Wirklichkeit bei den Hallgeneratoren vorhandenen kleinen Nullkomponenten haben nicht nur geometrische Ursachen, sondern werden im wesentlichen hervorgerufen durch Inhomogenitäten im Halbleitermaterial, durch mechanische Spannungen in der Halbleiterschicht sowie durch Richtleitereffekte an den Hallelektroden. Da sich diese Einflüsse bei der Herstellung eines Hallgenerators unkontrolliert einstellen, schwankt auch die Nullkomponente und deren Temperaturgang bei gleichem Herstellungsgang von Exemplar zu Exemplar. Dabei besteht kein funktioneller Zusammenhang zwischen dem Temperaturkoeffizienten der Nullkomponente und den Eigenschaften des verwendeten Halbleitermaterials wie auch der Größe der Nullkomponente selbst. So kann eine Nullkomponente einen positiven oder auch einen negativen

Temperaturkoeffizienten haben. Hallgeneratoren aus InAs mit geschliffener Halbleiterschicht haben Nullkomponenten bis zu wenigen mΩ; ihr Temperaturgang kann bis zu einigen μΩ/°C betragen. Bei Dünnschicht-Hallgeneratoren aus InSb mit geätzter Halbleiterschicht treten Nullkomponenten bis zu 0,1 Ω auf mit Temperaturgängen bis zu einigen mΩ/°C. Da aus der Größe der Nullkomponente nicht auf ihren Temperaturgang geschlossen werden kann, muß zur Temperaturkompensation der Temperaturgang der Nullkomponente in jedem Einzelfall erst gemessen werden. Nullkomponente und ihr Temperaturgang können kompensiert werden mit einer Schaltung gemäß Abb. 101. Da zwei voneinander völlig unabhängige Größen auf Null abgeglichen werden müssen, benötigt man zwei voneinander unabhängig einstellbare Parameter. Dies ist ein Widerstand im Steuerpfad und ein zweiter Widerstand, der vom Steuerpfad einen zusätzlichen Strom einer Hallelektrode zuführt. Durch geeignete Wahl der Elektroden und Einstellung der beiden Widerstände können Nullkomponente und Temperaturgang der Nullkomponente kompensiert werden. Die Kompensation des Temperaturgangs der Nullkomponente ist immer aufwendig, da sie mit langwierigen Messungen im Thermostaten bei verschiedenen Temperaturen verbunden ist. Sie wird daher nur in solchen Fällen durchgeführt, bei denen die an sich kleine Nullkomponente und deren Temperaturgang stören.

6.2.2 Störspannungen durch Temperaturgradienten. Die für Hallgeneratoren verwendeten III-V-Halbleiter Indiumantimonid, Indiumarsenid und Indiumarsenid-Phosphid besitzen bei Raumtemperatur differentielle Thermospannungen von etwa 300 μV/°C [55]. Da die vier Elektroden eines Hallgenerators Kontaktstellen zwischen Kupfer und Halbleitermaterial sind, führen unterschiedliche Elektrodentemperaturen zu Potentialdifferenzen, die im Hallkreis wie auch im Steuerkreis unerwünschte Thermoströme erzeugen können. Unterschiedliche Temperaturen an den Elektroden eines Hallgenerators entstehen aber durch Temperaturgradienten in der Halbleiterschicht. Da im allgemeinen im Hallkreis wesentlich niedrigere Spannungen vorliegen als im Steuerkreis, ist der Hallkreis auch empfindlicher gegen störende Thermospannungen. Aus diesem Grunde müssen beim Betrieb eines Hallgenerators vor allem Temperaturgradienten quer zur Steuerstromrichtung im Bereich der Hallelektroden vermieden werden.

Temperaturgradienten in der Halbleiterschicht treten im einfachsten Fall dann auf, wenn sich der Hallgenerator in einem räumlich nichtkonstanten Temperaturfeld befindet. Auch können Temperaturgradienten in der Halbleiterschicht entstehen, wenn der Hallgenerator einseitig einer Temperaturstrahlung ausgesetzt ist. Meistens werden jedoch Temperaturgradienten in der Halbleiterschicht dadurch erzeugt, daß die Verlustwärme ungleichmäßig von der Halbleiterschicht abgeführt wird. Bei in Luft befindlichen Hallgeneratoren kann dies durch Konvektion bzw. durch einen der Kühlung dienenden Luftstrom verursacht werden. Im eingebauten Zustand wird die durch den Steuerstrom in der Halbleiterschicht erzeugte Verlustwärme in erster Linie über die Grundplatte an das Hallgeneratorbauteil abgeleitet. Ist der Wärmekontakt zwischen Grundplatte und Einbaukörper über die Fläche der Grundplatte nicht gleichmäßig, so können auch hierdurch die Elektroden des Hallgenerators unterschiedliche Temperaturen annehmen.

Wegen des endlichen Seitenverhältnisses a/b der Halbleiterschicht tritt bei einem Hallgenerator im Magnetfeld vor den Steuerelektroden eine ungleichmäßige Verteilung der Steuerstromdichte auf (s. Abb. 56). Hierdurch entsteht ebenfalls ein inhomogenes Temperaturfeld in der Halbleiterschicht, das von Grützmann [56, 57] berechnet und auch experimentell nachgewiesen wurde. Dieses Temperaturfeld ist jedoch bezogen auf den Mittelpunkt des Hallgenerators um 180° drehsymmetrisch, so daß im Idealfall die beiden Hallelektroden auf gleicher Temperatur liegen. Störende Thermospannungen können daher im Hallkreis nicht auftreten, solange die Hallelektroden in der Mitte der Halbleiterplatte angebracht sind. Auch ohne Magnetfeld tritt in der Halbleiterschicht eines Hallgenerators ein räumlich nicht konstantes Temperaturfeld durch den Peltier-Effekt des Steuerstroms auf. Ist der Steuerstrom ein Gleichstrom, so wird die Übergangsstelle von der Steuerelektrode zum Halbleitermaterial zu einer über die Verlustleistung hinausgehenden Wärmequelle und die Übergangsstelle vom Halbleitermaterial zur Steuerelektrode zu einer Wärmesenke. Es baut sich also ein Temperaturgradient in Steuerstromrichtung auf. Auch dieser Effekt gibt daher keine Veranlassung zu Thermospannungen im Hallkreis. Wird dagegen das Temperaturfeld dieser beiden Effekte durch ungleichmäßige Wärmeableitung gestört, so können — wie bei der Verlustwärme — Temperaturgradienten quer zur Steuerstromrichtung auftreten. Da jedoch die durch Stromverdrängung und Peltier-Effekt auftretenden unterschiedlichen Wärmeleistungen im Vergleich zu der in der Halbleiterschicht erzeugten Verlustleistung des Steuerstroms klein sind, tragen beide Effekte bei unterschiedlicher Wärmeableitung nur wenig zu einem Temperaturgradienten quer zur Steuerstromrichtung bei.

Wir haben also gesehen, daß Temperaturgradienten, die zu einer Thermospannung im Hallkreis führen, nur durch äußere Einflüsse erzeugt werden können, nämlich durch ein von außen aufgezwungenes, räumlich nicht konstantes Temperaturfeld, durch einseitig einfallende Wärmestrahlung und schließlich durch unterschiedlich abgeführte Verlustwärme infolge von Konvektion und Wärmeableitung. Sind bei der

Anwendung diese äußeren Einflüsse nicht vollständig zu vermeiden, so kann man ihnen dadurch begegnen, daß die Kontaktstellen von Kupfer und Halbleitermaterial, also die Elektroden, räumlich möglichst dicht beieinander gelegt werden. Im Falle der Tangentialfeldmessung, bei der das elektrische System des Hallgenerators mit seiner Längskante auf den Prüfling aufgesetzt wird, wodurch ein starker Temperaturgradient quer zur Steuerstromrichtung entsteht, wird z. B., wie bereits in Abschn. 4.2 beschrieben, die Tangentialfeldsonde als ein Doppelsystem ausgeführt, so daß die thermospannungserzeugenden Übergangsstellen Halbleiter—Kupfer und Kupfer—Halbleiter paarweise räumlich dicht beieinander liegen (s. Abb. 78a). Die Kontaktstellen Halbleiter—Kupfer können auch dadurch räumlich nahe zusammengebracht werden, indem man die Zuführungsleitungen zum eigentlichen elektrischen System aus Halbleitermaterial selbst ausbildet. Diese Thermospannungskompensation wird z. B. bei μV-Modulatoren angewendet, die außerordentlich empfindlich gegen Thermospannungen im Steuerkreis sind. Abb. 205 zeigt das elektrische System des Siemens-μV-Modulators RMY 11. Das elektrische System und seine Steuerstromzuführungen sind aus einer Halbleiterplatte herausgeätzt, und zwar so, daß die im Steuerkreis liegenden und für den äußeren Anschluß des Elementes notwendigen Übergangsstellen Cu—InSb und InSb—Cu nur noch einen Abstand von 0,3 mm haben.

6.2.3 Kernstrahlung. Über die Schädigung von Hallgeneratoren durch Kernstrahlung liegt bis heute verhältnismäßig wenig experimentelles Material vor. Bei kernphysikalischen Experimenten werden Hallgeneratoren zur Messung und Regelung von Magnetfeldern verwendet und sind dabei energiereicher Strahlung mehr oder weniger ausgesetzt. Durch energiereiche Strahlung werden aber Halbleiterbauelemente geschädigt. Im Gegensatz zu anderen zerstörenden Wirkungen tritt jedoch die Strahlungsschädigung nicht momentan ein, sondern ist ein Prozeß, der sich im allgemeinen über einen gewissen Zeitraum erstreckt, indem die schädigende Wirkung mit der Strahlungsdosis ansteigt. Ein Hallgenerator ist um so resistenter gegen Strahlung, je größer die Strahlungsdosis ist, die noch keine unerwünschten Änderungen seiner elektrischen Eigenschaften verursacht. Ist die Strahlungsresistenz eines Hallgenerators bekannt, so läßt sich unter den gegebenen Bedingungen des Experimentes seine Verwendungsdauer vorausbestimmen.

Von der CERN in Genf wurde die Strahlungsresistenz von Hallgeneratoren gegenüber energiereichen Protonen und deren Sekundärstrahlung untersucht [58]. Bei diesen Untersuchungen wurden Hallgeneratoren aus InSb und InAs der Protonenstrahlung von 4 MeV eines van-de-Graaff-Generators sowie den Protonen von 550 MeV im internen Strahl eines Synchro-Zyklotrons ausgesetzt. Bei einer Halbleiterschichtdicke von 100 μm traten merkliche Änderungen der elektrischen Eigenschaften erst ab einer Strahlungsdosis von 10^{14} Protonen/cm² auf. So zeigt Abb. 112 den Verlauf der auf die Ausgangswerte bezogenen Hallkonstante und Elektronenbeweglichkeit über der Strahlungsdosis für einen Hallgenerator aus InAs mit der oben genannten Halbleiterschichtdicke. Danach fallen Hallkonstante und Elektronenbeweglichkeit bei einer Strahlungsdosis von 10^{15} Protonen/cm² auf etwa 50% ihres Ausgangswertes ab. Eigenleitendes InSb zeigt dagegen ein anderes Verhalten. Während auch hier die Elektronenbeweglichkeit

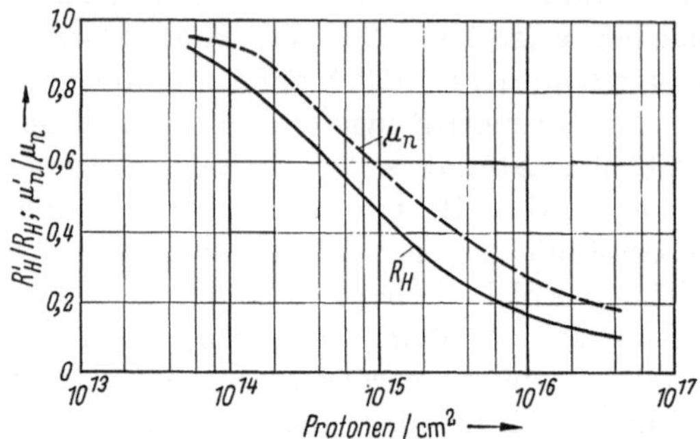

Abb. 112. Hallkonstante und Elektronenbeweglichkeit einer 100 μm dicken InAs-Schicht in Abhängigkeit von der Strahlungsdosis bei Beschuß mit schnellen Protonen.

monoton mit der Strahlungsdosis fällt und bei erst 10^{16} Protonen/cm² auf 50% des Ausgangswertes absinkt, ist die Hallkonstante noch unempfindlicher gegen Protonenstrahlung. Sie fällt bei einer Strahlungsdosis von 10^{16} Protonen/cm² nur auf 80% ihres Ausgangswertes ab, um dann sogar wieder anzusteigen.

Von Backenstoss, Braunersreuther und Goebel wurde auch die Strahlungsresistenz von Germanium- und Siliziumtransistoren gegenüber schnellen Protonen untersucht. Merkliche Schädigungen treten bei diesen Sperrschichtbauelementen bereits bei einer Strahlungsdosis von 10^{12} Protonen/cm² auf. Im Vergleich zu Hallgeneratoren sind diese Bauelemente also um etwa 100mal strahlungsempfindlicher. Dieses Ergebnis überrascht nicht, wenn man bedenkt, daß am Zustandekommen des Hall-Effektes die gesamte Halbleiterschichtdicke von 100 μm beteiligt ist, die elektrischen Eigenschaften eines Transistors aber durch die dünnen *pn*-Übergangszonen bestimmt werden.

Die durch Kernstrahlung hervorgerufene Schädigung eines Halbleiters kann durch Tempern wieder ausgeheilt werden. Dies weist darauf hin, daß die schädigende Wirkung in erster Linie auf der Erzeugung von Versetzungen im Halbleiterkristall beruht. Durch die Einwirkung von Temperatur und Zeit können solche Versetzungen aber wieder rückgängig gemacht werden. So beobachtet man auch bei strahlungsgeschädigten Hallgeneratoren ein Wiederansteigen der elektrischen Daten, wenn man die Halbleiterschicht einige Stunden bei Temperaturen von 300 °C tempert.

6.3 Frequenzverhalten

Bisher wurden mit Ausnahme der in Abschn. 6.1 behandelten induktiven Störspannungen immer stationäre Verhältnisse vorausgesetzt, d.h. ein zeitlich konstanter Steuerstrom und ein zeitlich konstantes Magnetfeld. Bei den meisten Anwendungen ist aber mindestens eine der beiden Steuergrößen zeitlich veränderlich. Ist die Steuergröße zeitlich schnell veränderlich, z. B. eine Wechselgröße hoher Frequenz, so erhebt sich die Frage, inwieweit die Hallspannung dieser Steuergröße zu folgen vermag. Da der Hallgenerator zwei Steuergrößen besitzt, muß unterschieden werden zwischen seinem Frequenzverhalten bei zeitlich veränderlichem Steuerstrom und seinem Frequenzverhalten bei zeitlich veränderlichem Magnetfeld.

Für das Frequenzverhalten eines Hallgenerators ist eine Vielzahl von Einflüssen verantwortlich. Diese Einflüsse lassen sich in drei Gruppen aufteilen:

Zur ersten Gruppe zählen die elementaren Einflüsse, wie z. B. das Zeitverhalten des Magnetkreises; Wirbelströme und Hysterese im Magnetwerkstoff führen nämlich zu einer frequenzabhängigen Amplitudendämpfung und Phasenverschiebung zwischen der Amperewindungserregung und der die Halbleiterschicht durchsetzenden magnetischen Induktion. Weiterhin gehören zu dieser Gruppe auch die in Abschn. 6.1 besprochenen induktiven Störspannungen.

In der zweiten Gruppe sollen die Einflußgrößen zusammengefaßt werden, die das Zeitverhalten des Halbleitermaterials selbst bestimmen. Dies sind die mittlere Stoßzeit τ als Zeitkonstante, mit der eine Störung der thermischen Geschwindigkeitsverteilung abklingt, die dielektrische Relaxationszeit τ_{rel} als Zeitkonstante, mit der eine Ladungsanhäufung im Halbleiter auseinanderfließt und schließlich die Rekombinationszeit τ_{np} als mittlere Lebensdauer eines Elektron-Loch-Paares.

Bei hochfrequentem Steuerstrom bzw. hochfrequentem Magnetfeld führt der Skineffekt zu einer Stromverdrängung in der Halbleiterschicht. Der Einfluß dieser Stromverdrängung auf das Frequenzverhalten eines Hallgenerators ist an dritter Stelle zu nennen.

Das Frequenzverhalten der meisten handelsüblichen Hallgeneratoren, die vorwiegend für Anwendungen im Niederfrequenzbereich gedacht sind, wird entscheidend durch die elementaren Einflüsse der ersten Gruppe bestimmt. Diese Einflüsse haben jedoch mit dem eigentlichen Zustandekommen der Hallspannung unter Einwirkung eines hochfrequenten Steuerstroms oder eines hochfrequenten Magnetfeldes nichts zu tun. Es ist daher nur eine Frage des Aufwandes, diese Einflüsse zu beseitigen. So kann z. B. das Zeitverhalten des Magnetkreises wesentlich verbessert werden durch Verwendung eines geeigneten Hochfrequenz-Magnetwerkstoffs. Auch die induktiven Störspannungen können durch Maßnahmen beseitigt werden, wie sie unter 6.1 genannt wurden. Die Einflüsse der ersten Gruppe sind daher nicht bestimmend für die „wahre" Frequenzgrenze eines Hallgenerators.

Die charakteristischen Zeitkonstanten des Halbleitermaterials führen zu Frequenzabhängigkeiten des Hallgenerators, die sich allerdings erst im Bereich der Zentimeterwellen bemerkbar machen. Bei Anlegen eines elektrischen Feldes folgen die Elektronen im Halbleiter der antreibenden Kraft $e\boldsymbol{E}$ mit der Driftgeschwindigkeit $\boldsymbol{v}_{\mathrm{drift}} = -\mu\boldsymbol{E}$. $\boldsymbol{v}_{\mathrm{drift}}$ ist eine mittlere Geschwindigkeit, die sich erst nach mehreren Stößen der Elektronen mit dem Gitter einstellt. Ist das angelegte elektrische Feld ein so hochfrequentes Wechselfeld, daß die Einwirkzeit der elektrischen Feldstärke in einer Richtung vergleichbar wird mit der mittleren Stoßzeit der Elektronen, so können in dieser kurzen Zeit die Elektronen ihre mittlere Driftgeschwindigkeit nicht mehr voll erreichen. Die endliche Stoßzeit der Elektronen führt daher bei hohen Frequenzen zu einer Abnahme der Elektronenbeweglichkeit. Nach H. Fujisada und S. Kataoka [59] macht sich dieser Frequenzeinfluß bei Indiumantimonid ab 34 GHz bemerkbar. Der Einfluß der Stoßzeit auf das Frequenzverhalten der Beweglichkeit der Ladungsträger läßt bei gemischter Leitung wegen Gl. (93) auch eine Frequenzabhängigkeit der Hallkonstante erwarten.

Unter dem Einfluß des Magnetfeldes entsteht an der Oberfläche des vom Steuerstrom durchflossenen Hallgenerators eine Ladungsverteilung, deren elektrisches Feld die vom Magnetfeld auf die bewegten Ladungsträger ausgeübte ablenkende Kraft kompensiert. Der zeitliche Aufbau dieser Ladungsverteilung bei Einschalten der beiden Steuergrößen sowie ihr Abklingen nach Ausschalten einer der beiden Steuergrößen läuft nach einer e-Funktion ab, deren Zeitkonstante die dielektrische Relaxationszeit τ_{rel} ist. Wird im einfachsten Fall die elektrische Leitung durch das ohmsche Gesetz $\boldsymbol{g} = \sigma\boldsymbol{E}$ beschrieben, so findet man aus der 1. Maxwell-Gleichung für die dielektrische Relaxationszeit den Ausdruck $\tau_{\mathrm{rel}} = \varepsilon\,\varepsilon_0/\sigma$. Die dielektrische Relaxationszeit hat sehr kleine Werte. Für σ und ε sind daher die durch die endliche Stoßzeit des Halbleitermaterials modifizierten Größen einzusetzen, und zwar für Frequenzen, die der reziproken dielektrischen Relaxationszeit entsprechen. Für Halbleiter mit hoher Elektronenbeweglichkeit wird die dielektrische Relaxationszeit magnetfeldabhängig und wächst gemäß

$$\tau_{\mathrm{rel}} = \varepsilon_0\,\varepsilon/\sigma \cdot (1 + \tan^2\Theta_H)$$

quadratisch mit $\tan\Theta_H$ an. Die dielektrische Relaxationszeit führt bei hochfrequenten Steuergrößen zu einer Frequenzabhängigkeit der Hallspannung, die durch

$$\frac{u_{20}(\omega)}{u_{20}(0)} = \frac{e^{-j\varphi}}{\sqrt{1+\omega^2\tau_{rel}^2}} \quad \text{mit} \quad \tan\varphi = \omega\,\tau_{rel} \tag{179}$$

beschrieben wird. Für Indiumantimonid mit $\sigma = 200\ \Omega^{-1}\,cm^{-1}$, $\varepsilon = 15{,}7$ [60] und einem Magnetfeld von 10 kG macht sich der durch Gl. (179) beschriebene Frequenzeinfluß oberhalb von 10^9 Hz bemerkbar.

Die mittlere Stoßzeit τ und die dielektrische Relaxationszeit τ_{rel} haben beide einen Einfluß auf das Frequenzverhalten des Hall-Effektes, jedoch erst bei Frequenzen oberhalb 10^9 Hz. Die im Vergleich zu diesen beiden Zeitkonstanten größere Rekombinationszeit τ_{np} eines Elektron-Loch-Paares wirkt sich dagegen auf das Frequenzverhalten des Hall-Effektes an dünnen Halbleiterschichten nicht aus. Der Aufbau bzw. die bei Steuerwechselgrößen notwendige Umladung der das elektrische Hallfeld erzeugenden Ladungsverteilung auf der Oberfläche des dünnen Halbleiterstreifens steht nämlich in keinem unmittelbaren Zusammenhang mit der Erzeugung bzw. Rekombination von Elektron-Loch-Paaren. Andere Verhältnisse liegen dagegen vor, wenn eine Hallspannung erzeugt wird an einem Stab aus eigenleitendem Halbleitermaterial, dessen Abmessung in Magnetfeldrichtung groß ist im Vergleich zur Breite in Hallspannungsrichtung. Bei hoher Lebensdauer der Elektron-Loch-Paare und geringer Oberflächenrekombinationsrate baut sich in diesem Fall zusätzlich zu der elektrischen Aufladung der Ränder (Hallfeld) ein konstanter Gradient der Elektronen- und Löcherkonzentration in y-Richtung auf, wobei die elektrische Neutralität gewahrt bleibt. Dieser Dichtegradient führt zu einer gegen die Lorentz-Kraft gerichteten Rückdiffusion der Ladungsträger. Die ablenkende Wirkung der Lorentz-Kraft auf die Ladungsträger wird dann nicht mehr allein durch das elektrische Hallfeld kompensiert, sondern an diesem Ausgleich beteiligt sich zusätzlich die Rückdiffusion. Das elektrische Hallfeld ist somit kleiner als bei fehlendem Dichtegradient, so daß selbst im stationären Fall eine kleinere Hallspannung auftritt. Während für das Zeitverhalten der Hall-Ladung die elektrische Relaxationszeit τ_{rel} maßgebend ist, wird die Zeitkonstante, mit der sich der Dichtegradient aufbaut, bzw. plötzlichen Änderungen des Magnetfeldes oder des Steuerstroms folgt, über die Stoßzeit τ und die Rekombinationszeit τ_{np} geregelt. Unter den genannten Voraussetzungen besteht dann auch ein Einfluß der Lebensdauer τ_{np} eines Elektron-Loch-Paares auf das Frequenzverhalten der Hallspannung. Hallgeneratoren haben jedoch immer eine im Vergleich zu ihrer Breite geringe Ausdehnung in Richtung des

Magnetfeldes (dünne Halbleiterschichten), so daß sich bei den kleinen Rekombinationszeiten der III-V-Halbleiter und den hohen Rekombinationsraten an den freien Oberflächen ein Gradient der Ladungsträgerdichte im Innern der Halbleiterschicht nicht aufbauen kann.

Im Gegensatz zu den charakteristischen Zeitkonstanten des Halbleitermaterials, die einen Frequenzeinfluß auf die Hallspannung erst im Bereich der Zentimeterwellen ergeben, macht sich der Skineffekt an der dünnen Halbleiterschicht schon bei wesentlich niedrigeren Frequenzen bemerkbar. Zwar hat der Skineffekt weder bei hochfrequentem Steuerstrom noch bei hochfrequentem Magnetfeld einen unmittelbaren Einfluß auf die Hallspannung. Die Stromverdrängung durch den Skineffekt bzw. die Erzeugung von Wirbelströmen durch hochfrequente Magnetfelder begrenzen jedoch die Aussteuerbarkeit eines Hallgenerators bereits ab Frequenzen von wenigen MHz erheblich.

6.3.1 Skineffekt bei hochfrequentem Steuerstrom. Als Modell eines Hallgenerators betrachten wir für die folgenden Überlegungen eine in x-Richtung unendlich ausgedehnte Halbleiterplatte der Breite b und Dicke d, die beidseitig in Ferrit eingebettet ist, so daß die Luftspalthöhe δ gleich der Halbleiterschichtdicke d ist (s. Abb. 113). Dieser Hallgenerator befinde sich in einem mit Gleichstrom erregten magnetischen Kreis, so daß unter Vernachlässigung seines magnetischen Eigenfeldes die Halbleiterschicht an jeder Stelle von der zeitlich konstanten magnetischen Induktion $B_=$ durchsetzt wird. Die Hallspannung u_{20} werde

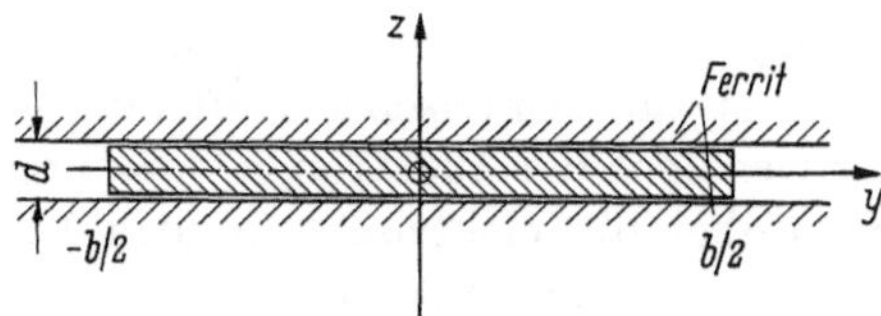

Abb. 113. Schnitt senkrecht zur Steuerstromrichtung durch eine in Ferrit eingebettete Halbleiterschicht.

belastungslos an zwei gegenüberliegenden, punktförmigen Hallelektroden gemessen. Bei zeitlich konstantem Steuerstrom würde somit als weitere Voraussetzung $g_y = 0$ exakt erfüllt sein. Ist der Steuerstrom ein hochfrequenter Wechselstrom, so oszilliert die das Hallfeld aufbauende elektrische Ladung in y-Richtung. In diesem Falle ist also $g_y \neq 0$. Es läßt sich jedoch zeigen, daß dieser Querstrom g_y erst bei Frequenzen von etwa 10^{12} Hz vergleichbar wird mit der Steuerstromdichte g_x.

Zur Abschätzung des Querstroms gehen wir aus von der Ladungsverteilung auf der Oberfläche des Halbleiterstreifens. Für die das Hallfeld erzeugende flächenhafte Ladungsdichte ϱ_F, also die Ladung pro

Quadratzentimeter auf der Halbleiteroberfläche, findet man den Ausdruck[1]

$$\varrho_F(y) = \frac{\varepsilon_0 u_{20}}{b} \frac{\frac{2y}{b}}{\sqrt{1-\left(\frac{2y}{b}\right)^2}}. \tag{180}$$

Die Hall-Ladung ist also symmetrisch zur Mittellinie in Steuerstromrichtung über die beiden Oberflächen des Halbleiterstreifens verschmiert. Ihre Dichte wird an den Längskanten bei $y = \pm b/2$ unendlich groß. Die gesamte, auf einer Seite der Mittellinie befindliche Hall-Ladung pro Zentimeter Länge des Halbleiterstreifens ist jedoch endlich und beträgt

$$Q_H = \int_0^{b/2} \varrho_F(y)\, dy = \tfrac{1}{2}\varepsilon_0\, u_{20}.$$

Ist der Steuerstrom ein Wechselstrom mit der Frequenz f, so oszilliert diese Hall-Ladung von der einen Seite des Halbleiterstreifens auf die andere, wobei eine gleich große negative Hall-Ladung in entgegengesetzter Richtung fließt. Für die Stromdichte g_y durch die Mittellinie findet man somit

$$g_y = \frac{2\varepsilon_0 u_{20}}{d} f$$

und daraus das Verhältnis

$$\frac{g_x}{g_y} = 2\varepsilon_0 K_{B0} B\, b\, f.$$

Mit $K_{B0} = 1$ V/A kG, $B = 10$ kG und $b = 0{,}5$ cm erhält man für das Verhältnis $g_y/g_x = 10^{-12}\,\mathrm{Hz}^{-1} f$. Bis hinauf zu Frequenzen von 10^9 Hz macht also die Stromdichte in y-Richtung weniger als $1^0/_{00}$ der Steuerstromdichte aus. Als weitere Voraussetzung für die sich nunmehr anschließende Berechnung der Stromverdrängung in der Halbleiterschicht kann daher $g_y \ll g_x$ angenommen werden.

[1] Zur Berechnung der Ladungsverteilung auf der Oberfläche, die im langgestreckten Halbleiterstreifen das Hallpotentialfeld

$$\varphi_H(y) = u_{20}\frac{y}{b}$$

erzeugt, geht man aus von der Potentialgleichung

$$u_{20}\frac{y}{b} = \frac{1}{4\pi\varepsilon_0}\iint_F \frac{\varrho_F\, df}{|\boldsymbol{r}|}.$$

Diese Gleichung ist eine Integralgleichung zur Bestimmung der Ladungsdichte $\varrho_F(y)$. In ihr ist $\boldsymbol{r}$ der Radiusvektor zwischen dem Flächenelement df auf der Oberfläche und dem Aufpunkt im Innern des Halbleiterstreifens, in dem das Hallpotential $u_{20}\, y/b$ herrscht.

Auf Grund der gemachten Voraussetzungen gelten folgende Gleichungen

$$g_x = \sigma E_x \tag{181}$$

und

$$E_y = R_H g_x B_z. \tag{182}$$

Wegen des in x-Richtung langgestreckten Halbleiterstreifens verschwinden alle partiellen Ableitungen nach der Koordinate x, so daß aus der zweiten Maxwell-Gleichung folgt

$$\frac{\partial E_x}{\partial y} = \frac{\partial B_z}{\partial t}. \tag{183}$$

Da schließlich wegen der Einbettung des Halbleiterstreifens in Ferrit auch alle partiellen Ableitungen nach der Koordinate z verschwinden, führt die erste Maxwell-Gleichung zu

$$\frac{1}{\mu_0} \frac{\partial B_z}{\partial y} = \sigma E_x. \tag{184}$$

Aus (183) und (184) folgt

$$\frac{\partial^2 B_z}{\partial y^2} = \mu_0 \sigma \frac{\partial B_z}{\partial t}. \tag{185}$$

Im Seperationsansatz zur Lösung dieser Differentialgleichung

$$B_z(y, t) = B_e(y)\, e^{j\omega t} + B_= \tag{186}$$

ist $B_e(y)\, e^{j\omega t}$ das mit der Frequenz ω oszillierende Eigenfeld des stromdurchflossenen Halbleiterstreifens und $B_=$ das durch den äußeren Magnetkreis eingeprägte konstante Magnetfeld. Mit dem Ansatz (186) findet man als allgemeine Lösung der Differentialgleichung

$$B_z(y, t) = (B_1\, e^{(1+j)y/S} + B_2\, e^{-(1+j)y/S})\, e^{j\omega t} + B_= \tag{187}$$

mit

$$S = \sqrt{\frac{2}{\mu_0 \omega \sigma}}. \tag{187a}$$

Da der Eigenfeldanteil für $y = 0$ verschwinden muß, folgt $B_1 = -B_2$. Zur Bestimmung der Integrationskonstante B_1 wird die magnetische Ringspannung entlang eines Umlaufs um die Halbleiterschicht gebildet (s. Abb. 113), die den vorgegebenen Steuerstrom $i_1 = i_0\, e^{j\omega t}$ mit den Werten des Eigenfeldes auf den beiden Rändern des Halbleiterstreifens verknüpft. Damit wird

$$B_z(y, t) = \frac{\mu_0 i_0}{2d} \frac{\sinh\left(\frac{1+j}{S} y\right)}{\sinh\left(\frac{1+j}{S} \frac{b}{2}\right)} e^{j\omega t} + B_=. \tag{188}$$

Mit $\omega \to 0$, d. h. $S \to \infty$, geht der Eigenfeldanteil in Gl. (188) über in

$$B_e(y) = \mu_0 \frac{i_0}{d b} y,$$

also in das Gleichstromeigenfeld der beidseitig in Ferrit eingebetteten Halbleiterschicht, welches linear in y ist. Mit zunehmender Frequenz wird das Eigenfeld aus der Mitte des Halbleiterstreifens zu den Rändern hin abgedrängt, wobei unabhängig von der Frequenz das Eigenfeld auf den Rändern bei $y = \pm b/2$ immer denselben Wert $\pm \mu_0 i_0/2d$ hat. Durch Differentiation von (188) nach y erhält man mit den Gln. (181) und (184) für die Stromdichte den Ausdruck

$$g_x(y, t) = \frac{i_0}{2d} \frac{1+j}{S} \frac{\cosh\left(\frac{1+j}{S} y\right)}{\sinh\left(\frac{1+j}{S} \frac{b}{2}\right)} e^{j\omega t}, \tag{189}$$

der für $\omega \to 0$ ($S \to \infty$) in die räumlich und zeitlich konstante Stromdichte $g_x = i_0/b\,d$ des Gleichstromfalls übergeht. Gl. (189) beschreibt die mit wachsender Frequenz zunehmende Stromverdrängung zu den Rändern des Halbleiterstreifens hin, die mit der bereits erwähnten Umlagerung des Eigenfeldes Hand in Hand geht. Gleichzeitig tritt sowohl für die Stromdichte wie auch für das magnetische Eigenfeld eine von y abhängige Phasenverschiebung in der Zeitabhängigkeit auf.

Die durch Gln. (186) und (189) beschriebene Stromverdrängung hat auf die Hallspannung keinen Einfluß. Für die Hallspannung gilt nämlich[1]

$$u_{20} = R_H \int_{-b/2}^{b/2} \operatorname{Re}(g_x(y, t)) \operatorname{Re}(B_z(y, t))\, dy.$$

Die Stromdichte ist eine gerade Funktion in y, das magnetische Eigenfeld dagegen ungerade in y. Bei der Integration des Produktes aus Stromdichte und magnetischer Induktion gibt daher der Eigenfeldanteil keinen Beitrag, so daß

$$u_{20} = R_H \int_{-b/2}^{b/2} \operatorname{Re}(g_x(y, t))\, B_{=}\, dy = R_H B_{=} \operatorname{Re}\left(\int_{-b/2}^{b/2} g_x(y, t)\, dy \right) = \frac{R_H}{d} B_{=}\, i_1$$

folgt. Der Skineffekt bei hochfrequentem Steuerstrom hat also keinen unmittelbaren Einfluß auf das Zustandekommen der Hallspannung.

Durch Verdrängung des Steuerstroms zu den beiden Rändern hin wird jedoch die Verlustleistung in der Halbleiterschicht erhöht. Dabei ist jetzt die Verlustleistungsdichte über die Halbleiterschicht nicht mehr konstant. Der Momentanwert der Verlustleistungsdichte ist dem Quadrat der Stromdichte proportional, so daß unter Berücksichtigung der komplexen Schreibweise von g_x zu bilden ist $d/\sigma \cdot [\operatorname{Re}(g_x(y, t))]^2$. Für die weiteren Überlegungen interessiert jedoch nur der zeitliche Mittelwert

[1] Bei der Bildung von Produkten muß man beachten, daß bei der Darstellung der Faktoren in komplexer Schreibweise immer nur der Realteil gemeint ist.

dieser Größe, also

$$n_v(y) = \frac{d}{\sigma}\overline{[\mathrm{Re}(g_x(y,t))]^2}. \tag{190}$$

$n_v(y)$ ist bei vorgegebenen geometrischen Abmessungen nicht nur abhängig von der Koordinate y, sondern darüber hinaus vom Effektivwert des Steuerstroms $i_{1\,\mathrm{eff}} = i_0/\sqrt{2}$ und der Frequenz f. Aus (190) folgt

$$n_v(y, i_{1\,\mathrm{eff}}, f) = \frac{i_{1\,\mathrm{eff}}^2}{2d\sigma S^2}\,\frac{1+\sinh^2\dfrac{y}{S} - \sin^2\dfrac{y}{S}}{\sinh^2\dfrac{b}{2S} + \sin^2\dfrac{b}{2S}}, \tag{191}$$

wobei die Frequenz f in S enthalten ist. Wie zu erwarten, nimmt die Verlustleistungsdichte auf den Rändern bei $y = \pm b/2$ den größten Wert an, und zwar gilt dort

$$n_v(b/2, i_{1\,\mathrm{eff}}, f) = \frac{i_{1\,\mathrm{eff}}^2}{2d\sigma S^2}\,\frac{1+\sinh^2\dfrac{b}{2S} - \sin^2\dfrac{b}{2S}}{\sinh^2\dfrac{b}{2S} + \sin^2\dfrac{b}{2S}}. \tag{192}$$

Die maximal zulässige Verlustleistungsdichte $n_{v\,\mathrm{max}}$ ist eine Kenngröße des Hallgenerators; sie hängt von seiner Konstruktion und dabei insbesondere von der Einbettung der Halbleiterschicht ab. $n_{v\,\mathrm{max}}$ ist mit dem maximal zulässigen Steuerstrom $i_{1\,\mathrm{max}}$ verknüpft, und zwar gilt für ein rechteckförmiges System

$$n_{v\,\mathrm{max}} = \frac{i_{1\,\mathrm{max}}^2}{b^2 d\sigma}.$$

Wenn man nun fordert, daß die durch den hochfrequenten Steuerstrom an den Rändern auftretende Verlustleistungsdichte den Wert $n_{v\,\mathrm{max}}$ nicht übersteigen darf, so gilt

$$n_v(b/2, i_{1\,\mathrm{eff}}, f) \leqq n_{v\,\mathrm{max}}. \tag{193}$$

In Gl. (193) führt das Gleichheitszeichen zu einem Zusammenhang zwischen $i_{1\,\mathrm{eff}}$ und der ihm zugeordneten Grenzfrequenz f_g. In diesem Sinne sind dem maximal zulässigen Steuerstrom $i_{1\,\mathrm{max}}$ der Gleichstrom bzw. nur niederfrequente Ströme zugeordnet. Aus

$$n_v(b/2, i_{1\,\mathrm{eff}}, f_g) = n_{v\,\mathrm{max}}$$

folgt mit Gl. (192)

$$\frac{i_{1\,\mathrm{eff}}}{i_{1\,\mathrm{max}}} = \frac{S}{b}\sqrt{\frac{2\left(\sinh^2\dfrac{b}{2S} + \sin^2\dfrac{b}{2S}\right)}{1+\sinh^2\dfrac{b}{2S} - \sin^2\dfrac{b}{2S}}}, \tag{194}$$

worin jetzt S die Bedeutung hat

$$S = \frac{1}{\sqrt{\mu_0\,\pi\,f_g\,\sigma}}.$$

Der durch Gl. (194) beschriebene Zusammenhang zwischen $i_{1\,\mathrm{eff}}$ und f_g ist in Abb. 114 für eigenleitendes InSb mit $\sigma = 200\ \Omega^{-1}\,\mathrm{cm}^{-1}$ für Systembreiten von 1 bis 6 mm dargestellt. Eine merkliche Reduzierung des zulässigen Steuerstrom-Effektivwertes tritt danach erst bei Frequenzen oberhalb von 1 MHz auf. Für kleine Frequenzen, d. h. $b/2S \to 0$, kann Gl. (194) nach $b/2S$ entwickelt werden, und man erhält

$$\frac{i_{1\,\mathrm{eff}}}{i_{1\,\mathrm{max}}} = 1 - \frac{\pi}{48}\,\mu_0^2\,\sigma^2\,f_g^2\,b^4. \tag{194a}$$

Das asymptotische Verhalten für hohe Frequenzen wird dagegen durch

$$\frac{i_{1\,\mathrm{eff}}}{i_{1\,\mathrm{max}}} = \frac{1}{b}\sqrt{\frac{2}{\mu_0\,\pi\,f_g\,\sigma}} \tag{194b}$$

beschrieben.

Die abgeleiteten Formeln gelten, den Voraussetzungen entsprechend, nur für beidseitig in Ferrit eingebettete Halbleiterschichten. Auch bei einem Hallgenerator mit unmagnetischem Mantel in Luft hat die Stromverdrängung keinen unmittelbaren Einfluß auf die Hallspannung, da auch in diesem Fall das magnetische Eigenfeld eine ungerade Funktion in y ist. Die Kopplung zwischen dem Steuerstrom und seinem magnetischen Eigenfeld ist jedoch wesentlich schwächer als bei in Ferrit eingebetteten Halbleiterschichten. So erreicht z. B. bei einem Hallgenerator in Luft mit $d/b = 1/50$ das magnetische Eigenfeld auf den Rändern

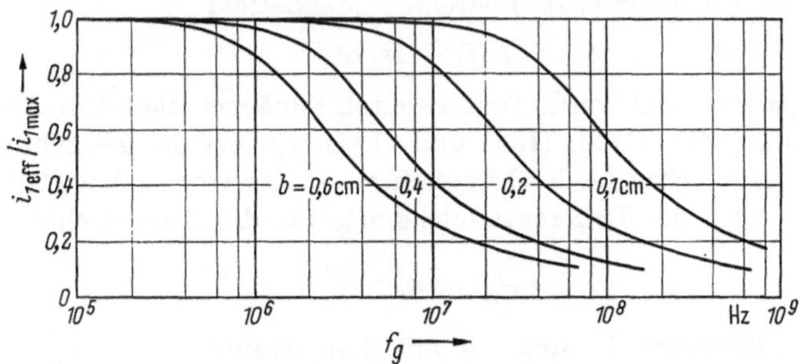

Abb. 114. **Zulässiger Effektivwert des Steuerstroms in Abhängigkeit von der Grenzfrequenz für ein elektrisches System aus eigenleitendem InSb mit der Breite b als Parameter.**

nur 1/25 des bei Ferriteinbettung auftretenden Wertes. Demzufolge ist auch die bei hochfrequentem Steuerstrom auftretende Stromverdrängung geringer, wodurch die in Abb. 114 dargestellten Kurven zu höheren Grenzfrequenzen verschoben werden.

Das Frequenzverhalten von Hallgeneratoren bei hochfrequentem Steuerstrom wurde auch experimentell untersucht. Nach Messungen von Vogelsberg[1] an Hallgeneratoren aus InAs ist bei hochfrequentem

[1] Vogelsberg, J.: Interner Bericht.

Steuerstrom bis 50 MHz im Rahmen der Meßgenauigkeit von $\pm 15\%$ kein Unterschied im Verhalten der Hallgeneratoren gegenüber entsprechenden Gleichstrommessungen festzustellen. Auch Untersuchungen von WEISS[1] mit gepulstem Steuerstrom an Hallgeneratoren aus InAs zeigten, daß die Hallspannung verzögerungsfrei dem Steuerstromimpuls folgt. Bei diesen Messungen betrug die Meßgenauigkeit ± 1 µsec. Nach GRÜTZMANN[2] ist die Hallspannung von in Ferrit eingebetteten Hallgeneratoren mit Halbleiterschichten aus massivem InAs (Schichtdicke etwa 100 µm) bis etwa 1 MHz praktisch frequenzunabhängig. Oberhalb von 1 MHz wurde von GRÜTZMANN ein Abfall der Hallspannung festgestellt, der jedoch durch die Verluste des Ferrits hervorgerufen zu sein scheint. So konnte auch ein Abfall der Hallspannung an Hallgeneratoren ohne Ferritmantel bis 15 MHz nicht beobachtet werden. Der Innenwiderstand stieg jedoch um einige Prozente an. An im Hochvakuum aufgedampften Hallgeneratoren aus InAs und InSb (Schichtdicke etwa 3 µm), die nicht in Ferrit eingebettet waren, wurde vom gleichen Autor bis hinauf zu Frequenzen von 100 MHz keine Frequenzabhängigkeit gemessen.

6.3.2 Skineffekt bei hochfrequentem Magnetfeld. Zur Berechnung des Skineffektes im hochfrequenten Magnetfeld wird dasselbe Hallgeneratormodell wie unter 6.3.1 vorausgesetzt. Der Steuerstrom i_1 ist jedoch ein Gleichstrom, während über den äußeren magnetischen Kreis ein mit der Frequenz ω oszillierendes Magnetfeld

$$B(t) = B_0 \, e^{j\omega t}$$

im Luftspalt erzeugt wird. Damit gelten zunächst dieselben Ausgangsgleichungen (181), (182), (183) und (184) wie bei der Berechnung des Skineffektes im Fall des hochfrequenten Steuerstroms. Aus (181), (183) und (184) folgt die Differentialgleichung für die Stromdichte

$$\frac{\partial^2 g_x}{\partial y^2} = \mu_0 \, \sigma \, \frac{\partial g_x}{\partial t}, \tag{195}$$

als deren allgemeine Lösung wir mit dem Ansatz

$$g_x(y, t) = g_0 + g(y) \, e^{j\omega t}$$

den Ausdruck

$$g_x(y, t) = g_0 + (g_1 \, e^{(1+j) y/S} + g_2 \, e^{-(1+j) y/S}) \, e^{j\omega t}$$

finden. Hierin hat S wieder die Bedeutung von Gl. (187). g_0 ist die von außen vorgegebene Steuergleichstromdichte, während der zweite Term die durch das oszillierende Magnetfeld in der Halbleiterschicht induzierten Wirbelströme beschreibt. Da $g_x(y, t) = g_0$ für $\omega \to 0$ $(S \to \infty)$ sein muß, folgt zunächst $g_1 = -g_2$, wobei g_1 bestimmt wird

[1] WEISS, H.: Persönliche Mitteilung.
[2] GRÜTZMANN, S.: Interner Bericht.

durch die Forderung, daß auf den Rändern bei $y = \pm b/2$ das zeitlich veränderliche Magnetfeld übergehen muß in $B_0\, e^{j\omega t}$. Als Lösungen für $g_x(y, t)$ und $B_z(y, t)$ findet man

$$g_x(y,t) = g_0 + \frac{B_0}{\mu_0}\,\frac{1+j}{S}\,\frac{\sinh\left(\frac{1+j}{S}\,y\right)}{\cosh\left(\frac{1+j}{S}\,\frac{b}{2}\right)}\,e^{j\omega t}, \tag{196}$$

$$B_z(y,t) = \mu_0\, g_0\, y + B_0\,\frac{\cosh\left(\frac{1+j}{S}\,y\right)}{\cosh\left(\frac{1+j}{S}\,\frac{b}{2}\right)}\,e^{j\omega t}. \tag{197}$$

Danach setzt sich $B_z(y, t)$ zusammen aus dem Eigenfeld des Steuergleichstroms — erster Term in Gl. (197) — und einem mit der Frequenz ω oszillierenden Magnetfeld. Der zeitlich veränderliche Magnetfeldanteil besteht aus dem im äußeren Magnetkreis erzeugten Wechselfeld $B_0\, e^{j\omega t}$ und dem ebenfalls mit der Frequenz ω oszillierenden Eigenfeld der Wirbelströme.

Zur Berechnung der Hallspannung bilden wir wieder

$$u_{20} = R_H \int\limits_{-b/2}^{b/2} \mathrm{Re}\left(g_x(y,t)\right) \mathrm{Re}\left(B_z(y,t)\right) dy\,.$$

Die Integration ergibt

$$u_{20} = \frac{R_H}{d}\, i_1\, B_0 \cos\omega\, t\,,$$

d. h., die Hallspannung folgt auch einem hochfrequenten Magnetfeld verzögerungsfrei entsprechend der für Gleichstromgrößen bekannten Hallformel.

Zu berücksichtigen ist dagegen die Aufheizung der Halbleiterschicht durch die induzierten Wirbelströme. Für die Verlustleistungsdichte n_v ergibt sich für den Betrieb des Hallgenerators im hochfrequenten Magnetfeld

$$\begin{aligned} n_v(y, i_1, f) &= \overline{\frac{d}{\sigma}\,\{\mathrm{Re}\,(g_x)\}^2} \\ &= \frac{i_1^2}{b^2 d\sigma} + \frac{d B_0^2}{\mu_0^2\, \sigma S^2}\,\frac{\sinh^2\frac{y}{S} + \sin^2\frac{y}{S}}{1 + \sinh^2\frac{b}{2S} - \sin^2\frac{b}{2S}}. \end{aligned} \tag{198}$$

Die gesamte Verlustleistungsdichte besteht also aus zwei Anteilen, der konstanten, durch den Steuergleichstrom erzeugten Verlustleistungsdichte und der von y abhängigen Verlustleistungsdichte der induzierten Wirbelströme. Wieder wird die Verlustleistungsdichte auf den Rändern bei $y = \pm b/2$ am größten, so daß

$$n_v(b/2, i_1, f) \leqq n_{v\,\max} \tag{199}$$

eingehalten werden muß. Für einen vorgegebenen Hallgenerator (Vorgabe von b, d, σ und $n_{v\max}$) und einer bestimmten Magnetfeldamplitude B_0 führt das Gleichheitszeichen in Gl. (199) zu einem Zusammenhang zwischen Steuerstrom $i_1 \leqq i_{1\max}$ und der diesem Steuerstrom zugeordneten Grenzfrequenz f_g, und zwar gilt

$$\frac{i_1}{i_{1\max}} = \sqrt{1 - \frac{\pi d B_0^2 f_g}{\mu_0 n_{v\max}} \frac{\sinh^2 \frac{b}{2S} + \sin^2 \frac{b}{2S}}{1 + \sinh^2 \frac{b}{2S} - \sin^2 \frac{b}{2S}}}. \tag{200}$$

Dieser Zusammenhang zwischen $i_1/i_{1\max}$ und f_g ist in Abb. 115 für einen InSb-Hallgenerator mit $\sigma = 200\ \Omega^{-1}\ \text{cm}^{-1}$, $b = 3$ mm, $d = 100\ \mu$m

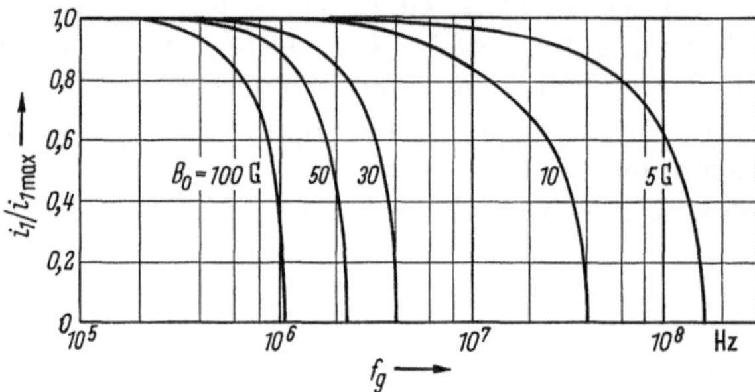

Abb. 115. Zulässiger Steuergleichstrom in Abhängigkeit von der Frequenz des Magnetfeldes für ein elektrisches System aus eigenleitendem InSb mit einer Schichtdicke von 100 µm und einer Breite von 3 mm; Induktionsamplitude B_0 als Parameter.

und $n_{v\max} = 1$ W/cm^2 mit B_0 zwischen 5 und 100 G als Parameter dargestellt. Bei einer Magnetfeldamplitude von 100 G ist die Aufheizung der Halbleiterschicht durch die Wirbelströme für Frequenzen unterhalb 200 kHz zu vernachlässigen. Ab 200 kHz nimmt jedoch mit steigender Frequenz die Wirbelstromverlustleistung stark zu; entsprechend muß der zulässige Steuerstrom i_1 reduziert werden, und zwar bei einer Frequenz von 1 MHz auf etwa $i_{1\max}/3$. Durch den Schnittpunkt der Grenzkurven mit der Abszissenachse wird für jede Magnetfeldamplitude B_0 eine obere Grenzfrequenz $f_{g\max}$ festgelegt. Einem Magnetfeld mit einer Frequenz oberhalb $f_{g\max}$ darf ein Hallgenerator auch ohne Steuerstrom nicht ausgesetzt werden.

Die Gln. (196) und (197) für die Steuerstromdichte g_x und die magnetische Induktion B_z gelten nur für den Fall der in Ferrit beidseitig eingebetteten Halbleiterschicht. Demgegenüber können die Feldgleichungen für den einem hochfrequenten Wechselfeld ausgesetzten Hallgenerator mit unmagnetischem Mantel exakt nicht in so einfacher Weise gelöst werden. Die den obigen Rechnungsgang so vereinfachende Voraussetzung, daß nämlich alle partiellen Ableitungen nach z verschwinden, ist dann nicht mehr erfüllt. Auf Grund der schwächeren Kopplung zwischen den in der Halbleiterschicht fließenden Strömen und des durch sie erzeugten magnetischen Eigenfeldes kann näherungsweise das Verhalten des nicht in Ferrit eingebetteten Halbleiterstreifens beschrieben werden durch

$$g_x(y, t) = g_0 + j\,\omega\,\sigma\,y\,B_0\,e^{j\omega t}, \qquad (201)$$

$$B_z(t) \quad = B_0\,e^{j\omega t}. \qquad (202)$$

Der zweite Term in Gl. (201) für g_x stellt die durch das äußere Magnetfeld $B_0\,e^{j\omega t}$ induzierten Wirbelströme dar. Das ebenfalls mit der Frequenz ω oszillierende magnetische Eigenfeld dieser Wirbelströme wird jedoch ebenso wie das Eigenfeld des Steuergleichstroms in Gl. (200) für B_z nicht mehr berücksichtigt. Auch in dieser Näherung hat ein hochfrequentes magnetisches Wechselfeld keinen unmittelbaren Einfluß auf die Hallspannung eines Hallgenerators mit unmagnetischem Mantel. Die Wirbelstrom-Verlustleistung ist jedoch höher als im Fall der Ferriteinbettung, da das eingeprägte Magnetfeld $B_0\,e^{j\omega t}$ in voller Höhe die Halbleiterschicht durchsetzt und nicht mehr durch das magnetische Eigenfeld der Wirbelströme geschwächt wird. Für den Zusammenhang zwischen Steuerstrom und Grenzfrequenz erhält man in diesem Fall

$$\frac{i_1}{i_{1\,\max}} = \sqrt{1 - \frac{\pi^2}{2}\,\frac{B_0^2\,f_g^2\,\sigma\,d\,b^2}{n_{v\,\max}}}. \qquad (203)$$

Da dieser Ausdruck unter Vernachlässigung der Eigenfelder des Hallgenerators abgeleitet wurde, diese aber normalerweise beim Betrieb des Hallgenerators in Luft den Wert von 1 G nicht überschreiten, gilt Gl. (203) nur für magnetische Steuerfelder $B_0 \gg 1$ G.

Der Wirbelstromeinfluß im hochfrequenten magnetischen Wechselfeld wurde berechnet für den in x-Richtung langgestreckten Halbleiter-

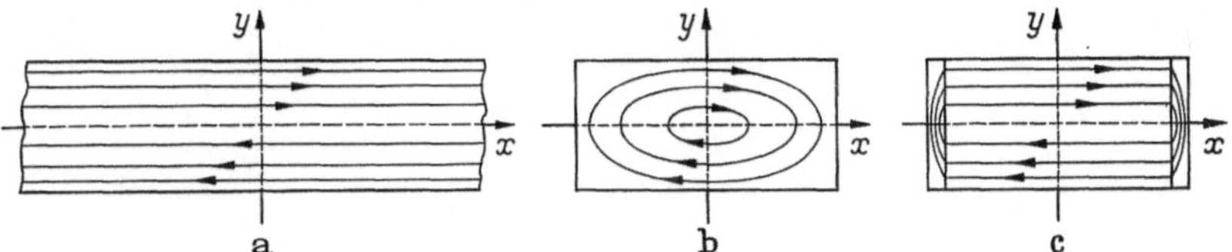

Abb. 116. Wirbelstrombahnen in einem
a) unendlich langgestreckten Streifen, b) rechteckigen System ohne Steuerelektroden, c) rechteckigen System mit elektrisch hochleitenden Steuerelektroden.

streifen. In diesem Fall verlaufen die Wirbelstrombahnen genau in x-Richtung, wie in Abb. 116a qualitativ dargestellt. Ist jedoch die Halbleiterplatte in x-Richtung begrenzt, so besteht das Wirbelstromfeld aus geschlossenen Strombahnen, wie Abb. 116b zeigt; nur auf der Symmetrieachse $x = 0$ laufen dann die Wirbelstrombahnen parallel zur

x-Achse. In Abwandlung zu dem in Abb. 116b dargestellten Fall besitzen Hallgeneratoren Steuerelektroden aus elektrisch hochleitendem Material (z. B. Kupfer und Silber), die sich über die gesamte Breite b der Ränder erstrecken. Wegen der gegenüber dem Halbleitermaterial hohen elektrischen Leitfähigkeit der Elektroden schließen sich die Wirbelstrombahnen bevorzugt über die Steuerelektroden, so daß das Wirbelstromfeld im Innern der Halbleiterplatte weitgehend mit dem des langgestreckten Halbleiterstreifens übereinstimmt (s. Abb. 116c). Das Magnetfeld der in den Steuerelektroden in y-Richtung fließenden Wirbelströme kann vernachlässigt werden. Für Hallgeneratoren mit unmagnetischem Mantel haben wir die Eigenfelder generell außer acht gelassen. Bei Ferrit-Hallgeneratoren mit beidseitig in Ferrit eingebetteter Halbleiterschicht liegen die Steuerelektroden immer außerhalb des kleinen Luftspaltes $\delta = d$. Das Magnetfeld der sich über die Steuerelektroden schließenden Wirbelströme kann daher praktisch nicht auf das Innere der in Ferrit eingebetteten Halbleiterschicht übergreifen, so daß in diesem Fall nur das Magnetfeld der in x-Richtung fließenden Wirbelströme wie beim langgestreckten Halbleiterstreifen wirksam wird. Die für die Berechnung des Wirbelstromfeldes gemachten Voraussetzungen, insbesondere das Verschwinden aller partiellen Ableitungen nach x, gelten daher über den langgestreckten Halbleiterstreifen hinaus auch in guter Näherung für Hallgeneratoren mit endlichem Seitenverhältnis a/b.

Teil III

Anwendungen der Hallgeneratoren

Im einleitenden Überblick wurden die Hallgeneratoranwendungen den beiden Steuergrößen, Steuerstrom und Steuerfeld, entsprechend in drei Gruppen eingeteilt; entweder sind beide Steuergrößen zeitlich veränderlich oder jeweils nur eine der beiden. Da die Ansteuerung durch ein Magnetfeld allen Hallgeneratoranwendungen gemeinsam ist und hierin das Besondere dieses Bauelements zum Ausdruck kommt, kann auch eine Klassifizierung der Anwendungen allein nach der Ausbildung des magnetischen Kreises vorgenommen werden. In diesem Fall lassen sich zwei große Anwendungsbereiche unterscheiden. Bei der ersten Anwendungsgruppe befindet sich der Hallgenerator in einem offenen magnetischen Kreis, und das steuernde Magnetfeld ist von außen vorgegeben, wie z. B. bei der Magnetfeldmessung oder bei der Signalgabe mit einem sich am Hallgenerator vorbeibewegenden Dauermagneten. Hiervon unterscheiden sich die Anwendungen, bei denen der Hallgenerator fest in einen geschlossenen, elektrisch erregten Magnetkreis eingebaut ist. Bei diesen Anwendungen ist das Magnetfeld also nicht primär vorgegeben, sondern wird erst durch den Strom in der Erregerwicklung im Luftspalt des Magnetkreises erzeugt. Auf diese Weise kann jede Größe, die sich in einen elektrischen Strom umwandeln läßt, einen Hallgenerator auch magnetisch ansteuern. Eine Hauptanwendung dieser Art ist die multiplikative Verknüpfung zweier elektrischer Größen mit einem Hallmultiplikator. Auch die Gleichstrommessung, die Modulation kleiner Gleichstromgrößen, die Verstärkung und die Schwingungserzeugung sind Anwendungen mit einem Hallgenerator im geschlossenen, elektrisch erregten Magnetkreis.

Im Sinne dieser Klassifizierung nehmen Anwendungen mit einer nur elektrisch angesteuerten Halbleiterschicht im konstanten Magnetfeld eine Sonderstellung ein. Bei dieser Betriebsart zeigt die mit Elektroden versehene Halbleiterschicht ein Verhalten, das ihre Verwendung als Gyrator in der Nachrichtentechnik möglich macht. Da sich die technische Bedeutung dieses Anwendungszweigs heute noch nicht übersehen läßt, stellen wir die galvanomagnetischen Gyratoren an den Schluß von Teil III.

A. Hallgeneratoren im offenen magnetischen Kreis

Die Anwendungen der Hallgeneratoren im offenen magnetischen Kreis haben drei Schwerpunkte: Die Magnetfeldmessung, die berührungs- und kontaktlose Signalgabe zur Erfassung und Steuerung von Bewegungsvorgängen und die Abfrage magnetisch gespeicherter Informationen.

7 Magnetfeldmessung

Die Magnetfeldmessung ist eine der ältesten Anwendungen der Hallgeneratoren. Der mit konstantem Steuerstrom erregte Hallgenerator wird in das auszumessende Magnetfeld gebracht; die auftretende Hallspannung ist bei linearer Anpassung der Normalkomponente des Magnetfeldes zur Halbleiterschicht proportional. So lassen sich magnetische Gleichfelder und auch zeitlich veränderliche Magnetfelder messen. Zur kontinuierlichen Messung magnetischer Gleichfelder ist der Hallgenerator allen anderen Meßverfahren an Einfachheit überlegen. Zwar läßt sich auch mit einer kleinen Spule und einem ballistischen Galvanometer ein magnetisches Gleichfeld sehr einfach ausmessen. Diese Methode ist jedoch diskontinuierlich, d. h., sie kann nur in diskreten Zeitabständen Meßwerte liefern. Ein induktives Meßverfahren mit kontinuierlicher Anzeige benutzt rotierende Spulen, deren Ausgangsspannung über Schleifringe abgegriffen wird. Gegenüber diesem Meßverfahren hat der Hallgenerator den Vorteil, keine bewegten Teile zu enthalten, einen geringeren Raum zu beanspruchen und schließlich zeitlichen Änderungen des Magnetfeldes unmittelbar proportional zu folgen.

Grenzen sind dem Hallgenerator-Meßverfahren dann gesetzt, wenn ein Magnetfeld mit extrem hoher Genauigkeit oder wenn sehr schwache Magnetfelder gemessen werden sollen. Bei den heute bestehenden Möglichkeiten zur Konstanthaltung des Steuerstroms und der Temperatur kann bei der Messung magnetischer Felder >1 kG der Fehler kleiner als 10^{-4} gehalten werden. Diese Genauigkeit wird nur von dem Kernspinresonanzverfahren übertroffen, mit dem bei allerdings wesentlich größerem Aufwand eine Meßgenauigkeit von 10^{-5} bis 10^{-6} erreicht wird [61]. Das Verfahren arbeitet diskontinuierlich, und ein größerer Meßbereich der magnetischen Induktion kann nur mit mehreren Meßsonden erfaßt werden. — Bei einer mittleren Feldempfindlichkeit von etwa 10 μV/G können mit Hallgeneratoren auch kleine Magnetfelder bis zu 1 G gemessen werden. Mit ferromagnetischen Antennenstäben, die auf den Hallgenerator aufgesetzt werden und den Magnetfluß bündeln, läßt sich der Meßbereich bis hinunter zu wenigen mG ausdehnen. Für die Messung noch schwächerer Magnetfelder werden heute das Frequenzverdopplerverfahren nach Förster [62] (Förster-Sonde) oder im Wechselfeld vormagnetisierte, magnetfeldabhängige Widerstände nach v. BORCKE, MARTENS und WEISS [63] verwendet. Mit diesen Meßverfahren können noch Magnetfelder von 10^{-5} bis 10^{-6} G nachgewiesen werden.

Im Bereich hoher und höchster Magnetfelder überwiegen dagegen die Vorteile des Hallgenerator-Meßverfahrens. So wurden bei der CERN in Genf gepulste Magnetfelder mit Hallgeneratoren bis hinauf zu Induktionen von 200 kG gemessen [22]. Der Bereich der Magnetfeldmessung mit Hallgeneratoren erstreckt sich somit von 10^{-3} G bis hinauf zu einigen 10^5 G, also über acht Zehnerpotenzen.

Magnetische Wechselfelder, die sich zeitlich sinusförmig ändern, können auf einfache Weise auch mit Induktionsspulen gemessen werden. Die Frage, ob sich in einem solchen Fall ein Hallgenerator vorteilhafter verwenden läßt, kann nicht generell beantwortet werden. Die Empfindlichkeit des induktiven Meßverfahrens hängt nämlich wesentlich von der Frequenz des sich sinusförmig ändernden Magnetfeldes ab; auch entscheidet über die Anwendbarkeit des induktiven Verfahrens der für die Unterbringung der Meßsonde zur Verfügung stehende Raum. Für die Messung hochfrequenter Magnetfelder dürfte in jedem Fall die Spulenmethode dem Hallgenerator überlegen sein.

Hallgeneratoren werden heute verwendet zur Magnetfeldmessung in elektrischen Maschinen, insbesondere in der kernphysikalischen Forschung zur Ausmessung der Magnetfelder von Teilchenbeschleunigern und Ablenkmagneten. Gemessen werden mit Hallgeneratoren die Magnetfelder supraleitender Spulen bei Temperaturen des flüssigen Heliums ebenso wie die Magnetfelder von Massenspektrometern in der physikalischen Analyse. Auf Grund ihrer kleinen Abmessungen eignen sie sich vorzüglich zur Ausmessung der Magnetsysteme elektrischer Meßwerke. Mit Hallgeneratoren geringer Zungenstärke wird die Induktion im Luftspalt von Lautsprechermagneten überprüft. Der Hallgenerator hat auch Eingang in die magnetische Werkstoffprüfung gefunden. Dabei nimmt eine vorrangige Stellung die Messung an hartmagnetischen Werkstoffen ein. Aber auch Magnetfelder in größeren räumlichen Bereichen, wie die Streufelder großer Eisenmassen (z. B. Schiffe) oder die Streufelder in elektrischen Anlagen, können mit Hallgeneratoren auf einfache Weise erfaßt werden.

7.1 Feldsonden und ihre Anpassung an die Meßaufgabe

Bei der Magnetfeldmessung wird der Hallgenerator im Sinne einer analogen Meßwertbildung verwendet. Aus diesem Grunde muß die Hallspannung möglichst temperaturunabhängig sein. Feldsonden müssen daher aus einem Halbleitermaterial hergestellt werden, dessen Hallkonstante einen möglichst kleinen Temperaturkoeffizienten β besitzt.

Als Standardmaterial für Feldsonden wird n-leitendes Indiumarsenid mit einer Hallkonstante $R_H = -100\ cm^3/Asec$ verwendet. Wie bereits in Abschn. 3.4 ausgeführt, befindet sich dieses Material bei Raumtemperatur in der Störleitung mit einem Temperaturkoeffizienten β der Hallkonstante von etwa $10^{-3}/°C$. Für hochgenaue Magnetfeldregelungen wird ein noch kleinerer Temperaturkoeffizient β gewünscht. Durch stärkere n-Dotierung des Indiumarsenids läßt sich mit $R_H = -10\ cm^3/Asec$ ein β von $10^{-4}/°C$ erreichen.

Die zweite Forderung, die bei Verwendung einer Feldsonde zur Magnetfeldmessung mit direkter Meßwertanzeige gestellt werden muß, ist eine gute Proportionalität zwischen Ausgangsspannung und der zu messenden magnetischen Induktion. InAs-Feldsonden mit rechteckiger Halbleiterschicht und einer Hallelektrodenbreite, wie sie durch die Technologie der Kontaktierung bedingt ist, besitzen im Magnetfeldmeßbereich bis 10 kG bei linearer Anpassung einen Linearisierungsfehler $F_{\min} < 1\%$. Unter Beibehaltung der Geometrie kann der Linearisierungsfehler nur durch eine Reduzierung der Elektronenbeweglichkeit verkleinert werden. Aus diesem Grund verwendet man für Präzisionsfeldsonden mit hoher Linearität als Halbleitermaterial den Mischkristall $In(As_{0,8}P_{0,2})$ mit einer Elektronenbeweglichkeit von nur $12000\ cm^2/Vsec$. Das Material ist n-dotiert mit einer Hallkonstante $R_H = -180\ cm^3/Asec$ und besitzt einen Temperaturkoeffizienten β von $10^{-3}/°C$. Rechteckige elektrische Systeme aus diesem Material lassen sich im Magnetfeldmeßbereich bis 10 kG linearisieren mit $F_{\min} < 0{,}2\%$. Eine noch bessere Proportionalität zwischen Hallspannung und magnetischer Induktion zeigen kreuzförmige elektrische Systeme gemäß Abb. 73. Kreuzförmige elektrische Systeme haben einen um den Faktor fünf kleineren Linearisierungsfehler als rechteckige Halbleiterschichten.

Feldsonden besitzen grundsätzlich einen Mantel aus unmagnetischem Material. Ihr Aufbau wurde bereits in Abschn. 4.2 „Hallgeneratoren mit unmagnetischem Mantel“ beschrieben. An dieser Stelle wurde auch an Hand von Beispielen ausgeführt, wie entscheidend der konstruktive Aufbau einer Feldsonde durch die Meßaufgabe bestimmt wird. Werden von der Meßaufgabe her keine besonderen Anforderungen an die geometrischen Abmessungen der Feldsonde gestellt, so können für die Magnetfeldmessung z. B. InAs-Feldsonden der Siemens-FA-Reihe oder auch bei höheren Anforderungen an die Linearität die Feldsonden der Siemens-FC-Reihe aus InAsP verwendet werden [43]. Auf Grund ihrer verhältnismäßig großen Zungenstärke von 1 bis 1,5 mm sind sie natürlich nicht geeignet zur Messung der magnetischen Induktion in kleinen Luftspalten. Für solche Meßaufgaben stehen heute Feldsonden mit Zungenstärken von maximal 0,3 mm zur Verfügung (Abb. 117). Kleine elektrische Systeme mit einer Halbleiterschicht von nur $1 \times 2\ mm^2$

ermöglichen die punktförmige Ausmessung stark inhomogener Magnetfelder, z. B. an magnetisch ausstreuenden Kanten. Axialfeldsonden mit einem Durchmesser von nur maximal 2,5 mm werden zur Messung der magnetischen Feldstärke in zylindrischen Bohrungen benutzt [43]. Bei ihnen steht die Fläche des elektrischen Systems senkrecht auf dem Halterungsschaft. Besonders ausgebildete Feldsonden gestatten die Messung der Tangentialfeldstärke an der Oberfläche eines magnetischen Prüflings. Aus dem Meßergebnis kann auf die magnetische Feldstärke im Innern des magnetisierten Körpers geschlossen werden [64]. Feldsonden mit aufgedampfter Halbleiterschicht haben sich zur Magnetfeld-

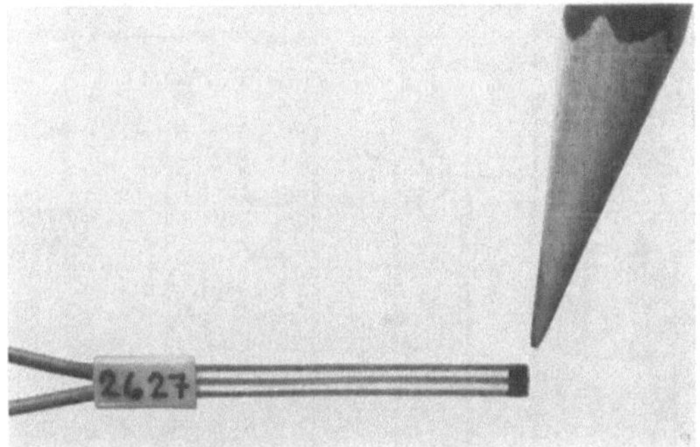

Abb. 117. Feldsonde zur Messung der magnetischen Induktion in kleinen Luftspalten.

messung in supraleitenden Spulen bei Temperaturen des flüssigen Heliums (4 °K) bewährt [44]. Auch können mit solchen Aufdampffeldsonden Magnetfelder bei Temperaturen bis zu 250 °C gemessen werden. Zur Messung magnetischer Feldgradienten benutzt man Feldsonden mit zwei elektrischen Systemen. Je nach Anordnung der beiden Halbleiterschichten kann der Gradient in Feldrichtung oder auch senkrecht zur Feldrichtung erfaßt werden. Feldsonden mit zwei dicht beieinander, parallel angeordneten Halbleitersystemen gestatten bei der Tangentialfeldmessung die Unterdrückung störender Thermospannungen sowie die weitgehende Ausschaltung des Eigenfeldfehlers [65]. Auch für die Messung der Magnetfelder in kurzzeitigen Plasmalichtbögen wurden Mehrfachfeldsonden mit Keramikummantelung eingesetzt. Aus der räumlichen Verteilung des Magnetfeldes lassen sich Rückschlüsse auf die Stromdichteverteilung im Lichtbogen ziehen.

7.2 Meßmethoden

7.2.1 Messen mit linearisiertem Hallgenerator und direkt anzeigendem Instrument. Bei der einfachsten Art der Magnetfeldmessung mit einer Feldsonde wird der Steuerstrom konstant gehalten und die linearisierte Hallspannung einem direkt anzeigenden Meßinstrument zugeführt. Da die Empfindlichkeit üblicher Feldsonden aus InAs $\geqq 10\,\mu$V/G ist, können auf diese Weise mit einem Drehspulmeßwerk normaler Empfindlichkeit (z. B. 5 mV Vollausschlag, Innenwiderstand 10 Ω) beliebig hohe Magnetfelder bis hinunter zu 500 G für den Skalenvollausschlag gemessen werden. Das Meßinstrument stellt dabei eine ohmsche Belastung der Feldsonde dar, so daß sein Innenwiderstand beim Abschluß des Hallgenerators mit dem Linearisierungswiderstand R_{LL} zu berücksichtigen ist. Der Steuerstrom kann im einfachsten Fall einer konstanten

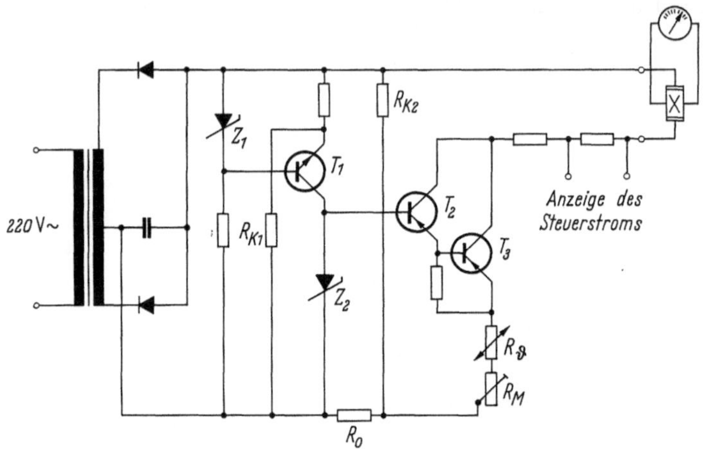

Abb. 118. Elektronischer Steuerstrom-Konstanthalter. Nach E. RAINER.

Spannungsquelle, wie z. B. einer Batterie, über einen Vorwiderstand entnommen werden. Um die steuerseitige magnetische Widerstandserhöhung auszuschalten, muß dieser Vorwiderstand groß gegenüber dem Innenwiderstand R_{10} sein.

Etwas aufwendiger ist es dagegen, den Steuerstrom elektronisch auf konstanten Wert zu regeln. Hierzu bietet die heutige Transistortechnik verschiedene Möglichkeiten. Als Beispiel zeigt Abb. 118 die Schaltung eines einfachen Stromkonstanthalters für einen Steuerstrom von 100 mA und steuerseitige Innenwiderstände $\leqq 50\,\Omega$ nach E. RAINER. Der Konstanthalter wird vom Netz her eingespeist. Durch die Zener-Diode Z_1 im Basisemitterkreis des Transistors T_1 wird ein vorstabilisierter Strom erzeugt, der die zweite Zener-Diode Z_2 durchfließt. Mit dem Kompensationswiderstand R_{K1} werden die vom Netz kommenden Schwankungen der gleichgerichteten Betriebsspannung auskompensiert, so daß die Spannung an der Zener-Diode Z_2 unabhängig von Netzspannungsschwankungen und von Änderungen der Temperatur ist. Die Spannung der Zener-Diode Z_2 bildet somit ein hochgenaues Vergleichsnormal für die nachfolgende Steuerstromregelung mit der Transistorkaskade T_2 und T_3. An den in Reihe geschalteten Widerständen R_0, R_M und R_ϑ im Basisemitterkreis dieser Kaskade steht die dem Istwert des Steuerstroms proportionale Meßspannung an. Die Spannungskompensation dieser Regelstufe greift über R_{K2} an den Festwiderstand R_0 an. Mit R_M läßt sich der Steuerstromsollwert fein einstellen, während R_ϑ ein Widerstand mit positivem Temperaturkoeffizienten ist, der den negativen Temperaturgang der Basisemitterspannung der Transistoren T_2 und T_3 auskompensiert. Die Größe des Steuerstroms kann an zwei Abgriffen über einen Festwiderstand im Ausgangskreis gemessen werden. Die Konstanz des Steuerstroms ist besser als $1^0/_{00}$ gegenüber Netzspannungsschwankungen von $\pm 20\%$ und Temperaturänderungen im Bereich von 20 bis 40 °C.

Ein Anwendungsbeispiel dieser Meßmethode ist die ortsfeste Messung des Magnetfeldes in einem Strahlführungsmagneten für kernphysikalische Experimente. Zur Beurteilung der Strahlfokussierung beim Experiment muß die Vertikalkomponente von B bekannt sein. Hierzu wird an einer fest vorgegebenen Stelle zwischen den beiden Polschuhen des Magneten mit einer Feldsonde die Vertikalkomponente in Abhängigkeit vom Erregerstrom gemessen. Zur Temperaturkonstanthaltung ist die Feldsonde auf einer kleinen Küvette befestigt, die an einen Thermostaten angeschlossen ist und von Wasser mit konstanter Temperatur durchflossen wird.

Neben dieser einfachen Aufgabe, die magnetische Induktion an einer bestimmten Stelle im Luftspalt eines Magneten in Abhängigkeit vom Erregerstrom zu bestimmen, kann mit einer linearisierten Feldsonde und einem direkt anzeigenden oder schreibenden Instrument auch der räumliche Verlauf eines Magnetfeldes gemessen werden. Eine solche Meßaufgabe besteht z. B. beim Korrigieren (shimming) des Feldverlaufs eines Experimentiermagneten durch Aufschrauben geeigneter Eisenstücke (shims) auf die beiden Polflächen. Zur Messung des Feldverlaufs wird eine Feldsonde auf einer Küvette befestigt, die über einen Spindelantrieb in der gewünschten Koordinatenrichtung bewegt werden kann. Die Hallspannung wird auf den Eingang eines Schreibers gegeben, dessen Papiervorschub ebenso wie der Spindelantrieb mit konstanter Geschwindigkeit läuft. Um die Position der Sonde im vom Schreiber aufgezeichneten Feld anzuzeigen, wird ein Raster fotoelektrisch abgetastet, das mit dem die Feldsonde bewegenden Schlitten fest verbunden ist. Die so entstehenden elektrischen Stellungsimpulse werden der Hallspannung überlagert auf den Schreiber gegeben. Durch die Küvette, auf die der Hallgenerator befestigt ist, fließt temperaturstabilisiertes Wasser. Die Küvette besteht aus Glas oder Keramik, damit bei der Bewegung im Magnetfeld keine unerwünschten Feldstörungen durch Wirbelströme hervorgerufen werden. Der Feldverlauf wird in mehreren Schritten korrigiert. Nach jedem „shimming" wird der Feldverlauf des Magneten aufgenommen und aus der noch bestehenden

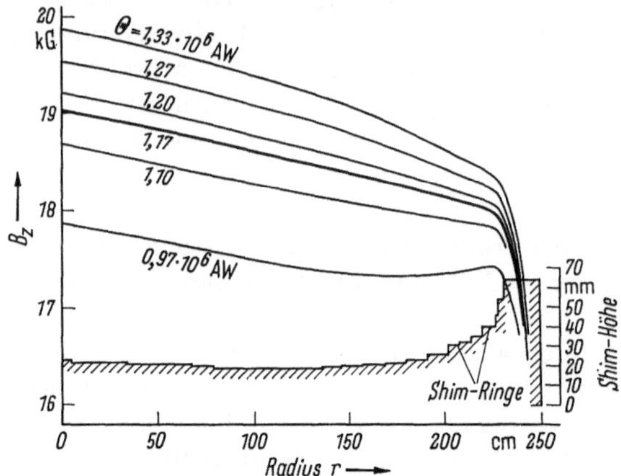

Abb. 119. Magnetische Induktion B_z im Luftspalt eines Zyklotronmagneten in Abhängigkeit vom Radius r mit der Erregung Θ als Parameter.

Abweichung des Meßergebnisses vom gewünschten Feldverlauf Lage und Größe der abzuändernden Shimstücke bestimmt.

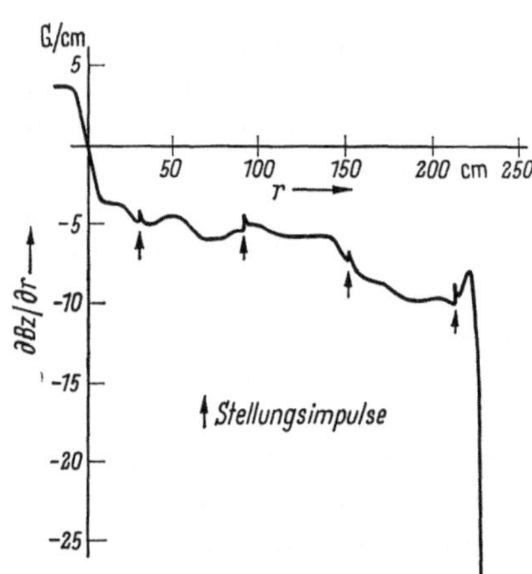

Abb. 120. Feldgradient $\partial B_z/\partial r$ im Luftspalt eines Zyklotronmagneten.

Als Beispiel eines nach dieser Methode aufgenommenen Feldverlaufs zeigt Abb. 119 die magnetische Induktion im Luftspalt eines Zyklotronmagneten in Abhängigkeit vom Radius für verschiedene Erregerströme und Abb. 120 den mit einer Gradientenfeldsonde aufgenommenen Verlauf von $\partial B_z/\partial r$. Aus der Lage der Stellungsimpulse wurde nachträglich der Radiusmaßstab gezeichnet. In Abb. 121 ist der azimutale Verlauf von B_z für verschiedene Radien wiedergegeben. Der azimutale Feldverlauf wurde mit zwei Feldsonden gemessen, die in Differenz geschaltet waren. Hierzu bewegte sich die eine Feldsonde auf einer Kreisbahn um den Mittelpunkt des Zyklotronmagneten mit konstanter Geschwindigkeit, während die andere Feldsonde ortsfest auf dieser Kreisbahn verblieb. Durch dieses Kompensationsverfahren wird die Meßgenauigkeit so gesteigert, daß die durch die Konstruktionselemente des Magneten verursachten geringen Schwankungen des Feldverlaufs in Abhängigkeit vom Azimut deutlich sichtbar werden[1].

Mit linearisierten Feldsonden lassen sich auch Magnetfeldmessungen in elektrischen Maschinen durchführen. Dabei kann die Feldsonde ortsfest angebracht sein, z. B. auf dem Zahn oder der Nut des Ständerpakets; es ist aber auch möglich, die Feldsonde auf dem Läufer zu befestigen und während des Laufes Steuerstrom und Hallspannung über

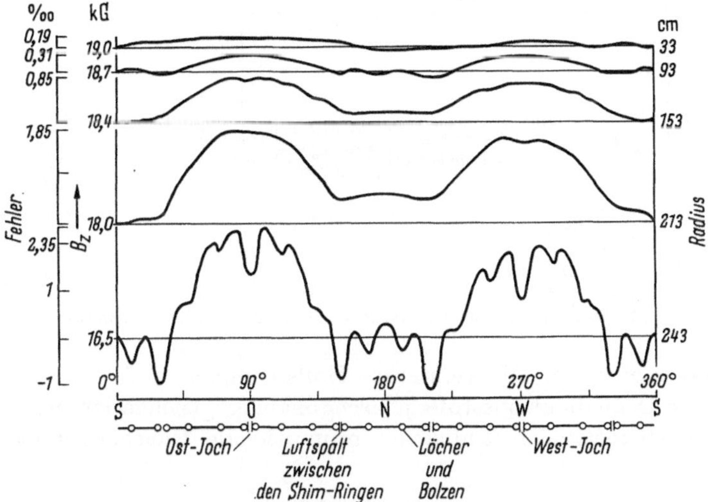

Abb. 121. Azimutaler Verlauf von B_z im Luftspalt eines Zyklotronmagneten für verschiedene Radien.

Schleifringe zuzuführen bzw. abzunehmen. Da die Magnetfelder in elektrischen Maschinen meistens zeitlich schnell veränderlich sind, wird in diesen Fällen der Hallspannungsverlauf durch einen Kathodenstrahloszillographen angezeigt [66, 67].

Sollen magnetische Induktionen unterhalb 500 G, insbesondere Induktionen von nur wenigen Gauß, gemessen werden, so reicht die Hallspannung nicht aus, ein direkt anzeigendes Drehspulmeßwerk auszusteuern. Für solche Meßaufgaben muß die Hallspannung verstärkt werden. Um eine nullpunktsichere Verstärkung der kleinen Hallspannungen zu erreichen, nutzt man die multiplikative Eigenschaft der Feldsonde aus und führt die der magnetischen Induktion proportionale Hallspannung in eine Wechselspannung über. Hierzu wird der Hall-

[1] Die in den Abb. 119, 120 und 121 wiedergegebenen Messungen wurden von Herrn E. Braunersreuther am 600-MeV-Synchro-Zyklotron der CERN, Genf, durchgeführt.

generator steuerseitig mit einem Wechselstrom erregt. Abb. 122 ist ein Prinzipschaltbild dieser Hallspannungsverstärkung. Die Ausgangsspannung der aus einem Frequenzgenerator mit Wechselstrom eingespeisten Feldsonde wird auf den Eingang eines Wechselspannungs-

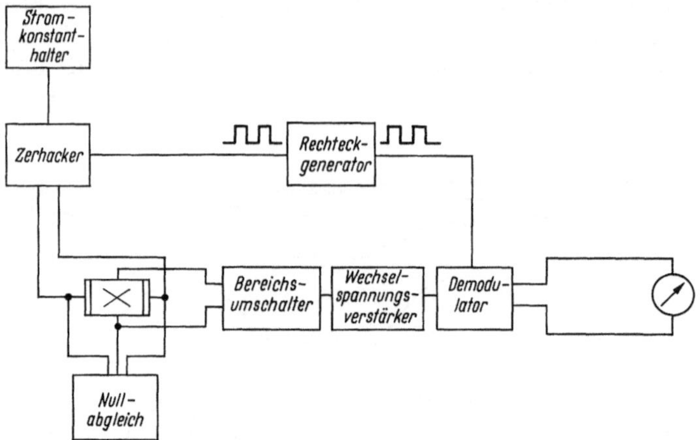

Abb. 122. Prinzipschaltbild der Magnetfeldmessung mit Steuerwechselstrom.

verstärkers gegeben. Die verstärkte Hallspannung wird in einer nachfolgenden Demodulationsstufe phasenabhängig gleichgerichtet, so daß eine der magnetischen Induktion proportionale Gleichspannung ent-

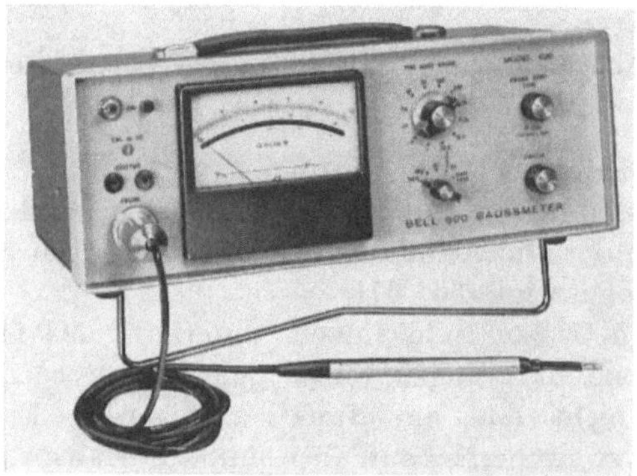

Abb. 123. Magnetfeldmeßgerät der Firma F. W. Bell.

steht, deren Vorzeichen wie beim Messen ohne Zwischenverstärkung der Richtung der magnetischen Induktion entspricht. Abb. 123 zeigt ein nach diesem Prinzip arbeitendes Magnetfeldmeßgerät der Firma F. W. Bell Inc., Columbus, Ohio. Das Gerät hat zwölf Meßbereiche mit 0,1 G Skalenvollausschlag im empfindlichsten Bereich und 30000 G

Skalenvollausschlag im obersten Bereich. Die Meßgenauigkeit beträgt $\pm 2\%$. Das Gerät kann mit verschiedenen Feldsonden betrieben werden. Die unterschiedlichen Nullspannungen und Empfindlichkeiten werden bei Sondenwechsel durch eine am Gerät vorzunehmende Justierung ausgeglichen. Um den Nullspannungsabgleich in den unteren Meßbereichen unabhängig von Streufeldern und vom Erdfeld vornehmen zu können, wird die Sonde in eine diese äußeren Magnetfelder abschirmende Kammer aus weichmagnetischem Eisen gebracht und der Nullspannungsabgleich durch Einstellen einer Widerstandskombination zwischen den Steuer- und Hallelektroden entsprechend den in Abschn. 6.1.8 beschriebenen Verfahren durchgeführt. Die Anpassung der unterschiedlichen Feldempfindlichkeiten der einzelnen Sonden an das Gerät erfolgt durch Teilung der verstärkten Hallspannung mit Hilfe eines einstellbaren Potentiometers. Bei der Kalibrierung richtet man sich nach der Empfindlichkeitskennziffer, die auf die Sonde aufgedruckt ist. Für eine genaue Kalibrierung in den einzelnen Meßbereichen stehen hochstabilisierte Präzisionsdauermagnete zur Verfügung. Die Sonde wird in den Luftspalt eines dieser Magnete gebracht und nach Wahl des zugehörigen Meßbereiches durch Drehen der Potentiometerschraube der Zeigerausschlag auf den Induktionswert des Kalibriermagneten adjustiert. Parallel zu dem fest im Gerät eingebauten Meßinstrument ist ein zusätzlicher Ausgang vorgesehen, an den z. B. ein Oszillograph, ein Schreiber oder ein anderes anzeigendes Meßinstrument angeschlossen werden können. Die Ausgangsspannung folgt zeitlichen Magnetfeldänderungen bis zu einer Frequenz von 400 Hz.

7.2.2 Messen über Eichkurve und Eichdaten. Die Methode der Magnetfeldmessung mit linearisierter Feldsonde und direkt anzeigendem Meßinstrument ist in ihrer Genauigkeit auf etwa 1% begrenzt. Zur Erreichung höherer Meßgenauigkeiten (Meßfehler 10^{-3} und besser) bedient man sich der Methode der Eichkurve bzw. Eichdaten. Die Feldsonde wird hierbei nicht mehr durch einen Abschlußwiderstand linearisiert, sondern im Leerlauf betrieben. Die Leerlaufhallspannung wird mit einem Kompensator gemessen. Zur genauen Meßwerterfassung werden neuerdings auch Digitalvoltmeter eingesetzt, denen bei schneller Meßwertfolge zur Registrierung ein Drucker nachgeschaltet ist. Es ist selbstverständlich, daß für solche Messungen der Steuerstrom auf besser als 10^{-3} konstant gehalten und die Temperatur der Feldsonde auf wenige Zehntel Grad stabilisiert werden müssen.

Zur Aufnahme der Eichkurve bzw. der Eichdaten wird die Feldsonde in ein einstellbares, in den einzelnen Eichpunkten hochkonstantes Magnetfeld gebracht. Gleichzeitig werden der Steuerstrom der Feldsonde elektronisch und ihre Temperatur durch einen Thermostaten konstant gehalten. Abb. 124 zeigt einen Meßplatz mit allen für die

Aufnahme von Eichkurven bzw. Eichdaten notwendigen Geräten. Der Eichmagnet ist feldgeregelt (s. hierzu Abschn. 7.6 Magnetfeldregelung). Unterhalb des Tischaufbaus sind die elektronischen Einschübe für die Magnetfeldregelung zu erkennen. Der Sollwert des Magnetfeldes wird mit den vier Drehschaltern unterhalb der Tischplatte angewählt. Das sich einstellende, geregelte Magnetfeld wird mit der im Bild rechts stehenden Kernspinresonanzeinrichtung mit digitaler Frequenzanzeige gemessen. Die Leerlaufhallspannung der zu eichenden Feldsonde wird

Abb. 124. Meßplatz zur Aufnahme der Eichdaten von Hallgenerator-Feldsonden (Foto CERN).

an dem auf dem Eichmagneten stehenden Digitalvoltmeter abgelesen. Abhängig vom eingestellten Feld des Eichmagneten werden diese beiden digital angezeigten Meßwerte aufgeschrieben, wobei die Frequenzanzeige über die gyromagnetische Konstante der verwendeten Kernspinresonanzprobe in das Magnetfeld B umgerechnet wird. Auf dem Tisch ganz links steht ein Thermostat zur Stabilisierung der Temperatur der Feldsonden im Eichmagnet. Zwischen Eichmagnet und Kernspinresonanzeinrichtung erkennt man zwei elektronische Konstanthalter für den Steuerstrom.

Durch eine hinreichende Anzahl von Eichpunkten kann graphisch eine Eichkurve gelegt werden. Zur Auswertung einer Magnetfeldmessung mit der gezeichneten Eichkurve sucht man die mit dem Kompensator gemessene bzw. vom Digitalvoltmeter angezeigte Leerlaufhallspannung auf der Ordinate auf und liest über die Eichkurve die zugehörige magnetische Induktion auf der Abszisse ab. Bei einer großen Zahl von Meßpunkten kann die Auswertung zeitraffender mit einem elektronischen Rechner vorgenommen werden. Hierzu wird die Eichkurve mathematisch durch ein Polynom approximiert. Die Eichdaten der Sonde werden dann beschrieben durch die Koeffizienten dieses Polynoms. Diese Koeffizienten werden im Computer gespeichert, so daß er mit Hilfe des zugehörigen Interpolations-Rechenprogramms jeden Meßwert der Leerlaufhallspannung in die zu bestimmende Induktion umrechnen und ausdrucken kann.

7.2.3 Hochgenaue Feldmessung ohne Temperaturstabilisierung. Bei den bisher beschriebenen Magnetfeldmessungen mit Feldsonden mußte nicht nur der Steuerstrom konstant gehalten werden, sondern bei hohen Ansprüchen an die Genauigkeit auch die Temperatur der Feldsonde. Die Konstanthaltung der Temperatur bringt einigen Aufwand mit sich; insbesondere erfordert sie für die Unterbringung der Küvette zusätzlichen Raum am Meßort; auch kann die Zu- und Abfuhr der thermostatisierten Flüssigkeit über zwei Schläuche als ein gewisser Nachteil bei im Magnetfeld zu bewegenden Feldsonden angesehen werden. Auch bei einer Thermostatisierung mit einem Peltier-Element zur Kühlung bzw. Aufheizung der Feldsonde und einem NTC-Widerstand als Temperaturfühler ist der Aufwand nicht unerheblich.

Nach einem Vorschlag von M. V. Smith [68] kann man mit Feldsonden auch ohne Temperaturstabilisierung Magnetfelder hochgenau ausmessen. Bei diesem Meßerfahren muß lediglich der Steuerstrom konstant gehalten werden. Bei konstantem Steuerstrom sind die Leerlaufhallspannung u_{20} und die Steuerspannung u_{10} im Leerlauf eindeutige Funktionen der magnetischen Induktion B und der Temperatur ϑ. Dabei ist einem Wertepaar (u_{10}, u_{20}) umkehrbar eindeutig ein Wertepaar (B, ϑ) zugeordnet. Zur Eichung einer Feldsonde, mit der ohne Temperaturstabilisierung gemessen werden soll, wird bei konstantem Steuerstrom die Leerlaufhallspannung u_{20} und die Steuerspannung u_{10} im Leerlauf in Abhängigkeit von B bestimmt, wobei die Temperatur ϑ in dem später bei der Messung zu erwartenden Temperaturbereich variiert wird. Aus dieser Messung läßt sich der Zusammenhang $B(u_{10}, u_{20})$ gewinnen, der eine Fläche über der (u_{10}, u_{20})-Koordinatenebene ist. Bei hinreichend vielen Meßpunkten läßt sich diese Fläche sehr genau durch ein Polynom mit den Variablen u_{10} und u_{20} approximieren. Durch die Koeffizienten dieses Polynoms ist die Eichfläche mathematisch bestimmt. Diese Koeffizienten werden wieder in den Speicher eines Rechners gegeben, so daß bei Vorgabe eines Wertepaares (u_{10}, u_{20}) der Computer die zugehörige magnetische Induktion B berechnen kann.

Dieses Verfahren ist dann von Vorteil, wenn bei kleinstem apparativem Aufwand an der Meßstelle die räumliche Struktur eines Magnetfeldes durch eine Vielzahl von Meßpunkten quasikontinuierlich ausgemessen werden soll. Hierbei besteht die gesamte Messung aus diskontinuierlich aufeinanderfolgenden Einzelmeßvorgängen. Die Geschwindigkeit bei der Meßwerterfassung und -verarbeitung ist jedoch so groß, daß sich der Hallgenerator kontinuierlich mit konstanter, nicht zu hoher Geschwindigkeit durch das auszumessende Magnetfeld bewegen kann.

7.3 Fehler bei der Messung inhomogener Magnetfelder

Bei der Messung inhomogener Magnetfelder mit einer Feldsonde wurde bisher stillschweigend davon ausgegangen, daß sich im Sinne einer punktförmigen Messung des Magnetfeldes die magnetische Induktion über die geringe Ausdehnung des kleinen elektrischen Systems nur wenig ändert. Diese Voraussetzung ist bei kleinen Feldgradienten sicher erfüllt. Bei räumlich stark veränderlichen Magnetfeldern kann sich dagegen bereits im Bereich der kleinen Halbleiterschicht die magnetische Induktion merklich ändern. Es erhebt sich die Frage, welche Rückschlüsse in diesem Fall aus der Hallspannung auf die magnetische Induktion gezogen werden können. J. Brunner [69] untersuchte als erster den Hall-Effekt im inhomogenen Magnetfeld und konnte für einen langgestreckten Hallgenerator in Magnetfeldern der Form

$$B_z(x, y) = f(y)\, x + g(y) \tag{204}$$

die allgemeine Lösung für die in diesem Magnetfeld auftretende Hallspannung angeben. Hängt speziell das Magnetfeld B_z nur von y ab (d. h. $f(y) \equiv 0$), so ist die Hallspannung dem Mittelwert des Magnetfeldes über die Breite b des Hallgenerators exakt proportional. Für den Sonderfall, daß sich die Änderung des Magnetfeldes im Bereich des elektrischen Systems hinreichend genau beschreiben läßt durch einen konstanten Gradienten, also durch

$$B_z(x, y) = B_z(x = 0, y = 0) + x\,|\operatorname{grad} B_z|\cos\varphi - y\,|\operatorname{grad} B_z|\sin\varphi, \tag{205}$$

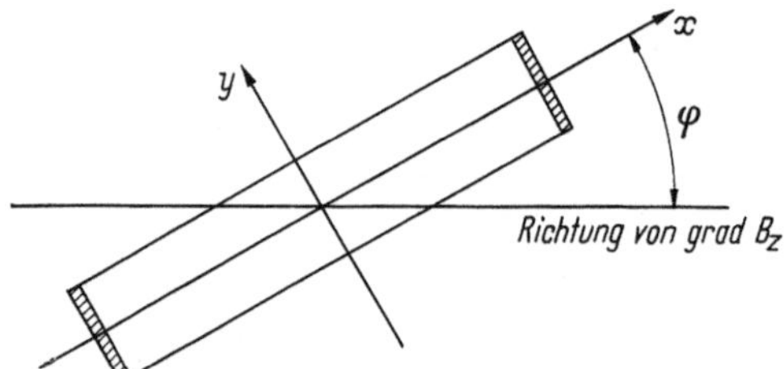

Abb. 125. Winkel φ zwischen der Steuerrichtung und der Richtung des Gradienten von B_z.

mit φ als Winkel zwischen der Richtung des Gradienten von B_z und der x-Achse des Hallgenerators entsprechend Abb. 125, erhält man für die Hallspannung

$$u_{20} = \frac{R_H}{d} i_1 \Big\{ B_z(x = 0, y = 0) - \frac{b}{2}\,|\operatorname{grad} B_z|\sin\varphi \cdot \\ \cdot \Big[\coth\Big(\frac{\sigma R_H b}{2}\,|\operatorname{grad} B_z|\cos\varphi\Big) - \frac{2}{\sigma R_H b\,|\operatorname{grad} B_z|\cos\varphi}\Big]\Big\}. \tag{206}$$

Für Feldgradienten

$$|\operatorname{grad} B_z| \leqq \frac{1}{\sigma R_H b} \tag{207}$$

läßt sich Gl. (206) entwickeln zu

$$u_{20} = \frac{R_H}{d} i_1 \left\{B_z(x = 0, y = 0) - \frac{\sigma R_H b^2}{24} |\operatorname{grad} B_z|^2 \sin 2\varphi\right\}. \tag{208}$$

Die Bedingung (207) ist für Feldsonden aus Indiumarsenid mit $\sigma R_h \approx 20000\,\mathrm{cm^2/Vsec}$ und einer Breite b von 0,5 cm bis zu Gradienten von 10000 G/cm erfüllt.

Das dem Quadrat des Feldgradienten proportionale Korrekturglied in Gl. (208) verschwindet für die Winkelstellungen $\varphi = 0°$ und $\varphi = 90°$. Bringt man also eine Feldsonde so in das auszumessende Magnetfeld, daß der Feldgradient entweder in x- oder y-Richtung liegt, so wird exakt die magnetische Induktion B_z $(x = 0, y = 0)$ im Mittelpunkt der Feldsonde gemessen. Die größte Abweichung vom Wert B_z $(x=0, y = 0)$ tritt auf bei einer Winkelstellung $\varphi = 45°$, und zwar beträgt diese Abweichung dann

$$\frac{\sigma R_H b^2}{24} |\operatorname{grad} B_z|^2.$$

Dieser Ausdruck hat für einen Hallgenerator aus Indiumarsenid mit einer Systembreite von $b = 0{,}5$ cm den Wert $2 \cdot 10^{-6} |\operatorname{grad} B_z|^2$, wenn $|\operatorname{grad} B_z|$ in Gauß/cm eingesetzt wird. Bei der Messung eines inhomogenen Magnetfeldes mit einem Feldgradienten von 1000 G/cm kann daher die gemessene Abweichung von der wahren Induktion $B_z(x=0, y = 0)$ im Mittelpunkt der Feldsonde nur maximal 2 G betragen.

Läßt man bei der Messung des Magnetfeldes eine Drehung des Hallgenerators um die z-Achse zu, so durchläuft die Hallspannung entsprechend Gl. (208) ein Maximum und ein Minimum. Ihr Mittelwert entspricht der magnetischen Induktion an der Stelle $x = y = 0$, während die Differenz zwischen Maximal- und Minimalwert dem Quadrat des Feldgradienten proportional ist. Bei großem Feldgradienten kann auf diese Weise $B_z(x = 0, y = 0)$ exakt gemessen werden; außerdem läßt sich so auch $|\operatorname{grad} B_z|$ bestimmen.

7.4 Messung höchster Magnetfelder

Magnetfelder von 100 bis 200 kG treten in gepulsten Ablenkmagneten auf, die in der kernphysikalischen Forschung für Experimente mit Teilchen hoher Energie verwendet werden. Diese Magnete sind eisenlos; sie besitzen nur eine Luftspule aus wenigen Windungen, über die ein Stoßkondensator entladen wird. Je nach Ausbildung der Spule kann in ihrem Innern über einen gewissen Raumbereich ein homogenes

Magnetfeld der obengenannten Größe für kurze Zeit erzeugt werden. Mit solchen Magnetfeldern werden Ablenkversuche an Elementarteilchen hoher Energie durchgeführt.

Gepulste hohe Magnetfelder werden heute auch technisch zur Umformung von Metallen angewendet. Diese Umformmethode ist als Magneformverfahren [70] bekannt geworden. Bringt man in das sich kurzzeitig aufbauende und wieder abklingende Magnetfeld einen elektrisch leitenden Körper, wie z. B. ein gut leitendes Metall, so werden in dem metallischen Werkstück Wirbelströme induziert. Diese Wirbelströme erfahren in dem hohen Magnetfeld ablenkende Kräfte, die als Umformdruck am Werkstück wirksam werden. Da der Umformdruck identisch ist mit der Energiedichte des Magnetfeldes an der Oberfläche des Werkstücks, entsprechend $p = B_z^2/2\mu_0$, kann aus der Messung der magnetischen Induktion der einwirkende Umformdruck bestimmt werden. Für Grundsatzuntersuchungen zum Magneformverfahren ebenso wie für die Auslegung gepulster Magnete in der Kernphysik ist daher die Messung hoher gepulster Magnetfelder ein wichtiges Hilfsmittel.

Bei der Messung gepulster hoher Magnetfelder mit Feldsonden muß auf drei Punkte besonders geachtet werden: Durch die hohe Änderungsgeschwindigkeit des Magnetfeldes werden besondere Anforderungen an den Abgleich der induktiven Nullkomponente gestellt. Eine ausreichende Kompensation der induktiven Nullkomponente wird durch eine kleine Induktionsschleife im Hallkreis erreicht, die neben der Feldsonde im Magnetfeld drehbar angeordnet ist, entsprechend den Ausführungen in Abschn. 6.3. Zum Abgleich wird die Schleife im Magnetfeld so eingestellt, daß die ohne Steuerstrom im gepulsten Magnetfeld auftretende induktive Restspannung klein ist gegen die Hallspannung bei Erregung der Feldsonde mit Steuerstrom. Darüber hinaus muß beachtet werden, daß der steuerseitige Innenwiderstand der Feldsonde während des hohen Magnetfeldimpulses stark ansteigt. So erhöht sich z. B. in einem Magnetfeld von 180 kG der steuerseitige Innenwiderstand einer Feldsonde aus Indiumarsenid mit rechteckigem elektrischen System von $a/b = 2$ um den Faktor 25 und der steuerseitige Innenwiderstand einer entsprechenden Feldsonde aus $In(As_{0,8}P_{0,2})$ um den Faktor 10. Infolge dieser Widerstandserhöhung steigt die Verlustleistung während des Magnetfeldimpulses stark an. Die begrenzte Wärmekapazität der Halbleiterschicht führt damit zu einer Erhöhung der Schichttemperatur. Bei einer gewünschten Meßgenauigkeit von etwa 1% darf dieser Temperaturanstieg höchstens 10°C betragen; entsprechend ist der Steuerstrom zu reduzieren. Schließlich muß dafür gesorgt werden, daß die plötzliche Erhöhung des steuerseitigen Innenwiderstandes keinen nennenswerten Einfluß auf den Steuerstrom hat. Hierzu wird in den Steuerkreis ein hoher Vorwiderstand gelegt, der auch noch groß ist gegen den steuerseitigen Innenwiderstand, den die Feldsonde während des Magnetfeldimpulses annimmt.

Abb. 126 zeigt den zeitlichen Verlauf des Magnetfeldes im Innern eines gepulsten Ablenkmagneten [22]. Der etwa 8 msec dauernde Magnetfeldimpuls besitzt einen Scheitelwert von 180 kG und wurde mit einer Feldsonde aus $In(As_{0,8}P_{0,2})$ gemessen. Gleichzeitig wurde neben der Hallspannung auch die der Änderungsgeschwindigkeit des Magnetfeldes proportionale Induktionsspannung einer kleinen Spule vom Kathodenstrahloszillographen mit aufgezeichnet.

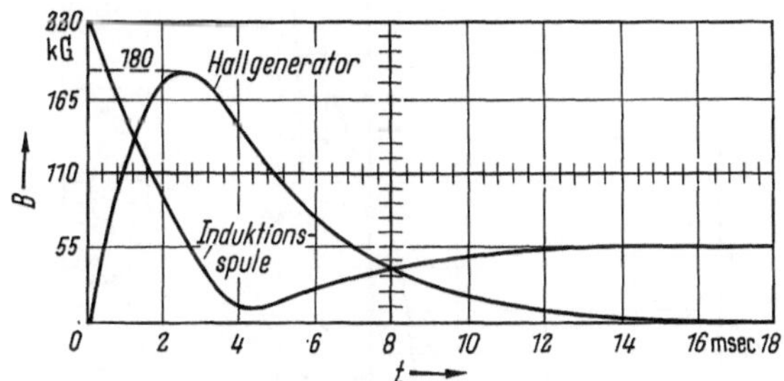

Abb. 126. Oszillogramm eines Magnetfeldimpulses.

Als ein Beispiel aus dem Bereich der Magnetfeldmessung an Magneformarbeitsspulen ist in Abb. 127 das axiale Magnetfeld in einer Kompressionsspule zwischen Werkstück und Feldkonzentrator zu sehen. Zur Konzentrierung des Magnetfeldes auf einen ringförmigen Bereich des zylindrischen Werkstücks liegt der Feldkonzentrator nur in diesem Bereich eng am Werkstück an. Mit einer Axialfeldsonde wurde der Verlauf des axial gerichteten Magnetfeldes im Spalt zwischen Feldkonzentratorvorsprung und Werkstück bei einer Ladeenergie des Stoßkondensators von 12 kWsec gemessen. Diese Messungen wurden an einer Reihe von Feldkonzentratoren durchgeführt mit sukzessiv in axialer Richtung kleiner werdendem Vorsprung. Dabei steigt das Magnetfeld stark an. Bei einer Vorsprunghöhe von nur mehr 5 mm herrscht im Luftspalt zwischen Konzentratorvorsprung und Werkstück eine magnetische Induktion von 260000 G, entsprechend einem Umformdruck von 2700 kp/cm^2.

Verhältnismäßig hohe Magnetfelder, jedoch unter 100 kG, treten auch in supraleitenden Spulen auf. Da es sich hierbei um magnetische Gleichfelder handelt, ist ihre Messung mit Feldsonden besonders einfach. Die Messung in supraleitenden Spulen erfordert nur dann besondere Maßnahmen, wenn die Meßstelle selbst auf sehr niedrigen Temperaturen liegt. Für die Messung hoher Magnetfelder bei tiefen Temperaturen werden vorteilhaft Feldsonden mit aufgedampfter InAs-

Schicht verwendet, wie sie zuerst von K. G. GÜNTHER und H. FRELLER [44] beschrieben wurden. Die hohe Festigkeit dieser Sonden gegenüber extrem großen Temperaturänderungen beruht auf der weitgehenden

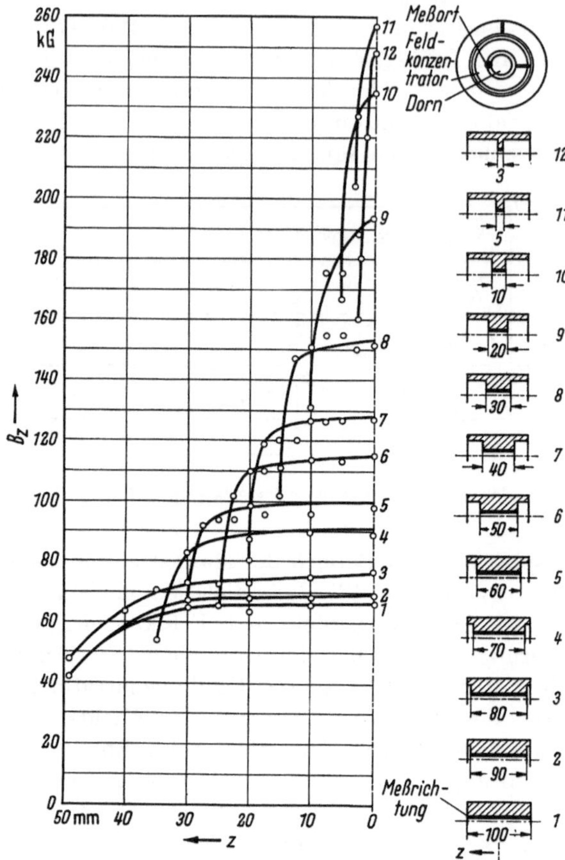

Abb. 127. Magnetfeld im Arbeitsspalt einer Magneformspule.

Übereinstimmung der thermischen Ausdehnungskoeffizienten der aufgedampften Halbleiterschicht und der Trägerplatte aus Sinterkeramik, die durch den Aufdampfprozeß ohne Klebeschicht unmittelbar miteinander verbunden sind.

7.5 Messung schwacher Magnetfelder

Zur Messung schwacher Magnetfelder, die sich über größere räumliche Bereiche erstrecken, wie z. B. des magnetischen Erdfeldes oder die Streufelder großer Eisenmassen und elektrischer Maschinen, kann die Empfindlichkeit einer Feldsonde durch Aufsetzen weichmagnetischer Antennenstäbe wesentlich gesteigert werden. Es handelt sich dabei um ein Verfahren, das zuerst von Ross und Saker [71, 72] vorgeschlagen wurde. Bei diesem Verfahren nutzt man die Tatsache aus, daß im Innern eines in Feldrichtung langgestreckten ferromagnetischen Stabes eine Feldlinienverdichtung und damit eine Erhöhung der magnetischen Induktion auftritt (s. Abb. 128 oben). Diese Feldkonzentration bleibt praktisch erhalten, wenn der Stab in zwei Hälften geteilt und in den entstehenden kleinen Luftspalt ein Hallgenerator gebracht wird. Das

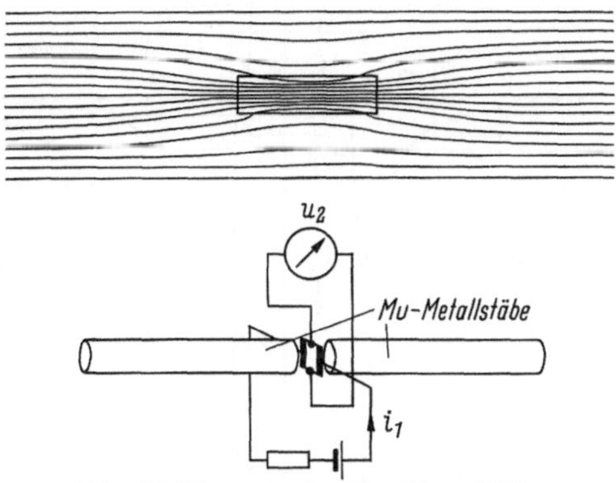

Abb. 128. Messung schwacher Magnetfelder.

Prinzip einer solchen Meßanordnung ist in Abb. 128 unten dargestellt. Um den Luftspalt möglichst klein zu halten, wird bei der praktischen Ausführung als Feldsonde ein Ferrit-Hallgenerator in Sandwichbauweise benutzt. Hierdurch läßt sich der verbleibende Luftspalt bis auf die Halbleiterschichtdicke reduzieren. Eine weitere Steigerung der Empfindlichkeit läßt sich dadurch erreichen, daß der von den Antennenstäben eingefangene Magnetfluß auf einen engen Bereich der Halbleiterschicht zwischen den beiden Hallelektroden konzentriert wird. Hierzu wird der Ferrit-Hallgenerator mit einer annähernd quadratischen Ferritdeckplatte ausgebildet (Stegbauweise), während sich die weichmagnetischen Antennenstäbe zum Ferrit-Hallgenerator hin auf dessen Querschnittsflächen verjüngen. Bei einer Gesamtlänge der Sonde von etwa 10 cm und einer Querschnittsfläche der Antennenstäbe von 1 cm² hat eine solche Sonde eine Feldempfindlichkeit von etwa 5 mV/G. Bei einer Nullpunktskonstanz von 1 μV über Temperaturänderungen zwischen $-20\,°C$ und $+50\,°C$ können mit der Sonde in diesem weiten Temperaturbereich noch Feldänderungen von 1 mG einwandfrei nachgewiesen werden.

Als ein Beispiel der Magnetfeldmessung mit einer Antennensonde ohne nachgeschalteten Verstärker ist in Abb. 129 die Vertikalkomponente des magnetischen Streufeldes eines Zyklotronmagneten wiedergegeben. Das Streufeld ist unsymmetrisch, da der Magnet durch einseitige Eisenarmaturen in der Zyklotronhalle abgeschirmt ist. Für größere Abstände verhält sich das Magnetfeld wie ein Dipolfeld. Um

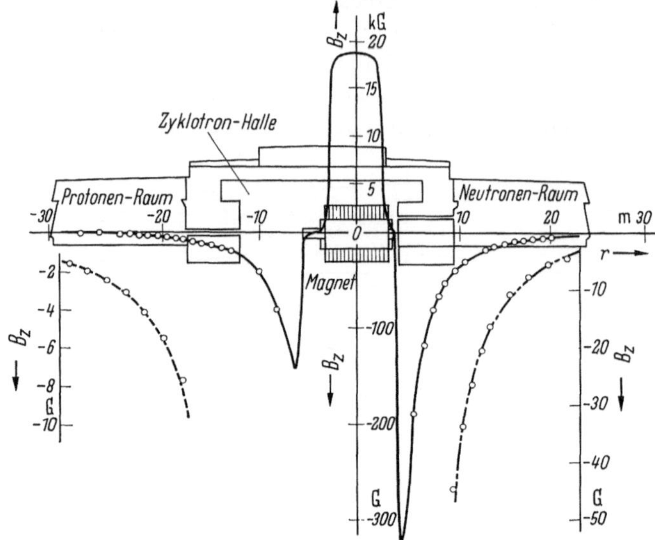

Abb. 129. Streufeld eines Zyklotronmagneten.

einen Eindruck von der Meßgüte zu vermitteln, sind die schwachen Magnetfelder im Neutronenraum rechts und Protonenraum links gespreizt dargestellt.

Baut man drei derartige Antennensysteme zu einem Tripel zusammen, wobei die einzelnen Sonden aufeinander senkrecht stehen, entsprechend den drei Achsen eines räumlichen Koordinatensystems, so stellt eine solche Anordnung einen räumlichen Magnetkompaß mit elektrischem Ausgang dar. In jeder beliebigen Lage des Tripels kann aus den Meßwerten der drei Komponenten die räumliche Lage des erdmagnetischen Vektors bezogen auf das Koordinatensystem des Sondendreibeins bestimmt werden. Solche Magnetkompasse werden heute für verschiedene Steuerungsaufgaben in der Schiffahrt verwendet.

7.6 Magnetfeldregelung

Zum Bereich der Magnetfeldmessung gehört auch die Magnetfeldregelung. Bei kernphysikalischen Experimenten benötigt man zur Führung und Ablenkung hochbeschleunigter Elementarteilchen Elektromagnete, deren Magnetfeld sehr genau einstellbar und über längere Zeit konstant sein muß. Werden hierbei hohe Anforderungen an die Reproduzierbarkeit des Magnetfeldes bei Wiederholung des Experimentes bzw. nach Feldumkehr gestellt, so kann wegen der Hysterese des Magnetkerns eine Stromregelung diese Bedingung nicht erfüllen. Mit einem Hallgenerator als Geber, der die Differenz zwischen dem vorhandenen Magnetfeld und dem eingestellten Sollwert bildet, ist man in der Lage, an Stelle des Magnetstroms das Magnetfeld selbst zu regeln. Auf diese Weise werden die durch die Hysterese des Magnetkerns bedingten

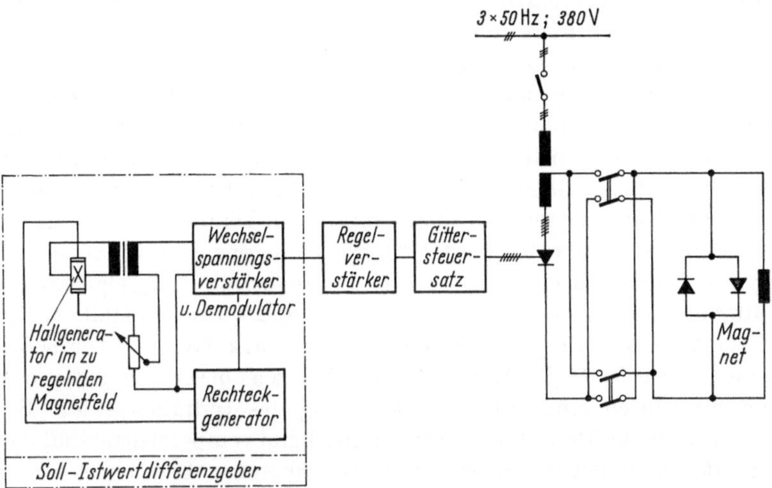

Abb. 130. Prinzipschaltbild einer feldgeregelten Magnetstromversorgung.

Schwierigkeiten umgangen. In Abb. 130 ist das Prinzipschaltbild einer solchen feldgeregelten Magnetstromversorgung nach LEHM und BRUNNER [73] dargestellt. Die Soll-Istwert-Differenzbildung mit einem Hallgenerator ist in diesem Prinzipschaltbild näher ausgeführt. Der Hallgenerator im Luftspalt des Magneten wird aus einem Rechteckgenerator mit Wechselstrom versorgt und gibt daher eine der magnetischen Induktion proportionale rechteckförmige Wechselspannung ab. Der rechteckförmige Steuerstrom des Hallgenerators durchfließt gleichzeitig ein Potentiometer, dessen einstellbare Abgriffspannung als Sollwert gegen die transformierte Hallspannung geschaltet wird. Die als Wechselspannung auftretende Regelabweichung wird verstärkt, demoduliert und als Gleichspannung auf den Regelverstärker gegeben, dessen Ausgangsspannung über einen Gittersteuersatz Siliziumthyristoren, z. B. in einer 6-Phasen-Sternschaltung, ansteuert. Zum Umpolen der Spannung am Magneten ist ein Umschalter vorgesehen, der nur im stromlosen Zustand geschaltet werden darf. Da bei der Soll-Istwert-Differenzbildung der Steuerstrom den Hallgenerator und das Sollwertpotentiometer durchfließt, beeinflussen Schwankungen der Steuerstromamplitude den Istwert und den Sollwert in gleicher Weise, so daß die Regelgenauigkeit hierdurch nicht beeinträchtigt wird. Eine besondere Stabilisierung des rechteckförmigen Steuerstroms ist daher nicht notwendig. Der Steuerwechselstrom ermöglicht es, bei der Soll-Istwert-Bildung eine galvanische Verkoppelung zwischen Hall- und Steuerkreis zu vermeiden. Darüber hinaus bringt der Steuerwechselstrom den Vorteil, die als Wechselspannung anstehende Regelabweichung mit einem Wechselspannungsverstärker nullpunktsfest verstärken zu können. Gleichzeitig werden hierdurch auch Störspannungen, wie z. B. Thermospannungen im Meßkreis, ausgeschaltet.

Wie bei der hochgenauen Magnetfeldmessung ist der Hallgenerator im zu regelnden Magnetfeld auf einer Küvette montiert, die von einem Thermostaten auf konstanter Temperatur ($\pm 0{,}1$ °C) gehalten wird. Bei Verwendung eines Hallgenerators aus den Standardmaterialien Indiumarsenid bzw. Indiumarsenidphosphid, mit einem Temperaturkoeffizienten der Hallkonstante von etwa 10^{-3}/°C, wird mit der Temperaturschwankung des Thermostaten von $\pm 0{,}1$ °C die angestrebte Regelgenauigkeit von 10^{-4} bereits ausgeschöpft. Aus diesem Grund wurde ein Hallgenerator entwickelt, dessen Empfindlichkeit weniger stark von der Temperatur abhängt (etwa 10^{-4}/°C). Man erreicht dies, wie bereits in Abschn. 7.1 ausgeführt, durch eine höhere n-Dotierung des Indiumarsenids. Hierdurch wird die bei Raumtemperatur weitgehend temperaturunabhängige Dichte der aus den Donatorniveaus stammenden Leitungselektronen gegenüber der temperaturabhängigen, vom Valenzband gelieferten Elektronendichte vergrößert. Die Hallkonstante, die durch die gesamte Leitungselektronendichte bestimmt wird, hängt damit prozentual weniger stark von der Temperatur ab.

Feldgeregelte Magnetstromversorgungen mit Thyristoren im Leistungsteil wurden bereits für Magnete mit Erregerleistungen bis zu 50 kW ausgeführt. Sie haben eine große Regelgenauigkeit und besitzen auch eine hohe dynamische Regelgüte. Ihre Langzeitkonstanz und Reproduzierbarkeit sind besser als 10^{-4}.

Magnetfeldgeregelte Stromversorgungen werden nicht nur für die Führungs- und Ablenkmagnete in der Kernphysik eingesetzt. Auch magnetische Eichmeßplätze werden vorteilhaft feldgeregelt, wie bereits in Abschn. 7.2.2 erwähnt. Ferner wurden Magnetfeldregelungen verwendet beim „Shimming“ von Magneten mit kleinem Poldurchmesser. Durch eine Magnetfeldregelung wird unabhängig von der Anzahl und Größe der in den Luftspalt eingebrachten Shimstücke das Magnetfeld am Orte des die Regelung führenden Hallgenerators, z. B. im Zentrum des Magneten, konstant gehalten. Dies würde bei Anwendung einer Magnetstromregelung nicht der Fall sein.

8 Berührungs- und kontaktlose Signalgabe zur Steuerung und Regelung von Bewegungsvorgängen

Verbreitete Anwendung haben Hallgeneratoren für die berührungs- und kontaktlose Signalgabe bewegter Objekte gefunden. Im Gegensatz zu anderen Verfahren der berührungslosen Signalgabe, bei denen z. B. Licht, Ultraschall oder auch Isotopenstrahlung Signalträger sind, wird zur Signalübermittlung mit Hallgeneratoren die kurze Entfernung zwischen Geber und Empfänger durch ein Magnetfeld überbrückt. Als Quellen des Magnetfeldes werden im allgemeinen kleine Permanentmagnete oder auch magnetisierte Folien verwendet, die mit den bewegten Objekten fest verbunden sind. Der vom Empfänger eingefangene Magnetfluß wirkt auf einen mit konstantem Steuerstrom oder auch konstanter Steuerspannung erregten Hallgenerator ein und wird so auf einfache Weise in eine dem Magnetfluß annähernd proportionale, von der Geschwindigkeit des bewegten Objektes unabhängige Signalspannung umgesetzt.

Mit diesem Signalgabeverfahren lassen sich zwei grundsätzlich verschiedene technische Aufgaben lösen, die Meldung der Position bewegter Objekte und die Übertragung von Informationen von oder auf bewegte Objekte. Die Übertragung magnetisch gespeicherter Informationen werden wir in Kap. 9 behandeln. Berührungs- und kontaktlose Positionsmeldungen werden benötigt für die Steuerung von Bewegungsvorgängen, z. B. bei Transportmitteln, wie Aufzügen und Kränen, oder auch an Werkzeugmaschinen und Fertigungsautomaten. Mit dem Vordringen der Elektronik auf diesen Gebieten werden auch Signalgeber mit Hallgeneratoren in zunehmendem Maße eingesetzt. Sie arbeiten mit hoher Genauigkeit, zuverlässig und unterliegen keinem Verschleiß. Der maximale Abstand zwischen Gebermagnet und Empfänger kann bis zu 10 cm betragen. Zur Überbrückung höherer Reichweiten als 10 cm müßten unvertretbar große Magnetvolumina aufgebracht werden, da das Streufeld des Gebermagneten mit höheren Potenzen des Abstandes abnimmt.

8.1 Signalgabe über größere Reichweiten

Für Positionsmeldungen an Aufzügen und Kränen müssen Reichweiten von mehreren Zentimetern überbrückt werden. Ein für diese Zwecke geeigneter Empfangskopf besteht aus zwei wenige Zentimeter großen weichmagnetischen Antennenstücken, die auf der dem Gebermagneten zugewandten Seite mit Fangblechen versehen sind [74]. Im Luftspalt dieses offenen magnetischen Kreises ist ein flußempfindlicher Ferrit-Hallgenerator angeordnet. Zur Positionsmeldung bewegt sich ein Flachmagnet im Abstand D an diesem Empfangskopf entsprechend

Abb. 131 vorbei. Der Flachmagnet aus hochkoerzitivem Bariumferrit (s. Abschn. 1.3.2) ist in Querrichtung magnetisiert, so daß seine Flachseiten Polflächen sind. Die Nord- oder Südpolfläche ist dem Empfangskopf zugewandt. Die Beeinflussung des Empfangskopfs durch den Streufluß des sich vorbeibewegenden Flachmagneten ist in Abb. 132 für drei charakteristische Positionen dargestellt. Steht der Flachmagnet symmetrisch über der Mitte des Empfangskopfs ($x = 0$), so wird der Ferrit-Hallgenerator nicht vom magnetischen Fluß durchsetzt, die Hallspannung ist Null. Bei Auslenkung des Flachmagneten aus dieser Symmetrielage

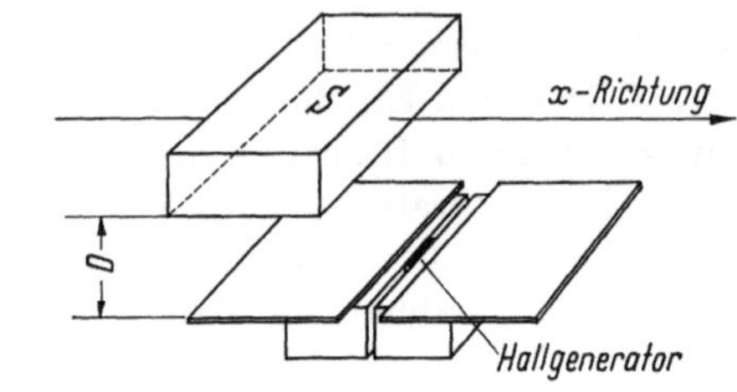

Abb. 131. Anordnung zur berührungs- und kontaktlosen Signalgabe; Flachmagnet als Geber, Hallgenerator im offenen Magnetkreis als Empfänger.

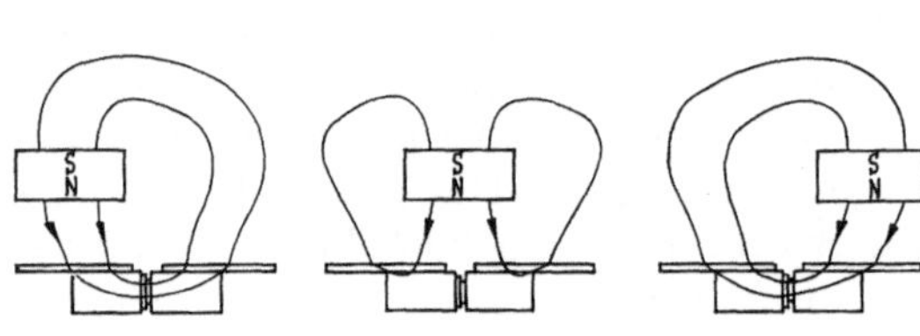

Abb. 132. Beeinflussung des Empfangskopfs durch den Streufluß in drei charakteristischen Positionen.

wird der magnetische Fluß über den Ferrit-Hallgenerator gelenkt und je nach Auslenkungsrichtung eine positive oder negative Hallspannung erzeugt. Für größere Auslenkungen aus der Symmetrielage in positiver x-Richtung durchläuft die Hallspannung ein Maximum, in negativer x-Richtung ein Minimum, um schließlich wieder auf Null abzusinken, wenn sich der Flachmagnet aus dem Wirkungsbereich des Empfangskopfs entfernt. Abb. 133 zeigt den beschriebenen Verlauf der Hallspannung für verschiedene Abstände D zwischen Flachmagnet und Empfangskopf. Die symmetrische Mittellage des Flachmagneten über dem Empfangskopf ist durch einen steilen Nulldurchgang der Hallspannung gekennzeichnet. Die Lage dieses Nulldurchgangs in x-Richtung ist unabhängig vom Abstand D zwischen Empfangskopf und Flachmagnet und von Temperaturänderungen. Beide Einflußgrößen ändern nur die Steilheit, mit der die Hallspannung diesen Nulldurchgang durchläuft. Da der Streufluß des Flachmagneten von einem Hallgenerator in eine elektrische Signalspannung umgeformt wird, ist die Ausgangsspannung unabhängig von der Geschwindigkeit des sich vorbeibewegenden Flachmagneten. Aus diesen Gründen kann die Anordnung vorteilhaft als Meßwertgeber für Bündigkeitssteuerungen verwendet werden.

Zur Steuerung von Bewegungsvorgängen muß die sich stetig ändernde Signalspannung verstärkt und aus der verstärkten Spannung ein Schaltsignal abgeleitet werden. Zur Verstärkung der Hallspannung und zur Signalformung werden Transistorverstärker verwendet. Der in Abb. 134 als Beispiel angegebene zweistufige Gleichspannungs-Gegentakt-Transi-

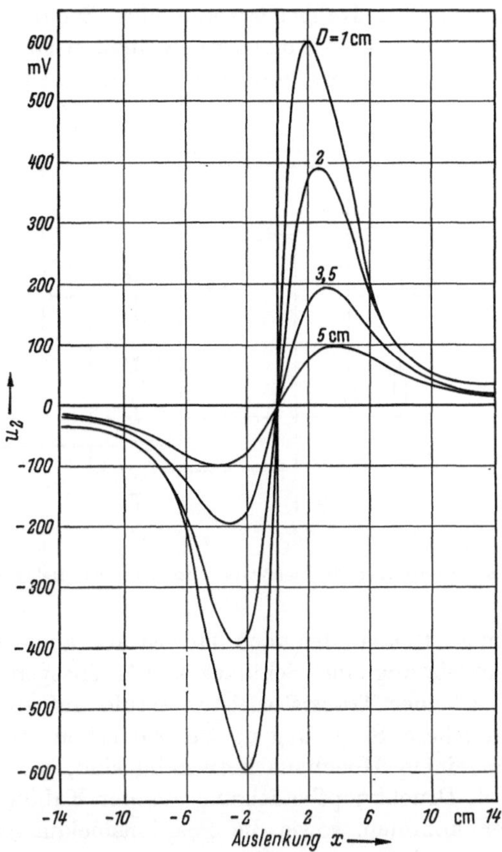

Abb. 133. Hallspannung in Abhängigkeit von der Position des Flachmagneten in x-Richtung für verschiedene Abstände D zwischen Flachmagnet und Empfangskopf.

storverstärker verstärkt die Ausgangsspannung des Signalgebers in der ersten Stufe und formt die stetig verlaufende Signalspannung in der anschließenden Kippstufe in eine Schaltspannung um. Der Verstärker wird mit Gleichspannung, z. B. ± 24 V, eingespeist. Die erste Stufe wird praktisch auf Nullpotential angesteuert; hierzu ist eine Steuerelektrode des Hallgenerators unmittelbar auf Nullpotential gelegt, und die zwischen den beiden Hallelektroden anstehende Hallspannung steuert die

Basen der Eingangstransistoren an. Durch Wahl des Widerstandes R_x, der die Emitter der beiden Eingangstransistoren miteinander verbindet, wird die Empfindlichkeit der Eingangsstufe vorgegeben. Zusammen mit der Ansprechempfindlichkeit des nachgeschalteten bistabilen Kippverstärkers kann damit die Breite der Schaltschleife des Schaltverstärkers eingestellt werden. Normalerweise wählt man bei der kontaktlosen Signalgabe mit Hallgeneratoren eine Breite der Ansprechschleife von etwa ± 15 mV. An den zum Nullpotential symmetrischen Ausgang des Schaltverstärkers können über eine weitere Transistor-

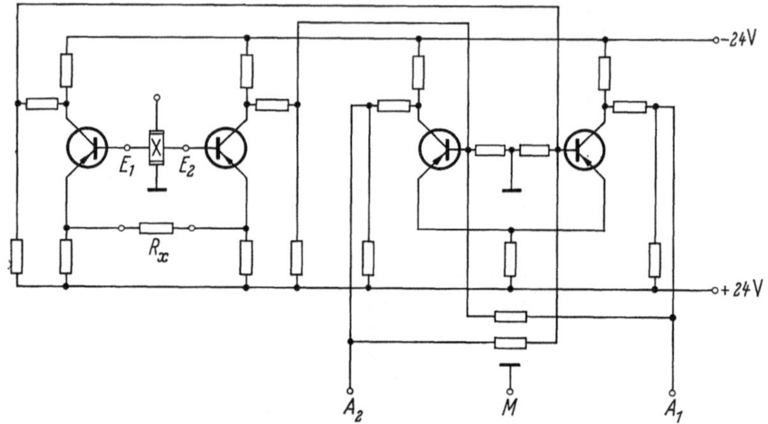

Abb. 134. Schaltverstärker für kontaktlose Signalgeber mit Hallgenerator.

treiberstufe kleinere Relais oder auch Thyristoren angesteuert werden. Die höhere Erregerleistung eines Schützes oder Magnetventils muß durch Zwischenschaltung einer Transistorleistungsstufe aufgebracht werden.

Für umfangreichere Steuerungen, wie sie schon für den Betrieb eines Aufzugs in einem Hochhaus notwendig sind, müssen die Fahrbefehle, die durch Druckknopfbetätigung aus der Kabine und von den einzelnen Etagen kommen, sowie die Positionsmeldungen der Signalgeber im Aufzugschacht logisch miteinander verknüpft werden. Solche Operationen werden heute mit Hilfe elektronisch arbeitender Schaltkreissysteme gelöst. Sie bestehen aus einzelnen Baugruppen, die als Grundbausteine des Systems gewisse logische Elementaroperationen, wie eine „Und"- bzw. „Oder"-Verschlüsselung ausführen können. Sollen berührungs- und kontaktlose Signalgeber mit Hallgeneratoren als Eingabegeräte mit den Bausteinen eines logischen Schaltkreissystems zusammenarbeiten, so muß ihre Ausgangsspannung den Eingangsgrößen des Schaltkreissystems angepaßt werden. Einer solchen Anpaßstufe obliegt nicht mehr die Signalformung zu Schaltsignalen. Diese Aufgabe wird von den Baugruppen des Systems selbst durchgeführt. Abb. 135 zeigt das Schaltbild einer Anpaßstufe für das Schaltkreissystem „Simatic-G" der Siemens AG [75]. Sie ist ein zweistufiger Gleichspannungs-Gegentaktverstärker, dessen beide Ausgänge abhängig von der Richtung der Eingangsspannung Signal führen. In einem mit dem Widerstand R_x einstellbaren, symmetrisch um die Eingangsspannung Null liegenden Bereich führen die Ausgänge keinen Strom, so daß Stör-

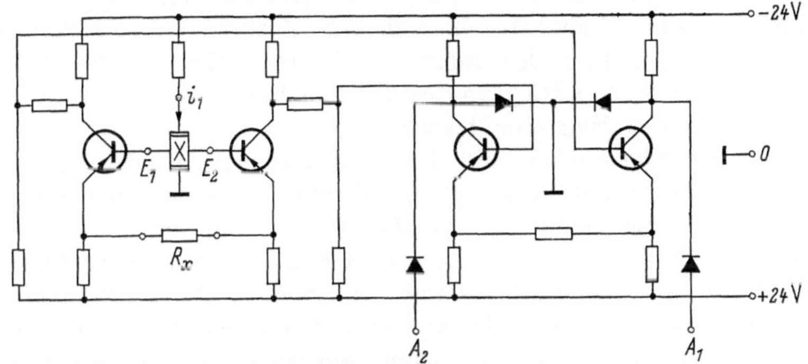

Abb. 135. Zweistufiger Gleichspannungs-Gegentaktverstärker als Ausgangsstufe für Schaltkreissystem „Simatic-G".

spannungen in dieser Größe unterdrückt werden. Die eingangsseitige Ansprechspannung kann mit dem Widerstand R_x zwischen ± 15 mV und ± 170 mV eingestellt werden. Die Anpaßstufe wird wieder über die Basen der Eingangstransistoren angesteuert. Bei Hallgeneratoren mit kleinem Nennsteuerstrom (geätzte InSb-Dünnschicht-Hallgeneratoren oder auch Aufdampf-Hallgeneratoren) kann der Steuerstrom über einen Vorwiderstand unmittelbar vom Minuspotential gegen das Nullpotential der Versorgungsspannung des Schaltkreissystems abgeleitet werden. Der Anpaßstufe wird zur Schaltsignalbildung im allgemeinen eine bistabile Kippstufe mit zwei Ausgängen nachgeschaltet, deren Ausgänge abwechselnd O-Signal oder L-Signal -24 V führen.

In Abb. 136 sind in den stetigen Verlauf der Ausgangsspannung des Signalgebers die Ansprechgrenzen des dem Hallgenerator nachgeschal-

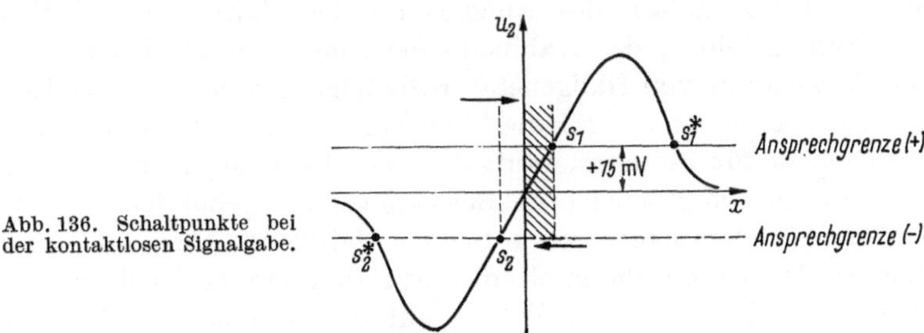

Abb. 136. Schaltpunkte bei der kontaktlosen Signalgabe.

teten Schaltverstärkers nach Abb. 134 eingezeichnet. Läuft der Flachmagnet den Signalgeber von links kommend an und befindet sich die Schaltstufe im Minuszustand, so kippt die Schaltstufe nach Durchlaufen des steilen Nulldurchgangs im Punkt S_1 in den positiven Schaltzustand. Beim Rücklauf des Magneten fällt die Schaltstufe dagegen im Punkt S_2 wieder in ihren Ausgangszustand zurück. Die beiden Schnittpunkte S_1^* und S_2^* des Signalspannungsverlaufs mit den Ansprechgrenzen haben bei dieser Betriebsart keine Wirkung; beim Durchlaufen von S_1^* und S_2^* befindet sich die Schaltstufe schon in dem Zustand mit der Polarität der Ausgangsspannung des Signalgebers. Der Abstand der beiden Punkte S_1 und S_2 in x-Richtung ist die Schaltzone, die zwischen Vor- und Rücklauf des Magneten besteht.

Für einen Signalgeber mit den Abmessungen $70 \times 30 \times 20\,\text{mm}^3$, einen diesen Abmessungen angepaßten Flachmagneten aus Bariumferrit und einen nachgeschalteten Schaltverstärker mit einer Ansprechempfindlichkeit von ± 15 mV, beträgt die maximale Reichweite etwa 6 cm. Mit diesem Signalgeber kann bei einem Abstand zwischen bewegtem Objekt und Empfangskopf von 2 cm und Schwankungen dieses Abstandes von ± 1 cm eine Bündigkeitssteuerung mit einer Genauigkeit von ± 1 mm in Bewegungsrichtung durchgeführt werden. Die Genauigkeit wird auch durch Temperaturänderungen von -20 °C bis $+50$ °C nicht nennenswert beeinflußt.

Bei der Steuerung von Aufzügen ist jedem Signalgeber an der Aufzugskabine eine Befestigungsschiene im Aufzugsschacht zugeordnet, an der die für die Steuerung erforderlichen Flachmagnete einstellbar angebracht sind [76]. Sind die Befestigungsschienen an einer Schachtwand dicht nebeneinander angeordnet, so verhindern weichmagnetische Schirmbleche zwischen den Signalgebern das Übersprechen der Flachmagnete benachbarter Spuren. Hauptteil einer elektronischen Steuerung ist das Schieberegister. In dem Schieberegister werden die Fahrbefehle nach Fahrtrichtung und Stockwerk gespeichert und durch die ortsabhängigen Signale der Hallgeneratoren wieder ausgelesen. Weiterhin bewirken die ortsabhängigen Signale der Hallgeneratoren den Beginn der Fahrtverzögerung, wenn der Aufzug eine Haltestelle anfährt und schließlich das Anhalten des Aufzugs an der Haltestelle bei gleichzeitiger Bündigstellung des Kabinenbodens mit dem Flurboden.

Die Verwendung von Hallgenerator-Signalgebern mit größerer Reichweite bietet sich nicht nur für die Steuerung von Aufzügen an, sondern ganz allgemein für Steuerungsaufgaben bei Fahrzeugen, die in engen Grenzen an eine vorgeschriebene Bewegungsbahn gebunden sind. Dies sind Kräne, Förderanlagen sowie Schienenfahrzeuge aller Art. Als ein besonderes Anwendungsbeispiel, das auf den ersten Blick nicht so selbstverständlich erscheint, soll kurz auf die automatische Einsteuerhilfe für Deichsel- und Drehgestelle von Bahnfahrzeugen eingegangen werden. In Abb. 137 links ist schematisch ein Eisenbahnwagen mit seinen beiden Drehgestellen dargestellt. Fährt der Wagen in eine Kurve, so läuft der Spurkranz des Außenrades gegen die Innenkante der äußeren Schiene an, und durch die dabei auftretende Zwangskraft wird das Drehgestell eingesteuert. Diese Einsteuerart führt zu einer starken Abnutzung der Spurkränze, insbesondere bei Bahnfahrzeugen, die auf Strecken mit zahlreichen engen Kurven fahren. Durch eine automatische Einsteuerhilfe, bei der die Drehgestelle mit Preßluft eingesteuert wer-

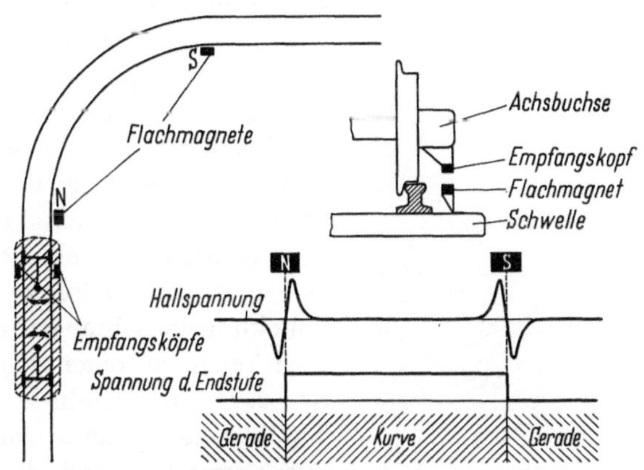

Abb. 137. Automatische Einsteuerung von Dreh- und Deichselgestellen mit kontaktlosen Signalgebern.

den, läßt sich der Spurkranzverschleiß erheblich herabsetzen. Zur Automatisierung dieser Einsteuerung ist an jedem Drehgestell unterhalb der Achsbuchsen, wie in Abb. 137 rechts oben zu sehen, ein Empfangskopf mit Hallgenerator angebracht, der über einen bistabilen Schaltverstärker mit nachgeschaltetem Transistorleistungsverstärker das Magnetventil für die Preßluftbälge betätigt. Das Einsteuerkommando wird von seitlich an der Schiene befestigten Flachmagneten gegeben. Entlang des Schienenwegs sind solche Flachmagnete ausgelegt, und zwar wenige Meter vor dem Kurvenbeginn ein Magnet mit dem Nordpol und wenige Meter vor Kurvenende ein Magnet mit dem Südpol nach oben. Bei einer Rechtskurve liegen die Magnete auf der rechten, bei einer Linkskurve auf der linken Schienenseite. In Abb. 137 ist unten rechts der Verlauf der Hallspannung und darunter die Ausgangsspannung der Endstufe über dem Schienenweg aufgetragen. Beim Überfahren eines Flachmagneten mit nach oben gerichtetem Nordpol wird die Endstufe in die Pluslage gekippt, und das Drehgestell steuert ein; beim Überfahren eines nach oben gerichteten Südpols wird die Endstufe auf Null zurückgeholt und das Drehgestell wieder auf „geradeaus“

gesteuert. Durch die Art der Signalgabe und der Signalauswertung ist es möglich, durch Auslegen der Permanentmagnete den Schienenstrang in Geraden- und Kurvenbereiche aufzuteilen und eine automatische fahrtrichtungsunabhängige Einsteuerung der Drehgestelle zu erreichen. In Abb. 138 ist ein am Drehgestell unterhalb der Achsbuches angebrachter Empfangskopf und darunter ein an der Schiene befestigter Gebermagnet zu sehen.

Abb. 138. Empfangskopf am Drehgestell und Gebermagnet an der Schiene.

An Stelle eines Dauermagneten kann bei der berührungs- und kontaktlosen Signalgabe auch ein Elektromagnet verwendet werden. Als weitere Steuergröße steht dann die Ein- und Ausschaltung der Erregung des Magneten zur Verfügung. Hiervon wird bei der automatischen Steuerung von Beschickungsmaschinen Gebrauch gemacht. Soll das Be- und Entladefahrzeug der Beschickungsmaschine ganz bestimmte Positionen in einer Ebene anfahren, z. B. die einzelnen Zellen eines x-y-Rasters, so kann man dies dadurch erreichen, daß eine in y-Richtung ausgerichtete Schiene in x-Richtung und an der Schiene der eigentliche Fahrzeugkorb in y-Richtung verfahren wird. Dabei wird die Schiene in x-Richtung und der Fahrzeugkorb in y-Richtung von zwei getrennten Antrieben bewegt. Entlang der x-Achse werden entsprechend der Zellenteilung elektrisch erregbare Flachmagnete ausgelegt, die einen an der fahrbaren Schiene befestigten und in x-Fahrtrichtung orientierten Empfangskopf mit Hallgenerator beeinflussen. Entsprechend der Zellenteilung in y-Richtung befinden sich auf der Schiene Flachmagnete, über die ein in y-Richtung orientierter Empfangskopf mit Hallgenerator hinwegläuft. Nach Anwahl, d. h. nach Einschalten der Erregung eines x- und eines y-Flachmagneten, wird dann die x-y-Zelle von dem Fahrzeugkorb automatisch angefahren. Dieses Verfahren wurde erstmals zur Automatisierung der Beschickungsanlage eines schnellen Brutreaktors verwendet. Der Reaktor wird mit Brennelementen von einer sich unterhalb des Reaktorkerns bewegenden Beschickungsmaschine be- und entladen. Gleichzeitig wird oberhalb des Reaktorkerns ein Greifer in dieselbe x-y-Position gefahren wie die untere Beschickungsmaschine. Nach Öffnen des Reaktorbodens wird das Brennelement durch den

Greifer von unten in den Reaktor eingezogen und in die Tragplatte eingehängt. Auch der aus zwei Drehdeckeln bestehende Reaktorbodenverschluß hat eine Einfahrautomatik mit Positionsmeldung durch Hallgeneratoren und elektrisch erregbaren Flachmagneten. Für ein möglichst genaues Einfahren in die Sollposition wird für die Steuerung der Beschickungsmaschinen und der Drehdeckel die in der Sollposition durch Null gehende Ausgangsspannung der Signalgeber als Führungsgröße für die Drehzahlregelung der Antriebe gewählt. Dazu wird bei Annäherung eines Signalgebers an einen erregten Flachmagneten nach Überschreiten einer bestimmten Hallspannung die fest eingestellte

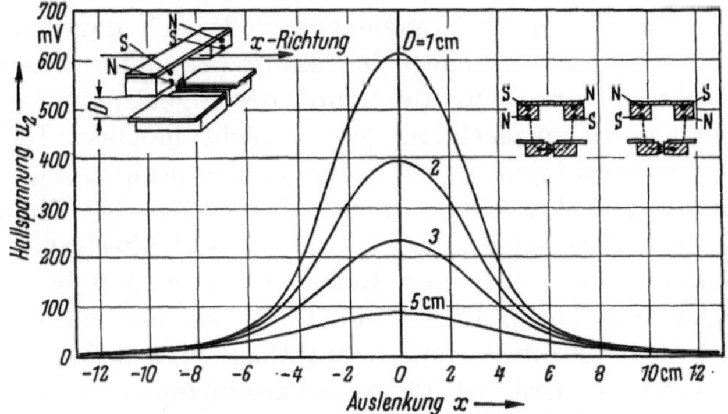

Abb. 139. Signalgabe mit einem Dipolmagneten.

Drehzahl-Sollwert-Spannung abgeschaltet und dafür die verstärkte Hallspannung als veränderlicher Drehzahlsollwert genommen. Auf diese Weise wird z. B. bei einem Abstand zwischen den Flachmagneten und dem Hallgeneratorsignalgeber von $D = 2$ cm eine Einfahrgenauigkeit von $\pm 0{,}3$ mm erreicht.

Zur kontaktlosen Signalgabe kann an Stelle des Flachmagneten auch ein Dipolmagnet verwendet werden. Dabei müssen Empfangskopf und Dipolmagnet wie in Abb. 139 oben links zueinander orientiert sein. Oben rechts ist in Abb. 139 an Hand eines Feldlinienbildes die Beeinflussung des Empfangskopfs durch den Streufluß des Dipolmagneten in der Stellung $x = 0$ dargestellt. Bei Auslenkung des Dipolmagneten aus dieser Symmetrielage senkrecht zur Bildebene nimmt der den Empfangskopf durchsetzende Streufluß ab, und zwar unabhängig von der Auslenkungsrichtung. Die Hallspannung hat also ihren Maximalwert, wenn der Dipolmagnet symmetrisch über dem Empfangskopf steht. Dabei ist die Höhe des Maximums um so größer, je kleiner der Abstand D zwischen Dipolmagnet und Empfangskopf ist. Bei einer Drehung des Dipolmagneten um 180° wird der Empfangskopf vom magnetischen Streufluß in entgegengesetzter Richtung durchsetzt; für die vom Empfangskopf abgegebene Hallspannung gelten dann die gleichen Verhältnisse wie beschrieben, jedoch mit negativem Vorzeichen.

Der wesentliche Unterschied zwischen den beiden Signalen mit Flachmagnet und mit Dipolmagnet besteht darin, daß bei der Signalgabe mit einem Flachmagneten die Ausgangsspannung des Empfangskopfs beim Durchlaufen der symmetrischen Mittellage ihr Vorzeichen wechselt, während bei der Signalgabe mit einem Dipolmagnet je nach Orientierung des Magneten eine nur positive oder nur negative Ausgangsspannung abgegeben wird. Die Signalgabe mit einem Flachmagneten ist daher besonders für solche Anwendungen geeignet, bei denen eine möglichst genaue Positionsmeldung des bewegten Objektes gewünscht wird. Mit einem Dipolmagnet läßt sich dagegen die Anwesenheit eines Objektes in einem bestimmten räumlichen Bereich vor dem Empfangskopf anzeigen. Auf Grund des Signalspannungsverlaufs ist eine genaue Stellungsmeldung jedoch nicht möglich. Da je nach Magnetisierungsrichtung des Dipolmagneten eine positive oder negative Signalspannung ansteht, können mit der beschriebenen Dipolmagnetanordnung die Informationen „Ja“ oder „Nein“ übertragen werden. Diese Eigenschaft wird bei einer Reihe der in Kap. 9 beschriebenen Anwendungen ausgenutzt. Eine Anwendung, bei der ein Bewegungsvorgang durch berührungs- und kontaktlose Signalgabe mit Dipolmagneten gesteuert wird, ist die positionsabhängige Sperrung einer Fahrtrichtung von Kränen.

In Fertigungshallen besteht mitunter aus Sicherheitsgründen die Forderung, den über der Halle laufenden Konsol- oder Brückenkränen zeitweilig bestimmte Abschnitte ihres Arbeitsbereichs zu sperren. Eine solche Aufgabe liegt z. B. vor, wenn sich am Kopfende der Halle ein Prüffeld befindet, das zur Zeit der Hochspannungsprüfung von den

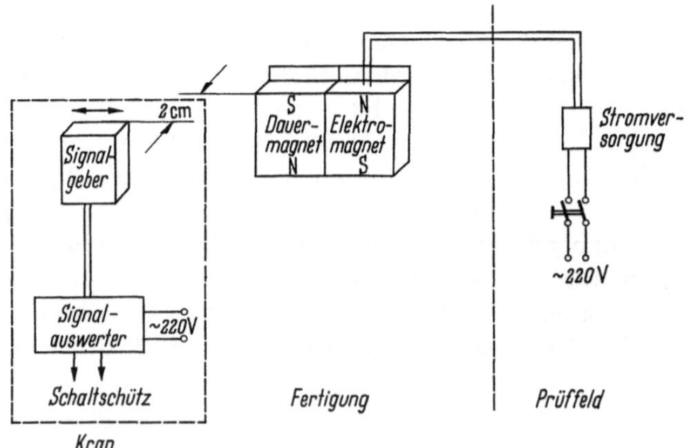

Abb. 140. Positionsabhängige Sperrung einer Fahrtrichtung von Kränen.

Kränen nicht überfahren werden darf. Abb. 140 zeigt die Prinzipskizze einer solchen Abschalteeinrichtung. Neben der Laufschiene des Kranes sind 1 bis 2 m vor dem Prüffeld unmittelbar nebeneinander ein Elektromagnet und ein Dauermagnet angebracht. Beide Magnete sind als Dipolmagnete mit entgegengesetzter Magnetisierungsrichtung ausgebildet. Der Elektromagnet wird bei Beginn der Hochspannungsprüfung vom Prüffeld aus eingeschaltet. Am Kran ist ein kontaktloser Signalgeber mit Hallgenerator montiert. Fährt der Kran an der Dipolmagnetanordnung vorbei, so wird der Signalgeber vom Streufluß der Dipolmagnete in der in Abb. 139 dargestellten Weise beeinflußt. Durch Magnetwerkstoffe mit höherer Koerzitivkraft besitzt der Signalgeber „Gedächtnisverhalten", wie in Abschn. 8.2 noch näher ausgeführt wird. Seine Ausgangsspannung sinkt nach Einwirken eines Magnetfeldes nicht wieder auf Null ab; es verbleibt eine Remanenz-Resthallspannung, deren Vorzeichen der Magnetisierungsrichtung des zuletzt einwirkenden Steuerflusses entspricht. Im links von der Magnetkombination liegenden Operationsbereich des Kranes gibt daher der Signalgeber immer eine positive Signalspannung ab, unabhängig davon, ob der Elektromagnet erregt ist oder nicht. In den Stromkreis des Kranantriebs für die auf das Prüffeld gerichtete Fahrtrichtung ist in Reihe zum Fahrschalter ein Schütz gelegt, das vom Signalgeber über eine bistabile Kippstufe mit nachfolgender Transistorleistungsstufe angesteuert wird. Bei positiver Ausgangsspannung des Signalgebers ist das Schütz angezogen, und der Kran kann in beiden Richtungen fahren. Ist der Elektromagnet nicht erregt, so ändert sich an diesem Zustand auch dann nichts, wenn die Magnetkombination überfahren wird, d. h., der Kran kann auch in den Bereich des Prüffeldes einfahren. Ist dagegen der Elektromagnet eingeschaltet und überfährt der Kran die Magnetkombination in Richtung auf das Prüffeld zu, so erzeugt die dem Dauermagneten entgegengesetzt gerichtete Magnetisierung des Elektromagneten eine negative Signalspannung. Das Schütz fällt ab, und der Kran bleibt stehen. Die Fahrtrichtung aus der Gefahrenzone hinaus ist dem Kran dagegen nicht versperrt. Nach Überfahren der Magnetkombination in dieser Richtung wird der Signalgeber durch den Dauermagneten wieder in den Zustand positiver Remanenzspannung gebracht. Im Fertigungsbereich der Halle ist somit der Kran wieder in beiden Fahrtrichtungen operationsfähig. Das Remanenzverhalten des Signalgebers macht die Schutzeinrichtung auch sicher gegen Netzspannungsausfall. Der beim Netzspannungsausfall herrschende Schaltzustand ist in der Remanenz des Signalgebers gespeichert; bei Wiederkehr der Netzspannung stellt sich dieser Schaltzustand sofort wieder ein.

Bei vielen Anwendungen ist die berührungs- und kontaktlose Signalgabe mit Betätigung durch Magnete nicht möglich. So muß z. B. bei

Folgesteuerungen an Transferstraßen die Lagemeldung von dem im Zuge des Fertigungsflusses bewegten Teil selbst ausgelöst werden. Eine „Impfung" der Teile durch angebrachte Permanentmagnete ist um-

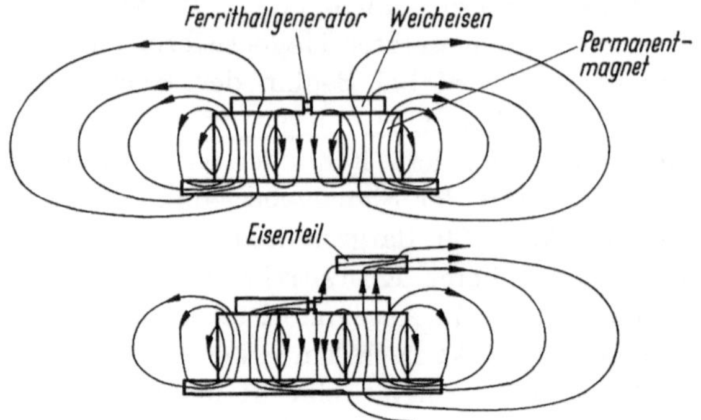

Abb. 141. Berührungs- und kontaktlose Signalgabe durch bewegte Eisenteile. Nach [77].

ständlich und verbietet sich meistens auch aus technologischen Gründen. Bestehen die Teile aus Eisen, so kann das in Abb. 141 dargestellte Prinzip der berührungs- und kontaktlosen Signalgabe durch vorbeibewegte Eisenteile angewendet werden [77]. Bringt man in die magnetische Symmetrieebene zweier parallel angeordneter Permanentmagnete gleicher Magnetisierungsrichtung einen Hallgenerator, so ist die Signalspannung Null, da keine magnetischen Feldlinien den Hallgenerator senkrecht zu seiner Halbleiterschicht durchsetzen. Bei Annäherung eines Eisenteils wird jedoch das magnetische Gleichgewicht in der Symmetrieebene gestört. Ein Teil des Streuflusses durchsetzt den Hallgenerator; es entsteht eine Signalspannung.

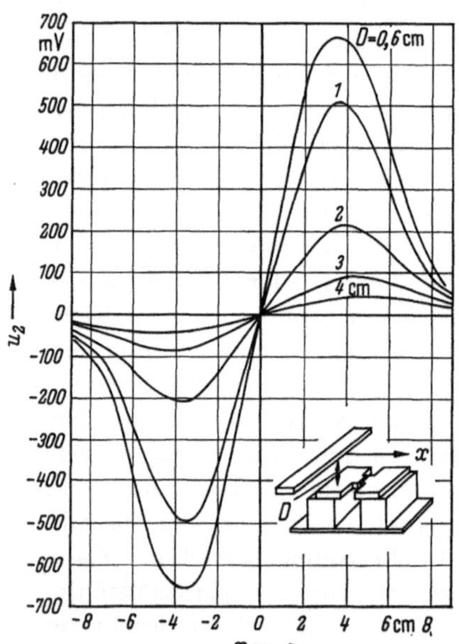

Abb. 142. Eisenempfindlicher Signalgeber; Betätigungsart für genaue Stellungsmeldungen.

Dem Aufbau entsprechend sind auch beim eisenempfindlichen Signalgeber zwei verschiedene Betätigungsarten möglich. Das Eisenteil kann im Zuge des Bewegungsablaufs entweder beide Magnetpole nacheinander oder nur einen Magnetpol überstreichen. Im ersten Fall steht die Bewegungsrichtung senkrecht auf der Ebene des Hallgenerators (Abb. 142

unten); die Signalspannung ist durch einen Vorzeichenwechsel gekennzeichnet. Im zweiten Fall verläuft dagegen die Bewegungsrichtung parallel zur Ebene des Hallgenerators (Abb. 143); die Signalspannung ist

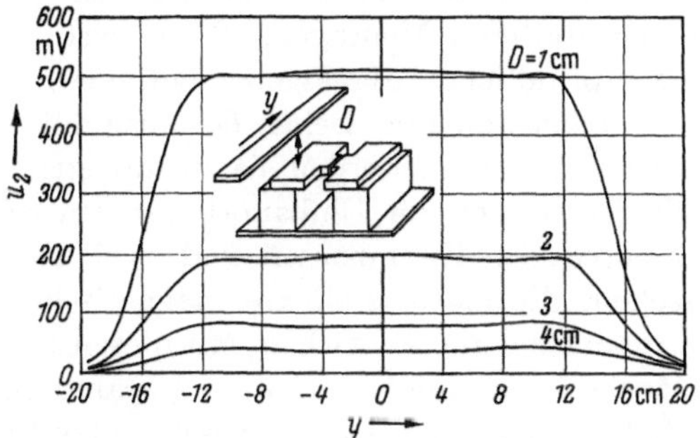

Abb. 143. Eisenempfindlicher Signalgeber; Betätigungsart für „Besetzt"-Meldungen.

dann entweder nur positiv oder nur negativ, je nachdem, ob das Eisenteil über die linke oder rechte Seite des Signalgebers hinwegläuft. Die beiden Betätigungsarten entsprechen in ihrem Signalspannungsverlauf der Signalgabe mit einem Flachmagneten bzw. einem Dipolmagneten.

Abb. 144. Eisenempfindlicher Signalgeber an einer Karosserieumsetzanlage (Werkfoto Daimler-Benz AG, Stuttgart).

Die erste Betätigungsart ist wieder für genaue Stellungsmeldungen geeignet, während die zweite Betätigungsart die Anwesenheit eines Eisenteils über dem Signalgeber anzeigt. Diese Signalgabeart wird dann gewählt, wenn bei einer automatischen Steuerung „Besetzt"-Meldungen gegeben werden müssen.

Abb. 144 zeigt zwei nach diesem Prinzip arbeitende Signalgeber an einer Karosserieumsetzanlage in einer Automobilfabrik. Die Karosserien sind auf Transportkufen montiert, wodurch ihre Beförderung auf den Umsetzketten und Plattenbändern der Montagestraßen ermöglicht wird.

Die Signalgeber werden berührungslos durch die Transportkufen aus Eisen betätigt, wobei der Vorzeichenwechsel der Signalspannungen über bistabile Kippstufen in UND-Verschlüsselung die Hebebühnen zum Abheben und Überschieben der Karosserien von der Umsetzkette auf das Plattenband der weiteren Montagestraße steuert.

Auch die eisenempfindlichen Signalgeber enthalten keine bewegten Teile, so daß sie in einem unmagnetischen Gehäuse mit Kunstharz vergossen werden können. Dadurch werden sie zu robusten und stoßfesten Bauteilen. Zur Korrektur der am Einbauort auf den Signalgeber einwirkenden unsymmetrischen Eisenmassen sind zwei Abgleichschrauben aus Eisen vorgesehen, die als einstellbare magnetische Nebenschlüsse zu den beiden Permanentmagneten wirken. Mit diesen Einstellschrauben kann dem Signalgeber auch eine konstante Vorspannung gegeben werden, die als Rückholspannung für den nachgeschalteten bistabilen Kippverstärker dient, wenn bei „Besetzt"-Meldungen das Betätigungselement den Bereich des Schalters verlassen hat.

Eisenempfindliche Signalgeber werden heute für die verschiedenartigsten Steuerungsaufgaben eingesetzt. Beispiele hierfür sind die Stellungsmeldung der Laufwagen an Gehängeförderern, die Erfassung von Knüppeln, Schienen, Stangen und Blechen in den Rollgängen des Kaltteils von Walzenstraßen und schließlich auch die Zählung kleinerer Eisenteile, wie Schrauben, Schweißelektroden usw., vor der Verpackung. Dabei müssen die Signalgeber hinsichtlich Reichweite und Auflösung für in einem bestimmten Abstand aufeinander folgende Eisenteile der jeweiligen Aufgabe angepaßt sein. Es gibt heute eisenempfindliche Signalgeber, die bei Betätigung mit größeren Eisenteilen eine Reichweite bis zu 5 cm haben, während mit kleineren Signalgebern bei einer Reichweite von 1 cm Eisenteile in einem Förderabstand von etwa 3 cm einwandfrei aufgelöst werden können.

8.2 Signalgabe über kurze Reichweiten

Für die kontaktlose Signalgabe werden ganz allgemein die bereits in den Abschn. 4.1 und 4.3 beschriebenen flußempfindlichen Ferrit-Hallgeneratoren verwendet. Sie enthalten eine dünne Indiumantimonidschicht von etwa 5 µm Dicke, die beidseitig in Ferrit eingebettet ist, um den angebotenen magnetischen Steuerfluß möglichst vollständig und an geeigneter Stelle senkrecht durch die Halbleiterschicht zu lenken. In Abb. 145 ist der Aufbau eines magnetisch symmetrischen, flußempfindlichen Ferrit-Hallgenerators dargestellt. Die linke Ferritplatte trägt das elektrische System aus Indiumantimonid. Als magnetische Brücke zwischen beiden Ferritplatten dient ein kleiner, quaderförmiger Ferritsteg, der gleichzeitig den Magnetfluß auf das elektrische System zwischen den beiden Hallelektroden konzentriert. Die Anordnung bildet also einen offenen magnetischen Kreis, dessen magnetischer Innenwiderstand durch die Querschnittsfläche des Ferritstegs und die Halbleiterschichtdicke bestimmt ist. Den beschriebenen magnetisch symmetrischen Aufbau hat z. B. der Siemens-Ferrit-Hallgenerator SBV 560 [43]. Er hat die Gestalt eines Würfels mit einer Kantenlänge von nur 6 mm.

Ein solcher Ferrit-Hallgenerator verhält sich bei der kontaktlosen Signalgabe mit kleinen Dauermagnetstiften über eine Reichweite von etwa 1 mm genauso wie der bereits in Abschn. 8.1 beschriebene Empfangskopf für Reichweiten von mehreren Zentimetern. Die beiden Ferrit-

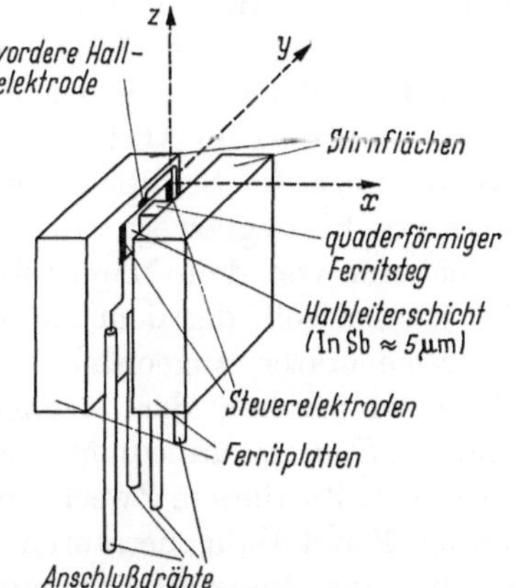

Abb. 145. Aufbau eines magnetisch symmetrischen, flußempfindlichen Ferrit-Hallgenerators.

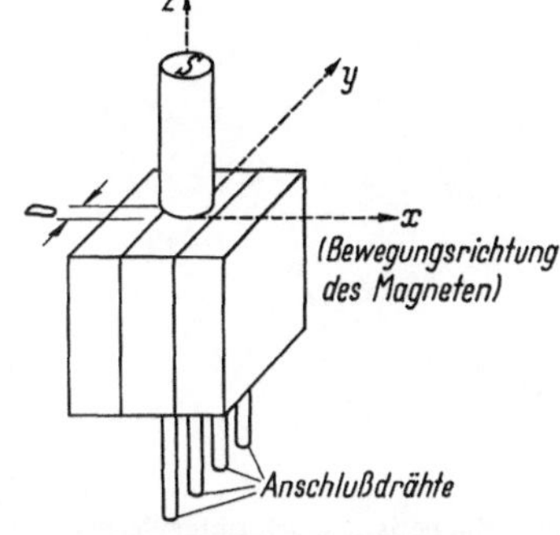

Abb. 146. Kontaktlose Signalgabe mit einem Ferrit-Hallgenerator und Dauermagnetstift über kurze Reichweiten.

platten übernehmen die Funktion der weichmagnetischen Antennenstücke mit aufgesetzten Fangblechen. Zur Erzielung eines Hallspannungsverlaufs mit steilem Nulldurchgang wird der Magnetstift, wie in Abb. 146 dargestellt, in x-Richtung über die Stirnfläche des Ferrit-Hallgenerators im Abstand D hinwegbewegt. Die hohe Flußempfindlichkeit eines solchen Ferrit-Hallgenerators von etwa 10 mV/Maxwell führt z. B. bei Verwendung eines Magnetstifts aus Bariumferrit mit 4,5 mm Durchmesser und 10 mm Länge in einem Abstand $D = 0{,}5$ mm zu einer Nullpunktssteilheit von über 350 mV/mm [78].

Um bei veränderlicher Umgebungstemperatur eine möglichst hohe Schaltgenauigkeit zu erreichen, wird der Hallgenerator mit konstanter Steuerspannung erregt. In diesem Fall kann die Temperaturabhängigkeit der Nullpunktssteilheit vernachlässigt werden. Die Lage des Schaltpunkts wird dann nur noch beeinflußt durch die temperaturabhängige Driftung der Ansprechempfindlichkeit des nachgeschalteten Kippverstärkers mit etwa 0,1 mV/°C und die Nullpunktsdriftung des Hallgenerators mit maximal 0,2 mV/°C. Im ungünstigsten Fall können sich beide Abweichungen addieren, so daß für den Versatz des Schaltpunktes mit maximal 0,3 mV/°C gerechnet werden muß. Mit der Nullpunktssteilheit von 350 mV/mm bedeutet dies bei einer Temperaturänderung von $\pm 10°$ eine Schaltpunktsunsicherheit von nur maximal $^1/_{100}$ mm. Die beschriebene Anordnung ist daher bestens als kontaktloser Endschalter für Werkzeugmaschinen geeignet.

Bei der Steuerung von Werkzeugmaschinen werden meistens mehrere Ferrit-Hallgeneratoren in einer Reihe senkrecht zur Bewegungsrichtung des Schlittens unmittelbar nebeneinander mit dem Maschinenbett fest verbunden. Jedem Hallgenerator ist ein am Schlitten angebrachter Magnetstift zugeordnet, der sich bei der Bewegung des Schlittens im Abstand von etwa 0,5 mm über die Stirnfläche des Hallgenerators hinwegbewegt. Da ein Schaltbefehl nur von dem Magnetstift ausgelöst werden soll, der dem betreffenden Hallgenerator zugeordnet ist, muß ein Übersprechen der Magnete benachbarter Spuren unbedingt vermieden werden. Zu diesem Zweck sind die einzelnen Ferrit-Hallgeneratoren in Schirmbecher aus Mumetall eingebaut. Nur die Frontplatte dieser Abschirmung besitzt einen rechteckförmigen Fensterausschnitt, durch den der Ferrit-Hallgenerator hindurchschaut, und zwar so, daß seine Stirnseite mit der Außenfläche der Frontplatte bündig abschließt. Zur Signalgabe muß der Magnetstift über dieses Fenster hinweglaufen. Die Magnete benachbarter Spuren beeinflussen den Ferrit-Hallgenerator nur noch unwesentlich. Einen auf diese Weise magnetisch geschirmten Ferrit-Hallgenerator zeigt Abb. 147. Der im Bild ebenfalls zu sehende Dauermagnetstift wird bei der Verwendung des Signalgebers als Werkzeugmaschinen-Endschalter in einen Reiter aus unmagnetischem Material eingelassen, der zur Einstellung des Schaltpunktes in einer Schwalbenschwanznut am Schlitten verschoben und festgeklemmt werden kann.

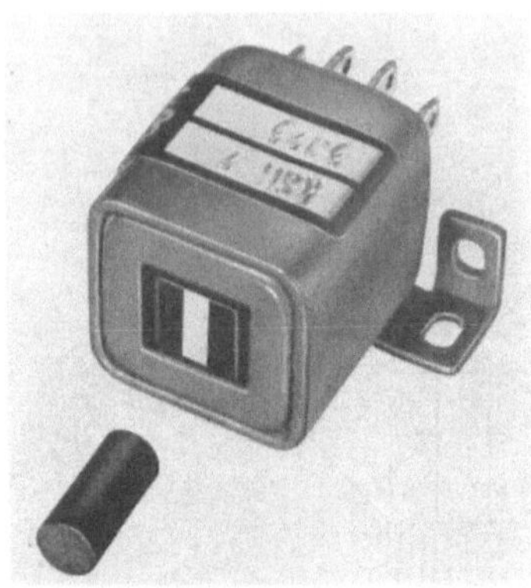

Abb. 147. Magnetisch geschirmter Ferrit-Hallgenerator als Werkzeugmaschinen-Endschalter; Dauermagnetstift als Betätigungselement.

Die geringe Remanenz des offenen Ferritkreises hat zur Folge, daß eine von Null verschiedene Signalspannung nur entsteht, wenn sich der Dauermagnetstift im Bereich des Fensterausschnittes befindet. Hat der Magnet den Bereich des Signalgebers verlassen, so verbleibt die nachgeschaltete bistabile Kippstufe mit Sicherheit in dem vom Signalgeber angestoßenen Schaltzustand nur so lange, als sich kein Netzspannungsausfall ereignet. Bei einer normalen bistabilen Transistorkippstufe geht nämlich der Schaltzustand bei Netzspannungsausfall verloren. Dies ist aber für eine Werkzeugmaschinensteuerung unzulässig. Befindet sich die Maschine z. B. im Schleichgang und erfolgt ein Netzspannungsausfall, so muß die Maschine bei Wiederkehr der Netzspannung im Schleichgang weiterlaufen. Dies kann erreicht werden, wenn dem Signalgeber eine Kippstufe mit Remanenzspeicher nachgeschaltet wird, die gegenüber Netzspannungsausfall echtes Gedächtnisverhalten besitzt. Einfacher ist es jedoch, dem offenen Magnetkreis des Signalgebers selbst diese Remanenzeigenschaft zu geben. Hierzu wird lediglich der kleine quaderförmige Steg, der die beiden weichmagnetischen Ferritplatten miteinander verbindet, aus einem Ferrit mit höherer Koerzitivkraft (etwa 5 A/cm) ausgebildet. Wenn jetzt der Dauermagnetstift den Wirkungsbereich des Signalgebers verläßt, so fällt die Hallspannung nicht mehr auf Null ab, sondern verbleibt auf einem Remanenz-Resthallspannungswert von etwa $\pm$ 80 mV. Das Vorzeichen dieser Remanenz-Resthallspannung gibt Auskunft darüber, ob sich der Magnet links oder rechts vom Signalgeber befindet. Diese Information geht auch durch einen Netzspannungsausfall nicht verloren. Bei Wiederkehr der Netzspannung stellt die Remanenz-Resthallspannung des Signalgebers den Schaltzustand wieder her, der im Augenblick des Netzspannungsausfalls herrschte.

Der beschriebene kontaktlose Signalgeber für kurze Reichweiten vereinigt in sich drei vorteilhafte Eigenschaften: Eine große Schaltgenauigkeit ($\leqq$ $^1/_{100}$ mm), eine hohe Zuverlässigkeit, d. h. Störunanfälligkeit auch unter erschwerten Umwelteinflüssen, wie z. B. Schmutz, Feuchtigkeit und Spritzwasser, und schließlich arbeiten diese Elemente ohne jeden Verschleiß. Bei der Verwendung als Endlagenschalter für Werkzeugmaschinen werden die beiden ersten Eigenschaften vorrangig ausgenutzt. Wegen der dritten Eigenschaft ist ihre Lebensdauer theoretisch unbegrenzt. Aus diesem Grund ist auch der Einsatz kontaktloser Signalgeber zur Steuerung von Fertigungsautomaten und Sondermaschinen mit kleinen Taktzeiten vorteilhaft. Bei solchen Maschinen treten bereits in kurzer Zeit hohe Schaltzahlen auf, so daß bei den heute noch vielfach eingesetzten Schaltern mit Kontakten, die dem Verschleiß unterliegen, häufige Störungsfälle unvermeidbar sind. Die unbegrenzte Lebensdauer und hohe Zuverlässigkeit geben dem Einsatz kontaktloser Signalgeber zur Steuerung von Fertigungsautomaten und Sondermaschinen ganz besonders dann den Vorzug, wenn bei umfangreicheren Steuerungen viele Signalgeber zusammenarbeiten und die von ihnen ausgehenden Befehls- und Vollzugsmeldungen logisch miteinander verknüpft werden. Störungsfälle an den Signalgebern führen bei solchen Steuerungen wegen der komplizierten Fehlersuche zu längeren Stillstandszeiten der Maschinen. Durch die hohe Zuverlässigkeit kontaktloser

Signalgeber lassen sich aber solche Stillstandszeiten vermeiden. Bereits nach kurzer Zeit haben sich daher die höheren Erstellungskosten einer voll elektronischen Steuerung amortisiert.

Bei den bisher beschriebenen Signalgebern wird der steile Nulldurchgang der Hallspannung dadurch erzielt, daß sich der mit einem Pol dem Signalgeber zugewandte Magnet senkrecht zur Halbleiterschicht des Hallgenerators bewegt. Durchläuft der Magnet die Ebene der Halbleiterschicht, so wechselt der die Halbleiterschicht senkrecht durchsetzende magnetische Streufluß sein Vorzeichen. Dabei werden die Steilheit des Signalspannungsverlaufs im Nullpunkt und auch die Lage der Extremwerte der Hallspannung durch die Polflächenabmessung des Magneten und die Ausdehnung der weichmagnetischen Fangstücke des Signalgebers in Bewegungsrichtung bestimmt. Ein Vorzeichenwechsel mit steilem Nulldurchgang der Hallspannung läßt sich auch mit einer parallel zur Halbleiterschicht bewegten Magnetanordnung erreichen. Hierzu müssen ein Nordpol und ein Südpol den Hallgenerator in Bewegungsrichtung nacheinander beeinflussen. Abb. 148 zeigt das Prinzip dieser Signalgabe. Als Empfänger kann ein nur aus Grundplatte und Ferritsteg bestehender magnetisch unsymmetrischer Hallgenerator verwendet werden. Dafür besteht der Gebermagnet aus zwei in Bewegungsrichtung nebeneinander angeordneten Magnetstiften entgegengesetzt gerichteter Magnetisierung. Nähert sich dieser Doppelmagnet von links kommend dem Hallgenerator, so überwiegt zunächst der Magnetfluß des Südpols. In der symmetrischen Mittellage, mit zum Ferritsteg symmetrisch stehendem Nord- und Südpol, wird die Halbleiterschicht nicht vom magnetischen Fluß senkrecht durchsetzt. Im Zuge der Fortbewegung des Doppelmagneten nach rechts überwiegt schließlich der Magnetfluß des Nordpols. Es ergibt sich somit wieder ein Hallspannungsverlauf entsprechend Abb. 133. Für die Signalgabe nach diesem Prinzip eignet sich z. B. der Siemens-Ferrit-Hallgenerator SBV 566 [43]. Um bei Steuerungsanwendungen das Übersprechen der Doppelmagnete benachbarter

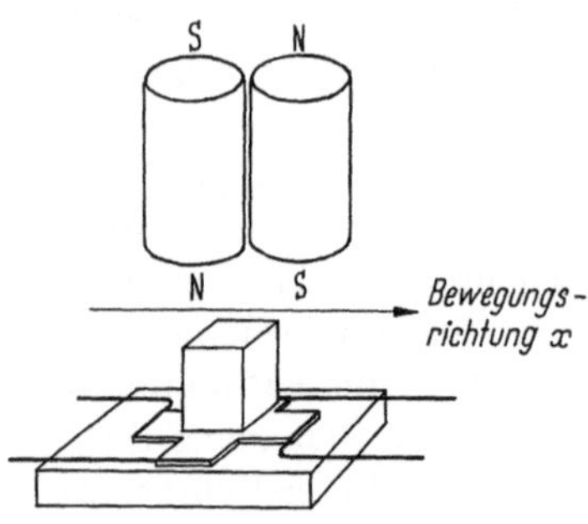

Abb. 148. Magnetisch unsymmetrischer Ferrit-Hallgenerator mit zwei bewegten Dauermagnetstiften zur Erzeugung einer Signalspannung mit steilem Nulldurchgang.

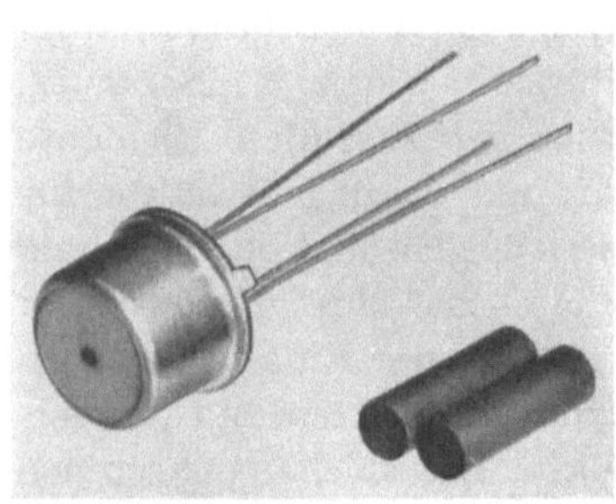
Abb. 149. Werkzeugmaschinen-Endschalter mit zwei Dauermagnetstiften als Betätigungselement.

Spuren zu verhindern, wird der Hallgenerator wieder durch einen Mumetalltopf geschirmt. Im Innern des Schirmtopfs ist der Hallgenerator mit seiner Halbleiterschicht parallel zur Bodenplatte ausgerichtet. Die Öffnung des Schirmtopfs ist mit einer Keramikplatte verschlossen, durch die ein zylindrisches Ferritstück hindurchragt, das den Streufluß einfängt und dem darunterliegenden Ferritsteg des Hallgenerators zuführt. Abb. 149 zeigt die technische Ausführung dieses Signalgebers. Mit zwei Dauermagnetstiften von 4,5 mm Durchmesser und 10 mm Länge lassen sich bei vergleichbaren Abständen zwischen Magnet und Empfangskopf dieselben Nullpunktssteilheiten des Signalspannungsverlaufs wie beim geschirmten Ferrit-Hallgenerator SBV 560 erreichen. Wird der die Keramikdeckplatte durchsetzende verlängerte Ferritsteg aus höher koerzitivem Material hergestellt, so besitzt auch dieses Element eine hohe Remanenz-Resthallspannung und damit echtes Gedächtnisverhalten bei Netzspannungsausfall.

8.3 Digitale Drehwinkelerfassung

Flußempfindliche Ferrit-Hallgeneratoren und kleine Dauermagnetstifte sind auch die Grundbausteine für digitale Weggeber zur Steuerung und Regelung von Bewegungsvorgängen [78]. So kann bei translatorischen Bewegungen der Weg durch einen magnetischen Linearmaßstab erfaßt werden, an dem sich ein Ferrit-Hallgenerator vorbeibewegt. Ein solcher Linearmaßstab wird z. B. von vielen, in einer Reihe angeordneten Dauermagnetstiften gebildet. Die einzelnen Dauermagnete haben konstanten Abstand voneinander und wechselnde Magnetisierungsrichtung. Ein Linearmaßstab ist aber auch ein ausgespanntes Magnetband aus einem Werkstoff mit hoher Koerzitivkraft, das wegabhängig periodisch magnetisiert ist. Die meisten Bewegungsvorgänge in Maschinen leiten sich von der Drehbewegung eines Antriebs ab. Ein universelles Gerät zur digitalen Wegerfassung ist daher ein Winkelschrittgeber. Ein solcher Winkelschrittgeber besteht im Prinzip aus einer drehbar gelagerten Kreisscheibe, die an ihrem Umfang eine periodische Magnetisierung trägt. Von dem ausstreuenden Magnetfluß werden ein oder mehrere feststehend angeordnete Hallgeneratoren angesteuert. Die prinzipielle Anordnung ist in Abb. 150 zu sehen. Die

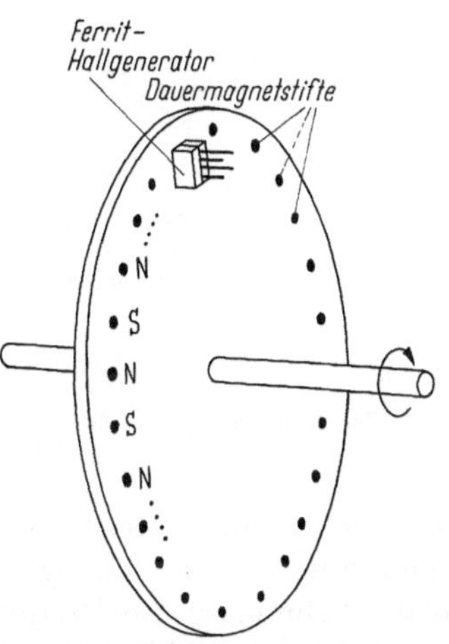

Abb. 150. Prinzip der digitalen Drehwinkelerfassung.

Kreisscheibe aus unmagnetischem Material ist entlang ihres Umfangs mit einer geraden Anzahl von Bohrungen (z. B. 100) in axialer Richtung versehen. In diese Bohrungen sind kleine Dauermagnetstifte eingesetzt, und zwar so, daß stets die Magnetisierung zweier aufeinanderfolgender Magnete entgegengesetzt gerichtet ist. Der in einem Abstand von etwa 0,5 mm vor der Scheibe räumlich fest angebrachte Ferrit-Hallgenerator

Abb. 151. Winkelschrittgeber mit abgenommener Schutzhaube.

wird vom Streufluß der Magnetstifte durchsetzt und gibt je nach Stellung der Scheibe eine positive oder negative Hallspannung ab. Bei einer Umdrehung wechselt daher die einem Transistorkippverstärker zugeführte Hallspannung entsprechend der Zahl der Magnetstifte ihr

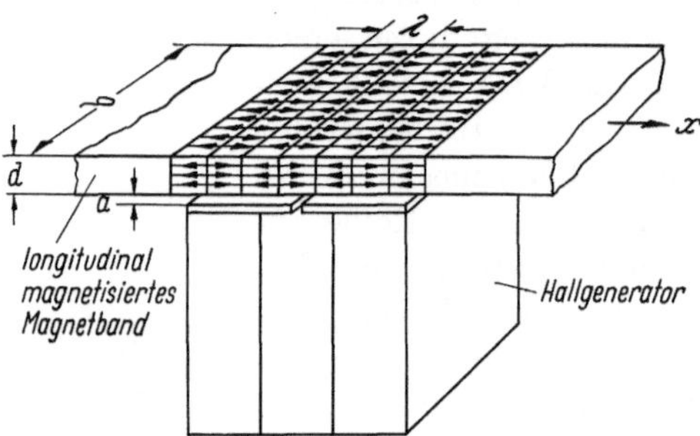

Abb. 152. Anpassung eines magnetisch symmetrischen Ferrit-Hallgenerators an die Wellenlänge der magnetischen Aufzeichnung.

Vorzeichen, in unserem Beispiel also hundertmal. Die Höhe der Hallspannung ist unabhängig von der Drehgeschwindigkeit, so daß auch beim Abbremsen die Drehwinkelschritte bis zum Stillstand einwandfrei erfaßt werden. Abb. 151 zeigt die technische Ausführung eines solchen Winkelschrittgebers mit abgenommener Schutzhaube. Der Winkelschrittgeber ist mit zwei Ferrit-Hallgeneratoren bestückt, die um $(n + \frac{1}{2})$ Magnetabstände gegeneinander versetzt sind. Hierdurch wird nicht nur die ausgelesene Schrittzahl pro Umdrehung verdoppelt, sondern gleichzeitig auch die Möglichkeit gegeben, zwischen positiver und negativer Drehrichtung zu unterscheiden.

Winkelschrittgeber mit Hallgeneratoren werden heute mit einer Auflösung bis zu 1000 Impulsen pro Umdrehung gebaut. Dabei trägt die sich drehende Scheibe keine diskreten Magnetstifte mehr, sondern ist mit einem magnetisierbaren Belag versehen, der wie ein Tonband in kleinsten Bereichen abwechselnd positiv und negativ magnetisiert ist [79, 80]. Zur Abtastung der longitudinal magnetisierten Folie muß der Abstand der beiden Ferritplatten des Hallgenerators der halben Wellenlänge der magnetischen Aufzeichnung angepaßt werden. Hierzu wird die Stirnfläche des magnetisch symmetrischen Hallgenerators durch zwei Ferritplatten bis auf einen kleinen Spalt von etwa 0,2 mm abgedeckt, wie dies in Abb. 152 zu sehen ist. Abb. 153 zeigt einen Abtastkopf für Aufzeichnungen in longitudinaler Magnetschrift mit Wellenlängen zwischen 1 und 5 mm.

Abb. 153. Abtastkopf für longitudinal magnetisierte Aufzeichnungen.

Winkelschrittgeber mit Hallgeneratoren enthalten keine dem Verschleiß unterworfenen elektrischen Bauteile und sind verhältnismäßig unempfindlich gegen Verschmutzung. Bei Änderungen der Umgebungstemperatur verschiebt sich die Winkellage der Hallspannungs-Nulldurchgänge nicht, so daß die Ableitung der elektrischen Zählimpulse von diesen Nulldurchgängen nicht erschwert wird. Die verwendeten Hallgeneratoren verhalten sich wie Spannungsquellen mit geringem Innenwiderstand ($< 50\ \Omega$). Von den auf die Verbindungsleitung zwischen Hallgenerator und nachfolgendem Verstärker einwirkenden elektrischen Störsignalen sind daher nur induktive (eingeprägte) Spannungen schädlich, nicht aber kapazitive (eingeprägte Ströme). Induktive Störspannungen lassen sich aber leicht durch Verdrillen der Signalleitung vermeiden. Im Gegensatz dazu kommen bei hochohmigen Signalgebern kapazitive Störströme zur Wirkung, die nur durch eine gute Abschirmung zu beseitigen sind.

Winkelschrittgeber mit hoher Auflösung werden für die numerische Steuerung von Werkzeugmaschinen eingesetzt. Bei der numerischen Steuerung von Werkzeugmaschinen muß der Maschinenschlitten entsprechend den in den Lochstreifen einprogrammierten Weginformationen verfahren werden. Die Istposition des Maschinenschlittens wird dabei laufend durch ein Wegmeßsystem erfaßt. Dieses Wegmeßsystem kann ein über die Vorschubspindel des Schlittens angetriebener

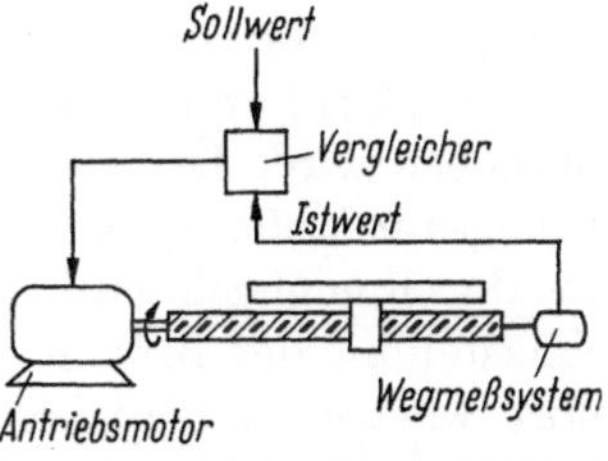

Abb. 154. Winkelschrittgeber als Wegmeßsystem für numerisch gesteuerte Werkzeugmaschinen.

Winkelschrittgeber sein (s. Abb. 154). Der vom Lochstreifen abgeleitete Sollwert wird mit der vom Winkelschrittgeber kommenden Wegimpulszahl als Istwert für die Stellung des Maschinenschlittens verglichen. Hat der Maschinenschlitten die Sollposition erreicht, so gibt der Vergleicher ein Signal ab, das den Antriebsmotor stillsetzt.

Winkelschrittgeber mit Hallgeneratoren werden auch als Wegmeßsystem in automatisierten Walzenstraßen verwendet. So werden in einer Umkehrstraße drei Bewegungsvorgänge von Winkelschrittgebern erfaßt, die Bewegungen der Verschieber, des Kanters und die Anstellung des Walzspaltes. Durch das Walzprogramm ist die Walzenanstellung eines jeden Stiches vorgegeben. Nach jedem Durchgang des Blockes durch das Walzgerüst wird durch eine digitale Wegregelung mit einem Winkelschrittgeber als Istwertfühler der Walzspalt in kürzester Verstellzeit mit einer Genauigkeit besser 0,1 mm auf seinen neuen Wert eingestellt.

Weg- und gleichlaufgeregelte Antriebe von Großkrananlagen sind ein besonders eindrucksvolles Beispiel aus dem Anwendungsbereich der Winkelschrittgeber. Bei Werftkränen mit einer Tragkraft von mehreren hundert Tonnen und einer Spannweite von über 100 m müssen die beiden Stützen bis auf wenige Zentimeter Schienenweg gleichmäßig verfahren werden [81]. Hierzu ist eine Gleichlaufeinrichtung der beiden getrennten Stützantriebe des Brückenfahrwerks notwendig. Den Gleichlauf der beiden Stützantriebe bewirkt eine der Drehzahlregelung überlagerte Gleichlaufregelung. Diese Gleichlaufregelung ist eine Wegdifferenzregelung mit dem Sollwert Null. Der Weg wird digital mit an den Motoren angebauten Winkelschrittgebern erfaßt. Die von den Winkelschrittgebern kommenden Impulse werden in einer Auswerteschaltung so zusammengeführt, daß bei gleicher Drehrichtung der Motoren ein Impuls des einen Antriebs einen Impuls des anderen aufhebt. Bei Gleichlauf erscheint am Ausgang der Auswerteeinrichtung kein Signal. Die bei nicht synchronem Lauf auftretenden Differenzimpulse werden vorzeichenrichtig an einen Differenzzähler mit nachgeschaltetem Digitalanalogumsetzer weitergegeben. Dieser formt die im Zähler stehende Impulszahl, die dem auszuregelnden Differenzweg entspricht, sofort in einen analogen Stromwert um, der im Gleichlaufregler verstärkt und direkt in die Drehzahlregelung als Korrektursollwert eingegeben wird. Der zu schnell laufende Motor wird verzögert und der zu langsam laufende beschleunigt, bis der Differenzweg ausgeregelt ist. Eine durch ungleichmäßig fassende Bremsen möglicherweise auftretende Schiefstellung der Brücke wird gespeichert und beim nächsten Anfahren sofort wieder ausgeglichen. Mit der beschriebenen Gleichlaufregelung der beiden Antriebsmotoren wird die Brücke nur dann parallel verfahren, solange die Räder auf den Schienen nicht rutschen und ihre Abnutzung an beiden Stützfahrwerken gleichmäßig ist. Da beide Störungsursachen nicht ausgeschlossen werden können, wird zusätzlich der von den beiden Stützfahrwerken tatsächlich zurückgelegte Weg überwacht. Hierzu bedient man sich der in 8.1 beschriebenen kontaktlosen Signalgeber für größere Reichweiten. Entlang der Schienen beider Stützfahrwerke sind Flachmagnete in den Beton des Bodens eingelassen. Jedem Magneten an der Schiene des linken Fahrwerks ist genau gegenüberliegend ein Magnet an der Schiene des rechten Fahrwerks zugeordnet. Steht der Kran gerade, dann gibt jeder der an beiden Stützen befestigten kontaktlosen Signalgeber gleichzeitig ein Signal ab. Kommen die Signale bei schrägfahrender Brücke zeitlich nacheinander an, so wird der in dieser Zeit zurückgelegte Weg von den Winkelschrittgebern gemessen und die entsprechende Zahl von Impulsen vorzeichenrichtig in den Differenzzähler gegeben. Der Differenzzählerstand greift über einen Digitalanalogumsetzer in die Drehzahlregelung ein und regelt den Differenzweg aus. Übersteigt der gemessene Differenzweg die zulässige Schrägstellung der Brücke von maximal 8 cm, so werden die Brückenfahrmotoren sofort abgeschaltet. — Auch die Katzfahrwerke und die Hubwerke solcher Großkrananlagen werden mit Gleichlaufeinrichtungen unter Verwendung von Winkelschrittgebern ausgerüstet. Die Katzfahrwerke und die Hubwerke werden normalerweise einzeln gefahren. Bei Bedarf kann vom Steuerpult die Gleichlaufregelung eingeschaltet werden. Dadurch ist es möglich, auch größere Teile, die an zwei Hubwerken hängen, nach oben und unten wie auch seitlich parallel zu verfahren.

Auch beim elektronischen Schleuderschutz von Schienenfahrzeugen, wie z. B. Straßenbahnen, werden die Impulse zweier Winkelschrittgeber miteinander verglichen. Um beim Bremsen einen möglichst kurzen Bremsweg sicherzustellen, muß ein Durchrutschen der das Bremsmoment aufbringenden Räder vermieden werden. Da mit einem rutschenden Rad eine wesentlich geringere Bremswirkung erzielt wird, muß unmittelbar nach Einsetzen des Rutschens das Bremsmoment so weit verringert werden, bis das Rad wieder faßt. Ein Kriterium für das Durchrutschen der bremsenden Räder ist der sofort gegenüber einem mitlaufenden Rad eintretende Drehwinkelversatz. Um diese Drehwinkeldifferenz elektronisch anzuzeigen, wird auf die Achse eines antreibenden bzw. bremsenden Radsatzes und auf die Achse eines mitlaufen den Radsatzes je ein Winkelschrittgeber gesetzt. Die von den beiden Winkelschrittgebern kommenden Impulse werden in Differenz geschaltet, wobei die elektronische Auswertung eine bestimmte Differenzimpulszahl pro Sekunde zuläßt, ohne ein Signal auszulösen; eine geringe Differenzimpulszahl pro Sekunde entsteht durch die meistens immer etwas verschiedenen Raddurchmesser. Rutscht jedoch der Antriebsradsatz durch, so entsteht momentan eine hohe Differenzimpulszahl, durch die automatisch und unabhängig von der Stellung des Fahrschalters vorübergehend die nächstniedrigere Bremsstufe eingelegt wird. Dieser Vorgang wiederholt sich gegebenenfalls in mehreren Schritten so lange, bis die Räder wieder fassen.

Zur Automatisierung der Wiegevorgänge bei Mischanlagen, wie sie heute bei der Herstellung von Futtermitteln, Nährmitteln, Glas, Gummi oder Kunststoffen üblich sind, muß der analoge Zeigerausschlag der Waage in einen digitalen Meßwert umgesetzt werden [82]. Auch hierzu bedient man sich vorteilhaft des Winkelschrittgeberprinzips mit Hallgeneratorabtastung. Durch den Winkelschrittgeber wird der Skalenbereich der Waage in einzelne Winkelschritte aufgelöst, wobei der Grad der Auflösung den jeweiligen Erfordernissen angepaßt werden muß. So wird der Wiegebereich einer Zeigerkopfwaage, die ihren Vollausschlag in der Regel zwischen 350° und 360° besitzt, in 1000 Skalenteile aufgeteilt. Die Wägung kann dann elektrisch durchgeführt werden; die Wägegenauigkeit beträgt $1^0/_{00}$ bezogen auf den Skalenendwert. Hierzu wird die Magnetscheibe des Winkelschrittgebers mit der Zeigerwelle des Wiegekopfs gekuppelt. Die entlang des Umfangs longitudinal magnetisierte Magnetfolie wird mit zwei Ferrit-Hallgeneratoren entsprechend Abb. 152 abgetastet, die gemeinsam auch Pendelungen des Waagenzeigers erkennen und die Impulse mit richtigem Vorzeichen an die Elektroniksteuerung weitergeben. Ein dritter Hallgenerator erfaßt die Zeigernullstellung und gibt ein Signal ab, sobald der Zeiger bei Waagenentleerung die Nullstellung wieder erreicht hat. Mit einer solchen Waage läßt sich z. B. der Beschickungsvorgang für einen Mischer automatisieren. Die Sollgewichte der verschiedenen Rohstoffkomponenten werden in die elektronische Steuerung mit einer Lochkarte eingegeben. Die elektronische Waagenanzeige steuert die Absperrorgane der Rohstoffbehälter. Auf diese Weise werden die richtigen Mengen über Dosierschnecken, Vibrationsrinnen oder dergleichen aus den Rohstoffbehältern abgezogen und dem Mischer zugeführt.

Bei allen bisher beschriebenen Anwendungsbeispielen wird der Winkelschrittgeber als Meßwertgeber für einen zurückgelegten Weg verwendet. Solchen Wegsteuerungen ist gemeinsam, daß bei Erreichen der Sollposition die Geschwindigkeit auf Null absinkt. Aus diesem Grunde können für Wegsteuerungen nur Wegmeßsysteme verwendet werden, deren Signalspannung unabhängig von der Fahrgeschwindigkeit ist. Der Winkelschrittgeber mit Hallgeneratorabtastung ist ein solcher Meßwertgeber. Darüber hinaus kann ein Winkelschrittgeber auch für Aufgaben eingesetzt werden, bei denen eine geschwindigkeitsunabhängige Signalgabe nicht unbedingt notwendig ist. Dies sind ganz allgemein Aufgaben, bei denen Geschwindigkeiten gemessen und geregelt werden sollen, die nicht beliebig klein werden können. Ein Beispiel hierfür ist die Drehzahlregelung von Dampfturbinen [83]. Um für eine digitale Drehzahlregelung eine der Geschwindigkeit proportionale Impulsfrequenz abzuleiten, kann an Stelle eines Winkelschrittgebers mit Hallgeneratoren auch ein Wechselspannungs-Tachogenerator verwendet werden, dessen sinusförmige Ausgangsspannung sich durch nachgeschaltete Transistorkippstufen in eine der Drehzahl proportionale Impulsfrequenz umwandeln läßt. Soll die Geschwindigkeit durch Aufsetzen eines Laufrades gemessen werden, z. B. die Abzugsgeschwindigkeit eines Drahtes, Bandes oder Kabels, so hat ein Winkelschrittgeber mit Hallgeneratoren gegenüber einem Wechselspannungs-Tachogenerator jedoch den Vorteil des wesentlich geringeren Antriebsmoments. Fehlmessungen durch Schlupf des Laufrades werden dadurch weitgehend ausgeschaltet. Bei einem Tachogenerator besitzen die Winkelstellungen, in denen ein Läuferzahn einem Ständerzahn gegenübersteht, ein hohes Rastmoment. Demgegenüber ist die Reaktionskraft zwischen einem Ferrit-Hallgenerator und der sich an ihm vorbeibewegenden magnetischen Läuferscheibe eines Winkelschrittgebers klein; sie liegt unter 50 mp und ist bei den oben beschriebenen Anwendungen zu vernachlässigen.

Eine Anwendung des Winkelschrittgeber-Prinzips, bei der selbst Reaktionskräfte dieser Größe noch stören, ist die elektronische Fernzählung [84—86]. Die zur Messung und Verrechnung elektrischer Energie verwendeten kWh-Zähler sind elektromechanische Meßwerke. Normalerweise wird dabei das Meßergebnis von einem an die sich drehende Ferraris-Scheibe angekuppelten Ziffernrollenwerk angezeigt. Das Meßergebnis steht also zunächst nur am Meßort zur Verfügung. Es gibt aber eine Reihe von Aufgaben, bei denen der gemessene Energiewert laufend an eine Zentrale gemeldet werden muß. Der Meßwert muß also an einer Stelle zur Verfügung stehen, die vom Meßort räumlich getrennt ist. Die in der Zentrale von verschiedenen Meßstellen laufend eingehenden Meßwerte können z. B. für die Verrechnung aufsummiert werden. Von ihnen lassen sich auch Steuerbefehle auslösen für eine Fernwirktechnik im Bereich der elektrischen Energieerzeugung und -verteilung.

Zur Fernzählung ist eine Einrichtung erforderlich, die den Drehwinkel der Zählerscheibe in einzelne Winkelschritte auflöst, die als elektrische Impulse auf die Übertragungsleitung gegeben werden. Die Einrichtung muß jedoch unter allen Umständen rückwirkungsfrei sein, d. h., sie darf keine zusätzlichen Drehmomente auf die Zählerscheibe ausüben. Aus diesem Grunde können die in üblichen Winkelschrittgebern verwendeten Ferrit-Hallgeneratoren hier nicht eingesetzt werden. Rückwirkungsfrei arbeitet dagegen ein Hallgenerator mit unmagnetischem Mantel. Zur Impulsgabe werden zwei Kronenmagnete aus leichtem, permanentmagnetischem Material (Tromalit) mit abwechselnd magnetisierten Zacken auf die Achse der Zählerscheibe gesetzt. In azimutaler Richtung sind die Kronenmagnete so zueinander ausgerichtet, daß einem Nordpol des einen Kronenmagnets ein Südpol des anderen gegenübersteht. Der Hallgenerator ist im Luftspalt zwischen beiden Kronenmagneten räumlich feststehend angeordnet. Um auch noch die kleine

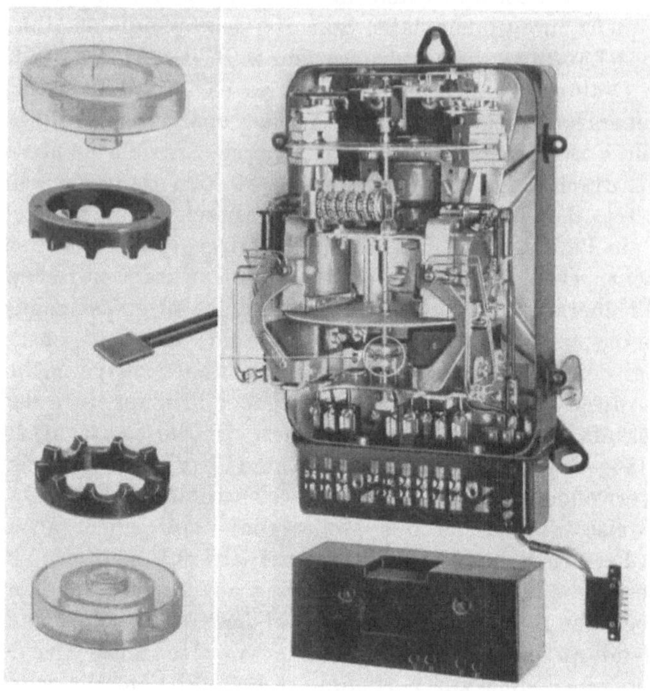

Abb. 155. Kontaktloser Impulsgeberzähler; links Einzelteile des Impulsgebers, rechts Vierleiter-Drehstromzähler mit eingebautem Impulsgeber.

Reaktionskraft des Steuerstroms im Feld des Kronenmagneten unwirksam zu machen, wird der Hallgenerator so ausgerichtet, daß sein Steuerstrom in azimutaler Richtung fließt. Die Reaktionskraft von wenigen mp hat dann nur eine radiale Komponente und wirkt auf die Zählerscheibe weder beschleunigend noch bremsend ein. In Abb. 155 sind links die Einzelteile dieses Impulsgebers zu sehen, rechts der vollständige Impulsgeberzähler bei abgenommener Schutzkappe und darunter die zugehörige Elektronik, die über einen Stecker mit dem Zähler verbunden wird. Die Hallspannung mit einer Amplitude von 100 mV wird dem Elektronikteil, bestehend aus Anpaß-, Kipp- und Endstufe mit Doppelstromausgang zugeführt. Durch den Doppelstromausgang wird erreicht, daß die Übertragungsleitung dauernd einen Strom von 12 mA in Plus- oder Minusrichtung führt. Hierdurch kann auf einfache Weise die Funktion der Fernzählverbindung mit Hilfe eines Brückengleichrichters und eines Relais laufend überwacht werden. Wird im Störungsfall der Leitungsstrom unterbrochen, so fällt das Relais ab und löst Alarm aus. Als Fernzählempfänger dient im einfachsten Fall ein Schrittschaltwerk, das ein Ziffernrollenzählwerk betätigt.

Bei der Wegmessung arbeitet ein Winkelschrittgeber immer mit einem nachgeschalteten Zähler zusammen. In diesen Zähler laufen die den einzelnen Wegelementen zugeordneten elektrischen Impulse ein und werden vorzeichenrichtig aufsummiert. Der gemessene Drehwinkel baut sich also aus einzelnen Inkrementen auf; man spricht daher von einem „digital-inkrementalen“ Meßverfahren. Die Drehwinkelerfassung mit einem Winkelschrittgeber zeichnet sich durch eine gute Anpassungsfähigkeit an die Meßaufgabe aus, da sich die Magnetscheibe einfach in der gewünschten geradzahligen Teilung magnetisieren läßt. Zur Abtastung werden nur wenige Hallgeneratoren benötigt und dementsprechend auch nur eine geringe Anzahl von Transistoranpaßstufen. Diesen Vorzügen steht jedoch ein Nachteil gegenüber, nämlich der, daß bei einem Ausfall der Netzspannung der Zählerstand verlorengeht. Nach Wiederkehr der Netzspannung muß daher der Zählerstand mit der Position des Maschinenelements synchronisiert werden.

Diesen Nachteil vermeidet die Drehwinkelerfassung mit einem kodierten Winkelschrittgeber. Beim Winkelkodierer trägt die Magnetscheibe mehrere einander übergeordnete Magnetspuren. Dadurch bleiben die Winkelelemente der feinsten Teilung nicht mehr unbenannt, sondern sind durch die Signalspannungen mehrerer Hallgeneratoren auf dieser Spur sowie durch die Kombination mit den Signalspannungen der überlagerten Spuren genau gekennzeichnet. Jeder Winkelposition ist daher ein Zahlenwert zugeordnet, der statisch abgefragt wird. Diese Zuordnung geht auch beim Netzspannungsausfall nicht verloren. Man bezeichnet dieses Meßverfahren als „digital-absolut“. Verglichen mit einem Winkelschrittgeber ist allerdings der Aufwand an Hallgeneratoren und Anpaßstufen höher; auch die Anpassung des kodierten Maßstabs an die Meßaufgabe ist schwieriger.

Ein binärdezimal kodierter Winkelgeber, der den vollen Drehwinkel von 360° in 1000 Einheiten auflöst, besteht aus drei miteinander fest verbundenen Magnetspuren, die auf einer drehbar gelagerten Scheibe oder dem Mantel einer Trommel aufgebracht sind. Der volle Umfang ist in den einzelnen Spuren mit 100 Perioden, 10 Perioden und einer Periode magnetisiert. Die Magnetspur mit 100 Perioden der Länge λ wird von insgesamt fünf Hallgeneratoren $H_1^{(0)}$ bis $H_5^{(0)}$ abgetastet. Diese fünf Hallgeneratoren haben in Drehwinkelrichtung den konstanten

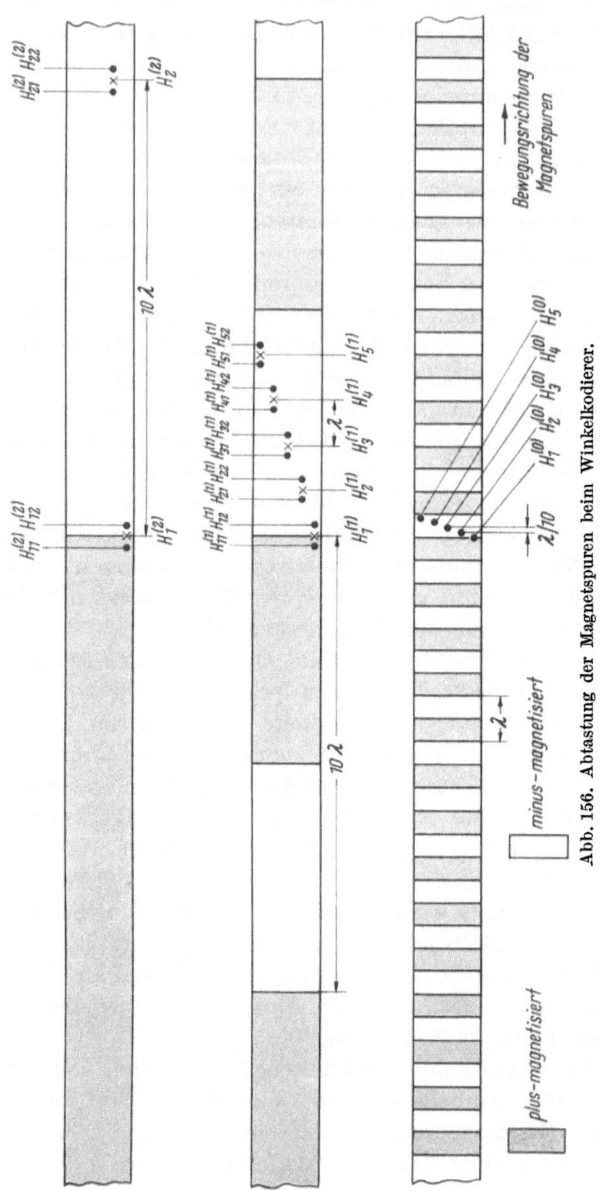

Abb. 156. Abtastung der Magnetspuren beim Winkelkodierer.

Abstand $\lambda/10$ voneinander, wie in Abb. 156 schematisch dargestellt. Durch die Vorzeichen der Signalspannungen von $H_1^{(0)}$ bis $H_5^{(0)}$ werden innerhalb einer Periode λ der Magnetspur zehn äquidistante Winkelbereiche eindeutig voneinander unterscheidbar. Wird die nächsthöhere Spur mit 10 Perioden auf dem Umfang wieder von fünf Hallgeneratoren abgetastet, die in Bewegungsrichtung mit dem konstanten Abstand λ justiert sind, so sind durch die Vorzeichen der Signalspannungen der 10 Hallgeneratoren 100 äquidistante Drehwinkelbereiche innerhalb 10 Periodenlängen λ eindeutig gekennzeichnet. Nimmt man hierzu noch fünf weitere Hallgeneratoren, die im konstanten Abstand 10λ die letzte übergeordnete Spur mit nur einer Periode auf den Umfang abtasten, so sind durch die Vorzeichen der Ausgangsspannungen der insgesamt 15 Hallgeneratoren die 1000 äquidistanten Winkelbereiche einer vollen Umdrehung eindeutig voneinander unterscheidbar.

Bei der praktischen Durchführung der beschriebenen Signalauswertung stößt man jedoch auf eine Schwierigkeit. Jedesmal, wenn bei der Bewegung der Magnetscheibe der Hallgenerator $H_1^{(0)}$ aus einem negativ magnetisierten in einen positiv magnetisierten Bereich übertritt, also das Vorzeichen der Signalspannung von Minus nach Plus wechselt, beginnt in der feinsten Teilung eine neue Dekade. Durchnumeriert werden die einzelnen Dekaden durch das Vorzeichen der Signalspannungen der fünf Hallgeneratoren in der nächsthöheren Spur. Bei Beginn der ersten Dekade müssen also die Hallgeneratoren $H_1^{(0)}$ und $H_1^{(1)}$ genau synchron ihr Vorzeichen wechseln; andernfalls wird es immer einen, wenn auch noch so kleinen Winkelbereich geben, in dem die Winkelstellung falsch angezeigt wird. Eine beliebig genaue Synchronisierung der beiden Hallgeneratoren ist aber nicht möglich. Aus diesem Grunde wird der bisher rein gedanklich angenommene Hallgenerator $H_1^{(1)}$ durch zwei Hallgeneratoren $H_{11}^{(1)}$ und $H_{12}^{(1)}$ ersetzt. Diese beiden Hallgeneratoren sind in einem Abstand, der etwas größer ist als der Teilungsfehler der Magnetspuren, links und rechts von dem gedachten Hallgenerator $H_1^{(1)}$ angebracht. Durch folgende Auswertelogik wird dann die Schwierigkeit einer idealen Synchronisierung von $H_1^{(0)}$ und $H_1^{(1)}$ umgangen: Hat der Hallgenerator $H_1^{(0)}$ negative Signalspannung, so hat auch der Hallgenerator $H_{12}^{(1)}$ mit Sicherheit negative Signalspannung. In diesem Fall ist für die Auswertung die Signalspannung des Hallgenerators $H_{12}^{(1)}$ zu wählen. Bei positiver Signalspannung von $H_1^{(0)}$ ist dagegen die Ausgangsspannung des Hallgenerators $H_{11}^{(1)}$ anzuwählen, der sich mit Sicherheit bereits über dem positiv magnetisierten Bereich befindet. Die gleiche Schwierigkeit einer beliebig genauen Synchronisierung des Vorzeichenwechsels von $H_1^{(0)}$ mit einem Vorzeichenwechsel jeweils eines der Hallgeneratoren $H_2^{(1)}$ bis $H_5^{(1)}$ tritt immer auf, wenn der Vorzeichenwechsel von $H_1^{(0)}$ den Beginn einer neuen Dekade anzeigt.

Aus diesem Grunde müssen auch die vier weiteren Hallgeneratoren der nächsthöheren Spur durch jeweils ein in entsprechender Weise angeordnetes Hallgeneratorpaar $H_{n1}^{(1)}$ und $H_{n2}^{(1)}$ mit $n = 2, 3, 4, 5$ ersetzt werden. Diese Hallgeneratorpaare sind auf dieselbe Weise wie die beiden Hallgeneratoren $H_{11}^{(1)}$ und $H_{12}^{(1)}$ mit $H_1^{(0)}$ logisch verknüpft, d. h., ist die Signalspannung von $H_1^{(0)}$ negativ, so ist immer die Signalspannung des rechten Hallgenerators eines Paares auszuwerten, bei positiver Hallspannung von $H_1^{(0)}$ dagegen die des linken Hallgenerators. Auf die gleiche Weise wird auch die dritte Magnetspur mit der ersten synchronisiert. Die gedachten Hallgeneratoren $H_n^{(2)}$ werden durch Hallgeneratorpaare $H_{n1}^{(2)}$ und $H_{n2}^{(2)}$ ersetzt. Als Auswahlregel gilt wieder: Ist $H_1^{(0)}$ negativ, so ist der rechte Hallgenerator eines Paares auszuwerten und bei positiver Signalspannung von $H_1^{(0)}$ der linke.

Ein Winkelkodierer, mit dem die volle Umdrehung in 1000 durchnumerierte Winkelbereiche aufgelöst wird, enthält also drei Magnetspuren und 25 Hallgeneratoren. Wird zur Abtastung der Magnetspuren der Siemens-Hallgenerator SBV 566 [43] verwendet, so kann als Periodenlänge der feinsten Teilung $\lambda = 2$ mm gewählt werden. Der beschriebene Winkelkodierer mit 1000 Winkelbereichen hat daher eine Magnetscheibe mit einem Durchmesser von nur 6 cm.

8.4 Drehwinkelabhängige Funktionsgeber

Bei vielen Aufgaben in der Steuerungstechnik benötigt man ein weg- oder drehwinkelabhängiges Signal, dessen Länge genau begrenzt ist. Hierzu muß eine Hallspannung erzeugt werden mit zwei, den Signalanfang und das Signalende begrenzenden Nulldurchgängen hoher Steilheit. Ein solcher Hallspannungsverlauf tritt auf, wenn zwei parallel angeordnete Dauermagnetstifte entgegengesetzt gerichteter Magneti-

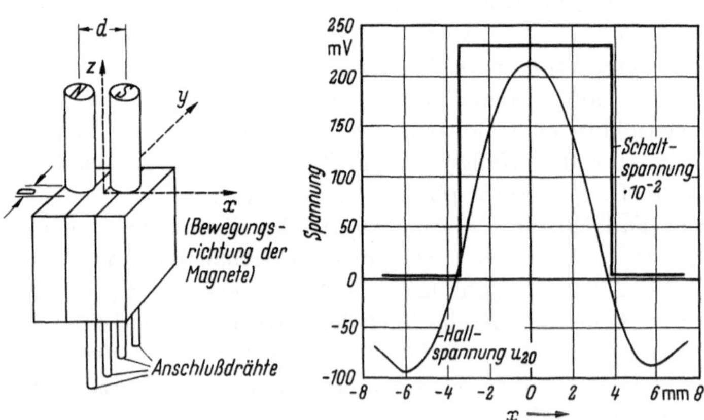

Abb. 157. Erzeugung eines wegabhängigen Steuersignals konstanter Spannung mit definierter Länge.

sierung über die Stirnfläche eines symmetrischen Ferrit-Hallgenerators in x-Richtung hinweg bewegt werden, wie dies Abb. 157 zeigt. Mit dieser Anordnung lassen sich jedoch keine Steuersignale mit in Bewegungsrichtung beliebiger Länge erzeugen. Vergrößert man nämlich den Abstand der beiden Magnetstifte in x-Richtung, so tritt in der Mitte des Steuersignals an Stelle des Maximums eine immer größer werdende Einsattelung auf, die bei großen Abständen der beiden Magnetstifte schließlich den Ansprechwert der nachgeschalteten Transistor-

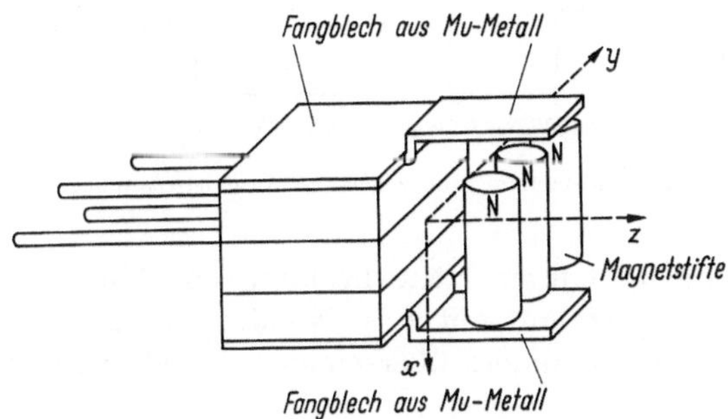

Abb. 158. Erzeugung wegabhängiger Steuersignale beliebiger Länge und wechselnder Polarität.

kippstufe unterschreitet; in diesem Mittelbereich ist dann die Signalgabe nicht sicher gegen Netzspannungsausfall.

Ein Steuersignal konstanter Ausgangsspannung über beliebige Signallängen erhält man dagegen, wenn der symmetrische Ferrit-Hallgenerator von Magnetstiften beeinflußt wird, die in x-Richtung ausgerichtet sind und sich in y-Richtung an der Stirnfläche des Hallgenerators vorbei bewegen (Abb. 158). Um den Magnetfluß möglichst vollständig über den Ferrit-Hallgenerator zu lenken, sind auf seine Ferritplatten weichmagnetische Fangbleche aufgesetzt, die über die Stirnflächen der Magnetstifte hinweggreifen. Für ein konstantes Steuersignal beliebiger Länge müssen die in Reihe oder auf einen Kreisbogen angeordneten Dauermagnetstifte bis auf die beiden äußeren Magnete gleichsinnig magnetisiert sein. Durch Aneinanderreihen mehrerer Magnetgruppen mit wechselnder Magnetisierungsrichtung und unterschiedlicher Länge entlang des Umfangs einer Kreisscheibe aus unmagnetischem Material erhält man einen Spannungsverlauf, der an den Stellen, an denen die Magnete ihre Magnetisierungsrichtung wechseln, Vorzeichenwechsel mit steilen Nulldurchgängen aufweist. Abb. 159 zeigt einen solchen Spannungsverlauf sowie die hieraus mit einem nachgeschalteten Kippverstärker abgeleitete Schaltspannung. Auf diese Weise lassen sich kontaktlos und unabhängig von der Geschwindigkeit arbeitende Programmschalter bauen, die insbesondere für schnelle Steuerungen, wie

z. B. Scherensteuerungen in Blechstraßen, den bekannten mechanischen und kontaktbehafteten Nockenschaltern überlegen sind [78].

Werden die Magnete auf der Scheibe nicht längs eines Kreises, sondern auf einer allgemeineren Kurve angeordnet, so läßt sich die

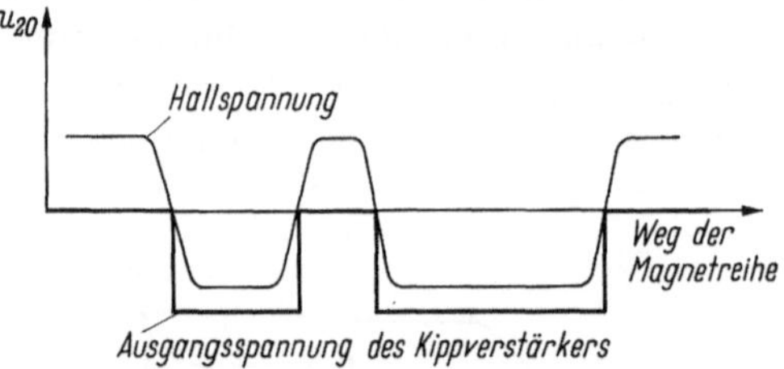

Abb. 159. Wegabhängige Signalspannung und zugehörige Ausgangsspannung des Schaltverstärkers.

Hallspannung auch in ihrer Höhe beeinflussen. Abb. 160 rechts zeigt einen Hallspannungsverlauf mit zwei Nulldurchgängen, von denen der eine sehr steil und der andere über einen Winkelbereich von etwa 30° abgeflacht verläuft. Die zugehörige Magnetanordnung ist in Abb. 160 links zu sehen. Die beiden Nulldurchgänge werden durch je einen Wechsel der Magnetisierungsrichtung erzeugt. Während zur Erzeugung des steilen Nulldurchgangs die Magnete auf einer Kreisbahn liegen, sind die Magnete im Bereich des flachen Nulldurchgangs über einen bestimmten Winkel (36°) auf einer Kreisebene angeordnet. Bewegt sich dieser Bereich am Hallgenerator vorbei, so wird der Abstand zwischen Hallgenerator und den Magnetstiften größer, und die Hallspannung sinkt ab [78]. Anstatt die Scheibe mit diskreten Magnetstiften zu bestücken, kann eine drehwinkelabhängige Signalspannung auch von einer geeignet

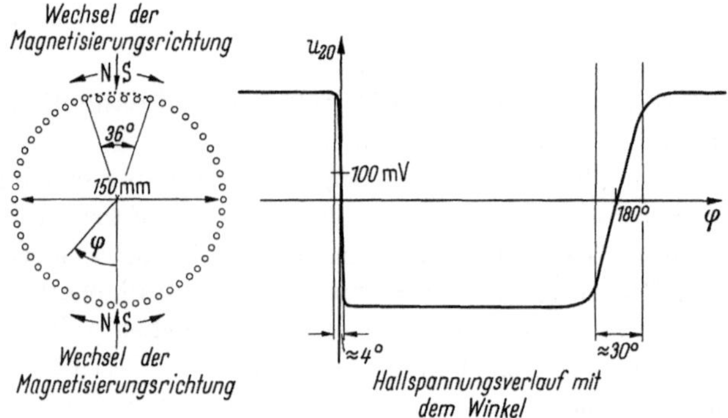

Abb. 160. Drehwinkelabhängige Steuerspannung mit zwei Nulldurchgängen unterschiedlicher Steilheit.

magnetisierten, auf die sich drehende Scheibe aufgebrachten Magnetfolie abgenommen werden [80]. Die Folie wird nicht longitudinal wie beim Winkelschrittgeber, sondern transversal zur Bewegungsrichtung magnetisiert. Der ausstreuende Magnetfluß wird mit einem symmetrischen Ferrit-Hallgenerator abgetastet, dessen Ferritplatten senkrecht zur Magnetisierungsrichtung stehen.

Mit Hallgeneratoren lassen sich auch analoge Drehwinkelgeber bauen, deren Ausgangsspannung dem Cosinus bzw. Sinus des Drehwinkels proportional ist. Bei diesen Winkelgebern wird die Eigenschaft ausgenutzt, daß nur die auf die Halbleiterfläche bezogene Normalkomponente der magnetischen Induktion zur Hallspannung beiträgt. Bildet der Magnetvektor $\boldsymbol{B}$ den Winkel φ mit der Normalen senkrecht zur Halbleiterschicht, so ist die Hallspannung proportional $|\boldsymbol{B}| \cos\varphi$. Wird also ein Hallgenerator im homogenen magnetischen Feld um eine in der Halbleiterschicht liegende Achse gedreht, so ändert sich die Hallspannung cosinusförmig mit dem Drehwinkel φ. Setzt man zwei Hallgeneratoren, deren Halbleiterflächen unter $90°$ Drehwinkel zueinander stehen, fest auf eine Rotationsachse, so folgt im homogenen Magnetfeld die Hallspannung des einen Hallgenerators dem Cosinus des Drehwinkels φ, die Hallspannung des anderen dem Sinus des Drehwinkels. Durch die Höhe beider Ausgangsspannungen ist die Drehwinkelstellung der Rotationsachse eindeutig gekennzeichnet.

Um die Meßspannung nicht über Schleifringe und Bürsten abnehmen zu müssen, werden bei der praktischen Ausführung eines analogen Winkelgebers die Hallgeneratoren räumlich feststehend angeordnet, während das von einem Permanentmagnet erzeugte Feld mit der Antriebsachse des Gebers verbunden ist. Für solche Winkelgeber wurden verschiedene Konstruktionen vorgeschlagen. Bei einer Bauform ist der sich drehende Permanentmagnet eine diametral magnetisierte, zylindrische Walze; die beiden Hallgeneratoren sind in einem Eisenrückschluß räumlich feststehend angeordnet. Besonders vorteilhaft ist die Anordnung der beiden unter $90°$ zueinander stehenden Hallgeneratoren im Luftspalt zwischen Rotor und zylinderförmigem Eisenrückschluß mit in tangentialer Richtung stehenden Halbleiterflächen [87]. Bei einer anderen Bauform sind die Hallgeneratoren in einem unmagnetischen Körper im Zentrum untergebracht, der von dem sich drehenden Permanentmagneten glockenförmig umfaßt wird, ähnlich der Konstruktion eines Außenläufermotors [88]. Da bei den analogen Drehwinkelgebern mit Hallgeneratoren Wicklungen, Bürsten, Schleifringe und Lamellierungen entfallen, können sie grundsätzlich kleiner gebaut werden als herkömmliche Drehmelder. Für Drehwinkelgeber mit 1,25 cm Durchmesser und 2,5 cm Länge werden Drehwinkel-Meßgenauigkeiten besser ± 10 Winkelminuten angegeben. Da ein solcher Geber den Drehwinkel in eine analoge Meßspannung umsetzt, werden bei dieser Anwendung, wie bei der Magnetfeldmessung, Hallgeneratoren mit möglichst linearer Kennlinie und geringem Temperaturgang, also Hallgeneratoren aus Indiumarsenid bzw. Indiumarsenidphosphid, verwendet.

8.5 Kollektorlose Gleichstrommotoren

Zum Anwendungsbereich der berührungs- und kontaktlosen Stellungsmeldung mit Hallgeneratoren gehört auch der kollektorlose Gleichstrommotor. Kollektorlose Gleichstrommotoren werden heute in zunehmendem Maße für den Antrieb batteriegespeister Tonbandgeräte verwendet. Im Vergleich zu den bisher hierfür eingesetzten herkömmlichen Gleichstromkleinstmotoren entfallen bei diesen Motoren die dem Kollektor anhaftenden Nachteile, wie Geräusch, Funkenbildung, Verschleiß und gelegentliche Anlaufschwierigkeiten durch korrodierte Kommutatorlamellen.

Der Kommutator eines normalen Gleichstrommotors schaltet den Ankerstrom abhängig von der Läuferstellung um. Er vereint in sich also die Funktion eines Stellungsmelders und eines elektrischen Schalters. Will man daher den Kommutator durch elektronische Mittel ersetzen, so bieten sich hierfür als ideale Schaltelemente Transistoren oder bei größeren Leistungen Thyristoren an. Die berührungs- und kontaktlose Stellungsmeldung des Läufers kann vorteilhaft mit Hallgeneratoren erfolgen.

Für die Stellungsmeldung des Läufers sind auch andere Lösungsmöglichkeiten bekannt geworden. All diesen Lösungen ist aber gemeinsam, daß zum Steuern der Transistoren ein Steuerapparat benötigt wird, der als zusätzliches Konstruktionselement den Motor über seinen antriebsaktiven Teil hinaus vergrößert. Ein derartiger Steuerapparat kann z. B. aus einer Lochscheibe bestehen, die auf die Läuferwelle aufgesetzt ist und einen auf Fotodioden gerichteten Lichtstrahl drehwinkelabhängig unterbricht bzw. freigibt. Bei einer anderen Lösung wird über einen rotierenden Verteiler aus Ferrit ein hochfrequentes Magnetfeld in räumlich am Umfang feststehende Steuerspulen eingekoppelt. Schließlich können die Transistoren auch über eine auf der Läuferwelle mitrotierende Permanentmagnetanordnung und räumlich feststehende, magnetfeldabhängige Widerstände angesteuert werden. Demgegenüber gestattet die Stellungsmeldung mit Hallgeneratoren, die Steuersignale für die Transistoren unmittelbar vom rotierenden Läufermagneten abzunehmen [89, 90].

Abb. 161 zeigt den Aufbau eines kleinen kollektorlosen Gleichstrommotors mit Hallgeneratorsteuerung. Der Läufer ist ein zylindrischer, diametral magnetisierter Permanentmagnet. Die Stromumschaltung wird an der feststehenden Ständerwicklung vorgenommen. Die Ständerwicklung besitzt vier einzelne Stränge, von denen je zwei in einer Wickelkammer liegen. Beide Wickelkammern stehen unter 90° Winkelstellung zueinander, so daß der Motor zwei aufeinander senkrecht stehende „Polpaare" hat. Der Eisenrückschluß des Ständers besteht aus ungenuteten ringförmigen Blechen, die über die Wicklung geschoben sind. Für die Stellungsmeldung des Läufers werden zwei Hallgeneratoren benötigt, die unter 90° Winkelstellung zueinander in kleinen Ausnehmungen des Ständerblechpaketes untergebracht sind.

Durch das umlaufende Magnetfeld des Läufers werden die beiden Hallgeneratoren so angesteuert, daß sich die Hallspannung des einen

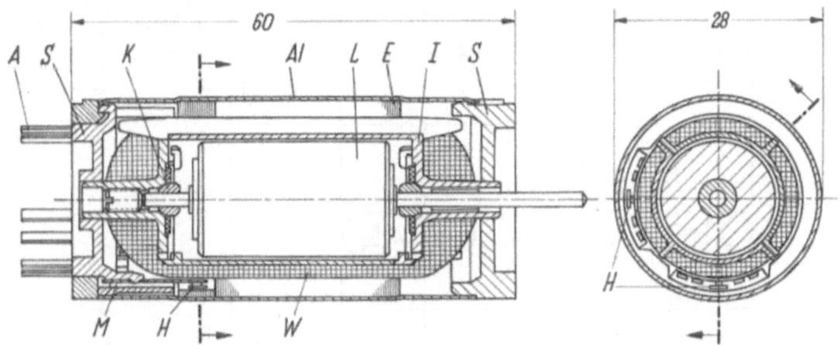

Abb. 161. Aufbau eines kollektorlosen Gleichstrommotors mit Hallgeneratorsteuerung. *A* Anschlußfahne; *S* Statorschild; *K* Kalottenlager; *Al* Aluminiumrohr; *L* Läufermagnet; *E* Eisenrückschluß; *I* Isolierstoffkörper; *M* Magnetblech; *H* Hallgenerator; *W* Wicklung.

sinusförmig und die des anderen cosinusförmig mit dem Drehwinkel φ des Läufers ändert. Die über Transistoren verstärkten, den Hallspannungen proportionalen Wicklungsströme erzeugen daher bei richtiger Zuordnung und Polung der Wicklungen ein Gesamtständerfeld, das mit konstanter Amplitude dem Magnetvektor des Läufers stets um 90° vorauseilt. Da dieses Ständerfeld das Bestreben hat, den Magnetvektor des Läufers in seine Lage zu drehen, entsteht in jedem Augenblick ein antreibendes, von der Drehwinkelstellung des Läufers unabhängiges Drehmoment.

Für die Stromumschaltung in der Ständerwicklung mit Transistoren sind mehrere Schaltungen bekannt. Die einfachste Art ist die 180°-Parallelschaltung, bei der in jedem der parallel geschalteten Wicklungsstränge nur über 180°-Läuferdrehwinkel ein sinusförmiger Strom fließt. Abb. 162 zeigt diese Motorschaltung einschließlich einer elektronischen Drehzahlregelung. Die beiden Hallgeneratoren steuern je eine Transistorgegentaktstufe an, deren Kollektorströme die Wicklungsstränge des Ständers durchfließen. Die Wicklungsstränge einer Gegentaktstufe liegen in derselben Wickelkammer und gehören somit zu einem Polpaar. Zur Ansteuerung der Transistoren T_1 bis T_4 liegt im Basisemitterkreis eines jeden Transistors die Potentialdifferenz zwischen einer Hallelektrode

(2, 4, 6 oder 8) und einer unteren Steuerelektrode (1 oder 5). Diese Potentialdifferenz besteht aus zwei Anteilen, einem Hallspannungsanteil und einem ohmschen Spannungsanteil. Dabei ist auch der ohmsche Spannungsanteil wegen der magnetischen Widerstandserhöhung magnetfeldabhängig, und zwar erhöht sich der ohmsche Widerstand unabhängig von der Richtung des Magnetfeldes bei einer Umdrehung des Läufers

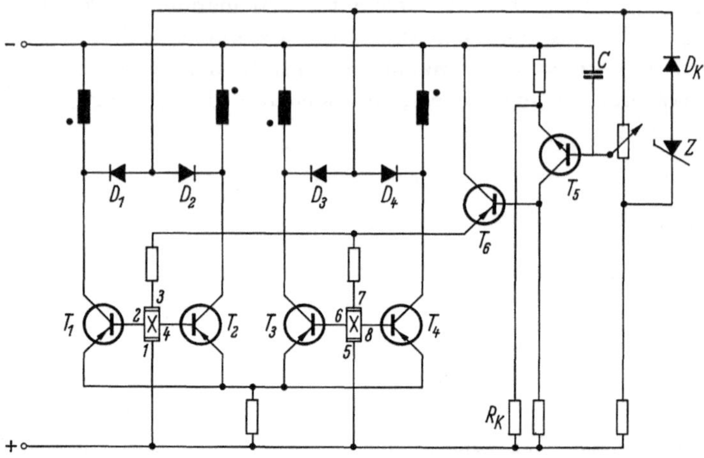

Abb. 162. Motorschaltung (180°-Parallelschaltung) einschließlich elektronischer Drehzahlregelung

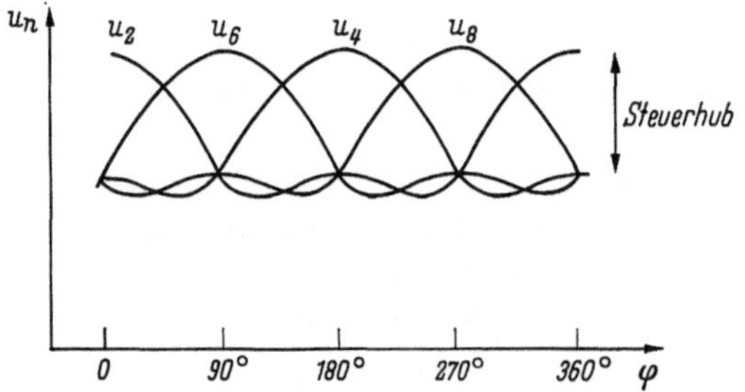

Abb. 163. Steuerspannungen der vier Transistoren in Abhängigkeit vom Drehwinkel.

zweimal. Die Erhöhung des ohmschen Spannungsanteils wird daher in der einen Halbwelle zum Hallspannungsanteil addiert, in der Halbwelle mit negativer Hallspannung wird dagegen durch die Erhöhung des ohmschen Spannungsanteils der sinusförmige Potentialverlauf abgeflacht. Dieser drehwinkelabhängige Verlauf der den vier Transistoren zugeordneten Steuerspannungen u_2, u_4, u_6 und u_8 ist in Abb. 163 dargestellt. Durch einen gemeinsamen Emitterwiderstand werden die vier Transistoren auf das Potential der Hallelektroden gehoben, so daß sie nur von dem magnetfeldabhängigen Steuerhub geöffnet werden können. Die stromführenden Winkelbereiche sind dann für jeden Transistor nahezu 180°. Der Mittelwert der Steuerspannungen bestimmt die Höhe des Gesamtstroms durch die Wicklungen und damit das Drehmoment. Da dieser Mittelwert dem Steuerstrom proportional ist, kann eine Drehzahlregelung des Motors durch Beeinflussung des Drehmomentes über den Steuerstrom vorgenommen werden.

Für eine elektronische Drehzahlregelung wird als Istwert der Drehzahl die in den Motorwicklungen durch den rotierenden Läufer induzierte Gegen-EMK benutzt. Dazu darf die an einem Wicklungsstrang anstehende Spannung nur dann zur Istwertbildung freigegeben werden, wenn kein Arbeitsstrom durch den Wicklungsstrang fließt. Eine entsprechende Auskopplung der Gegen-EMK wird durch die vier Dioden D_1 bis D_4 in Abb. 162 bewirkt. Die von ihnen gleichgerichtete Istwertspannung wird gegen die von einem Potentiometer auf einen Sollwert geteilte Konstantspannung einer Zener-Diode Z geschaltet. Die mit der Zener-Diode in Reihe liegende Diode D_k dient zur Kompensation der temperaturabhängigen Schwellwerte (Auskoppeldioden D_1 bis D_4 sowie Basisemitterdiode des Transistors T_5) bei der Sollwert-Istwert-Differenzbildung. Die Sollwert-Istwert-Differenz steuert einen zweistufigen Transistorverstärker, dessen Ausgang den Steuerstrom für beide Hallgeneratoren liefert. Der Widerstand R_k kompensiert den unerwünschten Einfluß von Betriebsspannungsänderungen auf die Drehzahl. Der Glättungskondensator C verringert die Welligkeit der Sollwert-Istwert-Differenzspannung, so daß der Regelverstärker in keinem Zeitpunkt übersteuert wird.

Mit der beschriebenen Schaltung läßt sich die für den Antrieb von Tonbandgeräten notwendige Drehzahlkonstanz von $\pm 1\%$ gegenüber den im praktischen Betrieb auftretenden Last-, Temperatur- und Spannungsschwankungen erreichen. Abb. 164 zeigt als kollektorlosen Gleich-

Abb. 164. Elektronikmotor 1 AD 30 der Siemens AG.

strommotor den Siemens-Elektronikmotor 1 AD 30 mit zugehöriger Elektronik in 180°-Parallelschaltung. Bei einer Betriebsspannung von 6 V, einer geregelten Drehzahl von 3000 U/min und einem abgegebenen Drehmoment von 20 pcm besitzt der Motor einen Wirkungsgrad von etwa 40%. Etwas größere Motoren haben bei höheren Abgabeleistungen Wirkungsgrade von über 60%.

Für höhere Drehmomente und größere Motoren müssen Ständerströme von mehr als 1 A geschaltet werden. Die den Ständerstrom

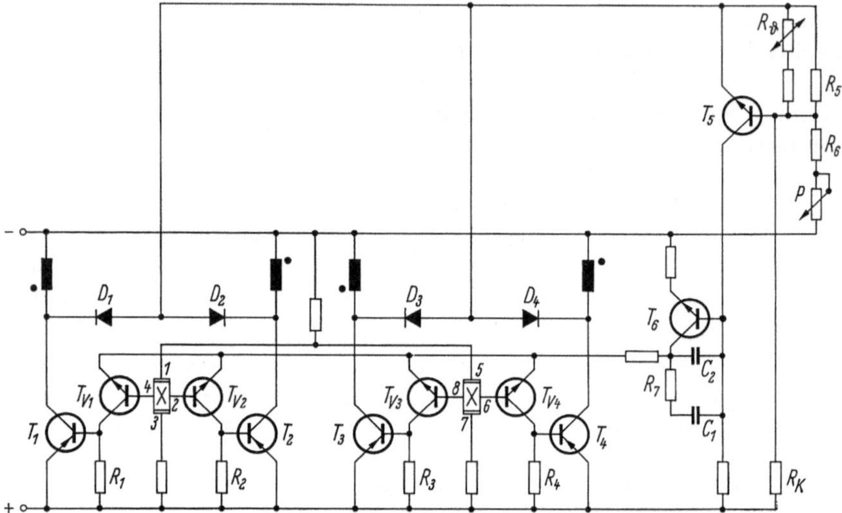

Abb. 165. 90°-Parallelschaltung mit elektronischer Drehzahlregelung.

führenden Leistungstransistoren werden daher über Vortransistoren von den Hallgeneratoren angesteuert. In Abb. 165 ist eine für größere Motorleistungen geeignete Schaltung dargestellt. Im Gegensatz zur 180°-Parallelschaltung werden hier die beiden Hallgeneratoren von konstanten Steuerströmen durchflossen. Die Drehzahlregelung des Motors greift über den gemeinsamen Emitterstrom der Vortransistoren T_{v1} bis T_{v4} ein, der von dem Transistor T_6 des Regelverstärkers vorgegeben wird. Dieser gemeinsame Emitterstrom fließt nun jeweils über denjenigen der vier Transistoren T_{v1} bis T_{v4}, der die höchste Basisspannung hat. Da die Basisspannungen von den beiden Hallgeneratoren gemäß Abb. 163 vorgegeben werden, erfolgt die Überleitung des gemeinsamen Emitterstroms vom Transistor T_{v2} zum Transistor T_{v4} in der Nähe des Drehwinkels $\varphi = 45°$ und vom Transistor T_{v4} zum Transistor T_{v1} bei $\varphi = 135°$. Der Transistor T_{v4} führt also über $\Delta\varphi = 90°$ Strom. Das gleiche gilt mit entsprechenden Phasenverschiebungen auch für die drei anderen Transistoren in den drei weiteren 90°-Winkelbereichen einer vollen Umdrehung. Die Kollektorströme der Vortransistoren steuern über den Spannungsabfall an den Basisemitterwiderständen R_1 bis R_4 die Haupttransistoren T_1 bis T_4. Auch die parallel geschalteten Wicklungsstränge im Kollektorkreis der Haupttransistoren werden daher nur über 90°-Drehwinkel vom Arbeitsstrom durchflossen. Dies hat einen günstigen Einfluß auf den Wirkungsgrad. Man nennt diese Schaltung 90°-Parallelschaltung.

Zur elektronischen Drehzahlregelung wird wie bei der 180°-Parallelschaltung die vom Läufer erzeugte Gegen-EMK als Drehzahlistwert über die Dioden D_1 bis D_4 ausgekoppelt und gleichgerichtet. Diese Spannung wird durch die Widerstandskette R_5, R_6 und P einstellbar geteilt und mit dem Schwellwert der Basisemitterspannung des Siliziumtransistors T_5 verglichen. Der Kollektorstrom von T_5 ist somit ein Maß für die Abweichung zwischen der Soll- und Istdrehzahl. Bei zu kleiner Drehzahl ist T_5 gesperrt, der von T_5 angesteuerte Transistor T_6 wird voll durchlässig, und der Motor gibt das maximal mögliche Drehmoment ab. Ist die Solldrehzahl erreicht, so wird durch Aufsteuern des Transistors T_5 die Basisemitterspannung am Transistor T_6 auf den erforderlichen Wert zurückgenommen. Durch den Kondensator C_2 und die RC-Kombination aus R_7 und C_1 wird die Welligkeit der Sollwert-Istwert-Differenzspannung unterdrückt und gleichzeitig die Regeldynamik bestimmt. Der Einfluß der temperaturabhängigen Diodenschwellspannungen auf die Drehzahl wird in dieser Schaltung durch einen in den Spannungsteiler eingebauten Heißleiter R_ϑ kompensiert. Der Widerstand R_k eliminiert den Einfluß von Betriebsspannungsänderungen auf die Drehzahl.

Das Prinzip des kollektorlosen Gleichstrommotors mit Hallgeneratorsteuerung ist nicht auf den Anwendungsbereich des Gleichstromkleinstmotors beschränkt. Mit größeren Transistoren lassen sich auch Antriebe mit einer Leistung von mehreren 100 W bauen. Für noch größere Leistungen wird der Strom in den Wicklungssträngen von Thyristoren umgeschaltet. Antriebe mit einer Leistung von 10 kW befinden sich bereits in Entwicklung. Bis zu welchen Leistungen solche Motoren einmal gebaut werden, ist heute noch ungewiß. Zu den vielen Anwendungsmöglichkeiten kollektorloser Gleichstrommotoren, die sich in ihrem vollen Umfang gegenwärtig noch nicht übersehen lassen, gehört auch der hochtourige elektrische Kraftfahrzeugmotor.

8.6 Schwingungsmessung

Die berührungs- und kontaktlose Signalgabe mit Dauermagnet und Ferrit-Hallgenerator ist auch ein geeignetes Verfahren zur Messung und Registrierung von Schwingungsvorgängen. Schwingungsmeßaufgaben treten vor allem im Maschinenbau auf. Die Massenkräfte, wie z. B. die Unwucht umlaufender Maschinenteile, führen zu mechanischen Schwingungen der Maschinen. Um diese Schwingungen sowie auch die Geräusche quantitativ beurteilen zu können, sind Schwingungsmessungen oft unerläßlich. Die Schwingungsmessung gibt Auskunft über die Störursachen, wie z. B. über die Unwucht des umlaufenden Maschinenteils und bildet somit die Grundlage für ein definiertes Auswuchten. In Auswuchtmaschinen werden daher Schwingungsmesser als Meßorgane verwendet.

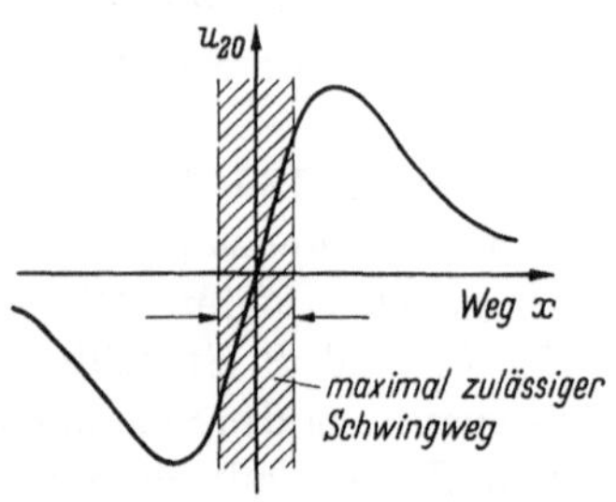

Abb. 166
Lineare Anzeige des Schwingwegs im Bereich des steilen Nulldurchgangs.

Herkömmliche Schwingungsaufnehmer arbeiten induktiv. Im Innern einer Spule bewegt sich durch den Schwingungsvorgang angeregt ein Dauermagnet und induziert eine der Schwinggeschwindigkeit (Schnelle) proportionale Meßspannung. Rückschlüsse auf den Schwingweg können bei einem solchen Aufnehmer nur durch Integration der Meßspannung gewonnen werden. Ein Schwingungsaufnehmer mit Hallgenerator ist demgegenüber ein Meßgeber für den Schwingweg. Da bei den meisten Schwingungsmeßaufgaben die Schwingwegamplitude sehr klein ist, muß ein Weggeber eine hohe Empfindlichkeit besitzen, d. h. eine hohe Änderung der Ausgangsspannung bei kleinen Verrückungen. Eine geeignete Anordnung für einen Schwingungsmesser ist daher ein symmetrischer Ferrit-Hallgenerator, der von einem Dauermagneten beeinflußt wird, so daß ein Signalspannungsverlauf mit steilem Nulldurchgang entsteht [91]. Im Bereich des Nulldurchgangs steigt die Hallspannung linear mit dem Schwingweg an, so daß kleine Schwingwege um den Nullpunkt mit einer Steilheit von etwa 1 mV/μm angezeigt werden (Abb. 166). Für den Siemens-Ferrit-Hallgenerator SBV 560 gilt diese Proportionalität bis zu einer maximalen Schwingamplitude von etwa 1 mm. Den Aufbau eines Schwingungsaufnehmers mit Hallgenerator zeigt Abb. 167. Der sich in geringem Abstand vor der Stirnfläche des Ferrit-Hallgenerators vorbeibewegende Dauermagnet ist an zwei Blattfedern in einer Richtung freischwingend befestigt. Die Blattfedern sind

Abb. 167. Schwingungsaufnehmer mit Hallgenerator (Werkfoto der Firma Dr. Reutlinger & Söhne, Darmstadt).

in einer den Ferrit-Hallgenerator tragenden Halterung eingeklemmt. In der Ruhestellung nimmt der Magnet die symmetrische Mittellage vor dem Ferrit-Hallgenerator ein. Die kleinen, zwischen Ferrit-Hallgenerator und Dauermagnet auftretenden Reaktionskräfte bei Auslenkung des Dauermagneten aus der symmetrischen Mittellage stören den Meßvorgang nicht, da sie sich zu den Rückstellkräften der Blattfedern addieren. Für die Schwingungsmessung muß die aus Ferrit-Hallgenerator und Dauermagnet gebildete schwingungsfähige Anordnung eine möglichst niedrige Eigenfrequenz haben. Wird diese Anordnung auf einen schwingenden Körper aufgesetzt, dessen Schwingfrequenz größer ist als die Eigenfrequenz des Schwingungsaufnehmers, so bleibt der Dauermagnet raumbezogen in Ruhe, während der mit dem Gehäuse fest verbundene Ferrit-Hallgenerator die Schwingbewegung des Meßobjektes ausführt. Das Meßsystem wird durch Auffüllen des Gehäuses mit einem Öl geeigneter Viskosität stark gedämpft. Hierdurch wird eine amplitudengetreue Wiedergabe auch bei tiefen Frequenzen bis hinunter zur Eigenfrequenz gewährleistet.

Typische Daten eines Schwingungsaufnehmers mit Hallgenerator sind:

Empfindlichkeit 1 mV/μm,
maximale Schwingamplitude 1 mm,
Eigenfrequenz 7 Hz,
Arbeitsfrequenzbereich 3 bis 1000 Hz,
Arbeitstemperaturbereich $-20\,°C$ bis $+50\,°C$.

Das Meßsystem spricht praktisch nur auf Schwingbewegungen senkrecht zu den Blattfedern an. Die Registrierung mit einem solchen Aufnehmer ist also sehr selektiv; der Richtungsfaktor liegt bei etwa 1 : 80.

Gegenüber herkömmlichen Aufnehmern für die Schwinggeschwindigkeit besitzt ein Schwingungsaufnehmer mit Hallgenerator zwei entscheidende Vorteile: Während ein induktiver Aufnehmer nur auf einem Schwingtisch geeicht werden kann, ist ein Schwingungsaufnehmer mit Hallgenerator statisch im Schwerkraftfeld eichbar. Hierzu wird die durch Schwerkraftauslenkung bei horizontaler Lage der Blattfedern erzeugte Meßspannung in Beziehung gesetzt zu der sich einstellenden Auslenkung $x = g/\omega_0^2$, wobei g die Erdbeschleunigung und ω_0 die Eigenfrequenz des Schwingungsaufnehmers sind. Darüber hinaus kann mit einem Hallgenerator-Schwingungsaufnehmer auf einfache Weise eine Frequenzanalyse des Schwingungsvorgangs durchgeführt werden. Wegen der multiplikativen Eigenschaft des Hall-Effektes liefert ein mit der Frequenz ω oszillierendes Magnetfeld nur dann einen Gleichspannungsanteil in der Hallspannung, wenn auch der Steuerstrom ein Wechselstrom mit der Frequenz ω ist. Die Höhe dieses Gleichspannungsanteils hängt dabei von der Phasenlage zwischen Steuerstrom und Magnetfeld ab. Verändert man also langsam die Frequenz des Steuerstroms, so lassen sich die im Schwingungsvorgang enthaltenen Frequenzen im einfachsten Fall durch Ausschläge eines an die Hallspannungsanschlüsse gelegten Drehspulmeßwerks anzeigen [92].

9 Abfrage magnetisch gespeicherter Informationen

Der remanente Magnetismus ist der wichtigste Informationsspeicher, den wir heute kennen. Zu seinen Vorzügen zählen die einfache elektrische Informationseingabe mit einer Magnetisierungsspule und das in gleicher Weise einfache Löschen von Informationen. Beide Vorgänge laufen schnell ab und sind ohne Verschleiß des Speichers beliebig oft wiederholbar. Auch das Lesen eines Magnetspeichers ist ein elektrischer Vorgang. Zur Umsetzung der remanenten Magnetisierung in ein entsprechendes elektrisches Signal wird meistens das Induktionsgesetz ausgenutzt. Dabei wird entweder der Informationsträger mit seinem ausstreuenden Magnetfluß mit genügend hoher Geschwindigkeit an einem induktiven Abtastkopf vorbeibewegt und durch die zeitliche Flußänderung eine elektrische Signalspannung induziert, oder in einer ruhenden Magnetkern-Speicheranordnung wird auf eine Abfragewicklung ein definierter Spannungszeitimpuls gegeben, wobei der auftretende Strom in der Abfragewicklung das elektrisch ausgelesene Signal darstellt.

Magnetisch gespeicherte Informationen können aber auch mit Hallgeneratoren gelesen werden. Durch die Abfrage mit Hallgeneratoren wird der Lesevorgang zeitunabhängig, d. h., beim Vorbeibewegen des Informationsträgers am Abtastkopf werden an die Geschwindigkeit keine Bedingungen gestellt. Entsprechend können ruhende Magnetspeicheranordnungen mit einem Hallgenerator abgefragt werden, ohne daß der Abfragevorgang eine Rückwirkung auf den gespeicherten Magnetisierungszustand hat, wobei gleichzeitig das elektrisch ausgelesene Signal beliebig lange zur Verfügung steht.

Bei der Abfrage magnetisch gespeicherter Informationen mit Hallgeneratoren kommen als Informationsträger neben Magnetfolien auch Dauermagnetanordnungen in Frage. Wie bei der berührungs- und kontaktlosen Signalgabe zur Steuerung von Bewegungsvorgängen ist mit Permanentmagneten auch die Übertragung von Informationen über größere Reichweiten möglich.

Da die Informationsübertragung unabhängig von der Geschwindigkeit ist, lassen sich auf einfache Weise magnetisch eingestellte Informationen, die langsam oder auch schnell bewegten Fördereinrichtungen mitgegeben werden, von ruhenden Abfragestationen berührungs- und kontaktlos erfassen. Die durch Permanentmagnete dargestellte Information kann entweder fest eingestellt sein, wie z. B. bei einer dauernd geltenden Numerierung einzelner Fahrzeuge. Muß jedoch die magnetische Information im Zuge einer Steuerung geändert werden, so ist dies wegen der hohen Koerzitivkraft der Permanentmagnete durch Ummagnetisieren nur schwer möglich. Die Informationsänderung wird dann durch mechanisches Drehen der Permanentmagnete oder durch eine geeignet verstellbare Abschirmung vorgenommen.

Ummagnetisiert werden können dagegen Magnetfolien. Eine berührungslose Informationsübertragung ist dabei jedoch auf kleinere Reichweiten beschränkt. Magnetfolien können in bezug auf die Bewegungsrichtung longitudinal, transversal und quer magnetisiert werden.

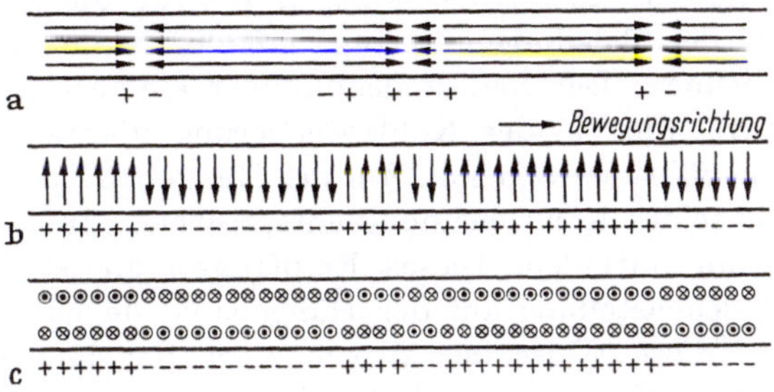

Abb. 168a–c. Longitudinal, transversal und quer magnetisierte Aufzeichnungen.
a) Longitudinalmagnetisierung;
b) Transversalmagnetisierung;
c) Quermagnetisierung.

Bei der longitudinalen Magnetisierung liegt der Magnetisierungsvektor in Bewegungsrichtung oder entgegengesetzt, wie dies Abb. 168a zeigt. Diese Magnetschrift wird bei Aufzeichnungen mit analogem Informationsinhalt angewendet, wie dies z. B. bei Magnettonaufzeichnungen der Fall ist. Die transversale Magnetisierung ist durch einen in der Folienebene liegenden Magnetisierungsvektor gekennzeichnet, der senkrecht zur Bewegungsrichtung steht. Transversal magnetisierte Folien haben bei größerer Spurbreite ein verhältnismäßig weit ausstreuendes Magnetfeld und sind daher zur Kennzeichnung von Fördergehängen mit einer für die Beschriftung und Abfrage überbrückbaren Entfernung bis zu 2 cm geeignet. Schließlich erfordert die zur Magnetfolienebene senkrecht stehende Quermagnetisierung eine weichmagnetische Eisenunterlage. Quermagnetisiert sind die Folien auf langsam laufenden Speichertrommeln sowie die Positionsspeicher von Repetiersteuerungen für Werkzeugmaschinen.

9.1 Magnetische Kennzeichnung durch Dauermagnete

Bei der berührungs- und kontaktlosen Informationsübertragung steht das ausstreuende Magnetfeld normalerweise senkrecht zur Bewegungsrichtung. Ist der Träger der Informationseinheit ein Dipolmagnet, so sind seine magnetische Achse und der Abfragekopf mit Hallgenerator wie in Abb. 139 zueinander orientiert. Man kann dann der Magnetisierungsrichtung entsprechend zwei Stellungen des Dauermagneten unterscheiden, deren positive oder negative Signalspannung der Information „1“ oder „0“ zugeordnet ist. Zur Übermittlung von Informationen höheren Inhalts, z. B. von 2^n Zahlen, benötigt man n Dipolmagnete, die gleichzeitig n Empfangsköpfe beeinflussen. Jeder Einstellungskombination der Dipolmagnete entspricht dann eine der zu übertragenden 2^n Zahlen.

Ein Anwendungsbeispiel für die Signalgabe mit mehreren Dipolmagneten ist die Automatisierung des Wagenumlaufs in Bergwerksbetrieben. Auf Zechenanlagen besteht die Aufgabe, die Förderwagen bei der Beladung untertage mit der Nummer der Ladestelle zu kennzeichnen. Der Ladestellennummer entspricht eine bestimmte Kohlensorte, die bei der Kohlensortierung übertage dem jeweiligen Bunker zugeführt werden soll. Auf der Hängebank muß daher der Förderwagen die seiner Kennzeichnung entsprechende Information einem Empfangsorgan mitteilen. Dieses Empfangsorgan ist der Befehlsgeber für die Weichenstellung auf der Hängebank. Je nach Kennzeichnung erreicht auf diese Weise der Wagen einen der Kreiselwipper, durch den der Wageninhalt auf Förderbänder entleert und dem betreffenden Kohlenbunker zugeführt wird. Vor der Entleerung im Kreiselwipper wird jeder Wagen gewogen und das Gewicht zusammen mit der abgefragten Ladestellennummer registriert. So kann die Förderleistung sowohl jeder Ladestelle als auch die Gesamtförderleistung der Zeche laufend erfaßt werden.

Zur Automatisierung des Wagenumlaufs in dem beschriebenen Sinne werden die einzelnen Förderwagen mit Drehmagnetspeichern ausgerüstet. Das sind drehbar gelagerte Dipolmagnete, die durch eine mechanische Verriegelung nur zwei Einstellungen einnehmen können, entweder steht der Nordpol oben oder der Südpol. Je nach Anzahl der Ladestellen werden mehrere Drehmagnetspeicher senkrecht untereinander in einer in die Wagenwand eingelassenen Vertiefung befestigt. Der Ausschnitt wird mit einem unmagnetischen Blech abgedeckt und vergossen. Die Ladestellennummer wird berührungslos durch eine feststehende Magnetanordnung eingeprägt, an der sich der Wagen bei seiner Beladung an der Ladestelle untertage in mäßiger Geschwindigkeit vorbeibewegt. Dabei steht jedem Drehmagnetspeicher in der Wagenwand ein in gleicher Höhe angebrachter Prägemagnet gegenüber, so daß beim Vorbeifahren der zugehörige Drehmagnet in die Vorzugslage kippt, die durch die Polung des Prägemagneten vorgegeben ist. Jede Ladestelle besitzt eine bestimmte Prägemagnetkombination, durch die sie eindeutig gekennzeichnet ist. Übertage fährt jeder Wagen an einem Tableau vorbei, auf dem entsprechend der Zahl und der Anordnung der Drehmagnetspeicher in der Wagenwand Empfangsköpfe vertikal untereinander angebracht sind. Die von den Empfangsköpfen abgegebenen Hallspannungen werden über Transistorkippverstärker einem Entschlüsseler zur Auswertung zugeführt.

Ein weiteres Beispiel für die Kennzeichnung mit Dauermagneten ist der magnetische Wahlschalter [93]. Magnetische Wahlschalter werden als Informationsträger dann eingesetzt, wenn die Forderung besteht, die dem zu fördernden Gut mitgegebene Information zu jeder Zeit und an jeder Stelle des Förderwegs von Hand ändern zu können. In vielen

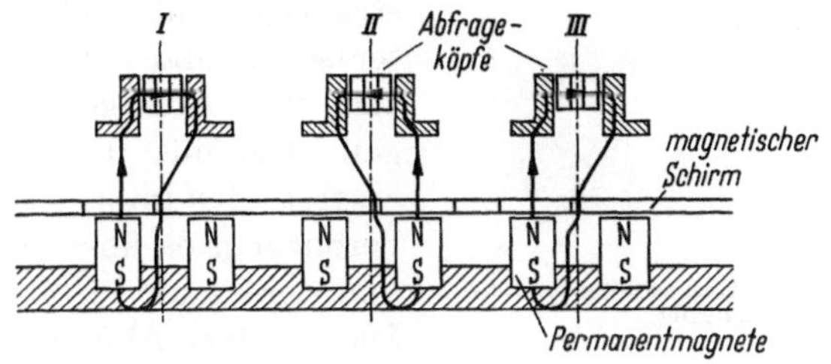

Abb. 169. Prinzip des magnetischen Wahlschalters.

Fällen ergeben sich nämlich die den weiteren Laufweg eines Werkstücks bestimmenden Merkmale erst während der Transportbewegung, z. B. an Montage- und Prüfstrecken im Zuge des Förderwegs. Das Prinzip des von Hand einstellbaren magnetischen Wahlschalters zeigt Abb. 169. Beim magnetischen Wahlschalter gehören zu jeder Informationsspur zwei Dauermagnete, die in einem festen Abstand nebeneinander angeordnet sind und gleiche Magnetisierungsrichtungen haben. Der wechselseitigen Abschirmung der beiden Dauermagnete durch ein Eisenblech können zwei Informationen zugeordnet werden. Ist der rechte Magnet abgeschirmt, so durchsetzen die Feldlinien des linken Magneten den Abfragekopf von links nach rechts (Spur I); wird umgekehrt der linke Magnet einer Informationsspur abgedeckt, so verlaufen die Feldlinien von rechts nach links durch den Abfragekopf (Spur II). Die unterschiedliche Flußrichtung wird vom Hallgenerator in eine positive oder negative Signalspannung umgesetzt. Da zur magnetischen Zielkennzeichnung einer Förderanlage ein höherer Informationsinhalt notwendig ist, hat der magnetische Wahlschalter mehrere Informationsspuren, die jeweils von einem Magnetpaar gebildet werden. Abgedeckt oder freigegeben werden die Magnete durch eine Eisentrommel, die um ihre Achse drehbar gelagert ist. Im Innern sind die Dauermagnete gleicher Magnetisierungsrichtung entlang einer Mantellinie feststehend angeordnet. Der Eisenzylinder hat auf mehreren Mantellinien Löcher, durch die der Magnetfluß nach außen treten kann. Jeder Lochkombination auf einer Mantellinie ist eine bestimmte Information zugeordnet, die durch Drehen der Lochwalze von Hand eingestellt wird, wobei die Walze in jeder Informationsstellung einrastet. So hat z. B. der magnetische Wahlschalter in Abb. 170 zehn Raststellungen, so daß mit ihm eine Dekade übertragen werden kann. Mit drei Magnetspuren und einer Kodierung $\binom{6}{2}$ lassen sich 10 Ziffern mit dem kleinsten konstruktiven Aufwand am Wahlschalter selbst und der geringsten Anzahl von Abfrageköpfen übertragen. Die mit dem Wahlschalter eingestellten Informationen werden berührungslos über einen Abstand von maximal 15 mm abgefragt. Die zu einer Abfragestation gehö-

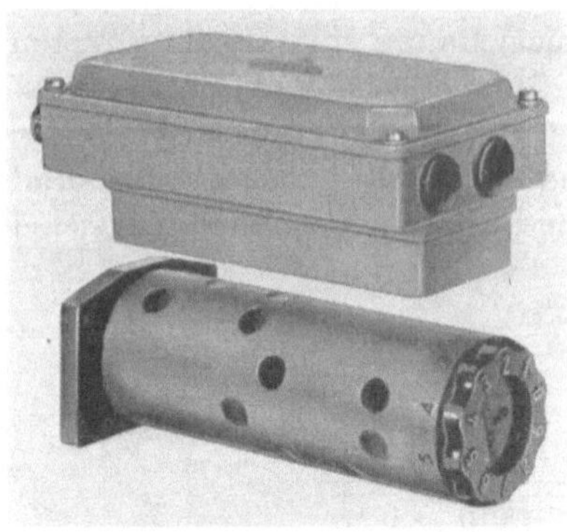

Abb. 170. Magnetischer Wahlschalter und Abfrageeinrichtung.

Abb. 171. Magnetische Wahlschalter am Gehänge eines Motorenförderers (Werkfoto Daimler-Benz AG, Stuttgart).

renden Abfrageköpfe mit Hallgeneratoren sind in einem durch den Wahlschalter vorgegebenen Spurabstand von 55 mm in ein Gehäuse eingebaut.

Abb. 171 zeigt das Gehänge eines Motorenförderers, das mit drei magnetischen Wahlschaltern ausgerüstet ist. Zwei Wahlschalter dienen zur Übertragung von 100 Typenkennzeichen, der dritte Wahlschalter zum Ansteuern von zehn Zielen. Insgesamt laufen bei dem betreffenden Motorenförderer 600 derartige Gehänge um, mit denen die Motoren nach dem Einstellen der Typen- und Zielinformationen völlig selbsttätig durch die aus 15 Förderketten und etwa 200 Weichen bestehende Anlage befördert werden.

9.2 Fernabfragbares Rollenzählwerk

Ein weiteres Anwendungsbeispiel für die berührungs- und kontaktlose Übertragung von Informationen höheren Inhalts ist das fernabfragbare Rollenzählwerk. Rollenzählwerke sind einfache mechanische Zählspeicher, die normalerweise visuell abgelesen werden, indem die Rollen als Ziffernrollen ausgebildet sind. Ziffernrollenzählwerke werden eingesetzt zum Erfassen von Flüssigkeits- und Gasmengen, zum Zählen von Stückgütern, wie auch zur Anzeige zurückgelegter Wege oder abgezogener Längen.

Weit verbreitet ist das Ziffernrollenzählwerk im Elektrizitätszähler. Die Entwicklung in der Energiewirtschaft zwingt zu immer weitgehenderer Automatisierung; dies gilt sowohl für die Aufgaben der Lastverteilung wie auch die der Energieverrechnung. Hierzu muß der Zählerstand interessierender Verteilerstellen oder von Großverbrauchern jederzeit von einer Zentrale auf elektrischem Wege abgerufen werden können. Bei dem in Abschn. 8.3 beschriebenen Verfahren zur Fernzählung mit Impulszählern wird für die Übertragung der Energiewerte eine dauernd belegte Leitung zwischen Meßort und Empfangszentrale benötigt. Beim fernabfragbaren Rollenzählwerk steht dagegen der verbrauchte Energiewert im Rollenzählwerk am Meßort an und kann von hier auf Wunsch innerhalb weniger Sekunden an die Zentralstelle übermittelt werden. Eine Verbindung zwischen Meßort und Zentralstelle braucht daher nur für diese Zeit zu bestehen. Zur Übertragung der Zählerstände kann z. B. das normale Fernschreibnetz verwendet werden.

Um ein Rollenzählwerk berührungs- und kontaktlos mit Hallgeneratoren abfragen zu können, müssen die Ziffernrollen magnetisch gekennzeichnet sein. Hierzu könnte man die zehn Ziffernfelder einer Rolle mit zehn verschiedenen Kombinationen aus kleinen Dauermagneten belegen. Fertigungstechnisch einfacher ist es dagegen, das Prinzip der kontaktlosen Signalgabe mit Eisenteilen anzuwenden und bei der Herstellung der Ziffernrollen aus Kunststoff geeignete Anordnungen aus kleinen weichmagnetischen Blechstücken gleich mit einzuspritzen [94]. Der für die Abfrage mit einem Hallgenerator erforderliche Magnetfluß wird von zwei kleinen Permanentmagneten bereitgestellt, die in den Abfragekopf mit eingebaut sind. In Abb. 172 ist das Prinzip der berührungs- und kontaktlosen Ziffernrollenabfrage dargestellt. Befindet sich kein Eisen über dem Abfragekopf, so ist der den Hallgenerator durchsetzende Gesamtfluß Null. Wird ein kleines Eisenstück über die linke Hälfte des Abfragekopfs gebracht, so überwiegt der vom linken Magneten ausgehende Fluß und erzeugt z. B. eine

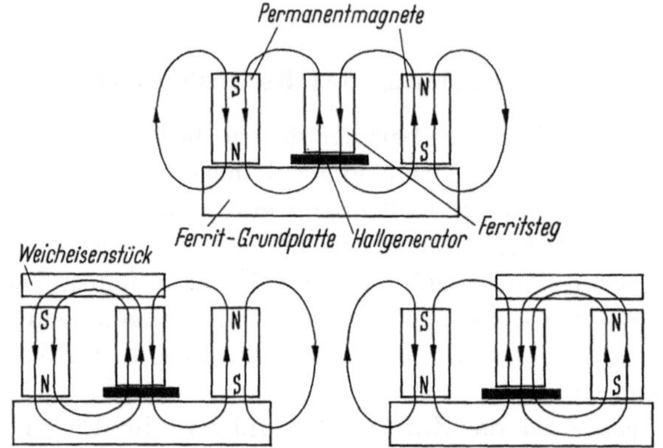

Abb. 172. Prinzip der berührungs- und kontaktlosen Ziffernrollenabfrage.

positive Signalspannung; entsprechend entsteht durch ein über der rechten Seite des Abfragekopfs befindliches Eisenstück eine negative Signalspannung. Abb. 173 zeigt in der obersten Reihe die Anordnung der weichmagnetischen Blechstücke der zehn Ziffernfelder einer Rolle. Jedes Ziffernfeld trägt in Richtung der Mantellinie hintereinanderliegend sieben Rückschlußbleche. Das erste Rückschlußblech eines jeden Ziffernfeldes löst den Startimpuls für den Fernschreibempfänger aus. Die nächsten fünf Rückschlußbleche bilden das Ziffernsignal im Zahlensicherungskode ZSC 3, während das letzte Rückschlußblech den Stoppimpuls gibt, der den Fernschreibempfänger nach Empfang jeder Ziffer wieder stillsetzt. Bei der Abtastung bewegt sich der Abfragekopf mit konstanter Geschwindigkeit in Richtung der Mantellinie über das Ziffernfeld hinweg. Die entstehende Hallspannung und darunter die Ausgangsspannung der Signalformerstufe ist in Abb. 173 unter jedem Ziffernfeld wiedergegeben.

In Abb. 174 ist die Erstausführung eines fernabfragbaren Rollenzählwerks zu sehen. Zur Übertragung des Zählerstandes wird der auf einem Schlitten befestigte Abfragekopf von einem Synchronmotor über einen Schneckenantrieb an den Ziffernrollen vorbeibewegt und nach

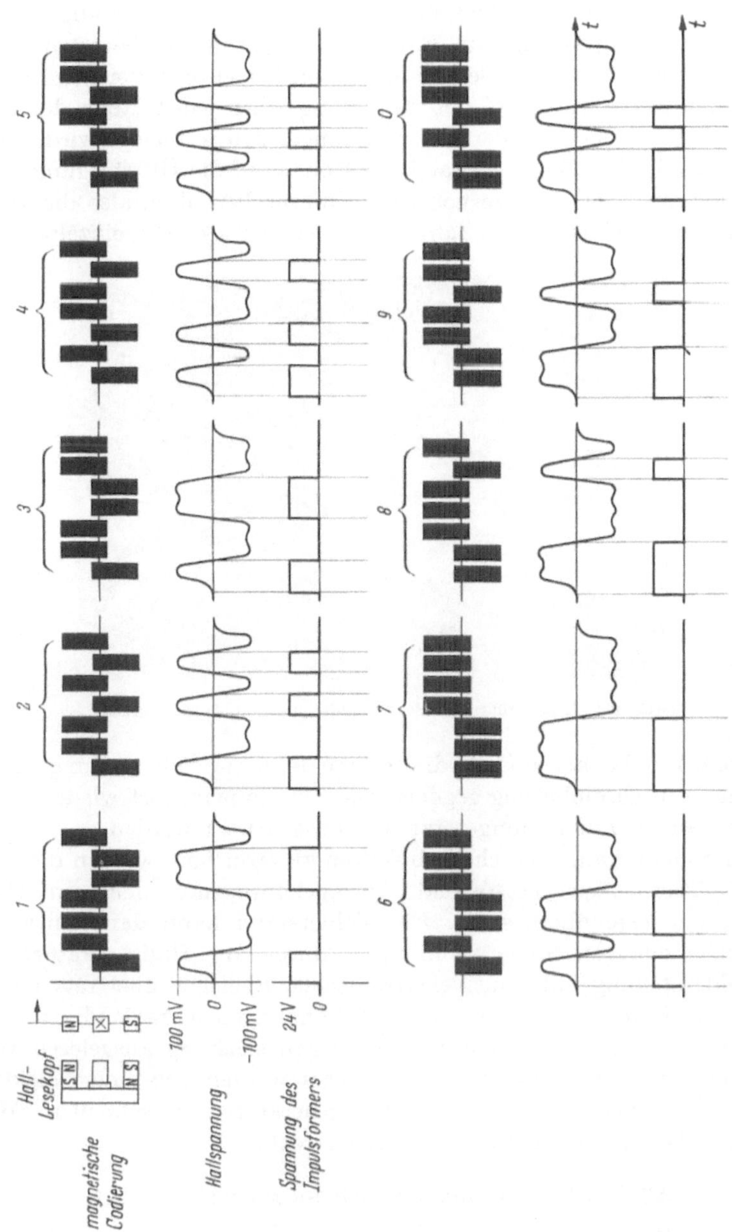

Abb. 173. Anordnung der weichmagnetischen Blechstücke der zehn Ziffernfelder, Hallspannung und Ausgangsspannung des Impulsformers.

Abfragen sämtlicher Ziffernrollen in seine Ausgangslage zurückgebracht. Der Synchronmotor gewährleistet eine konstante Geschwindigkeit des Wagens zur Anpassung an Empfangseinrichtungen, bei denen ein Synchronismus zwischen Sender und Empfänger erforderlich ist. Da durch den Startimpuls bei der Abtastung einer jeden Rolle der Synchronismus zwischen Sender und Empfänger neu festgelegt wird, wirkt sich ein ungleichmäßiger Abstand der Rollen auf die Übertragung nicht nachteilig aus. Die Abfrage von zehn Ziffernrollen, d. h. also die Übertragung einer zehnstelligen Zahl, dauert etwa 2 sec. Die einzelnen Zif-

Abb. 174. Erstausführung eines fernabfragbaren Rollenzählwerks.

fern können dabei als binär kodierte Signale in Seriendarstellung direkt auf eine Fernschreibleitung gegeben und am Empfangsort wieder in die entsprechenden Ziffern umgesetzt und ausgedruckt werden.

Um höhere Abfragegeschwindigkeiten zu erreichen, werden den einzelnen Ziffernrollen feststehend Abfrageköpfe mit mehreren Hallgeneratoren gegenübergestellt. Der Zählerstand kann dann entweder mit einem einzigen Steuerstromimpuls durch alle Hallgeneratoren in Paralleldarstellung auf einen elektronischen Speicher übertragen oder durch eine Reihenschaltung aller Hallspannungen in Seriendarstellung mit hoher Geschwindigkeit auf eine Ausgangsleistung ausgelesen werden. Bei der zuletzt genannten Abfrageart werden von einem elektronischen Taktgeber die einzelnen Hallgeneratoren in schneller Folge nacheinander mit Steuerstromimpulsen erregt.

9.3 Wiedergabe von Magnetbandaufzeichnungen

Die Wiedergabe longitudinaler Magnetbandaufzeichnungen mit einem induktiven Abtastkopf und einem Wiedergabekopf mit Hallgenerator ist in Abb. 175 nebeneinander schematisch dargestellt. Die Seite, an der das Magnetband entlanggleitet, ist mit einem schmalen Spalt der Breite δ versehen. Bei der induktiven Wiedergabe trägt der ringförmige Eisenkern eine Wicklung, während bei der Abtastung mit dem Hall-Effekt ein Ferrit-Hallgenerator in den Magnetkreis eingebaut ist. Der Luftspalt δ wirkt als Trennfuge und lenkt den aus den magnetisierten

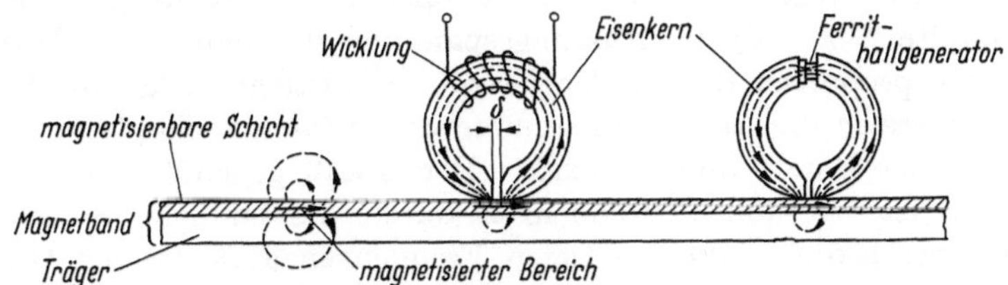

Abb. 175. Prinzip der induktiven Wiedergabe eines Wiedergabekopfs mit Hallgenerator für longitudinale Magnetbandaufzeichnungen.

Bereichen des Aufzeichnungsträgers austretenden Fluß über den Magnetkreis. Wird das Magnetband bewegt, so induziert der in der Wicklung des induktiven Wiedergabekopfs pulsierende Magnetfluß Φ eine elek-

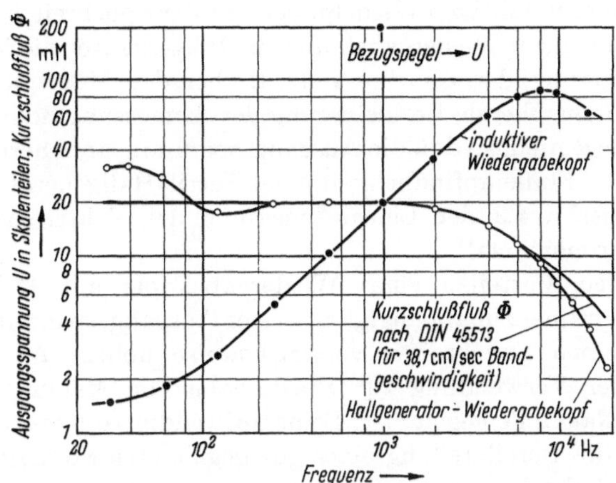

Abb. 176. Frequenzgang eines induktiven Abfragekopfs und eines Wiedergabekopfs mit Hallgenerator.

trische Spannung $u \sim d\Phi/dt$. Im Gegensatz hierzu ist die Ausgangsspannung bei der Abfrage mit einem Hallgenerator der Magnetisierung des Bandes selbst proportional, solange die Wellenlänge der Aufzeichnung kleiner ist als die Berührungslänge zwischen Wiedergabekopf und Magnetband in Bewegungsrichtung (Kopfspiegelbreite), jedoch größer als die Breite δ des auflösenden Spaltes.

Die beiden Wiedergabeverfahren haben daher grundsätzlich verschiedene Frequenzgänge. So sind in Abb. 176 die Frequenzgänge eines induktiven Abfragekopfs und eines Wiedergabekopfs mit Hallgenerator bei Abtastung eines Bezugsbandes nach DIN 45513 für 38,1 cm/sec Bandgeschwindigkeit in doppelt logarithmischer Darstellung wiedergegeben [95]. Gleichzeitig ist in dieses Diagramm der remanente Kurzschlußfluß dieses Testbandes in mM abhängig von der Frequenz eingezeichnet. Während im Bereich mittlerer Wellenlängen (Kopfspiegelbreite $> \lambda > \delta$) die Ausgangsspannung des induktiven Wiedergabekopfs proportional mit der Frequenz ansteigt, folgt in diesem Frequenzbereich die Ausgangsspannung des Wiedergabekopfs mit Hallgenerator der Bandflußkurve exakt. Der Abfall gegenüber der Bandflußkurve ist bei hohen Frequenzen durch die endliche Spaltbreite ($\delta \cong 10\,\mu\mathrm{m}$) bedingt; die bei tiefen Frequenzen auftretenden Oszillationen um die Bandflußkurve werden durch die endliche Breite des Kopfspiegels verursacht. Diese Effekte treten multipliziert mit der Frequenz selbstverständlich auch beim induktiven Wiedergabekopf auf.

Unterschiedlich verhalten sich auch beide Wiedergabeverfahren im Hinblick auf die Spurbreitenabhängigkeit der Ausgangsspannung. Während im Idealfall, d. h. bei Vernachlässigung der Streuung, der Ausgangspegel eines induktiven Wiedergabekopfs der Spurbreite proportional ist, besteht bei einem Wiedergabekopf mit Hallgenerator die Möglichkeit, einer Verringerung der Spurbreite (z. B. bei der Mehrspurabtastung) durch eine entsprechende Verkleinerung der Abmessung des elektrischen Systems zu begegnen, so daß die Ausgangsspannung annähernd konstant bleibt [95]. Die Flußempfindlichkeit eines Ferrit-Hallgenerators ist nämlich nach Abschn. 4.3 der Linearabmessung des elektrischen Systems umgekehrt proportional.

Den beiden Vorteilen eines Wiedergabekopfs mit Hallgenerator, nämlich der Frequenzunabhängigkeit seiner Ausgangsspannung und dem auch bei kleinen Spurbreiten vergleichsweise hohem Ausgangspegel, stehen bei der Verwendung zur Wiedergabe von Magnettonaufzeichnungen drei Nachteile gegenüber: Seine aufwendigere Konstruktion und Herstellung, die Bereitstellung eines gut geglätteten Steuergleichstroms und schließlich der bei kleinen Spaltbreiten den Ausgangspegel merklich reduzierende magnetische Nebenschluß des auflösenden Spaltes. Um gerade den zuletzt genannten Nachteil auszuschalten, hat man versucht, die Halbleiterschicht in den auflösenden Spalt selbst einzubauen. Bei einer solchen Konstruktion bereitet aber die Abnahme der Hallspannung Schwierigkeiten, da hierbei eine Hallelektrode dem am Spalt entlanggleitenden Magnetband sehr nahekommt. Da ferner die Halbleiterschicht in elektrisch nichtleitendes Ferrit eingebettet werden muß, wird der auflösende Spalt von Ferritkanten gebildet. Die Ausbildung eines durch zwei scharfkantige Ferritstücke begrenzten Spaltes von nur wenigen μm bereitet aber ebenfalls große Schwierigkeiten. Aus den genannten Gründen konnte sich daher bis heute die Hallgeneratorwiedergabe in Magnettongeräten nicht einführen.

Anders aber liegen die Verhältnisse bei der Wiedergabe von Magnetbandaufzeichnungen, die statisch abgefragt werden müssen oder nur sehr niedrige Wiedergabefrequenzen besitzen. So besteht z. B. beim Schneiden von Fernseh-Bildaufzeichnungen im Studio die Aufgabe, das Band genau im Bereich eines Bildwechsels zu trennen. Hierzu trägt die Bildbandaufzeichnung eine longitudinal magnetisierte Bildwechselspur. Die Maxima ihrer Magnetisierung fallen jeweils mit einem Bildwechsel zusammen. Das Band darf also nur an diesen Stellen geschnitten werden. Das genaue Einfahren der Schere ist aber eine Positionierung und erfordert daher eine statische Abtastung der Bildwechselspur. In Abb. 177 ist rechts unten ein Hallgenerator-Abtastkopf für longitudinal magnetisierte Aufzeichnungen zu sehen, der für diesen Zweck geeignet ist. Seine effektive Spaltbreite ist $\leqq 15\,\mu$m, seine Spurbreite 1,5 mm.

Abb. 177. Wiedergabeköpfe mit Hallgeneratoren; links oben zur Aufzeichnung und Wiedergabe transversal magnetisierter Pilotspuren, rechts unten zur Abtastung longitudinal magnetisierter Bildwechselspuren.

Die Wiedergabe von Magnetbandaufzeichnungen mit sehr niedrigen Frequenzen (Frequenzbereich 1 Hz bis maximal 100 Hz) ist immer dann erforderlich, wenn die magnetische Aufzeichnung zur Auswertung durch einen Schreiber sichtbar gemacht werden soll. Aufgaben dieser Art treten bei magnetischen Störungsschreibern auf. Vorgänge, bei denen unerwartet Störungen auftreten können, deren Zustandekommen und Ablauf nachträglich interessiert, lassen sich mit einem Magnetbandgerät, einem sog. Störungsschreiber, auf die folgende Weise überwachen: Der Vorgang wird laufend auf einem endlosen Magnetband oder dem Umfang einer Magnettrommel registriert. Bei normalem Ablauf des Vorgangs wird nach einem Umlauf die Aufzeichnung wieder gelöscht. Tritt die zu analysierende Störung auf, so wird der Löschvorgang automatisch abgeschaltet, und die Vorgeschichte sowie der Ablauf der Störung selbst sind auf dem Magnetband gespeichert. Die langsame Wiedergabe der Aufzeichnung zur Übertragung auf ein schreibendes Meßgerät wird vorteilhaft von einem Hallgenerator-Abtastkopf ausgeführt.

Auch zur Abtastung niederfrequenter Pilotspuren sind Abfrageköpfe mit Hallgeneratoren geeignet. Solche Pilotspuren werden bei Schmalfilmreportagen zur späteren Synchronisation des Filmprojektors mit der

Tonspur auf das Magnetband aufgesprochen. Ein Pilotkopf mit Hallgenerator ist in Abb. 177 links oben zu sehen. Mit der Aufsprechwicklung des Kopfes kann eine transversal magnetisierte Pilottonspur von etwa 1 mm Breite geschrieben und mit dem gleichzeitig eingebauten Hallgenerator wieder abgetastet werden.

Hallgeneratoren zur Wiedergabe von Magnetbandaufzeichnungen haben steuer- und hallseitige Innenwiderstände zwischen 30 und 60 Ω. Ihr Nennsteuerstrom beträgt bis zu 50 mA. Die Abtastung eines Kurzschlußflusses von 200 mM ergibt eine Leerlauf-Hallspannung von etwa 1 mV. Ihre Rauschspannung, gemessen im Frequenzbereich von 10 Hz bis 20 kHz, ist $< 0{,}2\ \mu V$.

9.4 Abfrage transversal beschrifteter Magnetfolien

Neben der bereits beschriebenen magnetischen Kennzeichnung von Transport- und Fördermitteln durch Dauermagnetanordnungen können als Informationsträger auch Magnetfolien verwendet werden. Da bei der berührungs- und kontaktlosen Informationsübertragung mit statischen Magnetfeldern der magnetische Vektor des ausstreuenden Flusses normalerweise senkrecht zur Bewegungsrichtung verlaufen muß, werden

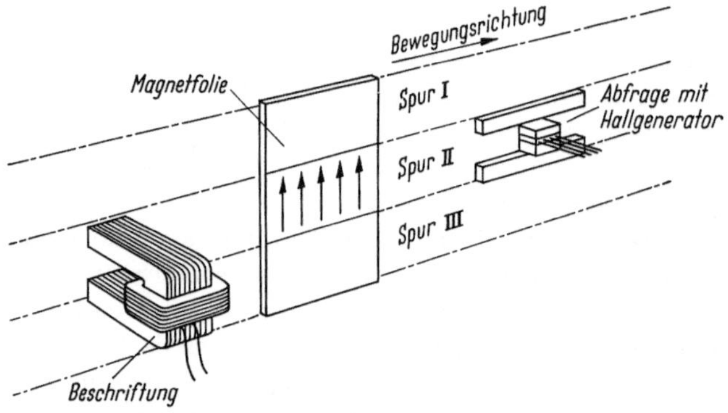

Abb. 178. Prinzip der Kennzeichnung durch transversal beschriftete Magnetfolien.

solche Magnetfolien transversal magnetisiert, d. h. senkrecht zu ihrer Bewegungsrichtung. In Abb. 178 ist das Prinzip dieses magnetischen Kennzeichnungsverfahrens dargestellt. Die Magnetfolie besitzt mehrere untereinanderliegende Informationsspuren. Zur Kennzeichnung werden diese Informationsspuren durch feststehende Elektromagnete, an denen sich die Folie vorbeibewegt, in positiver oder negativer Richtung transversal magnetisiert. Die Information wird also an ganz bestimmten ortsfesten Beschriftungsstationen eingegeben. Abfrageelemente sind mit Fangblechen versehene Ferrit-Hallgeneratoren, die den aus den Informationsspuren austretenden Streufluß einfangen und in eine elektrische

Signalspannung umformen. Eine Abfragestation besteht also aus mehreren untereinander angeordneten Abfrageköpfen, die den einzelnen Informationsspuren zugeordnet sind. Die Breite der Magnetspur hängt dabei von der beim Beschriften und Abfragen zu überbrückenden Reichweite ab. Die erforderliche Reichweite wiederum wird bestimmt durch die Führungsgenauigkeiten der Transportmittel. Bei Gehängeförderern kann z. B. die Führungsgenauigkeit der einzelnen Gehänge in den Grenzen von ± 1 cm gehalten werden. Für die magnetische Kennzeichnung solcher Gehänge ist also eine maximale Reichweite von 20 mm zu überbrücken. Von etwa gleicher Größe muß dann auch die Breite der Magnetspur sein; das gleiche gilt für den Mittenabstand der Polschenkel des Beschriftungs- sowie den Mittenabstand der Fangbleche des Abfragekopfs.

Ein geeigneter Werkstoff für die Magnetfolien ist das in Tab. 2 aufgeführte Vicalloy 30 mit einer Koerzitivkraft von etwa 30 A/cm. Für eine möglichst große Reichweite beim Abfragen wäre ein Werkstoff mit höherer Koerzitivkraft und damit stärker ausstreuendem Magnetfluß geeigneter. Das magnetische Beschriften bei sehr unterschiedlichen Abständen läßt jedoch nur eine verhältnismäßig kleine Koerzitivkraft zu. Eine bei kleinem Abstand magnetisierte Spur muß nämlich auch bei maximalem Abstand noch sicher in den anderen Signalzustand ummagnetisiert werden können. Bei den genannten geometrischen Verhältnissen läßt sich eine Folie aus einem Magnetwerkstoff mit einer Koerzitivkraft von 30 A/cm noch einwandfrei ummagnetisieren und liefert bei einer Stärke von 0,5 mm einen ausreichenden Magnetfluß für die Abfrage.

Die Kennzeichnung mit transversal beschrifteten Magnetfolien wird zur Automatisierung von Förderanlagen dann angewendet, wenn das den Laufweg des Fördergutes kennzeichnende Merkmal am Transportmittel vorhanden sein muß und die Kennzeichnung an ortsfesten Beschriftungsstationen vorgenommen werden kann. In Abb. 179 ist als Anwendungsbeispiel ein Getriebeförderer in einer Automobilfabrik zu sehen, dessen Gehänge mit Magnetfolien als Informationsträger ausgerüstet sind [93]. Bei dem Förderer sind insgesamt 1000 Gehänge im Umlauf. Beim Vorbeilaufen der Gehänge an den ortsfesten Beschriftungsstationen magnetisieren die Beschriftungsköpfe die zugehörigen Informationsspuren durchgehend positiv oder negativ dem angewählten Ziel- oder Typenkennzeichen entsprechend. Die aufgegebene Information dient zur Stellung der Weichen in der Förderanlage. Auf diese Weise findet das Fördergut selbsttätig auf dem vorgeschriebenen Weg sein Ziel. Hierzu durchlaufen die Gehänge vor jeder Weiche eine Abfragestation. Auf den beiden Magnetplatten an jedem Gehänge werden insgesamt 40 Typen- und 6 Zielkennzeichen gespeichert.

Der für eine Förderanlage günstigste Informationscode hängt von der Steuerungsaufgabe ab. Sollen z. B. mehrere Ziele angesteuert werden, so läßt sich grundsätzlich jedem Ziel eine eigene Zielspur zuordnen. In diesem Fall ist für jedes Ziel ein Abfragekopf erforderlich, der die diesem Ziel zugeordnete Magnetspur auswertet. Diese Lösung stellt ein Minimum an Abfrageaufwand dar; sie hat jedoch den Nachteil, daß zum Ansteuern vieler Ziele entsprechend viele Informationsspuren vorgesehen werden müssen. Ist man bestrebt, den für die Informationsspeicherung benötigten Raum klein zu halten, so wertet man zweck-

Abb. 179. Magnetfolien als Informationsträger an den Gehängen eines Getriebeförderers (Werkfoto Daimler-Benz AG, Stuttgart).

mäßiger den gleichzeitigen Signalzustand auf mehreren Informationsspuren als Steuerbefehl aus. Der Aufwand für die Abfrage wird dadurch natürlich größer. Mit n Informationsspuren lassen sich bei binärer Verschlüsselung maximal 2^n Informationen übertragen. Hierzu muß allerdings jede Abfragestation mit n Abfrageköpfen bestückt sein.

Die Informationsabfrage mit Hallgeneratoren hat den großen Vorzug, daß die JA- und NEIN-Aussagen als Spannungswerte von unterschiedlicher Polarität an den Abfrageköpfen anstehen. Es ist also nicht, wie bei vielen anderen Abfrageelementen, die NEIN-Aussage identisch mit dem Störungsfall.

Bei dem bisher beschriebenen Kennzeichnungsverfahren mit transversal beschrifteten Magnetfolien sind die einzelnen Informationsspuren durchgehend positiv oder negativ magnetisiert. Der Informationsinhalt einer Spur ist also JA oder NEIN. Die Informationsdichte einer Magnetfolie läßt sich jedoch durch eine Unterteilung jeder Informationsspur in einzelne, in Fahrtrichtung hintereinanderliegende Abschnitte erhöhen, wenn diese Abschnitte einer Informationsspur verschieden magnetisiert werden. Dadurch wird die Folie in einzelne matrizenartig angeordnete Informationsfelder aufgeteilt. Die Länge der Informationsfelder in Bewegungsrichtung muß der entsprechenden Abmessung des Abfragekopfs angepaßt sein. Den aus den einzelnen Informationsfeldern gebildeten Spalten und Reihen muß bei der Abfrage eine Matrix von Abfrageköpfen genau gegenüberstehen. Nur die in diesem Augenblick vorhandenen Signalspannungen dürfen ausgewertet werden. Der Abfragevorgang muß also von einer Positionsmeldung des sich vorbeibewegenden Fördermittels ausgelöst werden. Für die Positionsmeldung können die bereits in Abschn. 8.1 beschriebenen Signalgeber mit Dauermagnet oder Eisenbetätigung verwendet werden. Auch für die Informationseingabe müssen die Beschriftungsköpfe in einer Matrix angeordnet sein. Bereits beim Annähern der zu beschriftenden Magnetfolie sind die einzelnen Beschriftungsköpfe entsprechend der aufzugebenden Information magnetisiert; abhängig von der Position des Fördermittels werden dann alle gleichzeitig abgeschaltet.

Bei der positionsabhängigen Abfrage magnetisierter Folien ist eine transversale Magnetisierung der einzelnen Informationsfelder im Prinzip nicht mehr notwendig. Bei entsprechender Orientierung der Abfrageköpfe können die Informationsfelder auch longitudinal, d. h. in Bewegungsrichtung, magnetisiert sein. In diesem Fall kann die Folie jedoch nur im Stillstand beschriftet werden.

9.5 Langsam umlaufende Magnetspeicher

Bei Förderanlagen mit fester Zuordnung der geförderten Teile zu einem gemeinsamen Transportmittel besteht die Möglichkeit, die den Fördergütern mitzugebenden Informationen getrennt von der Transportanlage zentral zu speichern. Die Informationsträger am Transportmittel, wie einstellbare Dauermagnetanordnungen oder Magnetfolien, können dann entfallen; das gleiche gilt für die ortsfesten Steuergeräte zur Ein- und Ausgabe der Informationen. Eine zentrale Informationsspeicherung ist auch im Hinblick auf die Installation und Wartung der Anlage die bestmögliche Lösung. Der zentrale Speicher bildet die Förderbewegung stetig oder schrittweise nach und nimmt dabei die den Fördergütern zugeordneten Informationen mit. Bei schrittweise arbeitenden Speicherverfahren kann diese Nachbildung ein Schieberegister aus digitalen Bausteinen sein, wie Relais oder bistabile Kippstufen. Da die eingegebenen Informationen auch bei Netzspannungsabschaltungen von beliebiger Dauer erhalten bleiben müssen, ist diese Art der Speicherung sehr aufwendig. Ein Schieberegister mit einer schrittweisen Weitergabe der Information ist auch bei Änderungen der Förderanlage wenig anpassungsfähig. Einem langsam mit der Förderanlage synchron umlaufenden Magnetspeicher, der geschwindigkeitsunabhängig mit Hallgeneratoren abgefragt wird, haften dagegen diese Nachteile nicht an.

Die Informationsspuren eines solchen Magnetspeichers sind reifenartig auf einen Trommelkörper aufgebrachte hartmagnetische Folien, die senkrecht zu ihrer Fläche magnetisiert werden. Im Gegensatz zu der vom Tonbandgerät her bekannten Longitudinalmagnetisierung gestattet diese Quermagnetisierung die Aufzeichnung und Abfrage beliebig langer Gleichfeldsignale. In Abb. 180 ist links der Beschriftungsvorgang dargestellt. Die Bewegungsrichtung des Aufzeichnungsträgers steht

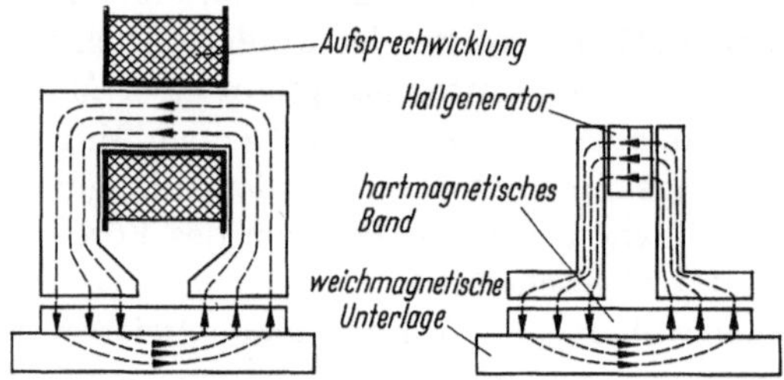

Abb. 180. Beschriftung und Abfrage eines quermagnetisierten Aufzeichnungsträgers.

senkrecht auf der Bildebene. Die hartmagnetische Folie ist auf eine weichmagnetische Unterlage aufgebracht, die den Rückschluß für den aus dem Beschriftungskopf austretenden magnetischen Fluß bildet. Dadurch wird ein starkes Ausstreuen des Beschriftungskopfs vermieden und trotz großflächiger Magnetisierungen und damit hoher Signalspannungen eine scharfe Begrenzung der Signale in Bewegungsrichtung erreicht. Nach der Beschriftung verbleibt auf dem Magnetband links eine Zone mit einem magnetischen Südpol, rechts mit einem Nordpol. Die Länge des so magnetisierten Bandstücks entspricht dem Weg, den das Band während der Erregungsdauer des Beschriftungskopfs zurückgelegt hat. In Abb. 180 ist rechts der Abfragevorgang dargestellt. Der aus den beiden Polzonen des Magnetbandes austretende Magnetfluß wird durch zwei weichmagnetische Fangbleche aufgenommen und über einen Ferrit-Hallgenerator gelenkt.

Als hartmagnetische Folie ist die Legierung Vicalloy 300 gut geeignet, deren magnetische Kenndaten in Tab. 2 angegeben sind. Die für das Quermagnetisierungsverfahren benutzten Abfrageköpfe haben bei einem Steuerstrom von 50 mA eine Flußempfindlichkeit von etwa 10 mV/M. Der hallseitige Innenwiderstand beträgt dabei etwa 30 Ω. Beim berührungslosen Beschriften und Abfragen über einen Luftspalt von 0,1 mm erhält man eine Signalspannung von 150 mV und eine

Flankensteilheit beim Signalwechsel von 180 mV/mm. Die Signale können beliebig lang sein; um den vollen Signalpegel von 150 mV zu erreichen, sollte ihre kleinste Länge jedoch nicht weniger als 2 mm betragen.

Der metallische Informationsträger, das berührungslose Beschriften und Abfragen sowie der hohe Signalpegel machen das Quermagnetisierungsverfahren für die Steuerung industrieller Anlagen geeignet. Da nur die beiden Sättigungszustände des Magnetbandes — nämlich plus-

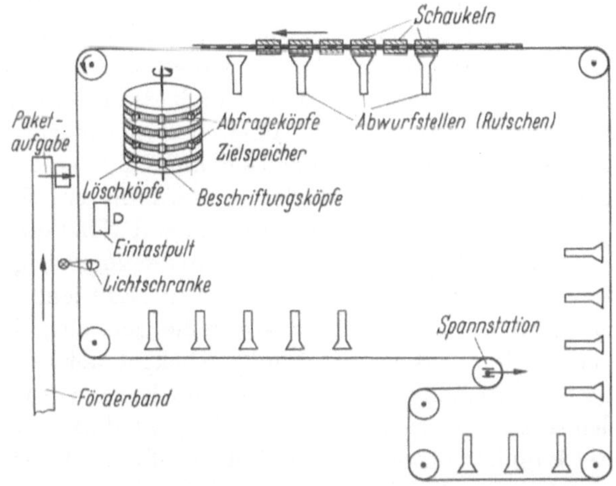

Abb. 181. Automatisierter Kippkreisförderer zur Sortierung des Wareneingangs in einem Großversandhaus.

magnetisiert und minus-magnetisiert — ausgewertet werden, ist das Verfahren einfach und gegen Störungen unempfindlich. Als Träger für die Magnetbänder dient ein Trommelkörper aus Eisen, der gleichzeitig den notwendigen Eisenrückschluß bildet und das berührungslose Beschriften und Abfragen mit geringstem konstruktivem Aufwand möglich macht.

Als einfaches und besonders durchsichtiges Anwendungsbeispiel für einen langsam umlaufenden Magnetspeicher soll die Automatisierung eines Kippkreisförderers in einem Großversandhaus beschrieben werden [96]. Zur Sortierung des Wareneingangs dient ein etwa 400 m langer Kreisförderer, der den gesamten Lagerraum umfährt, wie dies in Abb. 181 schematisch dargestellt ist. Entlang des Förderwegs sind 48 Abwurfstellen mit Paketrutschen angeordnet. Jede Abwurfstelle ist für einen Artikel oder eine ganze Artikelserie bestimmt. Der Kreisförderer hat die Aufgabe, das auf ein Gehänge aufgegebene Paket an die zugehörige Abwurfstelle zu fahren und dort abzuwerfen. Das Paket wird auf die Rutsche durch Ausfahren eines elektromagnetisch betätigten Stößels abgeworfen, auf den die Schaukel des Gehänges aufläuft und umkippt.

Zur Automatisierung des Kreisförderers wird der gesamte 400 m lange Förderweg auf den Umfang einer mit Magnetbändern belegten Speichertrommel abgebildet. Durch ein mechanisches Untersetzungsgetriebe ist die Trommel so an den Kreisförderer gekuppelt, daß bei einem vollen Umlauf des Kreisförderers die Trommel gerade eine Umdrehung macht. Als Abbild der Paketaufgabe sind an einer Stelle des Trommelumfangs feststehend Beschriftungsköpfe untereinander angebracht. Zur Kennzeichnung des Zieles setzen jeweils zwei dieser Köpfe magnetische Signale definierter Länge auf die zugehörigen Magnetbänder. Jede Abwurfstelle wird durch zwei senkrecht untereinander angeordnete Abfrageköpfe über den zugehörigen Magnetbändern nachgebildet, wobei ihre Position am Umfang der Trommel durch den gewählten Abbildungsmaßstab bestimmt ist. Geben beide Abfrageköpfe ein Signal ab, so wird über eine UND-Verschlüsselung der elektromagnetische Abwurfmechanismus an der zugehörigen Abwurfstelle betätigt. Nach erfolgtem Umlauf werden sämtliche Signale auf den Magnetbändern durch eine Löschkopfreihe gelöscht, d. h. in den negativ magnetisierten Ausgangszustand zurückgebracht.

Die aus dem Wareneingang auf einem Förderband ankommenden Pakete werden auf die sich mit mäßiger Geschwindigkeit bewegenden Gehänge des Kippkreisförderers geschoben. Beim Passieren eines Eintastpultes wird die bereits vom Artikelhersteller auf das Paket aufgedruckte und die Abwurfstelle kennzeichnende Zahl verschlüsselt als magnetisches Signal auf die Trommel gegeben. Nach Eintasten der Kennzahl am Eintastpult läuft der Sortiervorgang vollautomatisch ab.

Ein weiteres Anwendungsbeispiel für die zentrale Speicherung von Zielinformationen mit einem langsam umlaufenden Magnetspeicher ist die Steuerung eines Kettenumsetzers in einer Automobilfabrik [97, 98, 93]. Im oberen Teil von Abb. 182 ist im Grundriß die am Ende der Lackstraßen errichtete Umsetzanlage dargestellt. An die Umsetzanlage sind insgesamt 12 Förderbänder angeschlossen mit sechs zufördernden Bändern (I—III und VI—VIII). Damit ergeben sich insgesamt 43 mögliche Umsetzwege, die man durch Kombination der eingetragenen Richtungspfeile erhält. Die auf den zufördernden Bändern ankommenden Karosserien werden auf die abziehenden Bänder mit zwei gegenläufigen Kettenförderern A und B umgesetzt. Im Innern der Kettenumsetzer befindet sich vor jedem Förderband eine Hebebühne, mit der die auf Kufen montierten Karosserien auf die Umsetzketten abgesetzt oder von diesen abgehoben werden können. Die Hebebühnen haben Laufrollen mit eigenem Antrieb, die nach Ausfahren der Bühne zum Überschieben der Karosserien von bzw. zu dem betreffenden Förderband eingeschaltet werden. Am Ende der zufördernden Bänder befindet sich je ein Kommandopult, an dem durch Druckknopfbetätigung das abziehende Band angewählt werden kann, auf das die auf dem zufördernden Band ankommende Karosserie umgesetzt werden soll. Die Entscheidung darüber, welchen Umsetzweg die Karosserie nehmen soll, obliegt dem Revisionspersonal, das am Ende der sechs zufördernden Bänder die

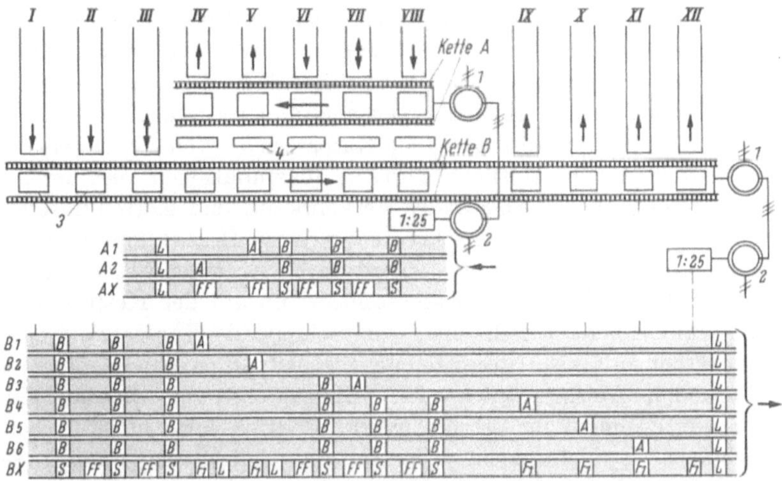

Abb. 182. Umsetzanlage für Karosserien in einer Automobilfabrik. Nach [97].
Oben Anlage im Grundriß, unten abgewickelte Informationsspuren der beiden Magnetspeicher.
1 Stellungsgeber; *2* Stellungsempfänger; *3* Hebebühnen; *4* Rollenböcke.
I bis *XII* Förderbänder.
B Aufsprechköpfe für Zielsignale; *A* Abfrageköpfe für Zielsignale; *S* Aufsprechköpfe für Sperrsignale; F_1 Abfrageköpfe für Sperrsignale; *FF* Doppelabfrageköpfe zum Ausmessen freier Kettenabschnitte; *L* Löschköpfe.

Karosserien überprüft. Nach der Druckknopfbetätigung soll der Umsetzvorgang der Karosserie vollautomatisch ablaufen.

Hierzu wird jeder der beiden Kettenumsetzer auf den Umfang je einer Magnetspeichertrommel abgebildet. Durch eine elektrische Welle ist jeder Magnetspeicher an seine Umsetzkette gekuppelt und läuft dem Abbildungsmaßstab entsprechend langsam um. Am Umfang des Trommelkörpers sind feststehende Beschriftungs- und Abfrageköpfe angebracht, und zwar so, daß ihre Positionen in dem gewählten Abbildungsmaßstab den Auf- und Abgabestellen am Kettenumsetzer entsprechen.

Im unteren Teil von Abb. 182 sind die Informationsspuren der beiden Magnetspeicher in die Ebene abgewickelt. Dabei wurden die Beschriftungs- und Abfrageköpfe so eingezeichnet, daß sie sich unmittelbar den zugehörigen Auf- und Abgabestellen im obenstehenden Grundriß der Umsetzanlage zuordnen lassen. Jedem abziehenden Band ist eine Magnetspur mit einem Abfragekopf (A) zugeordnet. An allen zufördernden Aufgabestellen sind Beschriftungsköpfe (B) angebracht, die von den zugehörigen Kommandopulten aus betätigt werden können. Am Ende einer jeden Spur befindet sich ein Beschriftungskopf (L) zum Löschen der Signale. Neben diesen den abziehenden Bändern zugeordneten Zielspuren besitzt jede Trommel noch eine Verkehrsspur (AX) und (BX). Beim Aufschieben einer Karosserie auf den Kettenumsetzer wird gleichzeitig auch auf die Verkehrsspur mit den Beschriftungsköpfen (S) ein Sperrsignal gesetzt, dessen Länge der Karosseriebreite entspricht. Die Verkehrsspuren geben also dauernd Auskunft über die Belegung der Kettenumsetzer mit Karosserien. Von den Verkehrsspuren werden daher sämtliche Verriegelungsfunktionen gesteuert, die für einen reibungslosen Ablauf des Verkehrs auf den Kettenumsetzern notwendig sind. Wird der Umsetzvorgang durch Druckknopfbetätigung am Kommandopult eingeleitet, so wird durch Abfragen der Belegungssignale auf der Verkehrsspur festgestellt, wann auf der Kette eine genügend breite Lücke für die neu aufzuschiebende Karosserie frei ist. Dies geschieht mit zwei unmittelbar vor der Aufgabestelle nebeneinanderliegenden Abfrageköpfen (FF). Erst wenn von diesen beiden Köpfen die Freimeldung erfolgt, wird die Karosserie auf die Kette aufgeschoben. Erreicht noch während des Aufschiebevorgangs eine bereits auf der Kette fahrende Karosserie die Aufgabestelle, so muß die Kette so lange stillgesetzt werden, bis die Karosserie auf die Kette abgesetzt ist und im Verband der anderen Karosserien mitfahren kann. Dieses Haltkommando wird von den auf der Verkehrsspur vor jeder Aufgabestelle angebrachten Abfrageköpfen (F) gegeben. Bei den Abgabestellen wird das Haltkommando von den Abfrageköpfen (F_1) ausgelöst. Zur Ausnutzung der vollen Umsetzkapazität muß schließlich noch dafür gesorgt werden, daß ein Besetztsignal gelöscht wird, wenn die Karosserie den Kettenumsetzer verlassen hat. Allerdings gilt dies nur dann, wenn der frei werdende Platz von nachfolgenden zufördernden Bändern nochmals ausgenutzt werden kann. Diesem Zweck dienen die beiden Löschköpfe (L), die unmittelbar den Abgabestellen IV und V auf der Verkehrsspur des Magnetspeichers B folgen.

Abb. 183 zeigt einen Magnetspeicher, mit dem ein Kettenumsetzer in einer Automobilfabrik gesteuert wird. Die Zielspeichertrommel ist in einem Schaltschrank untergebracht und wird von dem Empfängermotor einer elektrischen Welle synchron mit der Umsetzkette angetrieben. Im oberen Teil des Schaltschranks erkennt man die zugehörige elektronische Auswertung, die mit Bausteinen eines logischen Schaltkreissystems ausgeführt ist.

Langsam umlaufende Magnetspeicher mit Hallgeneratoren wurden in den letzten Jahren zum Steuern von Anlagen in immer stärkerem Maße eingesetzt. Dabei beschränkt sich die Aufgabe des Magnetspeichers nicht nur auf die Übertragung von Zielinformationen für reine Verteilsteuerungen, sondern es werden auch Meßergebnisse, Typenkennzeichen und andere Informationen, die für die Steuerung von verketteten

Abb. 183. Magnetspeicher zur Steuerung eines Kettenumsetzers (Werkfoto Ford AG, Köln).

Bearbeitungs- und Prüfstationen benötigt werden, durch den Speicher übermittelt. So zeigt Abb. 184 einen Prüfautomaten für kleine Ferrit-Hallgeneratoren. Der Automat besteht aus einem sich schrittweise bewegenden Rundteller mit am Umfang angeordneten Meßaufnahmen für die Prüflinge. Jeder Hallgenerator durchläuft nacheinander sieben Meßstationen, an denen die verschiedenen Kenndaten des Prüflings gemessen werden. Der Automat hat die Aufgabe, den Ausschuß zu verwerfen und die funktionstüchtigen Hallgeneratoren nach ihren Eigenschaften in vorgegebene Klassen zu sortieren. Zu diesem Zweck werden die an den einzelnen Meßstationen gewonnenen Meßergebnisse auf der mit dem Rundteller fest verbundenen Magnettrommel gespeichert.

Hierzu ist die Trommel mit acht Informationsspuren belegt. Jedem Prüfling auf dem Rundteller ist ein Bereich entlang einer Mantellinie auf diesen acht Informationsspuren zugeordnet. Dieser Bereich wird an den einzelnen Prüfstationen nacheinander den Meßergebnissen entsprechend magnetisiert. Ist der Prüfvorgang beendet und verläßt der Hallgenerator den Rundteller, so wird gleichzeitig das magnetisch gespeicherte Prüfergebnis von acht senkrecht übereinander angeord-

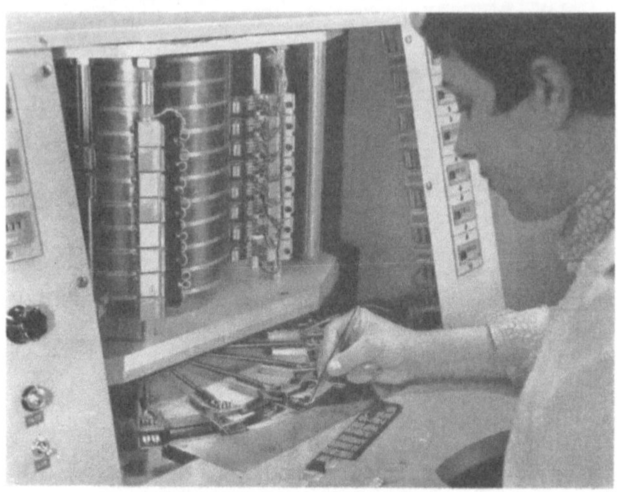

Abb. 184. Prüfautomat für Ferrit-Hallgeneratoren.

neten Abfrageköpfen abgelesen und nach Auswertung eine Sortiereinrichtung so gesteuert, daß der Hallgenerator in den seiner Klasse zugeordneten Behälter fällt. Mit dem Automaten können etwa 1000 Hallgeneratoren pro Stunde geprüft und sortiert werden. Zur Bedienung des Automaten ist nur eine Person notwendig, die etwa alle 3 sec einen Hallgenerator in die Meßaufnahmen des sich schrittweise bewegenden Rundtellers einlegt.

9.6 Repetiersteuerung von Werkzeugmaschinen

Zur Automatisierung von Werkzeugmaschinen müssen die für den selbsttätigen Ablauf des Arbeitsprozesses notwendigen, das Werkstück bestimmenden Formangaben in einem Speicher zur Verfügung stehen. Die automatische Steuerung einer Werkzeugmaschine läßt sich sehr einfach gestalten, wenn die Weginformationen analog gespeichert werden. Hierzu werden durch geeignetes Magnetisieren Positionsmarken auf einen parallel zum Werkstück angeordneten magnetischen Maßstab gesetzt und diese Positionsmarken anschließend geschwindigkeitsunabhängig mit hoher Genauigkeit wieder abgetastet. Da für das Setzen einer Weginformation lediglich ein Druckknopf zu betätigen ist, kann ein Facharbeiter bei der Herstellung des ersten Werkstücks die Maschine selbst programmieren. Zu Beginn eines jeden Bearbeitungsvorgangs werden die Schaltinformationen gesetzt, wie z. B. Schnitt- und Vorschubgeschwindigkeit, und nach Erreichen des Bearbeitungsmaßes die Werkzeugendposition durch Druckknopfbetätigung dem magnetischen Speicher zugeführt. Ist das erste Werkstück fertiggestellt und begutachtet, so kann der zu seiner Herstellung notwendige Arbeits-

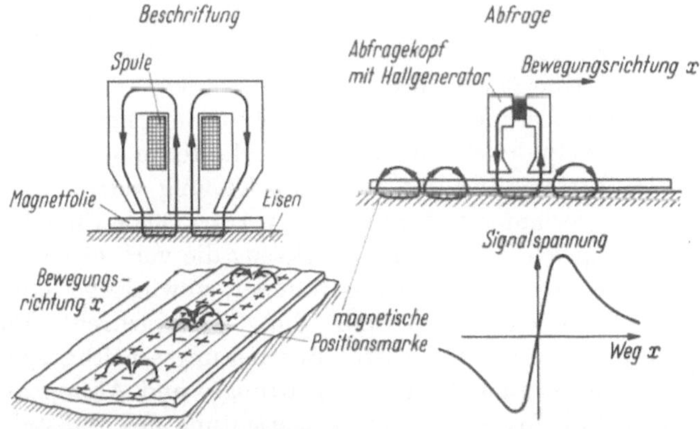

Abb. 185. Setzen und Abfragen magnetischer Positionsmarken.

ablauf beliebig oft wiederholt werden. Die Tätigkeit des die Maschine bedienenden Menschen beschränkt sich dann nur noch auf das Einlegen und Ausspannen des Werkstücks. Man nennt eine derartige Steuerung eine Repetiersteuerung. Ihre besondere Eigenschaft, nämlich die leichte und schnelle Programmierbarkeit, wirkt sich vor allem bei der Fertigung kleiner und mittlerer Stückzahlen vorteilhaft aus.

In Abb. 185 ist links das Aufbringen der Positionsmarken auf einen magnetischen Maßstab und rechts der Abfragevorgang nach Heissmeier, Klein und Wagnerberger dargestellt [89]. Der magnetische Maßstab ist wieder eine hartmagnetische Folie, die auf eine weichmagnetische Unterlage aufgebracht ist. Die hartmagnetische Folie wird quermagnetisiert, und zwar so, daß die Magnetisierung in drei nebeneinanderliegenden Spuren senkrecht zu ihrer Fläche steht. Hierzu wird der im Schnitt dargestellte Maßstab senkrecht zur Bildebene unter dem Beschriftungskopf vorbeibewegt. Im Ausgangszustand ist der Maßstab vormagnetisiert, und zwar die mittlere Spur von oben nach unten und die beiden Außenspuren von unten nach oben. Beim Setzen einer Positionsmarke wird dieser Magnetisierungszustand an einer bestimmten, in Längsrichtung des Maßstabs eng begrenzten Stelle in einen entsprechenden Magnetisierungszustand mit jedoch entgegengesetzter Magnetisierungsrichtung gebracht. Hierdurch entstehen auf der Mittelspur in Längsrichtung des Maßstabs ausstreuende magnetische Feldlinien. In der perspektivischen Darstellung von Abb. 185 links unten sind diese Feldlinien eingezeichnet. Sie beeinflussen den sich nur über die Mittelspur hinwegbewegenden Abfragekopf in der in Abb. 185 rechts oben dargestellten Weise. Die vom Abfragekopf abgegebene Signalspannung ist durch einen steilen Nulldurchgang mit einer Steilheit von 3 V/mm gekennzeichnet. Dieser Nulldurchgang wird als Positionsmarke ausgewertet. Seine Lage ist weitgehend unabhängig von Temperaturänderungen sowie Schwankungen des Abstandes zwischen Abfragekopf und Oberfläche des Maßstabs.

Die praktische Ausführung für einen solchen magnetischen Analogmaßstab ist eine zylindrische Walze, deren Mantel mit einem magnetisierbaren Belag versehen ist und über den Umfang verteilt etwa 20 in axialer Richtung verlaufende Magnetspuren trägt. Jede Spur kann eine Weginformation speichern. Hat das Werkzeug die vorgegebene Position erreicht und ist der Bearbeitungsgang beendet, so wird über ein Schrittschaltwerk die Walze um eine Spurteilung weitergedreht. Damit ist eine neue Spur mit der für den nächsten Bearbeitungsschritt gespeicherten Werkzeugendposition angewählt. Beschriftungs- und Abfragekopf sind am Maschinenbett befestigt und in Längsrichtung des Maßstabs genau aufeinander einjustiert. Der Maßstab ist dagegen mit dem Support fest verbunden. An einem Ende der Magnetwalze werden jeder Spur zugehörig die für den betreffenden Bearbeitungsschritt notwendigen Schaltinformationen, wie Bewegungsrichtung, Vorschubgeschwindigkeit usw. gespeichert. Sämtliche von dem magnetischen Speicher kommenden Schalt- und Weginformationen werden in einem Elektronikteil verarbeitet und in entsprechende Steuerbefehle für den Maschinenantrieb umgeformt. Mit einer derartigen Repetiersteuerung läßt sich ein eingegebenes Bearbeitungsprogramm mit einer Genauigkeit von $^1/_{100}$ mm wiederholen.

B. Hallgeneratoren im geschlossenen, elektrisch erregten Magnetkreis

Von den heute bekannten Hallgeneratoranwendungen zählen zu diesem Bereich die Gleichstrommessung, die Multiplikation und ihre verschiedenartigsten Anwendungen, die Modulation kleiner Gleichstromgrößen und schließlich besondere Anwendungsmöglichkeiten von Hallgeneratoren im Magnetkreis mit extrem kleinem Luftspalt.

10 Gleichstrommessung

Da ein elektrischer Strom von einem der Stromstärke proportionalen Magnetfeld umgeben ist, kann aus der Messung dieses Magnetfeldes auf die Stromstärke zurückgeschlossen werden. Mit einem Hallgenerator kann das Magnetfeld in unmittelbarer Nähe des den elektrischen Strom führenden Leiters gemessen werden. Eine Strommessung ist also auf diese Weise prinzipiell möglich; sie stößt jedoch praktisch auf große Schwierigkeiten. Auch bei verhältnismäßig hohen Stromstärken sind nämlich die den Leiterstrom umgebenden Magnetfelder immer noch klein, so daß nur sehr niedrige Hallspannungen auftreten. Das den elektrischen Strom begleitende Magnetfeld hängt darüber hinaus entscheidend von der Leiterführung ab. Beide Nachteile werden aber vermieden, wenn der zu messende Strom einen definierten Magnetkreis erregt. Die wesentlich höhere magnetische Induktion im Luftspalt eines solchen Magnetkreises ist dem zu messenden Strom proportional und unabhängig von der Leiterführung, solange keine Sättigung im Eisen des Magnetkreises auftritt. Durch geeignete Dimensionierung des Eisenkreises, des Luftspaltes und der Erregerspule kann dies aber immer erreicht werden. Während Wechselströme einfacher mit induktiven Wandlern gemessen werden, haben sich für Gleichstrommessungen Wandler mit Hallgeneratoren eingeführt.

10.1 Gleichstromisolierwandler

In der heutigen Regelungstechnik werden in immer stärkerem Maße Transistorverstärker verwendet. Einem Transistorregler muß aber der Istwert der Regelgröße potentialfrei zugeführt werden. Eine immer wiederkehrende Regelgröße ist bei Antriebsregelungen der Ankerstrom. Soll der Ankerstrom mit einem Transistorregler geregelt werden, so kann der Stromistwert nicht als Spannung von einem Shunt abgenommen werden. Gleichstromisolierwandler mit Hallgeneratoren erfassen den Stromistwert potentialfrei.

Gleichstromisolierwandler werden bis zu einer Stromstärke von 3000 A als Luftspaltdrosseln ausgeführt. Den prinzipiellen Aufbau zeigt Abb. 9. Da die Luftspaltinduktion dem Feldstrom i_F proportional ist, folgt die Ausgangsspannung u_2 des mit konstantem Steuerstrom i_1 erregten Hallgenerators dem Wandlerstrom i_F proportional. An dieser Stelle sei gleich darauf hingewiesen, daß ein solcher Gleichstromisolierwandler auch als Multiplikator betrieben werden kann. So ist z. B. bei einem der Spannung U proportionalen Steuerstrom die Hallspannung proportional $i_F\,U$, also proportional einer Gleichstromleistung.

Für kleinere Stromstärken haben Gleichstromisolierwandler eine aus mehreren Windungen bestehende Feldwicklung, für große Stromstärken eine Stromschiene, die den Mittelschenkel des M-Kerns nur ein oder wenige Male umschlingt. In Abb. 186 ist ein Gleichstromisolierwandler für eine Stromstärke von 2000 A zu sehen. Stromschiene und Blechpaket sind in einem Epoxydharzblock miteinander vergossen. Ein solcher Wandler kann unter Inanspruchnahme der für die Montage vorgesehenen Befestigungswinkel über Kupferflechtbänder angeschlossen

Abb. 186. Gleichstromisolierwandler für 2000 A Nennfeldstrom.

oder auch ohne zusätzliche Befestigung direkt in die aufgetrennten Stromschienen der Anlage eingeschraubt werden. Der Luftspalt kann zwei Hallgeneratoren mit unmagnetischem Mantel aufnehmen, so daß beispielsweise gleichzeitig ein Strom und eine Leistung gemessen werden können.

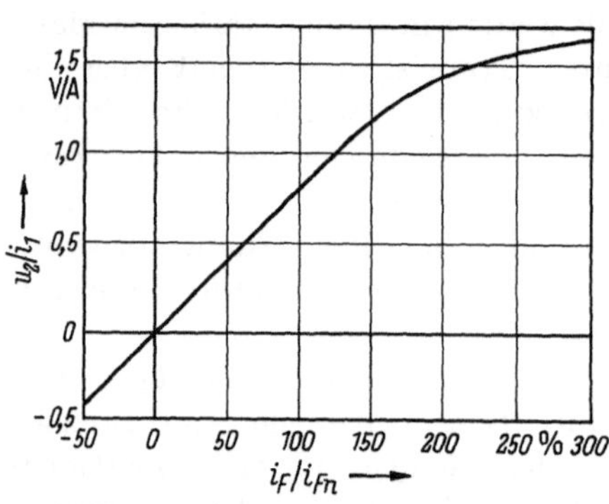

Abb. 187. Kennlinie eines 800-A-Gleichstromisolierwandlers.

Abb. 187 zeigt den Zusammenhang zwischen Feldstrom und Ausgangsspannung eines Wandlers für 800 A Nennfeldstrom. Als Abszisse ist das Verhältnis des Feldstroms i_F zum Nennfeldstrom i_{Fn} aufgetragen, in Ordinatenrichtung die auf die Steuerstromeinheit bezogene Ausgangsspannung. Durch die bei $i_F/i_{Fn} > 1{,}1$ beginnende Krümmung der Kennlinie deutet sich das Einsetzen der Sättigung des Eisenkerns an. Der Nennwert des Feldstroms ist somit identisch mit dem feldseitigen Meßbereichsendwert des Wandlers. Bis zum Nennwert des Feldstroms bleibt die auf die Ausgangsspannung bei i_{Fn} bezogene Abweichung von der Proportionalität zwischen Feldstrom und Hallspannung des linearisierten Hallgenerators $< 1{,}5\%$. Für pulsierende

Gleichströme gilt diese Genauigkeit nur, wenn der Spitzenwert des Feldstroms $\leqq i_{Fn}$ ist. Überschreitungen des Nennfeldstroms haben weder eine Beschädigung des Hallgenerators noch eine Änderung der Wandlerdaten zur Folge. Der Eisenkreis eines Gleichstromisolierwandlers ist normalerweise so dimensioniert, daß beim Nennwert des Feldstroms die Luftspaltinduktion zwischen 8 und 10 kG liegt. Bei Richtungsumkehr des Feldstroms verläuft die Wandlerkennlinie im 3. Quadranten symmetrisch zum Nullpunkt.

Um bei einem Gleichstromisolierwandler den Linearisierungsfehler — bedingt durch die Hysterese des Eisenkreises und die nicht ideale

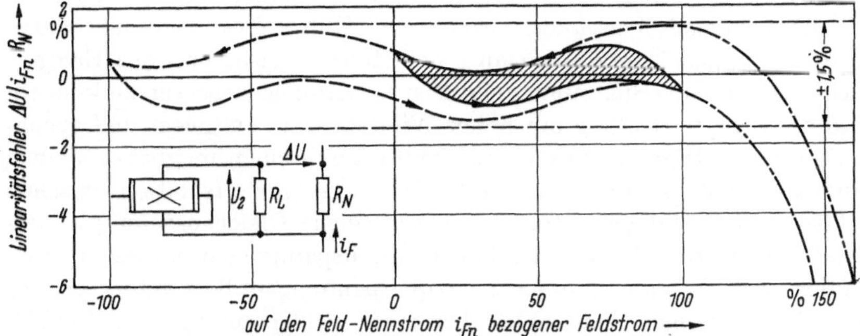

Abb. 188. Fehlerkurve eines 800-A-Gleichstromisolierwandlers.

Kennlinie des Hallgenerators — besser beurteilen zu können, schaltet man seine Ausgangsspannung in Differenz zu einer Shuntspannung, die dem Feldstrom exakt proportional ist. Diese zur Aufnahme der Fehlerkurve verwendete Kompensationsschaltung ist in Abb. 188 links gezeigt. Wählt man die Größe des Shuntwiderstandes R_N so, daß $u_2(i_{Fn}) = i_{Fn} R_N$ ist, so müßte bei einem idealen Wandler die Abweichung Δu der Ausgangsspannung von der Shuntspannung im gesamten Aussteuerbereich des Wandlers Null sein. Die tatsächlich auftretende Spannungsdifferenz Δu in Prozent der Ausgangsspannung $u_2(i_{Fn})$ ist die Fehlerkurve des Wandlers. Abb. 188 zeigt die Fehlerkurve eines 800-A-Gleichstromisolierwandlers. Die Öffnung der Schleife (Hysteresefehler) ist von der feldseitigen Aussteuerung abhängig. Bei Aussteuerung in nur einer Richtung bis $i_F \leqq i_{Fn}$ liegen sämtliche Meßwerte innerhalb des schraffierten Bereichs; die Schleife öffnet sich bei Aussteuerungen von $-i_{Fn}$ bis $+i_{Fn}$ auf etwa 1,5% (gestrichelter Kurvenzug). Für eine mehr als 50%ige Übersteuerung des Wandlers treten Abweichungen Δu auf, die innerhalb der strichpunktierten Grenzkurven liegen. Wird nach einer solchen Übersteuerung i_F auf etwa $0{,}5 i_{Fn}$ zurückgenommen, so liegen die Abweichungen wieder in dem für Nennaussteuerung garantierten Fehlerbereich von $<1{,}5\%$.

Da es sich bei den Gleichstromisolierwandlern um eine analoge Meßwerterfassung, wie bei der Magnetfeldmessung, handelt, werden auch hier Hallgeneratoren aus Indiumarsenid verwendet. Bei linearer Anpassung der Hallgeneratoren im Wandler werden im Meßbereichsendwert Ausgangsspannungen von etwa 1 V erreicht. Der Temperaturkoeffizient der Ausgangsspannung liegt bei $-0{,}12\,\%/{}^{\circ}\mathrm{C}$. Durch Temperaturkompensation mit einem Heißleiter im Hallkreis kann der Temperaturfehler der Hallspannung zwischen $+10\,{}^{\circ}\mathrm{C}$ und $+60\,{}^{\circ}\mathrm{C}$ $< 1\,\%$ gehalten werden. Die Isolationsfestigkeit zwischen Feldwicklung und Hallgenerator sowie zwischen Feldwicklung und Befestigungswinkel beträgt bei diesen Wandlern 2,5 kV$\sim$.

Nach dem Prinzip des Gleichstromisolierwandlers lassen sich auch Gleichspannungsisolierwandler bauen. Der Unterschied zwischen beiden besteht lediglich in der Auslegung des Magnetkreises und der Erregerwicklung. Um eine Spannung möglichst belastungslos messen zu können, wird die Erregerwicklung mit hoher Windungszahl ausgelegt und gleichzeitig eine niedrige Amperewindungszahl durch einen möglichst kleinen Luftspalt im Magnetkreis angestrebt. Durch geeignete Isolation zwischen Feldspule und Hallgenerator lassen sich solche Gleichspannungsisolierwandler auch für die Messung hoher Gleichspannungen einsetzen. Ausgeführt wurden nach diesem Prinzip Spannungsisolierwandler bis zu Betriebsspannungen von 40 kV bei einer Prüfspannung von 100 kV. Mit solchen Wandlern läßt sich z. B. der Ladezustand von Hochspannungskondensatoren in Stoßstromanlagen auf einfache Weise überwachen. Hierzu wird entsprechend Abb. 189 die Feldwicklung über einen Hochohmwiderstand von der am Kondensator liegenden Spannung eingespeist. Die der Kondensatorspannung proportionale Hallspannung steht dann auf Erdpotential für eine Auswertung mit Halbleiter-Schaltkreiselementen zur Verfügung. Typische Daten für einen solchen Gleichspannungsisolierwandler sind: Nennfeldstrom 1 mA, Ausgangsspannung 300 mV an einem Innenwiderstand von 25 Ω, Temperaturkoeffizient der Ausgangsspannung bei Erregung des Hallgenerators mit konstanter Spannung $-0{,}2\,\%/{}^{\circ}\mathrm{C}$, Linearitätsfehler bei feldseitiger Aussteuerung bis zum Nennfeldstrom $< 3\,\%$.

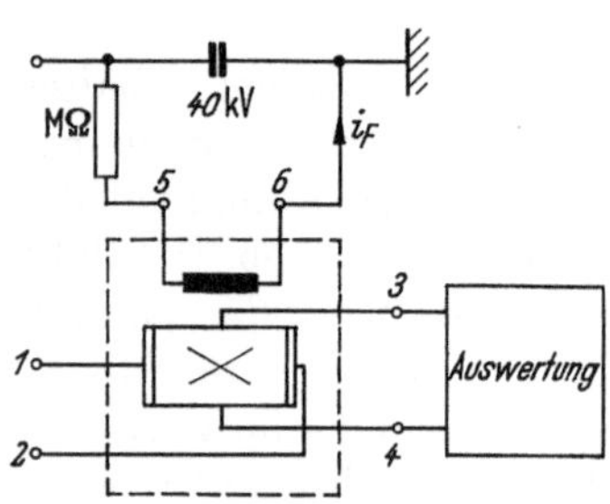

Abb. 189
Überwachung des Ladezustandes eines Hochspannungskondensators.

10.2 Messung hoher Gleichströme

Zur Messung hoher Gleichströme von etwa 5 kA bis über 100 kA wird um die den Gleichstrom führende Sammelschiene ein zwei- oder vierteiliges Eisenjoch gelegt, in dessen Luftspalten zwei oder vier Hallgeneratoren angeordnet sind [41, 42]. Nach Gl. (14) ist die magnetische Ringspannung längs der in Abb. 190 eingezeichneten geschlossenen Kurve C gleich der Jochdurchflutung, also der zu messenden Stromstärke I. Mit H_{Fe} als Mittelwert für die magnetische Feldstärke entlang des Eisenwegs l_{Fe} gilt also für das zweiteilige Joch in Abb. 190

$$\oint \boldsymbol{H} \cdot d\boldsymbol{s} = (H_{L1} + H_{L2})\,\delta + H_{\mathrm{Fe}}\,l_{\mathrm{Fe}} = I. \tag{209}$$

Für die Summe der beiden Luftspaltinduktionen folgt dann

$$B_{L1} + B_{L2} = I\,\frac{\mu_0}{\delta}\left(1 - \frac{H_{\mathrm{Fe}}\,l_{\mathrm{Fe}}}{I}\right). \tag{210}$$

Die Summe der Luftspaltinduktionen ist somit der Jochdurchflutung I bis auf das Fehlerglied $H_{\mathrm{Fe}}\,l_{\mathrm{Fe}}/I$ proportional. Durch die Verwendung von kaltgewalztem Siliziumblech als Werkstoff für den Eisenkreis sowie durch geeignete Bemessung des Eisenkreises kann für Stromstärken $> 15\,\mathrm{kA}$ das Fehlerglied $< 10^{-3}$ gehalten werden. Dieser durch die Hysterese des verwendeten Eisens bedingte Fehler stellt aber auch den einzigen grundsätzlichen Fehler des Meßverfahrens dar. Da Gl. (210) ganz allgemein aus dem Maxwellschen Durchflutungsgesetz abgeleitet wurde, bleibt die Summe der Luftspaltinduktionen der Jochdurchflutung auch dann proportional, wenn die Induktionsverteilung im Joch durch Störfelder, Einflüsse des Stromrückleiters, andere benachbarte Stromsysteme, Erdfeldeinflüsse, in der Nähe befindliche Eisenmassen usw. verzerrt wird, solange nur durch entsprechende Bemessung des Jochs dafür gesorgt wird, daß der Eisenanteil der magnetischen Ringspannung klein bleibt.

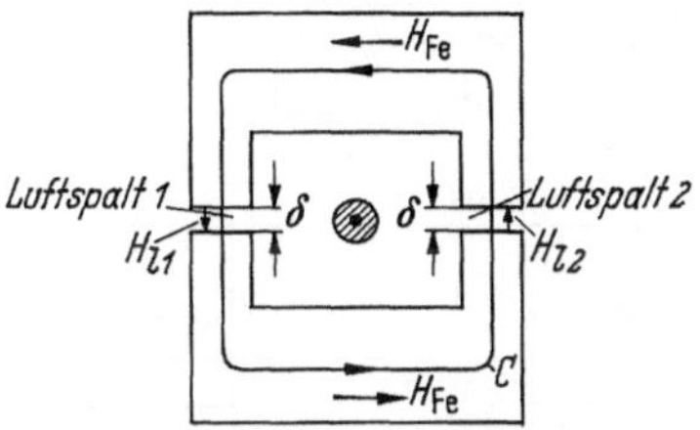

Abb. 190. Magnetische Ringspannung in einem zweiteiligen, die Stromschiene umschließenden Eisenjoch.

Die beiden Luftspaltinduktionen B_{L1} und B_{L2} werden von zwei Hallgeneratoren in proportionale elektrische Spannungen umgesetzt. Hierzu werden die Hallgeneratoren von zwei galvanisch getrennten, konstanten Steuerströmen erregt, die so eingestellt werden, daß beide Hallgeneratoren die gleiche Feldempfindlichkeit besitzen. Werden die Hallgeneratoren hallseitig in Reihe geschaltet, so ist die Summe der Hallspannungen der Jochdurchflutung proportional und unabhängig von Fremdfeld-, Rückleiter- und Eiseneinflüssen. Um den Linearitätsfehler der gesamten Meßeinrichtung möglichst klein zu halten ($< 1\,‰$), werden für Hochstrommeßzwecke Hallgeneratoren aus $\mathrm{In(As_{0,8}P_{0,2})}$ verwendet. Diese Hallgeneratoren werden durch einen Heißleiter im Hallkreis temperaturkompensiert, so daß der Temperaturfehler im

Bereich von $+15\,^\circ$C bis $+55\,^\circ$C ebenfalls $< 1^0/_{00}$ bleibt. Die Summenhallspannung eines zweiteiligen Hochstromjochs beträgt bei Nennstrom 1,5 V, die eines vierteiligen Jochs mit vier Hallgeneratoren 3 V.

Der Steuerstrom wird für jeden Hallgenerator durch eine Stromregelung konstant gehalten. Die notwendige Langzeitkonstanz, die insbesondere beim Einsatz solcher Hochstrommeßeinrichtungen in der chemischen Industrie bei Elektrolyseanlagen oder auch bei der Aluminiumherstellung gefordert wird, läßt sich durch ein Konstantstromgerät erreichen, dessen Wirkungsweise aus dem Blockschaltbild in

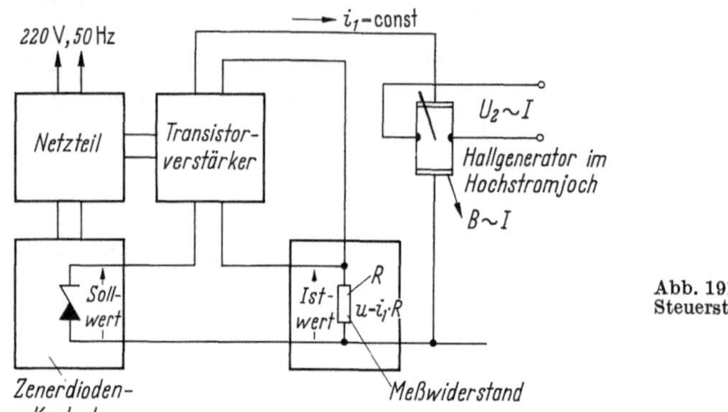

Abb. 191. Blockschaltbild der Steuerstrom-Konstanthaltung.

Abb. 191 hervorgeht. Ein mehrstufiger Transistorverstärker regelt den Steuerstrom so, daß der von diesem Strom erzeugte Spannungsabfall an einem Meßwiderstand bis auf 0,01% dem von einer Zener-Diodenkaskade stabilisierten Sollwert entspricht. Da der Transistorverstärker und die Zener-Dioden temperaturstabilisiert und der Meßwiderstand temperaturkompensiert sind, ist auch die Konstanz des Steuerstroms mit dieser Genauigkeit gewährleistet.

Als Meßgeräte können an ein Hochstromjoch Strommesser mit Drehspulmeßwerk, Amperestundenzähler sowie auch Linienschreiber angeschlossen werden. Die Meßgeräte befinden sich bei technischen Anlagen meistens in einer Zentrale, die vom Aufstellungsort des Meßjochs entfernt ist. Um unabhängig vom Widerstand der Meßleitungen zu sein, wird daher die vom Hochstromjoch abgegebene Meßspannung mit Hilfe eines Meßumformers in einen eingeprägten, der Meßspannung proportionalen Strom umgeformt. Dieser Meßumformer unterscheidet sich im Prinzip vom Konstantstromgerät nach Abb. 191 nur dadurch, daß an Stelle der stabilisierten Zener-Spannung die umzuformende Hallspannung als Sollwert zugeführt wird und an Stelle des Hallgenerators im geregelten Strompfad die anzeigenden und registrierenden Meßgeräte liegen.

11 Multiplikation zweier elektrischer Größen

Die multiplikative Verknüpfung von Strom und Magnetfeld gehört zu den augenfälligsten Eigenschaften des Hall-Effektes. So ist es zu verstehen, daß neben der Magnetfeldmessung gerade die Multiplikation zweier elektrischer Größen eine der ersten Hallgeneratoranwendungen war. Bei der Multiplikation mit dem Hall-Effekt sind die beiden Faktoren elektrische Ströme, der Produktwert ist eine elektrische Spannung, die Hallspannung. Da die beiden Ströme positiv oder negativ gerichtet sein können, ist die Multiplikation in allen vier Quadranten des Faktorenbereichs möglich.

Bei konstanter Temperatur ist die Produktspannung dem Steuerstrom exakt proportional. Der Feldstrom führt dagegen zu einem Multiplikationsfehler. Dieser Multiplikationsfehler wird verursacht durch den nichtidealen Eisenkreis und den Linearitätsfehler der Hallgeneratorkennlinie. Er ist grundsätzlich $<1\%$ bezogen auf den Produktendwert.

Die Multiplikationsgeschwindigkeit wird im wesentlichen durch das Zeitverhalten des Magnetkreises begrenzt. Bei Einhaltung einer Multiplikationsgenauigkeit von 1% lassen sich Einstellzeiten für den Produktwert von 0,1 msec erreichen.

An Genauigkeit und Rechengeschwindigkeit wird der Hallmultiplikator von digital arbeitenden Multiplikationsstufen weit übertroffen. Für viele Anwendungen im Bereich der Meß-, Steuer- und Regeltechnik sind jedoch die genannten Genauigkeiten und Rechengeschwindigkeiten der Hallmultiplikatoren ausreichend. Unter Berücksichtigung des Aufwandes, der für eine Vier-Quadranten-Multiplikation notwendig ist, stellt dann der Hallmultiplikator die günstigere Lösung dar.

11.1 Hallmultiplikatoren

Der Hallmultiplikator ist ein Hallgeneratorbauteil mit elektrisch erregtem Magnetkreis. Abb. 9 zeigt den grundsätzlichen Aufbau sowie das Schaltsymbol eines Hallmultiplikators. Der Magnetkreis ist eine Luftspaltdrossel, die als M-Kern oder Topfkern ausgeführt sein kann. Schaltungstechnisch ist der Hallmultiplikator ein Sechspol mit zwei Eingängen und einem Ausgang. Die beiden Eingangsgrößen sind der Steuerstrom i_1 und der Feldstrom i_F, die Ausgangsgröße ist die Hallspannung. Der Steuerstrompfad ist rein ohmisch, während der Feldstromeingang eine nennenswerte Induktivität besitzt.

Da die dem Produkt der beiden Eingangsgrößen proportionale Hallspannung ein analoger Meßwert ist, und daher weitgehend temperaturunabhängig sein muß, besteht das elektrische System eines Hallmultiplikators aus Indiumarsenid. Die maximalen Eingangsströme werden so festgelegt, daß die Eigenerwärmung der Halbleiterschicht wie auch die der Feldspule nur wenige °C beträgt. Auf Grund der geringen Temperaturabhängigkeit der Hallkonstante des InAs hat dann die bei Aussteuerung des Multiplikators auftretende Temperaturänderung im Rahmen der angestrebten Genauigkeit $\leqq 1\%$ keinen nennenswerten Einfluß auf den Multiplikationsfehler. In diesem Sinne ist die Ausgangsspannung dem Steuerstrom streng proportional. Für den Feldstrom als Eingangsgröße gilt dies nicht. Hier macht sich der Eiseneinfluß und die nicht strenge Proportionalität zwischen Hallspannung und Induktion als Multiplikationsfehler bemerkbar.

Um den Einfluß der Hysterese auf den Multiplikationsfehler klein zu halten, wird der Magnetkreis durch einen hinreichend großen Luftspalt geschert. Der für die magnetische Aussteuerung erforderliche Amperewindungsbedarf nimmt aber mit wachsendem Luftspalt zu. Zwischen den Forderungen nach einem möglichst kleinen Multiplikationsfehler einerseits und einer nicht zu hohen magnetischen Steuerleistung andererseits muß daher ein Kompromiß geschlossen werden. Praktisch ausgeführte Multiplikatoren haben eine Luftspalthöhe von etwa 0,3 mm [43].

Der Multiplikationsfehler eines Hallmultiplikators wird entsprechend dem Linearisierungsfehler eines Gleichstromisolierwandlers definiert (s. Abschn. 10.1). Dabei ist jedoch zu beachten, daß der in Prozent von der Ausgangsspannung bei Nennaussteuerung angegebene Fehler proportional mit dem Steuerstrom abnimmt. Während Gleichstromisolierwandler mit Luftspaltinduktionen bis zu 10 kG angesteuert werden, liegt die magnetische Ansteuergrenze bei Hallmultiplikatoren bei 2 bis 3 kG. Hierdurch werden Baugröße und magnetische Steuerleistung klein gehalten, so daß sie den Verhältnissen in elektronischen Geräten angepaßt sind.

Der Magnetkreis eines Multiplikators ist entweder aus hochpermeablem Eisen (Mumetall) oder aus Ferrit aufgebaut. Während bei einem Eisenkreis aus lamelliertem Mumetall der Multiplikationsfehler unter 0,3 % liegt, besitzen Multiplikatoren mit ferritischem Magnetkreis einen Multiplikationsfehler $< 1\%$. Hinsichtlich ihres Frequenzverhaltens sind jedoch Ferritmultiplikatoren den Multiplikatoren mit weichmagnetischem Eisenkreis überlegen. Zum Vergleich zeigt Abb. 192 die Frequenzabhängigkeit der Hallspannung für einen Multiplikator mit Ferrittopfkern (a) und mit Mumetallkern (b). In Abb. 192 links ist die Amplitude der Hallspannung über der Frequenz bei konstantem Steuerstrom und konstanter Feldstromamplitude aufgetragen. Durch Wirbelströme wird die Induktionsamplitude geschwächt. Diese Schwächung ist im geblechten Eisenkreis wesentlich größer als im Ferritkreis. Die Hysterese hat dagegen auf die Induktionsamplitude keinen Einfluß.

Abb. 192 rechts zeigt die Phasenverschiebung zwischen Feldstrom und Hallspannung über der Frequenz. Die Hallspannung eilt dem Feldstrom um den Phasenwinkel φ nach. Bei der Phasenverschiebung ist der Einfluß der Hysterese des Magnetkreises vor allem beim Ferritkern deutlich zu erkennen. Der durch die Hysterese bedingte Phasenwinkel ist von der Frequenz weitgehend unabhängig, so daß schon bei kleinen Frequenzen eine endliche Phasenverschiebung des Hallmultiplikators auf-

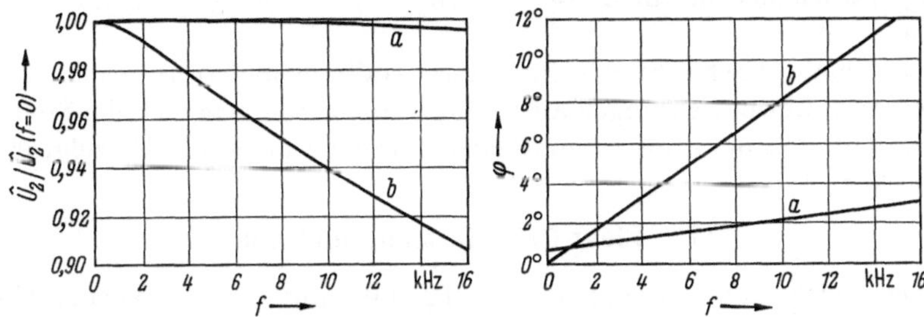

Abb. 192. Frequenzgang der Hallspannung für einen Multiplikator mit Ferrittopfkern (*a*) und Mumetallkern (*b*), links Frequenzgang der Amplitude, rechts Frequenzgang des Phasenwinkels.

tritt. Die Phasenverschiebung des Hallmultiplikators mit Mumetallkern wird dagegen zum überwiegenden Teil durch induzierte Wirbelströme verursacht.

Die Felderregung handelsüblicher Hallmultiplikatoren liegt zwischen 50 und 100 AW. Dabei ist der Wickelraum so bemessen, daß diese Durchflutung mit einer Verlustleistung von etwa 200 mW bei einem A_L-Wert von $10^{-6}\,H$ erzeugt werden kann. Der Nennwert des Steuerstroms ist von der Halbleiterschichtdicke abhängig und hat bei Schichtdicken von 100 µm und Innenwiderständen von etwa 2 Ω einen Wert von 0,5 A. Multiplikatoren mit Halbleiterwiderständen von 10 Ω (Halbleiterschichtdicke 10 µm) haben Steuernennströme von nur 200 mA. Eine weitere Reduzierung des Steuernennstroms ist möglich durch Verwendung von Indiumarsenid-Aufdampfschichten. Zur Ansteuerung solcher Multiplikatoren ist bei Innenwiderständen zwischen 30 und 50 Ω nur noch ein Steuerstrom unter 100 mA erforderlich. Mit Ausgangsspannungen von einigen 100 mV bei Nennansteuerung besitzen Hallmultiplikatoren Empfindlichkeiten von über $5\,\text{mV/A}^2$. Die Abschlußwiderstände für lineare Anpassung und damit kleinstem Multiplikationsfehler liegen je nach Type zwischen 10 und 80 Ω. Der Multiplikationsfehler selbst hängt, wie bereits erwähnt, wesentlich vom Material des Magnetkreises ab. Die ohmschen Nullkomponenten liegen unter 1 mΩ, die induktiven Nullkomponenten normalerweise unter $5\,\text{mm}^2$. Beide Störeinflüsse können bei besonderen Anforderungen durch die bereits in Abschn. 6.1 beschriebenen Verfahren kompensiert werden. Da bei der Anwendung von Hallmultiplikatoren der Steuerstrom sich zeitlich schnell ändern kann, muß die induktive Einstreuung des Steuerkreises in den Hallkreis möglichst klein gehalten werden (s. Abschn. 6.1.11). Diese Störspannung $L_{12}\, di_1/dt$ hängt von der gegenseitigen Induktivität L_{12} zwischen Steuer- und Hallkreis ab. Schnelle Multiplikatoren haben L_{12}-Werte von $10^{-8} H$. Durch die Anwendung von Temperaturkompensationen, wie sie in Abschn. 6.2.1 beschrieben wurden, läßt sich der Temperaturfehler in einem Bereich von $-25\,°C$ bis $+75\,°C$ unter 1% halten.

Der magnetische Steuerpfad eines Hallmultiplikators kann auch in mehrere Einzelwicklungen aufgeteilt werden. Die magnetische Steuergröße läßt sich dann als Summe oder Differenz mehrerer Einzelgrößen darstellen.

11.2 Elektrische Leistungsmessung

Die elektrische Leistung ist das Produkt aus der am Verbraucher anliegenden Spannung und dem Verbraucherstrom. Bei der Leistungsmessung mit einem dynamometrischen Wattmeter wird das Meßergebnis in Form eines Drehmoments geliefert. Wird dagegen das Produkt aus Strom und Spannung mit einem Hallmultiplikator gebildet, so steht der Meßwert als elektrische Spannung zur Verfügung. Zur Anzeige der elektrischen Leistung können daher normale Drehspulmeßwerke verwendet werden. Darüber hinaus ist die wattmetrische Messung mit dem Hallmultiplikator von Vorteil, wenn der Meßwert elektronisch weiterverarbeitet werden soll. Die einfachste Aufgabe dieser Art ist z. B. die Fernmessung elektrischer Leistungen. Da die wattmetrische Messung mit dem Hallmultiplikator rein elektrisch ohne mechanische Zwischenglieder erfolgt, ist die Meßwertbildung sehr schnell. Auf Grund der geringen Einstellzeit für den Produktwert von weniger als 0,1 msec wird mit dem Hallmultiplikator der Momentanwert der elektrischen Leistung gemessen. Der Hallmultiplikator kann daher in Verbindung mit einer gewöhnlichen Oszillographenschleife eine Wattmeterschleife ersetzen. Zur Aufzeichnung des momentanen Leistungsverlaufs kann die Hallspannung natürlich auch auf den Eingang eines Elektronenstrahloszillographen gegeben werden.

Besonders geeignet ist die wattmetrische Messung mit einem Hallmultiplikator für kurzzeitige Vorgänge. Leistungsimpulse von wenigen msec Dauer treten z. B. auf beim Öffnen eines Schalters oder beim Durchbrennen einer Sicherung. Neben dem momentanen Leistungsverlauf kann auch der Energieinhalt, der im Lichtbogen des Schalters umgesetzt wird, durch zeitliche Integration der Hallspannung mit einem ballistischen Galvanometer oder einer elektronischen Integrationsstufe erfaßt werden.

Zur Messung der Gleichstromleistung eines Verbrauchers R durchfließt der Verbraucherstrom die Feldspule des Multiplikators (Abb. 193). Der Steuerstrom des Hallgenerators wird über einen Vorwiderstand von der Spannung eingespeist. Grundsätzlich ist es auch möglich, den Feldstrom von der Spannung abzuleiten und den Steuerstrom von einer Shuntspannung im Verbraucherkreis. Da jedoch die magnetische Widerstandserhöhung des Hallgenerators den Steuerstrom nicht beeinflussen darf, muß der Vorwiderstand im Steuerkreis mindestens zehnmal so groß sein wie der steuerseitige Innenwiderstand des Hall-

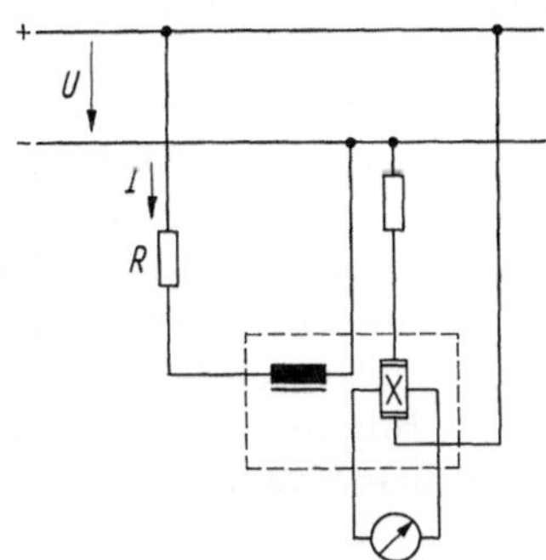

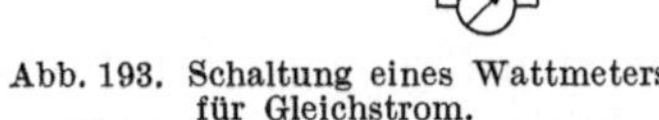
Abb. 193. Schaltung eines Wattmeters für Gleichstrom.

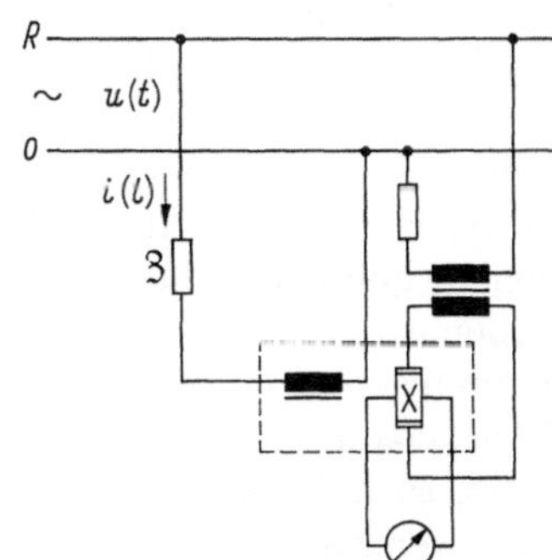

Abb. 194. Wattmeterschaltung für einen Wechselstromverbraucher.

generators. Für eine steuerstromseitige Vollaussteuerung des Multiplikators muß daher die Shuntspannung mehrere Volt betragen. Hierin ist ein gewisser Nachteil gegenüber der Schaltung entsprechend Abb. 193 zu sehen.

Abb. 194 zeigt die Wattmeterschaltung für einen Wechselstromverbraucher $\mathfrak{Z}$. Der Steuerstrom des Hallgenerators wird über einen Stromwandler von der Spannung abgeleitet. Hieraus resultieren drei Vorteile. Der niederohmige Steuerkreis des Hallgenerators kann der Netzspannung gut angepaßt werden, so daß der Wandler einen nur sehr kleinen Primärstrom aufnimmt. Ferner ist die Ausgangsspannung des Wattmeters von der Netzspannung galvanisch getrennt. Schließlich läßt sich durch eine einstellbare Kurzschlußbedämpfung des Stromwandlers der Phasenfehler des magnetischen Steuerpfades auf einfache Weise kompensieren. Die Ausgangsspannung des Multiplikators folgt der dem Verbraucher $\mathfrak{Z}$ zugeführten momentanen Leistung. Ist

$$u(t) = \hat{U} \cos\omega t \tag{211}$$

die Netzspannung und

$$i(t) = \hat{I} \cos(\omega t + \varphi) \tag{212}$$

der den Verbraucher durchfließende Wechselstrom, der um den Phasenwinkel φ gegenüber der Netzspannung verschoben ist, so erhält man für den zeitlichen Verlauf der den Verbraucher $\mathfrak{Z}$ zugeführten Leistung

$$P(t) = u(t)\, i(t) = \frac{\hat{U}\,\hat{I}}{2} \{\cos\varphi + \cos(2\omega\, t + \varphi)\} \sim u_2. \qquad (213)$$

Die Hallspannung besteht also aus zwei Anteilen, einer Gleichspannung und einer Wechselspannung doppelter Frequenz. Der Gleichspannungsanteil ist der Wirkleistung des Verbrauchers proportional, die Amplitude der Wechselspannung der Scheinleistung. Mit einem Drehspulinstrument, das den Mittelwert und damit den Gleichspannungsanteil anzeigt, kann also die Wirkleistung gemessen werden. Durch Auskopplung der Wechselspannung doppelter Frequenz, z. B. mit einem Übertrager, läßt sich die Scheinleistung erfassen. Da die ohmsche Nullkomponente und induktive Störgrößen Wechselspannungen sind, haben sie keinen Einfluß auf die Wirkleistungsmessung. Für Wirkleistungsmessungen können daher einfache Multiplikatoren ohne besonderen Störgrößenabgleich verwendet werden. Durch eine 90°-Phasendrehung im Spannungspfad mit Hilfe eines Kondensators oder einer Drossel wird der Gleichspannungsanteil proportional zur Blindleistung des Verbrauchers, so daß auch diese Größe mit einfachen Mitteln zur Anzeige gebracht werden kann.

Die Wirkleistung wird auch bei nicht sinusförmigen periodischen Strömen und Spannungen mit einem Hallwattmeter exakt gemessen. Ein Fehler tritt nur dann auf, wenn der Verbraucherstrom mit nennenswerter Amplitude Oberwellen enthält, deren Frequenzen weit über 10 kHz hinausgehen.

Bei der Leistungsmessung von Drehstromverbrauchern (Vierleiter-Drehstromsystem mit Verbrauchern in Sternschaltung) werden mit drei Hallmultiplikatoren die Ströme und Spannungen einer jeden Phase miteinander multipliziert und die drei Hallspannungen addiert. Da die Steuerströme der Hallgeneratoren über Stromwandler galvanisch getrennt eingespeist werden, kann die Addition der Hallspannungen durch einfache Reihenschaltung erfolgen.

Abb. 195 zeigt die elektrische Leistungsmessung für Dreileiter-Drehstrom mit nur zwei Multiplikatoren in Aronschaltung [99]. Bei beliebigen Belastungen der drei Phasen durch die Verbraucherwiderstände $\mathfrak{Z}_1$, $\mathfrak{Z}_2$ und $\mathfrak{Z}_3$ wird die dem Verbraucher zugeführte elektrische Leistung erfaßt durch Multiplikation der Ströme in den Phasen R und T mit den zugehörigen Spannungen zwischen den Phasen R und S und den Phasen T und S. Die Phasenströme werden den Feldspulen der beiden Multiplikatoren zugeführt, während die Spannungen die Steuerströme über Stromwandler galvanisch getrennt einspeisen. Die Widerstände auf den Sekundärseiten der Stromwandler dienen zur Symmetrierung der beiden Multiplikatoren. Die Ausgangsspannung eines jeden Multiplikators enthält wieder einen Gleich- und einen Wechselspannungsanteil. Bei gleichen Verbraucherwiderständen $\mathfrak{Z}_1 = \mathfrak{Z}_2 = \mathfrak{Z}_3$ sind die Wechselspannungsanteile ihrem Betrage nach gleich, jedoch gegenphasig gerichtet. Werden die Hallspannungen addiert, so heben sich die Wechselspannungsanteile gegenseitig auf. Die Ausgangsspannung des Aron-Wattmeters ist dann eine reine, der

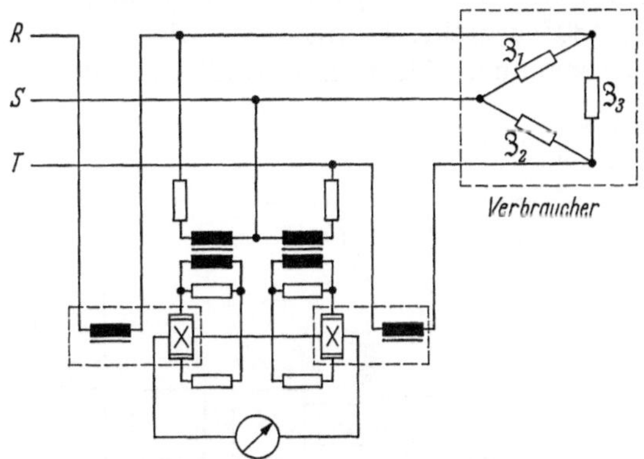

Abb. 195. Leistungsmessung für Dreileiterdrehstrom.

Wirkleistung proportionale Gleichspannung. Die bei ungleicher Belastung der drei Phasen am Ausgang auftretende Wechselspannung ist ein Maß für die Unsymmetrie der Belastung.

Zur wattmetrischen Oszillographie wird in der Aron-Schaltung an Stelle des Millivoltmeters eine Oszillographenschleife angeschlossen. Die Drehstromleistung wird dann durch nur einen Kurvenweg beschrieben. Oszillographiert man dagegen die Drehstromleistung mit dynamometrischen Schleifen, so benötigt man hierzu zwei Schleifen, deren Ausschläge bei der Auswertung der Oszillogramme addiert werden müssen. Darüber hinaus werden bei der Verwendung dynamometrischer Schleifen die vollen Beträge der Wechselspannungen mit aufgezeichnet, während bei der Aron-Schaltung mit zwei Hallmultiplikatoren der Gleichspannung als Wirkleistung nur die Differenz der Wechselspannungen als Kennzeichen für die unsymmetrische Belastung überlagert ist.

Die wattmetrische Messung mit Hallmultiplikatoren ermöglicht auch den Bau elektronischer kWh-Zähler, die außer einem mechanischen Zählwerk nur ruhende Bauteile enthalten. Die Wirkungsweise eines solchen kWh-Zählers sei an Hand des Blockschaltbildes in Abb. 196 erläutert. Der Verbraucherstrom $i(t)$ durchfließt wieder die Feldspule des Multiplikators, während der Steuerstrom mit Hilfe eines Meßumformers G aus der Phasenspannung $u(t)$ abgeleitet wird. Die Hallspannung wird mit einem Gleichspannungsmeßverstärker hoher Nullpunktsfestigkeit verstärkt und der Integrationseinrichtung J zugeführt, die im wesentlichen aus einer Drossel mit idealem Sättigungsknick besteht. Das Spannungs-Zeit-Integral magnetisiert die Drossel auf, und der plötzliche Stromanstieg beim Erreichen der Sättigung steuert den nachgeschalteten Kippverstärker an. Der Kippverstärker stellt das Rollenzählwerk ZW um eine Einheit weiter. Gleichzeitig wird über einen Phasenwender Ph der Stromausgang des Meßumformers G in seiner Phasenlage um 180° gedreht. Damit kehrt die der Wirkleistung proportionale Gleichspannung des Hallmultiplikators ihr Vorzeichen um,

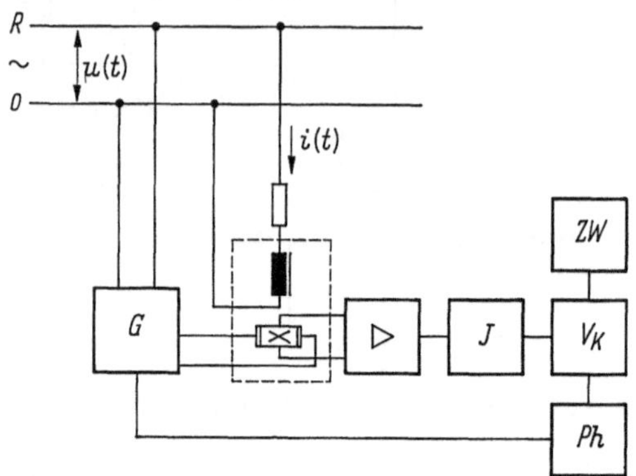

Abb. 196. Blockschaltbild eines elektronischen kWh-Zählers.

so daß der Integrationskern nun in entgegengesetzter Richtung magnetisiert wird. Beim Erreichen des negativen Sättigungsastes spricht dann der Kippverstärker von neuem an. Das Rollenzählwerk wird um eine Einheit weitergesetzt, die Phasenlage des Steuerstroms gewendet und der Integrationskern wieder in positiver Richtung aufmagnetisiert.

Nach dem beschriebenen Prinzip werden elektronische Gleichlast-Eichzähler gebaut, die für Drehstrom in jeder Phase einen Hallmultiplikator enthalten. Die Summenhallspannung der drei Multiplikatoren wird dem Eingang des Gleichspannungsmeßverstärkers zugeführt und die Ausgangsspannung in der beschriebenen Weise integriert. Der Einfachheit halber wird in diesem Fall die Phasenwendung am Ausgang des Gleichspannungsverstärkers vorgenommen. Mit solchen Eichzählern läßt sich im Temperaturbereich von 15 °C bis 45 °C bei Nennlast der Fehler weit unter $1^0/_{00}$ halten [100].

Durch einen besonderen Kunstgriff kann nach E. Rainer [101] im elektronischen kWh-Zähler der Gleichspannungsmeßverstärker mit hoher Nullpunktskonstanz durch einen gewöhnlichen Wechselspannungsverstärker ersetzt werden. Hierbei wird der das Produkt aus Strom und Spannung bildende Hallmultiplikator zugleich auch als Modulator verwendet. In Abb. 197a ist der zeitliche Verlauf der Netzspannung $u(t)$ und des Verbraucherstroms $i(t)$ dargestellt und darunter in Abb. 197b der zeitliche Verlauf der Momentanleistung $u\,i$. Durch Gleichrichtung einer der beiden Eingangsgrößen u oder i des Multiplikators kann die Ausgangsspannung in eine reine Wechselspannung übergeführt werden. So zeigt Abb. 197c den zeitlichen Verlauf von $|u|\,i$. Diese Wechselspannung läßt sich mit einem normalen Wechselspannungsverstärker verstärken.

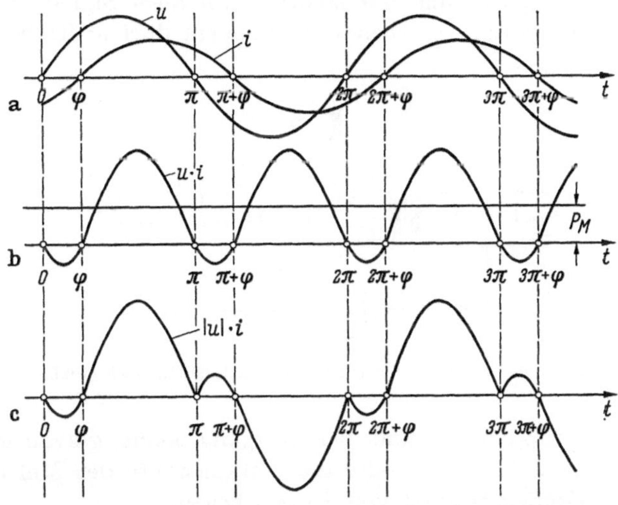

Abb. 197. Zur elektronischen kWh-Zählung. Nach E. Rainer.

Wird die verstärkte Wechselspannung $V\,|u|\,i$ im Takt der Netzfrequenz wieder phasenrichtig demoduliert, so erhält man die gewünschte verstärkte Hallspannung $V\,u\,i$, deren Gleichspannungsanteil den Integrationskern auf- bzw. abmagnetisiert.

11.3 Ausführung analoger Rechenoperationen

In der Meß-, Steuer- und Regeltechnik müssen elektrische Signale oft durch einfache Rechenoperationen miteinander verknüpft werden. Elektrische Ströme und Spannungen lassen sich unmittelbar addieren oder voneinander subtrahieren. Die Multiplikation zweier elektrischer Größen kann auf einfache Weise mit einem Hallmultiplikator erfolgen. Für die Verwendung eines Hallmultiplikators ist es aber oftmals hinderlich, daß die Eingangsgrößen zwei elektrische Ströme sind und die Ausgangsgröße eine verhältnismäßig niedrige elektrische Spannung ist.

Um Steuer- und Regelanlagen einfach projektieren zu können, muß auch die Multiplikatorstufe den betreffenden elektronischen Bausteinsystemen angepaßt sein. Gewünscht wird daher eine Multiplikatorstufe, deren Eingangs- und Ausgangssignale normierte Spannungen sind. So soll z. B. die Stufe mit 10 V an beiden Eingängen ausgesteuert sein und dabei eine Ausgangsspannung von wiederum 10 V abgeben. Um mehrere Multiplikationen aufeinanderfolgend ausführen zu können, müssen die Eingangsleistungen kleiner sein als die Belastbarkeit des Ausgangs. Typische Werte sind z. B. Eingangsleistungen von je 10 mW bei einer Ausgangsleistung von 50 mW. Um auch Signale auf unterschiedlichem Potential verarbeiten zu können, dürfen die beiden Ein-

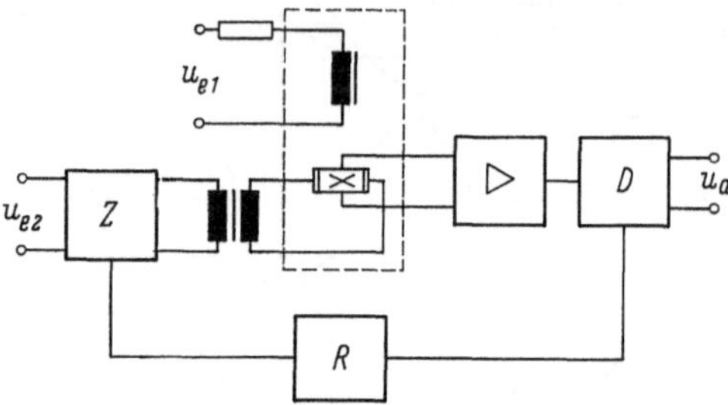

Abb. 198. Blockschaltbild einer Multiplikatorstufe. Nach [102].

gänge des Multiplikators und der Ausgang keine galvanische Verbindung haben. Schließlich sollte die Zeitkonstante der Multiplikatorstufe in der Größenordnung von 1 msec liegen.

Abb. 198 ist das Blockschaltbild einer analogen Multiplikatorstufe, die den genannten Bedingungen genügt [102]. Die Eingangsspannung u_{e1} speist über einen Vorwiderstand von 10 kΩ direkt die Feldwicklung des Multiplikators. Da zwischen Feldwicklung und den übrigen Anschlüssen des Hallgenerators keine galvanischen Verbindungen bestehen, ist die Forderung nach Potentialfreiheit bei diesem Eingang von selbst erfüllt. Der Steuerkreis des Hallgenerators ist dagegen mit dem Hallkreis galvanisch verbunden. Zur Potentialtrennung wird daher aus der Eingangsspannung u_{e2} ein eingeprägter Wechselstrom erzeugt, der über einen Stromwandler den Hallgenerator steuerseitig einspeist. Hierzu liegt im Eingangskreis von u_{e2} ein Transistorzerhacker Z, der von einem Rechteckspannungsgenerator R angesteuert wird. Die als Wechselspannung anstehende Hallspannung läßt sich leicht verstärken und im Takt des Rechteckspannungsgenerators phasenrichtig demodulieren. Nach diesem Prinzip gebaute Multiplikatorstufen haben gemäß Definition in 11.1 Multiplikationsgenauigkeiten von 1% bei einer Einstellzeit für den Produktwert von etwa 1 msec.

Durch Hintereinanderschalten solcher Multiplikatorstufen können Mehrfachprodukte gebildet werden. Werden die beiden Eingänge einer

Multiplikatorstufe parallel geschaltet, so folgt die Ausgangsspannung dem Quadrat der gemeinsamen Eingangsspannung $u_e = u_{e1} = u_{e2}$. Mit der Mehrfachmultiplikation und dem Quadrieren sind jedoch die Rechenmöglichkeiten der beschriebenen Multiplikatorstufe erschöpft.

Mit Hallmultiplikatoren kann man aber auch dividieren und radizieren. Für diese Rechenoperationen muß der Hallmultiplikator mit einem getrennten Gleichspannungsverstärker hoher Nullpunktsfestigkeit zusammenarbeiten. Ein für diese Zwecke geeigneter Rechenverstärker wird in Abschn. 12.2 beschrieben. Auch mit diesen Mitteln läßt sich das Quadrat eines Stromes bilden, indem z. B. die Feldwicklung mit dem Steuerkreis eines Hallmultiplikators in Reihe geschaltet wird. Die dem Quadrat des Steuerstroms proportionale Hallspannung wird dann mit dem Gleichspannungsverstärker auf die gewünschte Ausgangsspannung gebracht. Auf diese Weise läßt sich jedoch nur der Quadratwert kleiner Ströme bilden. Sollen große Ströme quadriert werden, so bringt man in den Luftspalt eines Gleichstromisolierwandlers oder eines Hochstromjochs zwei Hallgeneratoren. Der erste Hallgenerator wird von einem konstanten Steuerstrom erregt und die dem zu quadrierenden Strom I proportionale Hallspannung über den Gleichspannungsmeßverstärker als Steuerstrom dem zweiten Hallgenerator zugeführt. Diese Methode zur Quadrierung großer Ströme wird z. B. bei der Untersuchung des Durchbrennens von Sicherungen zur Messung des $\int i^2\,dt$-Wertes sowie bei der in Abb. 200 gezeigten Meßeinrichtung für Walzwerksantriebe angewendet.

Abb. 199 zeigt eine Schaltung zur Quotientenbildung mit einem Hallmultiplikator und einem Gleichspannungsmeßverstärker [11]. Eingangsgrößen sind die Spannung u_e und der Feldstrom i_F. Die Differenz zwischen Eingangsspannung u_e und der Ausgangsspannung des Hallmultiplikators wird dem Eingang des Gleichstrommeßverstärkers zugeführt. Ausgangsseitig speist der Verstärker den Steuerstrom i_1 in den Hallmultiplikator ein. Der Verstärker stellt den Steuerstrom i_1 immer so nach, daß die Hallspannung stets gleich der Eingangsspannung u_e ist. Dann ist aber der Steuerstrom i_1 bzw. die an der Bürde anstehende Ausgangsspannung u_a proportional dem Quotienten u_e/i_F. Bei konstanter Eingangsspannung u_e ist die Ausgangsspannung der Kehrwert des Feldstroms.

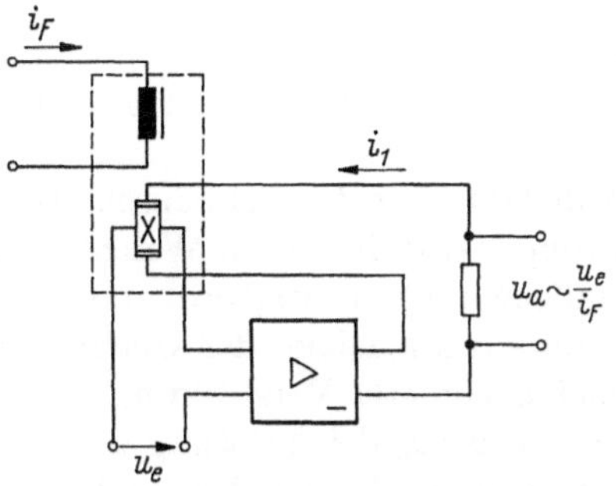

Abb. 199. Quotientenbildung mit Hallmultiplikator und einem Gleichspannungsmeßverstärker. Nach [11].

Am Beispiel einer Meßeinrichtung für Walzwerksantriebe soll schließlich das Zusammenwirken mehrerer Multiplikatoren und Rechenverstärker nach Art eines Analogrechners gezeigt werden [103]. Für die Beurteilung von Walzmotoren interessiert der zeitliche Verlauf einer Reihe abgeleiteter Größen während des Betriebes, so z. B. das Quadrat des Ankerstroms i^2, die aufgenommene elektrische Leistung $u\,i$ und das Drehmoment $(u\,i - R\,i^2)/n$ (R = Ankerwiderstand, n = Drehzahl).

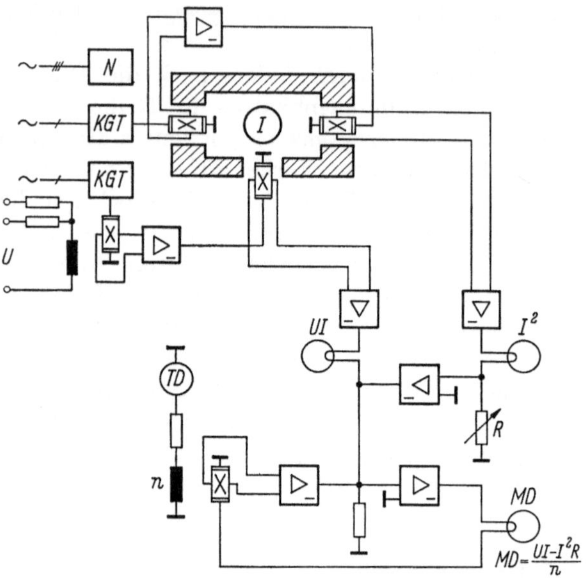

Abb. 200. Analogrechner zur Prüfung von Walzmotoren. Nach [103].

Abb. 200 zeigt das Prinzipschaltbild eines solchen Rechners. Der Ankerstrom i wird durch ein Weicheisenjoch geführt, in dessen Luftspalt drei Hallgeneratoren angeordnet sind. Mit zwei Hallgeneratoren wird, wie bereits beschrieben, der Quadratwert des Ankerstroms gebildet. i^2 wird nach geeigneter Verstärkung von einer Oszillographenschleife angezeigt. Zur Messung der Leistung $u\,i$ wird die Spannung u über einen Gleichspannungsisolierwandler und nachfolgender Verstärkung als Steuerstrom dem dritten Hallgenerator im Joch zugeführt. Dieser Hallgenerator zeigt dann das Produkt $u\,i$, also die elektrische Leistung an. Zur Erfassung des Drehmoments wird die Differenz $u\,i - R\,i^2$ mit der Hallspannung eines Multiplikators verglichen, der feldseitig von einem der Drehzahl n proportionalen Strom angesteuert wird. Wird die Abweichung zwischen beiden Größen über einen Rechenverstärker diesem Multiplikator wieder als Steuerstrom zugeführt, so ist dieser Steuerstrom dem Drehmoment proportional.

Durch geeignete schaltungstechnische Kombination von Hallmultiplikatoren mit Gleichspannungsmeßverstärkern läßt sich eine elektrische Größe auch radizieren. In Abb. 201 wird die Quadratwurzel aus der Eingangsspannung u_e gezogen. Der Gleichspannungsmeßverstärker wird wieder wie in Abb. 199 von der Differenzspannung zwischen der Eingangsspannung u_e und der Hallspannung angesteuert. Der Ausgangsstrom des Verstärkers durchfließt die mit dem Steuerkreis des Hallgenerators in Reihe geschaltete Feldwicklung. Der Ausgangsstrom ist dann proportional der Quadratwurzel aus der Eingangsspannung. Radiziergeräte mit Hallgeneratoren werden z. B. bei der Durchflußmessung von Flüssigkeiten, Dämpfen und Gasen verwendet. Der an einer Blende, Düse oder einem Staurohr gemessene Wirkdruck ist dem Quadrat der Durchflußmenge proportional. Soll der Durchfluß von Meßgeräten mit linearer Skala angezeigt werden, so muß das vom Meßfühler gelieferte und dem Wirkdruck proportionale elektrische Signal radiziert werden.

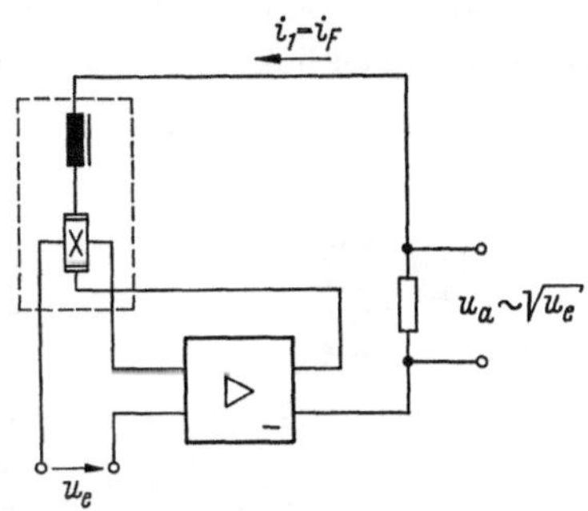

Abb. 201. Radizieren mit Hallmultiplikator und Gleichspannungsmeßverstärker.

11.4 Drehmomentmessung

Das von einem Gleichstrommotor abgegebene Drehmoment ist proportional dem Produkt aus Ankerstrom i_a und Polschuhfluß Φ. Bei laufendem Motor muß dieses Drehmoment auch die Reibungsverluste sowie die Ummagnetisierungsverluste des Ankers decken. Das an der Welle abgegebene Drehmoment ist daher um diesen Betrag kleiner. Für größere Motoren können jedoch diese Verluste vernachlässigt werden. Zur Messung des Drehmoments kann das Produkt Ankerstrom mal Polschuhfluß unmittelbar gebildet werden, wenn ein Hallgenerator in den Luftspalt zwischen Polschuh und Anker gebracht wird. Ist die magnetische Induktion im Luftspalt der Maschine dem Polschuhfluß proportional und wird der Hallgenerator über einen Stromwandler mit einem dem Ankerstrom proportionalen Steuerstrom erregt, so ist die Hallspannung ein Meßwert für das Drehmoment des Motors (Abb. 202) [104].

Dieses Verfahren der Drehmomenterfassung hat jedoch zwei entscheidende Nachteile. Bei großen Maschinen mit Ankerrückwirkung läßt sich keine Stelle unter dem Polschuh finden, an der die magnetische Induktion B dem Fluß Φ mit hinreichender Genauigkeit proportional ist. Dies gilt insbesondere dann, wenn durch die Ankerrückwirkung Teile des Polschuhs gesättigt werden. Durch den Einbau mehrerer Hallgeneratoren und Addition der Hallspannungen im Sinne einer Mittelwertbildung ist es zwar möglich, den Maschinenfluß Φ mit ausreichender Genauigkeit zu erfassen. Ein gewisser Nachteil bleibt jedoch immer der Einbau der Hallgeneratoren in die Maschine, was bei nachträglichen Bestückungen und Abänderungen mit einem Auseinandernehmen des Motors verbunden ist.

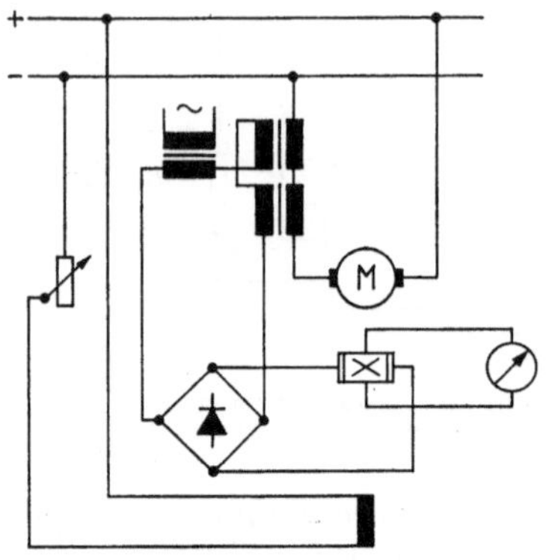

Abb. 202. Drehmomentmessung an einem Gleichstrommotor.

Bei einem für die Praxis geeigneteren Verfahren wird der Magnetfluß Φ außerhalb der Maschine nachgebildet. Hierzu kann in den meisten Fällen ein normaler Gleichstromisolierwandler verwendet werden. Durch Engstellen im Magnetkreis des Wandlers kann in besonderen Fällen die Kennlinie des Wandlers sehr genau dem Sättigungsverhalten der Maschine angepaßt werden [105]. Diese Art der Drehmomenterfassung hat bei elektrischen Triebfahrzeugen verbreitete Anwendung gefunden. So wird mit einem transportablen Meßgerät auf der fahrenden Lokomotive die Widerstandsbremsung der Bahnmotoren geprüft und eingestellt. Die Genauigkeit der Bremskrafterfassung übertrifft hierbei alle bisherigen Verfahren [106]. Zur Regelung des Bremsmoments auf einen konstanten, von der Fahrgeschwindigkeit unabhängigen, einstellbaren Wert, werden Gleichstromisolierwandler mit Hallgeneratoren auf elektrischen Lokomotiven stationär eingebaut. Der den Bremswiderstand speisende Ankerstrom wird über einen Stromwandler als Steuerstrom dem Hallgenerator zugeführt, während der Erregerstrom der Motoren über die Feldwicklung des Isolierwandlers fließt. Die Hallspannung ist dann ein Maß für die Bremskraft und wirkt als Istwert für eine Bremskraftregelung, die über die Felderregung der Motoren eingreift [107].

Eine weitere Möglichkeit der Drehmomentmessung von Motoren wurde bereits in Abschn. 11.3 beschrieben. Bei dieser Methode wird der Quotient aus der vom Motor abgegebenen Leistung und der Drehzahl gebildet [108]. Dieses Verfahren ist unabhängig von der Motorenart; es kann also auch bei Drehstrommotoren angewendet werden. Bei diesem Verfahren der Drehmomentmessung bildet jedoch die richtige Erfassung der inneren Verluste eine gewisse Schwierigkeit. Die Berücksichtigung der Verluste durch einen Verlustwiderstand R ist nur eine grobe Annäherung, da die inneren Verluste temperaturabhängig sind und sich daher während des Betriebes ändern. Günstige Verhältnisse für die

Erfassung der inneren Verluste liegen dann vor, wenn der Motor in gewissen Zeitabständen im Leerlauf betrieben wird. Im Leerlauf ist nämlich die aufgenommene elektrische Leistung identisch mit der Verlustleistung des Antriebs; sie kann daher bei der Leistungsmessung in der darauffolgenden Arbeitsphase in Abzug gebracht werden.

Bei periodisch arbeitenden Werkzeugmaschinen und Fertigungsautomaten folgt auf jede Arbeitsphase eine Leerlaufphase. Darüber hinaus ist die Drehzahl im Leerlauf und unter Last praktisch gleich. Die Division durch die Drehzahl kann daher entfallen, da das innere

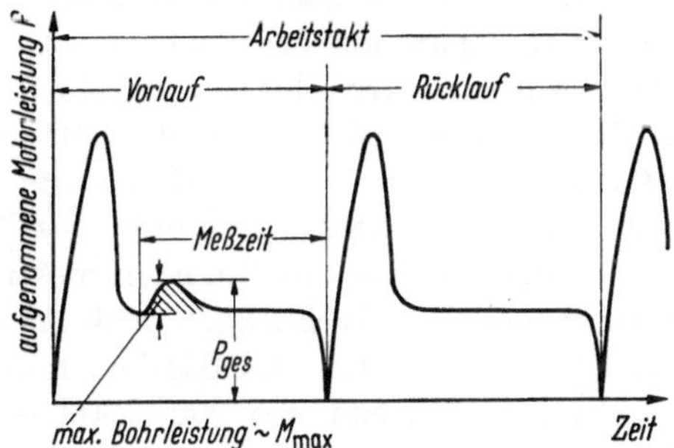

Abb. 203. Aufgenommene elektrische Leistung des Antriebsmotors beim Gewindeschneiden.

Moment des Motors, das sich aus dem Verlustmoment und dem Nutzmoment zusammensetzt, der zugeführten elektrischen Leistung direkt proportional ist. Für periodisch arbeitende Fertigungsautomaten bietet sich daher die Möglichkeit an, mit Hallmultiplikatoren das Drehmoment zu überwachen. Abb. 203 zeigt den zeitlichen Verlauf der vom Antriebsmotor eines Gewindeschneidautomaten während eines Arbeitstaktes aufgenommenen elektrischen Leistung. Die hohen Leistungsspitzen zu Beginn des Vor- und Rücklaufs werden durch die Reversierung des Motors verursacht und decken die erforderliche Beschleunigungsarbeit.

Die Höhe des kleinen, schraffiert gezeichneten Buckels ist die maximale Leistung, die für das eigentliche Gewindeschneiden erforderlich ist. Einen Wert für das am Gewindebohrer maximal angreifende Drehmoment erhält man, wenn im Vorlauf in dem als Meßzeit gekennzeichneten Zeitabschnitt der Maximalwert der Gesamtleistung mit Hallmultiplikatoren gemessen, dieser Wert gespeichert und anschließend die im Rücklauf gemessene Leerlaufleistung von dem gespeicherten Wert der Gesamtleistung abgezogen wird. Mit einer solchen Meßeinrichtung kann das am Gewindebohrer angreifende Drehmoment überwacht werden. Wird der Bohrer im Laufe der Zeit stumpf, so steigt das Drehmoment beim Bohren an. Beim Erreichen eines eingestellten Grenzwertes schaltet die Überwachung den Automaten rechtzeitig ab, so daß ein Bruch des Bohrers vermieden wird. Der stumpfe Bohrer kann durch Nacharbeiten wieder geschärft werden.

Auch das Moment als Produkt von Kraft mal Hebelarm kann mit Hallmultiplikatoren auf einfache Weise gebildet werden. So muß z. B. bei Hebekränen das Lastmoment, gebildet aus der gehobenen Last und der Auslegerstellung, gemessen bzw. begrenzt werden. Die Begrenzung des Lastmoments ist eine wichtige Aufgabe bei Schwimmkränen, um bei zu hohen Lastmomenten auftretende Instabilitäten zu vermeiden. Die Last wird durch Druckmeßdosen im Seilzug gemessen, der Hebelarm durch die Winkelstellung des Auslegers mit einem Drehpotentiometer. Aus der Hallspannung des von beiden Größen angesteuerten Hallmultiplikators wird bei Erreichen des maximal zulässigen Lastmoments ein Signal abgeleitet. Dieses Signal greift in die Schützensteuerung der Antriebsmotore ein und verhindert das Anheben einer noch größeren Last bzw. das weitere Ausfahren des Auslegers.

Von den vielen Aufgaben der Drehmomentmessung und -überwachung in der Antriebstechnik sei schließlich noch auf die Zugregelung beim Aufwickeln von Fäden, Drähten und Bändern hingewiesen. Damit der Band- oder Fadenzug während des Aufwickelvorgangs konstant bleibt, muß das Drehmoment des Wicklerantriebs proportional mit dem Wickeldurchmesser ansteigen. Der Wickeldurchmesser wird von einem Fühler in eine proportionale elektrische Größe umgewandelt, die als Sollwert in die Drehmomentregelung eingeht.

11.5 Frequenzanalyse periodischer Vorgänge

Ein zeitlich periodischer Vorgang kann in Grundschwingung und Oberwellen zerlegt werden. Auch eine solche Frequenzanalyse läßt sich mit einem Hallmultiplikator ausführen [92]. Der zu analysierende Vorgang wird als Steuerstrom $i_1(t)$ auf den Hallmultiplikator gegeben, während die Feldwicklung von einem Frequenzgenerator einstellbarer bzw. langsam veränderlicher Frequenz eingespeist wird. Die Hallspannung enthält nur dann einen Gleichspannungsanteil, wenn die „Suchtonfrequenz" mit der Grundschwingung oder einer Oberwelle des zu analysierenden Vorgangs zusammenfällt. Dieser Gleichspannungsanteil hängt nicht nur von der Amplitude der Oberwelle ab, sondern gleichzeitig auch von der Phasenlage zwischen Oberwelle und Suchtonfrequenz, und zwar ändert sich der Gleichspannungsanteil entsprechend Gl. (213) mit dem Cosinus dieses Phasenwinkels. Stimmt die Suchtonfrequenz mit der Frequenz der Oberwelle nicht überein, so enthält die Ausgangsspannung des Multiplikators zwei Wechselspannungsanteile, von denen der eine mit der Summenfrequenz, der andere mit der Differenzfrequenz oszilliert. Nähert sich die Suchtonfrequenz einer Oberwellenfrequenz an, so oszilliert der Wechselspannungsanteil mit der

Differenzfrequenz immer langsamer, wobei seine Amplitude beim Durchlaufen der Oberwellenfrequenz dem Oberwellenanteil proportional ist. Wird diese Wechselspannung entsprechend Abb. 204 durch einen Tiefpaß ausgesiebt, verstärkt und gleichgerichtet, so zeichnet ein Schreiber, dessen Papiervorschub mit dem Frequenzanstieg des Generators synchron läuft, das Frequenzspektrum des zu analysierenden Vorgangs $i_1(t)$ auf. Bei diesem Verfahren werden nur die Amplituden der Oberwellen angezeigt.

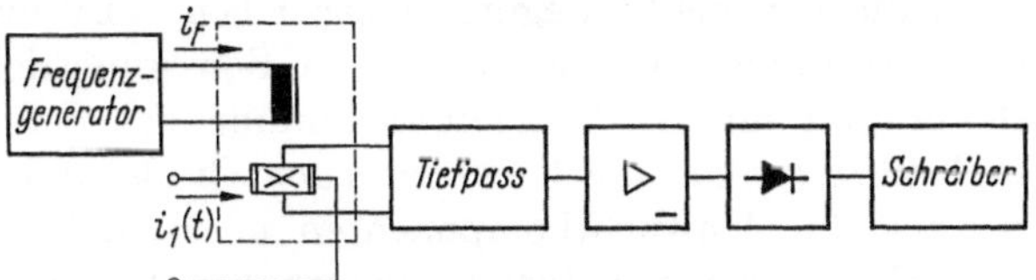

Abb. 204. Frequenzanalyse eines periodischen Vorgangs $i_1(t)$.

Für eine echte Fourier-Analyse des Vorgangs muß nicht nur die Amplitude der Oberwellen, sondern auch ihre Phasenlage bzw. ihre Aufspaltung nach Sinus und Cosinus bestimmt werden, entsprechend

$$i_1(t) = \overline{i_1} + \sum_{v=1}^{\infty} \big(a_v \sin(v\,\omega\,t) + b_v \cos(v\,\omega\,t)\big). \tag{214}$$

Hierin ist $\overline{i_1}$ der Gleichstrommittelwert von $i_1(t)$, während die Koeffizienten a_v und b_v bis auf einen Faktor 2 die zeitlichen Mittelwerte des Produktes von $i_1(t)$ mit dem Sinus bzw. dem Cosinus der betreffenden Oberwelle sind, also

$$a_v = \frac{2}{T}\int_0^T i_1(t)\sin(v\,\omega\,t)\,dt \quad \text{und} \quad b_v = \frac{2}{T}\int_0^T i_1(t)\cos(v\,\omega\,t)\,dt. \tag{215}$$

Zur Bestimmung der Fourier-Koeffizienten a_v und b_v mit einem Hallmultiplikator wird die Feldseite nacheinander mit den festen Frequenzen $v\,\omega$ erregt. Dabei muß darauf geachtet werden, daß zwischen dem zu analysierenden Vorgang $i_1(t)$ und dem $\sin(v\,\omega\,t)$ bzw. $\cos(v\,\omega\,t)$ proportionalen Feldstrom eine feste Phasenbeziehung eingehalten wird. Diese Phasenbeziehung kann z. B. durch eine Triggerung des Frequenzgenerators erzwungen werden, die vom Eingangssignal $i_1(t)$ ausgelöst wird. Dabei muß jedoch der zeitliche Verlauf des zu analysierenden Vorgangs so beschaffen sein, daß eine Triggerung des Frequenzgenerators in einer Periode nur einmal erfolgt. Zur Bestimmung der Fourier-Koeffizienten nach dem beschriebenen Verfahren reicht zur Anzeige ein normales Drehspulinstrument aus.

Ein Anwendungsbeispiel für die Frequenzanalyse mit fester Phasenbeziehung ist die Bestimmung der Unwucht rotierender Maschinenteile. Die durch die Unwucht verursachten Fliehkräfte laufen mit der Geschwindigkeit des rotierenden Körpers um und machen sich als Lagerkräfte bemerkbar. Sie führen daher zu einer kleinen Rotationsbewegung der Lager relativ zum feststehenden Maschinenteil. Zur Messung der Unwucht wird diese Bewegung mit einem Schwingungsaufnehmer in eine elektrische Spannung umgesetzt. Der Unwuchtschwingung sind aber im allgemeinen noch eine Reihe von Störschwingungen überlagert, wie z. B. wuchtkörpereigene Oberwellen, Lagerschwingungen, Kugellagerstörungen sowie auch Gebäudeschwingungen. Um aus diesem Frequenzgemisch die Unwuchtbewegung auszusieben, wird eine analysierende Wechselspannung von der rotierenden Bewegung des Wuchtkörpers abgeleitet und mit der Ausgangsspannung des Schwingungsaufnehmers multipliziert. Um die Unwucht nach Größe und Richtung zu bestimmen, also die Unwuchtkomponenten in x- und y-Richtung eines wuchtkörperfesten Koordinatensystems, muß z. B. die mit einem Winkelgeber von der Rotation des Wuchtkörpers abgeleitete Wechselspannung sinus- und cosinusförmig zur Verfügung stehen. Ihre Multiplikation mit der Meßspannung des Schwingungsaufnehmers liefert am Ausgang eines Hallmultiplikators eine Gleichspannung, die unabhängig von den Störschwingungen den Wuchtkomponenten in x- bzw. y-Richtung proportional ist. Sollen die Unwuchtkomponenten nur angezeigt werden, so wird für die Multiplikation ein Anzeigegerät mit elektrodynamischem Meßwerk benutzt. Bei automatisch arbeitenden Auswuchtmaschinen, wie z. B. bei der Auswuchtung von Kurbelwellen in Transferstraßen der Automobilindustrie, muß die gemessene Unwucht eine elektrische Spannung sein [109]. In einem Rechner können dann die erforderlichen Ausgleichsdaten ermittelt werden. Für solche Anwendungen werden statt der Wattmetermeßwerke Hallmultiplikatoren eingesetzt.

Bei der Verwendung wegabhängiger Schwingungsmesser mit Hallgeneratoren, wie sie in Abschn. 8.6 beschrieben wurden, kann die Multiplikation der Schwingbewegung mit der Drehwinkelspannung des Wuchtkörpers vom Schwingungsmesser selbst ausgeführt werden. Hierzu werden die Schwingungsmesser von der sinus- bzw. cosinusförmigen Wechselspannung der Drehwinkelgeber steuerseitig eingespeist. Die Verwendung wegabhängiger Schwingungsmesser ist besonders dann von Vorteil, wenn langsam umlaufende Maschinen, wie z. B. Wasserkraftgeneratoren, auszuwuchten sind.

12 Modulation kleiner Gleichspannungen und Gleichströme

Für die Messung kleiner Gleichspannungen und Gleichströme wie auch in analogen Regelkreisen mit hoher Genauigkeit werden Gleichspannungsverstärker mit hoher Nullpunktskonstanz benötigt. Direkt gekoppelte Gleichspannungsverstärker mit hoher Eingangsempfindlichkeit haben eine schlechte Nullpunktskonstanz und kommen daher für solche Aufgaben nicht in Frage. Zur Verstärkung kleiner Gleichströme und Gleichspannungen mit geringer Nullpunktsdrift werden daher Chopper-Verstärker verwendet. Die zu verstärkende Gleichstromgröße wird im Eingang eines solchen Verstärkers von einem Zerhacker (Chopper) in eine Wechselspannung umgeformt, deren Amplitude der Gleichstromgröße proportional ist. Die Wechselspannung kann dann ohne Nullpunktsdriftung verstärkt werden. Wird die verstärkte Wechselspannung wieder phasengetreu gleichgerichtet, so erhält man am Ausgang eine von Nullpunktsfehlern freie, verstärkte Gleichspannung.

Die in Chopper-Verstärkern meistens verwendeten Relaiszerhacker sind nicht verschleißfrei und arbeiten mit niedriger Frequenz. Mit einem Hallgenerator im elektrisch erregten Magnetkreis kann eine kleine Gleichspannung kontaktlos in eine Wechselspannung umgewandelt werden. Dabei wird der zu verstärkende Gleichstrom dem Hallgenerator als Steuerstrom zugeführt, während der Feldstrom ein Wechselstrom ist. Auf Grund der multiplikativen Eigenschaft des Hallgenerators wird der kleine Gleichstrom durch das magnetische Wechselfeld moduliert. Die Hallspannung ist also eine Wechselspannung mit der Frequenz des Feldstroms; ihre Amplitude ist dem Steuergleichstrom proportional. Einen Hallgenerator im elektrisch erregten Magnetkreis, der mit hoher Nullpunktsstabilität eine kleine Gleichstromgröße in eine Wechselspannung umsetzt, nennt man einen Hallmodulator. Um eine hohe Nullpunktskonstanz zu erreichen, muß durch geeignete Ausbildung des Magnetkreises und des elektrischen Systems eine Reihe von Störeffekten ausgeschaltet werden. Auf diese Probleme wird in Abschn. 12.1 näher eingegangen; in Abschn. 12.2 wird ein Halbleiterrechenverstärker mit kleinem Nullpunktsfehler beschrieben, der mit einem Hallmodulator im Eingang arbeitet.

12.1 Hallmodulator

Mit einem Hallgenerator im elektrisch erregten Magnetkreis kann eine Gleichstromgröße auf zwei verschiedene Weisen in eine Wechselspannung umgesetzt werden:

Im ersten Fall ist der Steuerstrom i_1 ein konstanter Wechselstrom mit der Modulationsfrequenz f; der zu modulierende Gleichstrom wird als Feldstrom i_F der Feldwicklung zugeführt. Man erhält einen feldseitig gesteuerten Hallmodulator. Er würde gegenüber dem Zerhackerrelais außer dem Fehlen bewegter Kontakte den weiteren Vorteil einer Potentialtrennung zwischen Eingang und Ausgang haben und gegebenenfalls auch noch eine Leistungsverstärkung des Eingangssignals ermöglichen (s. hierzu Abschn. 13.3). Bei einem feldseitig gesteuerten Hallmodulator treten jedoch zwei Störeffekte auf, welche die Genauigkeit der Umwandlung des Gleichspannungssignals in eine Wechselspannung stark einschränken. Diese Störeffekte sind einmal die ohmsche Nullspannung und deren Temperaturgang und zum anderen die Hysterese des Magnetkreises. Zwar kann die ohmsche Nullspannung durch äußere Beschaltung mit Widerständen kompensiert werden; als Fehler bleibt jedoch der Temperaturgang der ohmschen Nullspannung mit etwa 1 μV/°C bei Hallgeneratoren aus Indiumarsenid. Wesentlich größer ist der Remanenzfehler. Die Remanenz des Kernes hat zur Folge, daß zu gleichen Eingangssignalen je nach der magnetischen Vorgeschichte des Kernes verschiedene Ausgangssignale auftreten können. Insbesondere erzeugt die Remanenz nach feldseitiger Aussteuerung auch dann noch eine Hallspannung, wenn kein Gleichstrom mehr die Feldwicklung durchfließt. Hallmodulatoren mit feldseitiger Steuerung sind daher bei den heutigen Gegebenheiten nur für die Verarbeitung von Gleichspannungen geeignet, die in der Größenordnung einiger mV liegen.

Wird dagegen der zu modulierende Gleichstrom als Steuerstrom dem Hallgenerator zugeführt, so haben ohmsche Nullspannung und Hysterese des Magnetkreises keinen Einfluß auf den Nullpunkt [110]. Dafür treten bei diesem Modulationsverfahren drei andere Störeffekte auf, die jedoch durch konstruktive Maßnahmen auf ein Mindestmaß reduziert werden können. Die Störeffekte sind Thermospannungen im Steuerkreis, induktive Einstreuungen in den Hallkreis und schließlich eine Störspannung doppelter Modulationsfrequenz, die durch den Hall-Effekt der in der Halbleiterschicht induzierten Wirbelströme im modulierenden Magnetfeld entsteht.

Die hohe differentielle Thermospannung der III-V-Halbleiter InSb und InAs führt schon bei geringem Temperaturunterschied der beiden Steuerelektroden — etwa $^1/_{100}$ °C — zu Thermospannungen, die Eingangssignale von einigen μV vortäuschen. Um Thermospannungen im Eingangskreis zu vermeiden, müssen die Lötstellen des Thermoelementes Cu—InSb—Cu räumlich möglichst dicht nebeneinander liegen. Hierzu sind die Steuerstromanschlüsse des elektrischen Systems aus Indiumantimonid ausgebildet und auf einer Seite des elektrischen Systems zusammengezogen (Abb. 205). Erst hier werden die beiden Steuerstromanschlüsse aus Kupfer angelötet

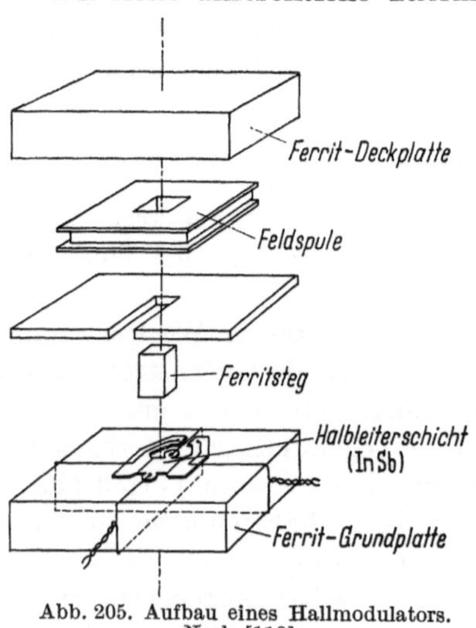

Abb. 205. Aufbau eines Hallmodulators. Nach [110].

und die beiden Lötstellen mit einer elektrisch isolierenden Vergußmasse thermisch miteinander verbunden. Ungleichmäßige Temperaturverteilungen im Innern des Bauelementes führen dann nur noch zu sehr geringen Temperaturdifferenzen an den beiden Lötstellen. Der Eingang des Modulators ist damit praktisch thermospannungsfrei. Thermospannungen im Hallkreis stören die Funktion des Modulators nicht.

Durch das magnetische Wechselfeld wird in den Hallkreis eine induktive Störspannung induziert, die gegenüber der Hallspannung um 90° phasenverschoben ist. Zwar wird eine um 90° phasenverschobene

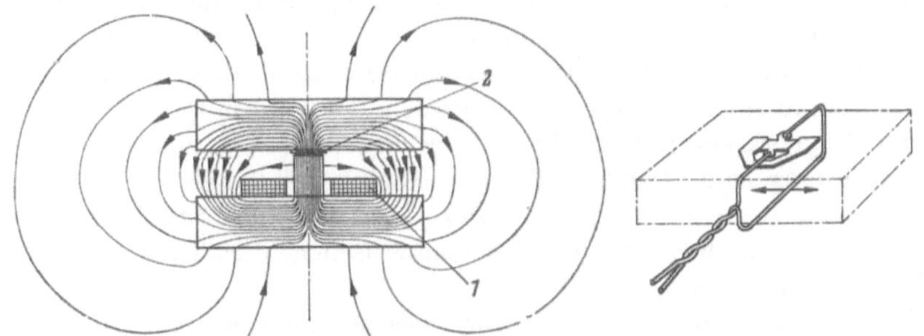

Abb. 206. Magnetisches Streufeld eines Hallmodulators und Leitungsführung der Hallspannungsanschlüsse.
1 Feldspule; *2* Halbleiterschicht.
Nach [110].

Störspannung bei der phasengetreuen Gleichrichtung am Ausgang des Wechselspannungsverstärkers eliminiert; bestehen bleibt jedoch die Forderung, daß solche Störspannungen den Verstärker nicht nennenswert aussteuern; ihre Amplitude darf also nur wenige µV betragen. Um induktive Störspannungen im Hallkreis zu vermeiden, umschlingen die Hallspannungsanschlüsse die das elektrische System tragende Ferritgrundplatte des Modulators wie in Abb. 205 dargestellt. Der Magnetkreis des Modulators ist nicht geschlossen, so daß magnetische Streulinien auch aus den Stirnflächen der Ferritgrund- und -deckplatte austreten, wie dies Abb. 206 zeigt. Durch Verschieben des unter der Ferritgrundplatte zurücklaufenden Hallspannungsanschlusses in diesem Streufeld lassen sich die durch die Fertigungstoleranzen bedingten restlichen induktiven Störspannungen auf Null abgleichen. Um auch den Steuerkreis frei von induktiven Störspannungen zu halten, wird auch hier eine Leitungsführung wie im Hallkreis gewählt, wobei durch eine Verschiebung der Rückleiterschleife in Richtung der Hallelektroden wieder ein Feinabgleich möglich ist. Bei der Herstellung des Modulators werden beide Rückleiterschleifen in der richtigen Lage auf der Ferritgrundplatte fixiert.

Nur die in einer idealen Halbleiterschicht von einem homogenen magnetischen Wechselfeld induzierten Wirbelströme liefern keinen Beitrag zur Hallspannung (s. Abschn. 6.3.2). Bei dem beschriebenen Hallmodulator wird aber das Magnetfeld über einen Ferritsteg auf die Halbleiterschicht gelenkt. Auslenkungen dieses Steges aus der symmetrischen Mittellage führen zu einer Hallspannung mit doppelter Modulationsfrequenz. Der Steg muß daher symmetrisch auf die Halbleiterschicht aufgebracht werden. Die Störspannung doppelter Frequenz läßt sich hierbei im Rahmen der Fertigungstoleranzen unter einem μV halten bei einer Modulationsfrequenz von 1 kHz.

Da für den Abgleich der induktiven Störspannung das magnetische Streufeld des Modulators ausgenutzt wird, muß eine Verzerrung dieses Streufeldes durch benachbarte Eisenmassen, z. B. beim Einbau des Modulators in ein Gerät, vermieden werden. Aus diesem Grund wird der offene Magnetkreis mit Hallgenerator in ein Abschirmgehäuse aus Mumetall eingebaut. Das Streufeld des Modulators kann dann aus dem Schirmgehäuse nicht austreten, und der induktive Störspannungsabgleich wird unabhängig von den magnetischen Verhältnissen außerhalb des Schirmkreises.

Das Übersetzungsverhältnis Ausgangsspannung u_{20} zu Eingangsspannung u_1 ist bei einem steuerstromseitig betriebenen Hallmodulator um so größer, je höher die Elektronenbeweglichkeit des verwendeten Halbleitermaterials ist. Da beim Einsatz in Chopper-Verstärkern der Temperaturgang der Ausgangsspannung des Modulators durch Gegenkopplung ausgeschaltet wird, ist eigenleitendes InSb die geeignete Halbleitersubstanz für solche Modulatoren. Ein Hallmodulator mit einem elektrischen System aus Indiumantimonid hat bei einer Halbleiterschichtdicke von 5 μm einen Eingangswiderstand R_{10} von etwa 60 Ω und einen Ausgangswiderstand R_{20} von etwa 30 Ω. Bei einer feldseitigen Nenndurchflutung von 3,5 AW (ohmscher Widerstand der Feldspule 3 Ω, Induktivität der Feldspule $0{,}5 \cdot 10^{-3}$ H) hat der Modulator einen Übertragungswiderstand u_{20}/i_1 von rund 10 Ω. Die Nullpunktsstabilität gegenüber Temperaturveränderungen ist besser als 3 nA/°C oder 0,2 μV/°C bezogen auf den Eingangskreis.

12.2 Halbleiterrechenverstärker mit hoher Nullpunktsstabilität

Gleichspannungsverstärker mit hoher Nullpunktskonstanz werden eingesetzt bei der Temperaturmessung mit Thermoelementen, als Regelverstärker bei der hochgenauen Konstanthaltung von Gleichströmen oder auch als Rechenverstärker bei Anwendungen mit Hallmultiplikatoren. Von einem solchen Verstärker wird z. B. die Verstärkung von 1 mV auf 10 V Ausgangsspannung mit einer Genauigkeit von 1% gefordert. Auf Grund des Temperaturgangs der Halbleiterbauelemente läßt sich mit einem Halbleiterverstärker eine Verstärkung von 10^4 bei einer gleichzeitig geforderten Genauigkeit von 1% nur durch eine starke Gegenkopplung erreichen, und zwar erfordert die Prozentgenauigkeit einen Gegenkopplungsgrad von etwa 100. Der unbeschaltete Verstärker muß daher eine Spannungsverstärkung von mindestens 10^6 besitzen. Bei einer Transistorstufe kann man mit einer Verstärkung von etwa 100 rechnen. Ein Verstärker mit einer Spannungsverstärkung von 10^6 muß daher mindestens dreistufig ausgeführt sein. Wird ein solcher Gleichspannungsverstärker in hochgenauen Regelkreisen eingesetzt, so muß ein hoher Übertragungswiderstand, d. h. ein großes Verhältnis von Ausgangsspannung zu Eingangsstrom, gefordert werden. Ein Regelrestfehler von 1‰ verlangt z. B. einen Übertragungswiderstand von mindestens 10 MΩ [111].

Neben diesen Bedingungen macht die gleichzeitig geforderte Nullpunktsfestigkeit die Anwendung des Chopper-Prinzips notwendig. Dabei ist der Nullpunktsfehler eines derartigen Chopper-Verstärkers weitgehend von der Nullpunktsstabilität des verwendeten Choppers abhängig. Der in Abschn. 12.1 beschriebene Hallmodulator hat in dieser Hinsicht Eigenschaften, die den Bau eines völlig kontaktlos arbeitenden Gleichstromverstärkers mit hoher Nullpunktskonstanz möglich machen.

Der Feldstrom des Hallmodulators kann entweder sinus- oder rechteckförmig sein. Da der Modulator eine Spannungsuntersetzung von 6 : 1 hat, muß die Verstärkung des nachfolgenden Wechselspannungsverstärkers mindestens $6 \cdot 10^6$ sein. Die vom Modulator abgegebene Störspannung darf daher insgesamt nicht größer als etwa 0,5 µV sein, damit der Verstärker durch die Störspannung nicht nennenswert angesteuert wird. Da die der Modulationsfrequenz proportionalen Störspannungen diesen Wert bei einer Modulationsfrequenz von 1 kHz überschreiten, müßte bei sinusförmigem Feldstrom die Modulationsfrequenz auf einige 100 Hz erniedrigt werden. Durch die Glättung der gleichgerichteten Sinusspannung am Ausgang würde aber die Zeitkonstante des Verstärkers für schnelle Regelungen zu groß werden.

Bei rechteckförmig verlaufendem Feldstrom treten demgegenüber die Störspannungen nur während der Flankendauer des Rechteckstroms auf. Bei hinreichend kleiner Flankendauer wird daher der Verstärker nur in diesen kurzen Zeitintervallen übersteuert. Auf diese Weise kann selbst bei hoher Modulationsfrequenz (z. B. 5 kHz) die Auswirkung der Störspannungen des Modulators auf die Nullpunktsfestigkeit des Verstärkers genügend klein gehalten werden. Durch eine höhere Modulationsfrequenz wird auch das $1/f$-Rauschen der Transistoren in der nachfolgenden phasenselektiven Gleichrichtung weitgehend unterdrückt.

Abb. 207 zeigt das Prinzipschaltbild eines Modulationsverstärkers mit Hallgenerator [111]. Der Verstärker ist als dreistufiger Gegentaktverstärker aufgebaut. Die Welligkeit der Versorgungsspannung stört hierdurch nur wenig. Da der Gesamtstrom einer jeden Gegentaktstufe durch einen entsprechend hohen Emitterwiderstand eingeprägt wird und damit konstant ist, kann eine wechselseitige Beeinflussung der einzelnen Gegentaktstufen durch die sich ändernde Belastung der Versorgungsspannung nicht zu Schwingungen führen. Schließlich ist ein symmetrischer Verstärker auch unempfindlicher gegen Einstreuungen.

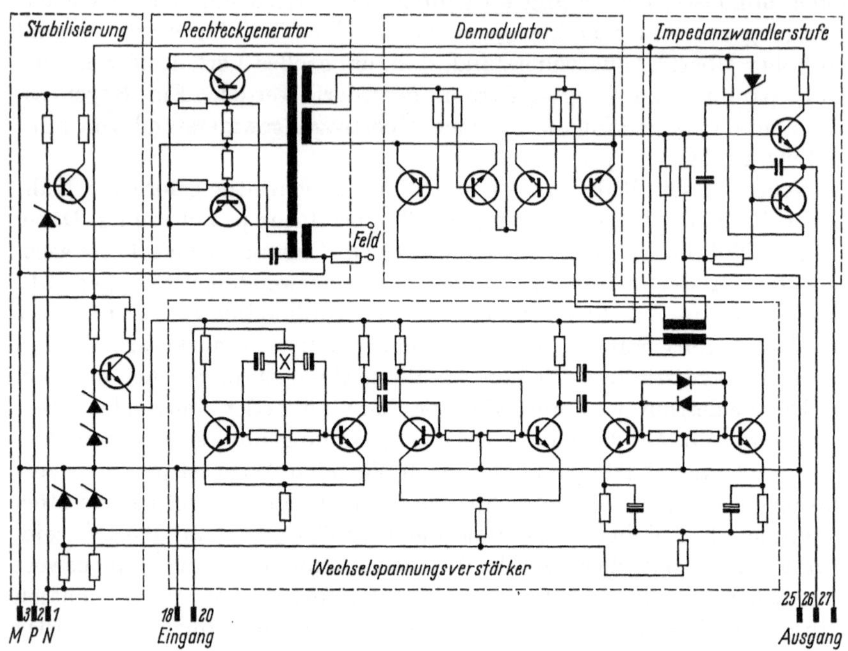

Abb. 207. Prinzipschaltbild eines Rechenverstärkers mit Hallmodulator.

Die Ausgangsspannung des Hallmodulators ist über zwei Kondensatoren an den Eingang des Gegentaktverstärkers angekoppelt. Die Ausgangsspannung des Verstärkers wird mit einem Transistordemodulator phasenselektiv gleichgerichtet. Durch eine nachgeschaltete Impedanzwandlerstufe wird die Gesamtverstärkung weitgehend unabhängig von der Belastung des Ausgangs. Den Feldstrom für den Hallmodulator und die Taktspannung für den Demodulator liefert ein Rechteckoszillator. Die Versorgungsspannungen für den Wechselspannungsverstärker und für den Rechteckgenerator sind mit Zener-Dioden stabilisiert.

Der Verstärker hat bei einer Geradeausverstärkung von einigen 10^6 einen Übertragungswiderstand von rund 40 MΩ. Die Nullpunktskonstanz des Verstärkers ist im Temperaturbereich von —20 °C bis +65 °C besser als 0,2 μV/°C. Die Einstellzeit — das ist die Zeit, innerhalb der der proportional gegengekoppelte Verstärker voll ausgesteuert ist (Ausgangsspannung 10 V) — wird bestimmt durch den Glättungskondensator am Ausgang der Demodulatorstufe. Dieser Kondensator glättet die durch die Rechteckflanken bedingten Störspannungsspitzen am Ausgang des Verstärkers. Bei einer Welligkeit der Ausgangsspannung von 1%, bezogen auf die Vollaussteuerung, hat der Verstärker eine Einstellzeit von etwa 1 msec.

13 Hallgeneratoren im elektrisch erregten Magnetkreis mit kleinem effektiven Luftspalt

Durch Einbau eines Hallgenerators in einen elektrisch erregten Magnetkreis mit kleinem effektiven Luftspalt ergeben sich weitere interessante Anwendungsmöglichkeiten. Kleinste Luftspalte in Magnetkreisen erhält man mit Ferrit-Hallgeneratoren in Sandwich- oder Stegbauweise. Der effektive Luftspalt setzt sich dann aus zwei Anteilen zusammen, dem Luftspalt mit der Halbleiterschichtdicke d und dem sich aus Eisenweglänge l_{Fe}, Anfangspermeabilität μ_A und den Querschnittsverhältnissen des Magnetkreises ergebenden äquivalenten Luftspalt (s. hierzu Abschn. 1.2). Bei Verwendung von hochpermeablem Eisen im äußeren Magnetkreis und geeigneter Querschnittswahl lassen sich durch den Einbau flußempfindlicher Ferrit-Hallgeneratoren mit geätzter Indiumantimonidschicht effektive Luftspalte unter 10 μm realisieren.

Anwendungen solcher Magnetkreise sind der hochgenaue Amperewindungsvergleich für Stromregelungen, bei dem der Hallgenerator als Nullindikator arbeitet; ferner bistabile Halbleiterkippstufen mit echtem Gedächtnisverhalten auch bei Netzspannungsausfall. Schließlich gehört hierher auch die Möglichkeit der Leistungsverstärkung mit einem Hallgenerator. Die Anschlüsse der Feldspule bilden hierbei den Eingang, die Hallspannungsanschlüsse den Ausgang und der Steuerstrom die Energieversorgung eines solchen Hallverstärkers. Mit diesem Verstärkerprinzip können durch Mitkopplung magnetische Steuersignale verstärkt werden. Durch Rückkopplung des Hallgenerators über eine Feldwicklung lassen sich Spannungszeitfunktionen erzeugen, deren Zeitverhalten in weiten Grenzen durch die Höhe des Steuerstroms verändert werden kann. Durch Rückkopplung über einen mit der Feldwicklung in Reihe liegenden Kondensator wird der Hallverstärker zu einem Schwingungsgenerator.

13.1 Gleichstromwandler mit Amperewindungsvergleich

Bei der in Kap. 10 beschriebenen Gleichstrommessung wird ein dem Gleichstrom proportionales Magnetfeld mit einem Hallgenerator gemessen. Im Magnetkreis solcher Gleichstromwandler treten hohe magnetische Induktionen auf, und die Meßgenauigkeit wird daher von der Hystereseschleife des Eisenkreises und der Linearität der Hallgeneratorkennlinie bestimmt. Bei der Gleichstrommessung mit Amperewindungsvergleich treten im Magnetkreis nur kleine, weit unterhalb der Sättigung liegende Induktionen auf, so daß die Eisensättigung keinen Einfluß auf den Meßbereichsendwert hat. Vom Magnetkreis wird lediglich eine hohe Anfangspermeabilität, geringe Remanenz und ein kleiner effektiver Luftspalt gefordert. Da der Hallgenerator als Nullindikator für den Magnetfluß wirkt, werden an die Linearität der Kennlinie und den Temperaturgang der Ausgangsspannung keine besonderen Anforderungen gestellt; notwendig ist dagegen ein kleiner effektiver Luftspalt bei hoher Flußempfindlichkeit sowie eine gute Nullpunktskonstanz.

Abb. 208 zeigt das Prinzipschaltbild eines Gleichstromwandlers mit Amperewindungsvergleich. Ein Magnetkern mit hoher Anfangspermeabilität trägt zwei Wicklungen, die Eingangswicklung für den zu messen-

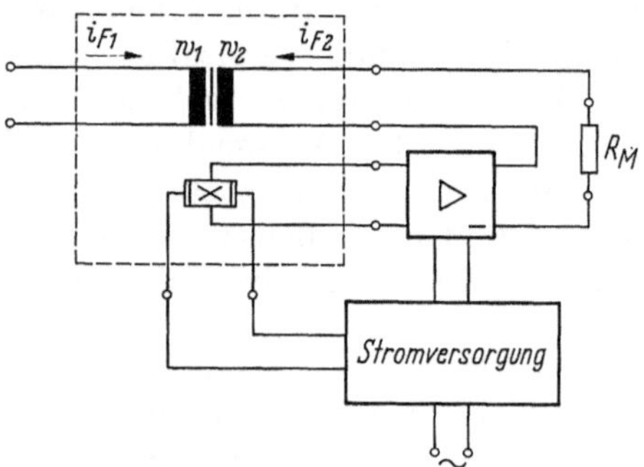

Abb. 208. Blockschaltbild eines Gleichstromwandlers mit Amperewindungsvergleich.

den Strom i_{F1} mit der Windungszahl w_1 und eine zweite Wicklung mit w_2 Windungen, die vom Ausgangsstrom i_{F2} durchflossen wird. In den Luftspalt des Magnetkerns ist ein flußempfindlicher Ferrit-Hallgenerator mit kleinem effektiven Luftspalt eingebaut. Die Hallspannung des mit konstantem Steuerstrom oder auch konstanter Steuerspannung betriebenen Hallgenerators wird dem Eingang eines Verstärkers zugeführt, der ausgangsseitig den Strom i_{F2} über eine Meßbürde durch die Wicklung w_2 treibt. Bei entgegengesetzter Durchflutung der beiden Wicklungen und hinreichend großer Verstärkung ist bis auf einen kleinen Restfehler $i_{F1} w_1 = i_{F2} w_2$.

Bei einem effektiven Luftspalt von 10 μm ist der Ferrit-Hallgenerator mit einer Differenzdurchflutung im Magnetkreis von 1 AW voll ausgesteuert und liefert bei einem Steuerstrom von 50 mA eine Ausgangsspannung von etwa 200 mV. Wird der Magnetkreis so dimensioniert, daß in dem zur Verfügung stehenden Wickelraum zweimal 100 AW untergebracht werden können, so wird diese Vollaussteuerung bereits bei einer Abweichung zwischen Primär- und Sekundärdurchflutung von 1% erreicht. Der Halbleiterverstärker muß bei den genannten Daten mit 10 mV Eingangsspannung voll ausgesteuert sein. Eine höhere Verstärkung ist nicht notwendig, da die Genauigkeit des Stromwandlers durch die Remanenz des Ferrit-Hallgenerators im Magnetkreis begrenzt ist. Sie beträgt nach magnetischer Vollaussteuerung maximal ± 6 mV, so daß der Fehler des Wandlers $< 0{,}5^0/_{00}$ ist. Da im Magnetkreis praktisch kein Magnetfeld aufgebaut wird, findet der sich ändernde Primärstrom auch keine nennenswerte Gegeninduktivität vor. Daraus resultiert ein gutes dynamisches Verhalten des Wandlers mit einer Einstellzeit <1 msec. Zur Abschirmung gegen äußere Magnetfelder wird der Magnetkreis mit Hallgenerator zweckmäßigerweise in ein Mumetallschirmgehäuse eingebaut.

13.2 Bistabile Halbleiterkippstufe mit Remanenzgedächtnis

Die Remanenz-Resthallspannung begrenzt die Genauigkeit der Gleichstromwandler mit Amperewindungsvergleich. Das Remanenzverhalten eines Magnetkreises mit kleinem effektiven Luftspalt kann aber auch positiv ausgenutzt werden. Eine solche Anwendung ist der bistabile Remanenzspeicher.

In logischen Schaltkreissystemen werden binär dargestellte Informationen von bistabilen Kippstufen gespeichert. In solchen Kippstufen arbeiten zwei Transistoren im Gegentakt, so daß im Schaltbetrieb immer nur ein Transistor Strom führen kann. Es sind also nur zwei Speicherzustände möglich, die sich dadurch unterscheiden, welcher der beiden Transistoren Strom führt. Die beiden Schaltzustände sind durch je einen Mitkopplungswiderstand zwischen dem Kollektor des einen und der Basis des anderen Transistors stabilisiert. Auch nach Verschwinden des Eingangssignals bleibt daher der einmal angenommene Schaltzustand bestehen. Der Schaltzustand geht jedoch verloren, wenn die Versorgungsspannung der Kippstufe ausfällt. Nach Wiederkehr der Netzspannung fällt die Kippstufe in einen der beiden möglichen Schaltzustände oder nimmt bei entsprechenden Vorkehrungen eine definierte Vorzugslage ein.

Um den ursprünglichen Schaltzustand auch nach Wiederkehr der Netzspannung zu erhalten, muß die Kippstufe ein echtes, von der Versorgungsspannung unabhängiges Speicherglied besitzen. Umsetzbare, gegen Netzspannungsausfall sichere Speicher, die nicht mechanisch arbeiten, beruhen auf der Ausnutzung der magnetischen Remanenz. Die beim Lesen notwendige Umformung des remanent magnetischen Zustandes in ein elektrisches Signal kann induktiv (Kernspeicher, Transfluxor) oder auch mit dem Hall-Effekt geschehen. Verwendet man in bistabilen Kippstufen als echtes Speicherelement einen Hallgenerator im Magnetkreis mit hoher Remanenzinduktion, so brauchen an den zeitlichen Ablauf der Netzspannungswiederkehr keine besonderen Anforderungen gestellt zu werden.

Ein Speicherelement mit Hallgeneratorabfrage besteht z. B. aus einem kleinen Magnetkern aus Rechteckferrit, der zwei Ansteuerwicklungen trägt. Der Magnetkreis schließt sich über einen Ferrit-Hallgenerator mit geätzter Indiumantimonidschicht und kleinem effektiven Luftspalt. Ein solches Speicherelement hat die äußeren Abmessungen $10 \times 10 \times 5\ \text{mm}^3$ und ist den Einbauverhältnissen der heutigen Printtechnik angepaßt. Nach einer feldseitigen Aussteuerung mit etwa 5 AW (5 mA bei 1000 Windungen) beträgt die Ausgangsspannung ± 250 mV je nach Aussteuerrichtung. Der Steuerstrombedarf des Elementes liegt bei etwa 20 mA.

Abb. 209 ist das Prinzipschaltbild einer bistabilen Transistorkippstufe mit Hallgenerator-Remanenzspeicher. Bei dieser Schaltung über-

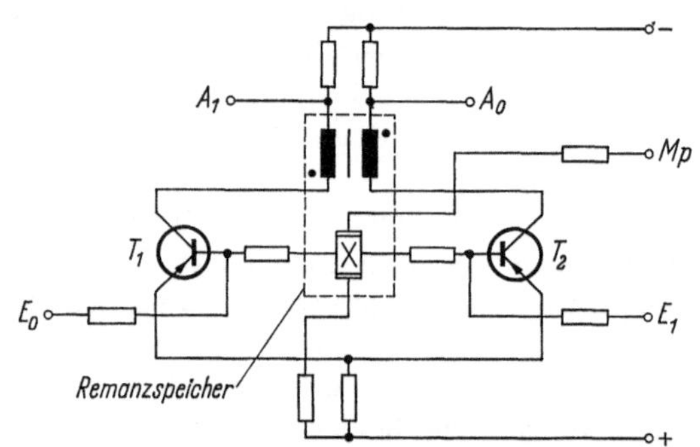

Abb. 209. Prinzipschaltbild einer bistabilen Transistorkippstufe mit Hallgenerator-Remanenzspeicher.

nimmt der Hallgenerator nicht nur die Gedächtnisfunktion bei Netzspannungsausfall, sondern auch die Stabilisierung der Schaltzustände durch Mittkopplung. Die Hallspannung steuert im Gegentakt die Basen der beiden Transistoren an, während die Wicklungen des Remanenzspeichers mit entgegengesetztem Durchflutungssinn im Kollektorkreis der Transistoren liegen. Der Steuerstrom des Hallgenerators wird von der positiven Versorgungsspannung abgeleitet. Die beiden Widerstände im Steuerstromkreis des Hallgenerators sind so dimensioniert, daß die Hallelektroden dem Potential der Transistorbasen angepaßt sind. Die Gedächtnisstufe wird über die Eingänge E_0 oder E_1 angesteuert, mit denen die Ausgänge A_0 und A_1 korrespondieren. Der Spannungsteiler, bestehend aus dem gemeinsamen Emitterwiderstand und den beiden Kollektorwiderständen, ist so bemessen, daß bei geöffnetem Transistor der zugehörige Ausgang auf Nullpotential liegt. Ein Eingangssignal E_0 öffnet den Transistor T_1. Der Ausgang A_1 liegt dann auf Nullpotential, während der Ausgang A_0 Minussignal führt.

13.3 Leistungsverstärkung

Ein Hallgenerator im elektrisch erregten Magnetkreis mit kleinem effektiven Luftspalt besitzt Verstärkereigenschaften [112]. Betrachtet man bei konstantem Steuerstrom i_1 die Leistungsübertragung von der Feldwicklung als Eingang auf den Hallspannungsausgang, so kann dieser Vierpol bei geeigneter Bemessung einen Verstärkungsfaktor >1 haben. Bei Gleichstrombetrieb wird die Eingangsleistung durch die Verluste in der Feldwicklung bestimmt. Die zum Aufbau des Magnetfeldes in der Halbleiterschicht erforderlichen Amperewindungen nehmen aber mit der Luftspalthöhe δ ab. Die Eingangsleistung ist damit um so geringer, je kleiner die Luftspalthöhe δ wird. Da die Ausgangsleistung hiervon unbeeinflußt bleibt, ist einzusehen, daß bei hinreichend kleinem Luftspalt δ schließlich Leistungsverstärkung eintritt.

Für den Verstärkungsfaktor V als Verhältnis der auf den Abschlußwiderstand R_L übertragenen Ausgangsleistung $P_2 = R_L u_{20}^2/(R_{20} + R_L)^2$ zur Eingangsleistung $P_F = R_w i_F^2$ (mit R_w als ohmschen Widerstand der Feldwicklung) folgt

$$V = \frac{R_L}{R_w}\left(\frac{\mu_0 R_H w i_1}{d\,\delta_{\text{eff}}(R_{20} + R_L)}\right)^2. \tag{216}$$

Der Verstärkungsfaktor V ist dem Quadrat des Steuerstroms proportional. Da der Steuerstrom i_1 jedoch nicht beliebig gesteigert werden kann, sondern wegen der Erwärmung der Halbleiterschicht einen zulässigen Höchstwert von

$$i_{1\,\max} = b\sqrt{n_{v\,\max}\,\sigma\,d} \tag{130a}$$

[s. Gl. (130)] nicht überschreiten darf, erhält man aus Gl. (216) mit dem Wicklungswiderstand $R_w = \varrho_{\text{Cu}}\, l_m\, w^2/q$ (l_m ist mittlere Windungslänge und q = Wickelquerschnitt) und Gl. (142) für den bei Leistungsanpassung ($R_L = R_{20}$) maximal erreichbaren Verstärkungsfaktor

$$V_{\max} = \frac{\pi}{8}\mu_0^2 \frac{n_{v\max}\, q\, b^2}{\varrho_{\text{Cu}}\, l_m\, r(s/b,\, a/b)}\left(\frac{\mu_n}{\delta_{\text{eff}}}\right)^2 \tag{217}$$

mit

$$r(s/b,\, a/b) = \ln\left(\frac{8}{\pi}\,\frac{b}{s}\right) + \frac{1}{48}\left(\frac{\pi s}{b}\right)^2 - 4\,\mathrm{e}^{-\pi a/b}.$$

Die in Gl. (217) für den maximalen Verstärkungsfaktor quadratisch und damit entscheidend eingehenden Größen sind die Elektronenbeweglichkeit μ_n und die im Nenner stehende effektive Luftspalthöhe $\delta_{\text{eff}} = \delta + l_{\text{Fe}}/\mu_a$. Für den Bau eines Hallverstärkers mit großer Leistungsverstärkung muß daher ein Halbleiterwerkstoff mit hoher Elektronenbeweglichkeit gewählt und gleichzeitig ein möglichst kleiner effektiver Luftspalt eingehalten werden. Mit geätzten Indiumantimonidschichten von 4 bis 5 μm Dicke lassen sich Magnetkreise mit einem effektiven Luftspalt von unter 10 μm herstellen. Bei Zimmertemperatur beträgt dann die Leistungsverstärkung einer derartigen Anordnung über 100. Da mit Abnehmen der Temperatur die Elektronenbeweglichkeit des Indiumantimonids ansteigt und bei der Temperatur der flüssigen Luft einen Wert von etwa 500000 cm²/Vsec annimmt (s. Abschn. 3.3), sollten bei diesen Temperaturen Leistungsverstärkungen von etwa 50000 erreichbar sein.

Die Ausgangsleistung eines Hallgenerators im Magnetkreis mit kleinem effektiven Luftspalt kann größer sein als die zur Ansteuerung des Magnetkreises erforderliche Leistung. Aus diesem Grund läßt sich die Wirkung eines magnetischen Steuersignals durch Rückkopplung der Hallspannung auf eine zusätzliche Wicklung des Magnetkreises verstärken. In Abb. 210 ist der einfachste Fall einer solchen Rückkopplungsschaltung dargestellt. Das magnetische Steuersignal ist der Feldstrom i_F in der Wicklung 1 mit w_1 Windungen. Der im Magnetkreis angeordnete Hallgenerator wird vom Steuerstrom i_1 erregt; die Hallspannung speist eine zusätzliche Wicklung 2 mit w_2 Windungen. Die Wirkung dieser Rückkopplung wird durch die folgenden drei Gleichungen beschrieben:

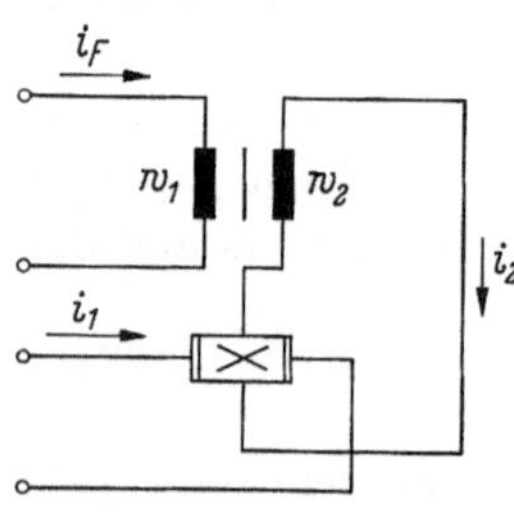

Abb. 210. Rückkopplungsschaltung eines Hallgenerators im elektrisch erregten Magnetkreis mit kleinem effektiven Luftspalt.

$$B = \frac{\mu_0}{\delta_{\text{eff}}} (i_F w_1 + i_2 w_2), \tag{218}$$

$$u_{20} = \frac{R_H}{d} i_1 B, \tag{219}$$

$$u_{20} = (R_{20} + R_{w2}) i_2 + L_{w2} \frac{d i_2}{dt}. \tag{220}$$

Gl. (220) ist die Spannungsbilanz im Hallkreis. Die Leerlauf-Hallspannung u_{20} treibt als elektromotorische Kraft den Hallstrom i_2. Als Gegenspannung wirkt der ohmsche Spannungsabfall am Innenwiderstand R_{20} des Hallgenerators und am Wicklungswiderstand R_{w2} der Wicklung 2; hinzu tritt ein induktiver Spannungsanteil, der durch die zeitliche Änderung des Hallstroms in der Wicklung 2 mit der Induktivität L_{w2} erzeugt wird. Der Einfachheit halber wird die induktive Kopplung zwischen Eingangskreis und Rückkopplungskreis vernachlässigt.

Gl. (220) gilt daher nur für das Zeitverhalten nach Einschalten eines konstanten Feldstroms i_F. Als Größe, die das zeitliche Verhalten des rückgekoppelten Magnetkreises beschreibt, wählen wir die magnetische Induktion B. Für $B(t)$ folgt aus den Gln. (218) bis (220) die Differentialgleichung

$$\frac{L_{w2}}{R_{20}+R_{w2}}\frac{dB}{dt}+\left(1-\frac{\mu_0 R_H w_2 i_1}{d\,\delta_{\mathrm{eff}}(R_{20}+R_{w2})}\right)B=\frac{\mu_0}{\delta_{\mathrm{eff}}}w_1 i_F. \tag{221}$$

Der zweite Term im Klammerausdruck, mit dem B multipliziert wird, ist die Wurzel aus der Leistungsverstärkung V, wenn man die Rückkopplungswicklung als Eingangsfeldspule und ihren ohmschen Widerstand R_{w2} als Abschlußwiderstand des Hallgenerators betrachtet. Mit $R_L = R_{w2} = R_w$ wird nämlich aus Gl. (216)

$$V=\left(\frac{\mu_0 R_H w_2 i_1}{d\,\delta_{\mathrm{eff}}(R_{20}+R_{w2})}\right)^2. \tag{222}$$

Nach Einschalten des Feldstroms i_F muß zur Zeit $t = 0$ die magnetische Induktion den Wert $B(0) = \mu_0 w_1 i_F/\delta_{\mathrm{eff}}$ haben. Mit dieser Anfangsbedingung erhält man als Lösung der Differentialgleichung (221)

$$B(t)=\frac{\mu_0 w_1 i_F}{\delta_{\mathrm{eff}}(1-\sqrt{V})}\left\{1-\sqrt{V}\,\mathrm{e}^{-(1-\sqrt{V})\frac{(R_{20}+R_{w2})}{L_{w2}}t}\right\}. \tag{223}$$

Die dem Feldstrom i_F zugeordnete magnetische Induktion $\mu_0 w_1 i_F/\delta_{\mathrm{eff}}$ wird durch die Rückkopplung erhöht. Diese Erhöhung

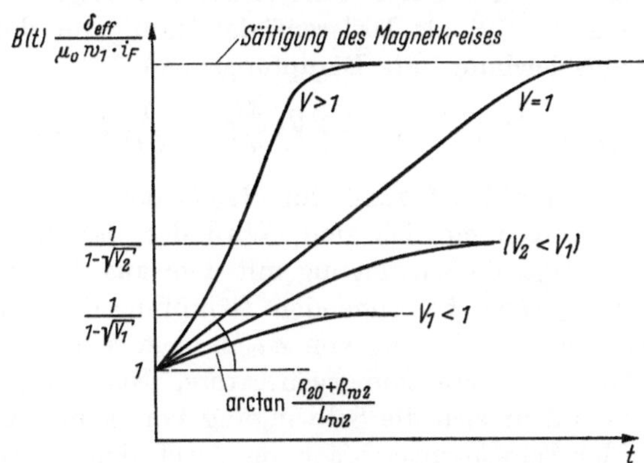

Abb. 211. Zeitverhalten des über einen Hallgenerator rückgekoppelten Magnetkreises.

tritt jedoch erst nach einer gewissen Zeit auf und erreicht für Leistungsverstärkungen $V < 1$ (Fall V_1 und V_2 in Abb. 211) den Wert

$$B(t=\infty)=\frac{\mu_0 w_1 i_F}{\delta_{\mathrm{eff}}(1-\sqrt{V})}. \tag{224}$$

Für die kritische Rückkopplung (Leistungsverstärkung $V = 1$) steigt die magnetische Induktion linear an und mündet in die Sättigungsinduktion des Magnetkreises ein. Dabei ist die Steilheit des Anstiegs durch den reziproken Wert der Zeitkonstante des Rückkopplungskreises gegeben. Auch für $V > 1$ würde die magnetische Induktion zu beliebig hohen Werten ansteigen, wenn dies nicht die Sättigung des Magnetkreises verhinderte. Eine der magnetischen Steuergröße i_F proportionale Verstärkung von B erreicht man durch Rückkopplung des Hallgenerators, also nur für Leistungsverstärkungen $V < 1$. Bei gegebener Magnetkreisanordnung kann der Verstärkungsfaktor V in einfacher Weise über den Steuerstrom eingestellt werden [113].

Wird der Hallgenerator über einen Kondensator auf die Feldspule rückgekoppelt (Abb. 212), so wird bei richtiger Polung der Feldwicklung und einer Leistungsverstärkung $V > 1$ eine elektrische Schwingung angestoßen [112]. In diesem Fall lautet die Spannungsbilanz im Hallkreis

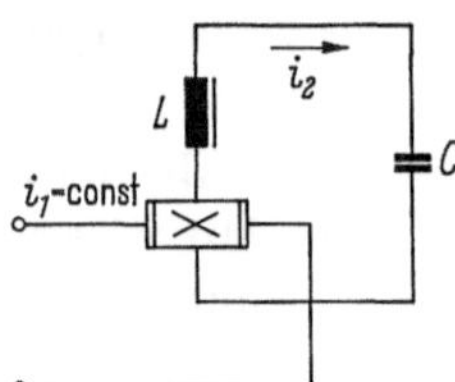

Abb. 212. Schwingungserzeugung durch Rückkopplung eines Hallgenerators über einen Kondensator.

$$u_{20} = L\frac{d i_2}{dt} + (R_{20} + R_w)\, i_2 + \frac{1}{C}\int i_2\, dt. \tag{225}$$

Die Induktion im Magnetkreis wird allein durch den Hallstrom i_2 erzeugt, also

$$B = \frac{\mu_0}{\delta_{\text{eff}}}\, w\, i_2. \tag{226}$$

Wird Gl. (225) nach der Zeit differenziert, so folgt zusammen mit den Gln. (226) und (219) als Differentialgleichung für den Hallstrom eine Schwingungsgleichung mit Dämpfungsglied:

$$\frac{d^2 i_2}{dt^2} + \frac{R_{20} + R_w}{L}\left(1 - \sqrt{V}\right)\frac{d i_2}{dt} + \frac{1}{LC}\, i_2 = 0. \tag{227}$$

Für $V < 1$ ist der Koeffizient von $d i_2/dt$ positiv, so daß nur gedämpfte Schwingungen möglich sind. Wird der Oszillator von außen angestoßen, so klingt die Schwingung mit dem aus dem positiven Koeffizienten von $d i_2/dt$ zu berechnenden Dämpfungsdekrement ab. Für $V > 1$ wechselt der Koeffizient von $d i_2/dt$ sein Vorzeichen, und wir haben den Fall des Schwingungsgenerators. Nach Einschalten des Steuerstroms schaukelt sich die Schwingung von selbst auf, wobei die Zeitkonstante der Schwingungsanfachung durch den Koeffizienten des Gliedes $d i_2/dt$ bestimmt ist. Die Amplitude dieser Schwingung wird wieder durch die Sättigung des Magnetkreises begrenzt.

C. Anwendungen des Hall-Effektes im konstanten Magnetfeld

14 Übertragungselemente mit Gyratoreigenschaften

Der Hallgenerator im konstanten Magnetfeld besitzt als passiver linearer Vierpol die Eigenschaften eines Gyrators, d. h., die Ausgangssignale unterscheiden sich bei einer Übertragung in Vorwärts- und Rückwärtsrichtung durch eine Phasendrehung von 180°. Ein linearer, passiver, reziproker Vierpol, der sich aus den vier Grundschaltelementen Widerstand, Kapazität, Induktivität und idealem Übertrager aufbauen läßt, hat diese Eigenschaft nicht; er überträgt ein Signal in Vorwärts- und Rückwärtsrichtung in gleicher Weise. Um einen linearen, passiven, nichtreziproken Vierpol aufbauen zu können, der eine von der Übertragungsrichtung abhängige Phasendrehung erzeugt, ist ein weiteres Grundschaltelement notwendig, das von TELLEGEN [114] als idealer Gyrator definiert wurde und durch die Gleichungen

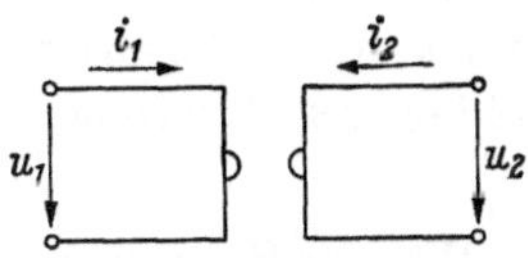

Abb. 213. Schaltsymbol des idealen Gyrators. Nach TELLEGEN [114].

$$u_1 = -R_{12}\, i_2, \tag{228}$$

$$u_2 = R_{12}\, i_1 \tag{229}$$

beschrieben wird. Für diesen idealen Gyrator hat TELLEGEN das Schaltsymbol in Abb. 213 vorgeschlagen. Bei Übertragung in Vorwärtsrichtung ergibt sich für das Verhältnis von Ausgangsleerlaufspannung u_2 zum Eingangsstrom i_1

$$\left(\frac{u_2}{i_1}\right)_{i_2=0} = R_{12} \tag{229a}$$

und für die Rückwärtsübertragung entsprechend

$$\left(\frac{u_1}{i_2}\right)_{i_1=0} = -R_{12}. \tag{228a}$$

Die unterschiedlichen Vorzeichen der beiden Übertragungswiderstände bedeuten die den Gyrator kennzeichnende Phasendrehung des Ausgangssignals um 180° in einer Übertragungsrichtung.

Der ideale Gyrator arbeitet verlustfrei. Reale Gyratoren sind dagegen mit Verlusten behaftet. Neben dem Hall-Effekt sind es vor allem der Faraday-Effekt, die magnetische Resonanzabsorption und elektromechanische Wandlerprinzipien, die für die technische Realisierung passiver Gyratoren herangezogen werden können. Im Frequenzbereich von einigen 100 MHz werden seit langem schon Gyratoren eingesetzt, die mit dem Faraday-Effekt oder der magnetischen Resonanzabsorption in Ferriten arbeiten. Im Gebiet niedrigerer Frequenzen kommen als Gyratoren elektromechanische Wandler oder InSb-Schichten im konstanten Magnetfeld in Betracht. Da bei den Hallgeneratoren keine Resonanzeffekte ausgenutzt werden, würden sie sich besonders für eine breitbandige Übertragung eignen.

In Erweiterung des Gyratorvierpols nach Tellegen definierte Wick [23] auch einen n-poligen Hallgyrator, der beschrieben wird durch die Widerstandsmatrix $r_{ik}(B)$, wie dies für den Hallgenerator-Vierpol bereits in Gl. (149) geschehen ist. Die Gyratoreigenschaft einer solchen Halbleiterschicht mit n Elektroden im konstanten Magnetfeld findet ihren Ausdruck in der Beziehung zwischen den magnetfeldabhängigen Koeffizienten

$$r_{ik}(B) = r_{ki}(-B). \tag{230}$$

Wie der Hallgenerator als Vierpol, so ist auch dieser n-polige galvanomagnetische Gyrator mit Verlusten behaftet. Diese Verluste werden durch den ohmschen Widerstand der Halbleiterschicht verursacht. Sie sind daher den von B quadratisch abhängenden Anteilen der Koeffizienten $r_{ik}(B)$ zugeordnet.

Mit Gyratoren lassen sich drei für die Nachrichtentechnik interessante Bauteile verwirklichen, nämlich Isolatoren, Zirkulatoren und Reaktanzkonverter. Ein Isolator ist ein Übertragungselement, das in Vorwärtsrichtung ein Signal möglichst dämpfungsfrei überträgt, in Rückwärtsrichtung dagegen eine hohe Dämpfung hat, also diese Übertragungsrichtung sperrt.

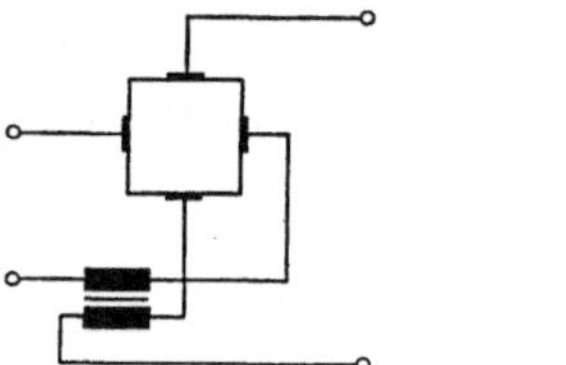

Abb. 214. Isolator. Nach Arlt [115].

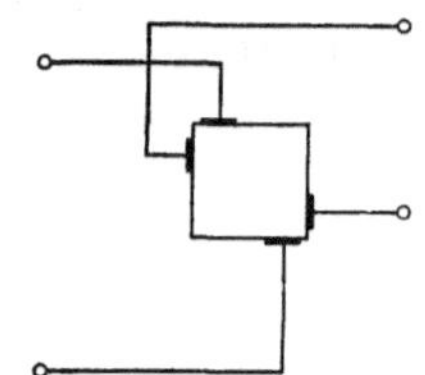

Abb. 215. Isolator. Nach Wick [23].

Ein solcher Isolator läßt sich mit einem vierpoligen Hallgyrator auf drei verschiedene Weisen realisieren. Nach Mason, Hewitt und Wick [52] kann ein Isolator aus einem symmetrischen vierpoligen Hallgyrator durch äußere Beschaltung mit zwei Widerständen gewonnen werden, wie dies bereits in Abb. 8 links dargestellt ist. Auch die eingangsseitige Reihen- und ausgangsseitige Parallelschaltung eines Übertragers mit einem symmetrischen vierpoligen Hallgyrator ergibt nach Arlt [115] einen Isolator (Abb. 214). Schließlich kann nach Wick [23] ein vierpoliger Hallgyrator auch durch unsymmetrische Anbringung der Elektroden entsprechend Abb. 215 zu einem Isolator werden.

Eine Halbleiterschicht mit drei symmetrisch angebrachten Elektrodenpaaren entsprechend Abb. 8 rechts kann auf Grund ihrer Gyratoreigenschaft als Zirkulator betrieben werden. Hallzirkulatoren wurden zuerst von WICK [23] vorgeschlagen. Zirkulatoren werden in der Nachrichtentechnik verwendet, um die in einen Knotenpunkt einlaufenden Signale in definierter Richtung weiterzuleiten. Diese Eigenschaft besitzt die 6polige Halbleiterschicht im konstanten Magnetfeld, wie dies bereits im einleitenden Überblick beschrieben wurde.

Eine weitere Eigenschaft der Gyratoren ist die Widerstandstransformation. Auch hierauf hat bereits TELLEGEN [114] hingewiesen. Schließt man z. B. den Ausgangskreis eines Hallgenerators im konstanten Magnetfeld mit einer Kapazität ab, so fließt im Ausgangskreis ein kapazitiver Hallstrom (Abb. 216). Dieser Strom erzeugt über den sekundären Hall-Effekt eine gegenüber der Steuerspannung phasenverschobene Hallspannung im Eingangskreis. Mathematisch wird dieser Einfluß des Abschlußwiderstandes auf den Eingangswiderstand durch Gl. (159) beschrieben; bei einer Kapazität C im Hallkreis erhält man für den Eingangswiderstand

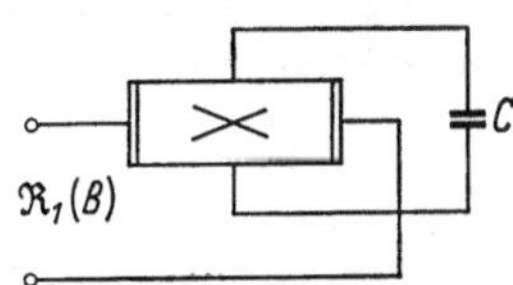

Abb. 216. Reaktanzkonverter. Nach TELLEGEN [114].

$$\Re_1(B) = R_{10} + \frac{(K_0 B)^2 R_{20}}{R_{20}^2 + \left(\frac{1}{\omega C}\right)^2} + \frac{(K_0 B)^2}{R_{20}^2 + \left(\frac{1}{\omega C}\right)^2} \frac{j}{\omega C}. \tag{231}$$

Durch den kapazitiven Abschluß bekommt der Eingangswiderstand $\Re_1(B)$ einen induktiven Anteil. Der Hallgenerator im konstanten Magnetfeld kann also auch als Reaktanzkonverter verwendet werden. Da die Darstellung eines größeren induktiven Widerstandes in der Festkörper-Schaltkreistechnik große Schwierigkeiten bereitet, Kapazitäten aber verhältnismäßig leicht herstellbar sind, könnte das Prinzip der Widerstandstransformation mit einem Hallgenerator für diese Technik einmal Bedeutung erlangen.

Für die technische Anwendung der Hallgeneratoren muß ein möglichst guter Wirkungsgrad angestrebt werden. In Abschn. 6.1.7 wurde aber gezeigt, daß für eine Anordnung mit zwei Eingangs- und zwei Ausgangselektroden ein Wirkungsgrad von 17% auch bei beliebig hohem Hallwinkel nicht überschritten werden kann. Diese durch den magnetischen Widerstandseffekt vorgegebene Grenze des Wirkungsgrades kann überwunden werden, indem die zusammenhängenden Elektroden in Vielfachelektroden aufgeteilt werden. So kann nach einem Vorschlag von WEISS [116] z. B. schon durch zwei voneinander getrennte Hallelektrodenpaare der Wirkungsgrad erhöht werden. Diese Wirkungsgraderhöhung läßt sich an Hand von Abb. 217 leicht erklären. Bei einer steuerseitigen Reihenschaltung zweier Hallgeneratoren wird der Wirkungsgrad als Verhältnis von Ausgangsleistung zu Eingangsleistung nicht größer; der doppelten Ausgangsleistung an den beiden Elektrodenpaaren steht auch die doppelte Steuerleistung für beide Hallgeneratoren gegenüber. Fügt man dagegen die beiden elektrischen Systeme der Länge a zu einem elektrischen System der Länge $2a$ zusammen, so wird bei gleicher Ausgangsleistung in den beiden Hallkreisen die Steuerleistung reduziert, da die magnetische Widerstandserhöhung dieses langgestreckten Systems kleiner ist. In entsprechender Weise führt nach

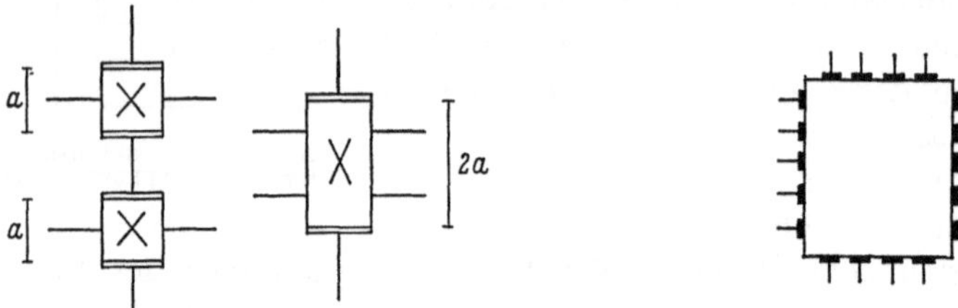

Abb. 217. Erhöhung des Wirkungsgrades durch zwei Hallelektrodenpaare.

Abb. 218. Erhöhung des Wirkungsgrades durch Unterteilung der Steuer- und Hallelektroden.

Perrier [117] bei einem Hallelektrodenpaar auch eine Unterteilung der Steuerelektroden zu einer Erhöhung des Wirkungsgrades. Werden die Steuerelektroden in n und die Hallelektroden in m Einzelelektroden unterteilt, so erhält man im Grenzfall beliebig großer Hallwinkel nach Arlt [115] einen Wirkungsgrad (Abb. 218)

$$\eta_{\max}(\mu_n B \to \infty) = \frac{\sqrt{1+mn}-1}{\sqrt{1+mn}+1}. \tag{232}$$

Natürlich wird hierbei vorausgesetzt, daß sowohl die Steuerelektrodenpaare voneinander galvanisch getrennt eingespeist und die Hallspannung an den einzelnen Hallelektrodenpaaren voneinander galvanisch getrennt abgenommen werden. Diese Einspeisung und Auskopplung kann über zwei kleine Transformatoren mit entsprechenden Wicklungen geschehen. Für eine beliebig feine Unterteilung der Steuer- und Hallelektroden, also n und $m \to \infty$, gibt Arlt [115] für den maximalen Wirkungsgrad an

$$\eta_{\max}(n, m \to \infty) = \frac{\sqrt{1+(\mu_n B)^2}-1}{\sqrt{1+(\mu_n B)^2}+1}, \tag{233}$$

ein Ausdruck, der für beliebige Magnetfelder gilt.

Das elektrische System eines Isolators mit versetzten Elektroden ist in der Ausführung mit Vielfachelektroden zweckmäßigerweise nicht mehr rechteckförmig, sondern rautenförmig (Abb. 219). Die

Schrägung des Parallelogramms wird dabei um so größer gewählt, je höher der mit dem Halbleitermaterial im konstanten Magnetfeld mögliche Hallwinkel ist. Mit einer solchen Isolatorausführung konnte GRÜTZMANN [118] bei einem Hallwinkel von 75° erstmalig einen Wirkungsgrad in Durchlaßrichtung von etwa 70% bei einer Sperrdämpfung von 70 dB erreichen. Hierbei verwendete er als Halbleitermaterial Indiumantimonid, das mit Tellur dotiert war. Eingangs- und Ausgangselektroden waren zehnfach unterteilt.

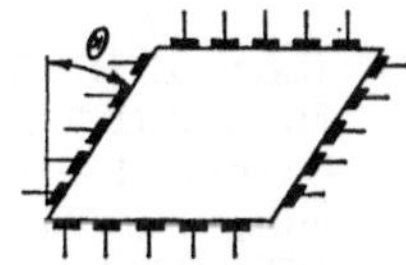

Abb. 219. Rautenförmiger Isolator mit Vielfachelektroden. Nach ARLT [115].

Die Entwicklung der galvanomagnetischen Übertragungselemente mit Gyratoreigenschaft steht heute noch in den Anfängen. Es wird sich erst erweisen müssen, ob diese Elemente in der Nachrichtentechnik verbreitete Anwendung finden werden.

Literaturverzeichnis

[1] HALL, E. H.: New Action of the Magnet on Electric Currents. Amer. J. Math. 2 (1879) 287.

[2] SKAUPY, F.: Verfahren und Vorrichtung zur Verstärkung und Umformung von Wechselstrom und zur Erzeugung elektrischer Schwingungen. DRP 310012.

[3] PEARSON, G. L.: A Magnetic Field Strength Meter Employing the Hall Effect in Germanium. Rev. sci. Instrum. 19 (1948) 263.

[4] WELKER, H.: Über neue halbleitende Verbindungen. Z. Naturforschung 7a (1952) 744; 8a (1953) 248.

[5] WELKER, H.: Über halbleitende Verbindungen vom Typus $A_{III}B_{V}$. Techn. Rundschau 50 (1956) 1.

[6] WEISS, H.: Über die elektrischen Eigenschaften von InSb. Z. Naturforschung 8a (1953) 463.

[7] FOLBERTH, O. G., u. O. MADELUNG: Zur Deutung von Leitfähigkeitsmessungen an Indiumantimonid. Z. Naturforschung 8a (1953) 673.

[8] FOLBERTH, O. G., R. GRIMM u. H. WEISS: Über die elektrischen Eigenschaften von InAs. Z. Naturforschung 8a (1953) 826.

[9] MADELUNG, O., u. H. WEISS: Die elektrischen Eigenschaften von Indiumantimonid II. Z. Naturforschung 9a (1954) 527.

[10] FOLBERTH, O. G., O. MADELUNG u. H. WEISS: Die elektrischen Eigenschaften von Indiumarsenid II. Z. Naturforschung 9a (1954) 954.

[11] HARTEL, W.: Anwendung der Hallgeneratoren. Siemens-Z. 28 (1954) 376 bis 384.

[12] KUHRT, F.: Eigenschaften der Hallgeneratoren. Siemens-Z. 28 (1954) 370 bis 376.

[13] OLLENDORF, FR.: Technische Elektrodynamik, Bd. I: Berechnung magnetischer Felder, Berlin/Göttingen/Heidelberg: Springer 1952.

[14] SHOKLEY, W.: Electrons and Holes in Semiconductors, New York: D. van Nostrand 1950.

[15] SPENKE, E.: Elektronische Halbleiter, 2. Aufl., Berlin/Heidelberg/New York: Springer 1965.

[16] HILSUM, C., u. A. C. ROSE-INNES: Semiconducting III-V-Compounts, London: Pergamon Press 1961.

[17] DUNLAP, W. C.: Some Properties of High Resistivity P-Type Germanium. Phys. Rev. 79 (1950) 286–292.

[18] PUTLEY, E. H.: The Hall Effect and Related Phenomena, London: Butterworths 1960.

[19] MADELUNG, O.: Halbleiter. In: Handbuch der Physik, Bd. 20, Berlin/Göttingen/Heidelberg: Springer 1957.

[20] HIERONYMUS, H., u. H. WEISS: Die galvanomagnetischen Eigenschaften von InSb bei hohen Magnetfeldern. Solid State Electronics 5 (1962) 71–84.

[21] WEISS, H.: Widerstandsänderung der III-V-Verbindungen im Magnetfeld. In: Semiconductors and Semimetals Vol. I, New York: Academic Press 1966.

[22] BRAUNERSREUTHER, E., F. KUHRT u. H. J. LIPPMANN: Hallkonstante und Elektronenbeweglichkeit von InSb, InAs und In($As_{0,8}P_{0,2}$) bei hohen Magnetfeldern. Z. Naturforschung 15a (1960) 795—799.

[23] WICK, R. F.: Solution of the Field Problem of the Germanium Gyrator. J. appl. Phys. 25 (1954) 741.

[24] LIPPMANN, H. J., u. F. KUHRT: Der Geometrieeinfluß auf den transversalen magnetischen Widerstandseffekt bei rechteckförmigen Halbleiterplatten. Z. Naturforschung 13a (1958) 462—474.

[25] LIPPMANN, H. J., u. F. KUHRT: Der Geometrieeinfluß auf den Hall-Effekt bei rechteckigen Halbleiterplatten. Z. Naturforschung 13a (1958) 474—483.

[26] HAEUSLER, J.: Der Widerstand und das Feld eines rechteckigen Hall-Plättchens. Z. Naturforschung 17a (1962) 506—513.

[27] HAEUSLER, J.: Die Geometriefunktion vierelektrodiger Hallgeneratoren. Arch. Elektrotechn. 52 (1968) 11—19.

[28] CORBINO, O. M.: Elektromagnetische Effekte, die von der Verzerrung herrühren, welche ein Feld an der Bahn der Ionen in Metallen hervorbringt. Phys. Z. 12 (1911) 561.

[29] WEISS, H., u. M. WILHELM: Indiumantimonid mit gerichtet eingebauten, elektrisch gutleitenden Einschlüssen: System InSb-NiSb. Z. Phys. 176 (1963) 399—408.

[30] WAGINI, H., u. H. WEISS: Die galvano- und thermomagnetischen Effekte des InSb-NiSb-Eutektikums. Solid State Electronics 8 (1965) 241—254.

[31] WEISS, H.: Feldplatten — magnetisch steuerbare Widerstände. ETZ A 17 (1965) 289—293.

[32] PUTLEY, E. H.: Some Observations on the Electrical Properties of Indium Antimonid at Low Temperatures. Solid State Phys. Electron. Telecommun. 2 (1960) 751—758.

[33] BARRIE, R., u. J. T. EDMOND: A Study of the Conduction Band of InSb. J. Electronics 1 (1955) 161—170.

[34] CHAMPNESS, C. H.: The Transverse Magnetoresistance Effect in Indium Antimonide. J. Electronics 4 (1958) 201—218.

[35] HILSUM, C., u. R. BARRIE: Properties of p-Type Indium Antimonide I. Electrical Properties. Proc. phys. Soc., Lond. 71 (1958) 676.

[36] RUPPRECHT, H., R. WEBER u. H. WEISS: Über die galvanomagnetischen Eigenschaften von InSb-Einkristallen mit Te-Dotierung. Z. Naturforschung 15a (1960) 783—794.

[37] MADELUNG, O.: Physics of III-V Compounds. New York: Wiley 1964.

[38] VOLOKOBINSKAYA, N. J., V. V. GALAVANOV u. D. N. NASLEDOV: Electrical and Galvanomagnetic Properties of High Purity InSb. Soviet Physics, Solid State 1 (1959) 687—691.

[39] IWANTSCHEFF, G.: Probleme der Herstellung von Festkörpern hohen Reinheitsgrades, insbesondere in der Halbleitertechnik. Z. Elektrochem. 63 (1959) 876—882.

[40] KUHRT, F., u. W. HARTEL: Der Eigenfeldfehler bei der Messung der Tangentialfeldstärke im Eisen mittels des Halleffektes. Arch. Elektrotechn. 42 (1956) 398—409.

[41] KUHRT, F., u. K. MAAZ: Messung hoher Gleichströme mit Hallgeneratoren. ETZ A 77 (1956) 487—490.

[42] MAAZ, K., u. R. SCHMID: Hochstromjoche mit Hallgeneratoren. ETZ A 78 (1957) 734—736.

[43] Halbleiter-Datenbuch 1967/68 der Siemens AG, München 1967.

[44] GÜNTHER, K. G., u. H. FRELLER: Neue Dünnschicht-Hallgeneratoren für extreme Betriebstemperaturen. Z. Instrumentenkde. 74 (1966) 52–56.

[45] HÄNLEIN, W., u. K. G. GÜNTHER: Herstellung und Eigenschaften von Mehrkomponenten-Schichten durch Vakuumbedampfung. Advances in Vacuum Science and Technology II, London: Pergamon Press 1960, S. 727–733.

[46] GÜNTHER, K. G.: Aufdampfschichten aus halbleitenden III-V-Verbindungen. Z. Naturforschung 13a (1958) 1081–1089.

[47] STARK, G., u. K. OTTO: Verfahren zur Herstellung dünnschichtiger magnetfeldabhängiger Halbleiterkörper, insbesondere Hallgeneratoren, aus Verbindungen des Typs $A_{III}B_V$. DBP 1200422.

[48] GÜNTHER, K. G., u. H. FRELLER: Eigenschaften aufgedampfter InSb- und InAs-Schichten. Z. Naturforschung 16a (1961) 279–283.

[49] WIEDER, H. H.: Galvanomagnetic Properties of Recrystallized Dendritic InSb Films. Solid State Electronics 9 (1966) 373–382.

[50] CAROLL, J. A., u. J. F. SPIVAK: Preparation of High Mobility InSb Thin Films. Solid State Electronics 9 (1966) 383–387.

[51] WEISS, H.: Der Hallgenerator und seine Anwendung. Solid State Electronics 7 (1964) 279–289.

[52] MASON, W. P., W. H. HEWITT u. K. F. WICK: Hall Effect Modulators and „Gyrators" Employing Magnetic Field Independent Orientations in Germanium. J. appl. Phys. 24 (1953) 166–175.

[53] KUHRT, F., u. W. HARTEL: Der Hallgenerator als Vierpol. Arch. Elektrotechn. 43 (1957) 1–15.

[54] HAEUSLER, J., u. H. J. LIPPMANN: Hallgeneratoren mit kleinem Linearisierungsfehler. Solid State Electronics. 11 (1968) 173–182.

[55] WEISS, H.: Thermospannung und Wärmeleitung von III-V-Verbindungen und ihren Mischkristallen. Ann. Phys. 4 (1959) 121–131.

[56] GRÜTZMANN, S.: Temperaturverteilung in rechteckförmigen Halbleiterplättchen im transversalen Magnetfeld. Frequenz 18 (1964) 42–48.

[57] GRÜTZMANN, S.: Messung der Temperaturverteilung in rechteckförmigen Halbleiterplättchen im transversalen Magnetfeld. Frequenz 18 (1964) 265 bis 272.

[58] BACKENSTOSS, E., E. BRAUNERSREUTHER u. K. GOEBEL: Radiation Damage of Semiconductors by Protons. CERN-Report 62-5 (1962).

[59] FUJISADA, H., u. S. KATAOKA: High Frequency Transport in InSb under a Magnetic Field. J. phys. Soc. Japan 21/3 (1966) 469–475.

[60] HAMILTON, P. H.: Advances in III-V- and II-VI-Semiconductor Compounds. Semiconductor Products and Solid State Technology 7 (1964) 15.

[61] WINTERHOFF, H.: Genaue Magnetfeldmessungen mit dem Kernresonanz-Magnetfeldmesser. AEG-Mitt. 50 (1960) 382–388.

[62] FÖRSTER, F.: Ein Verfahren zur Messung von magnetischen Gleichfeldern und Gleichfelddifferenzen und seine Anwendung in der Metallforschung und Technik. Z. Metallkde. 46 (1955) 358–370.

[63] v. BORCKE, U., H. MARTENS u. H. WEISS: Eine neue Methode zur Messung kleiner magnetischer Felder mit Hilfe von magnetfeldabhängigen Widerständen aus Indiumantimonid. Solid State Electronics 8 (1965) 365–373.

[64] ASSMUS, F., u. R. BOLL: Messungen an weichmagnetischen Werkstoffen mit dem Hallgenerator. ETZ A 77 (1956) 234–236.

[65] KUHRT, F., u. W. HARTEL: Der Eigenfeldfehler bei der Messung der Tangentialfeldstärke im Eisen mittels des Hall-Effektes. Arch. Elektrotechn. 42 (1956) 398–409.

[66] KUHRT, F., u. E. BRAUNERSREUTHER: Messung des Feldverlaufs im Luftspalt eines Gleichstrommotors mit Hilfe des Hall-Effektes. ETZ A 77 (1956) 578—581.

[67] NÜRNBERG, W.: Die Anwendung von Hallsonden zur Messung des magnetischen Flusses bei Walzwerkantrieben. Internationale Eisenhüttentagung 1965.

[68] SMITH, M. V.: A Method for Temperature Compensation of Hall-Plates. Techn. Report U. C. L. A.-P 56, Department of Physics, University of California, Los Angeles 24, 1962.

[69] BRUNNER, J.: Hall-Effekt im inhomogenen Magnetfeld. Solid State Electronics 1 (1960) 172—175.

[70] WEIMAR, G.: Hochgeschwindigkeitsbearbeitung III (Umformung von Blechen und Rohren durch magnetische Kräfte). Werkst. Betr. 96 (1963) 893—900.

[71] ROSS, L. M., u. E. W. SAKER: Applications of InSb. J. Electronics 2 (1955) 223.

[72] HIERONYMUS, H., u. H. WEISS: Über die Messung kleinster magnetischer Felder mit Hallgeneratoren. Siemens-Z. 31 (1957) 404—409.

[73] LEHM, E., u. J. BRUNNER: Feldgeregelte Magnetstromversorgung mit Silizium-Stromtoren. Kerntechn. 6 (1964) 141—145.

[74] ENGEL, W., F. KUHRT u. H. J. LIPPMANN: Ein neues Prinzip zur kontaktlosen Signalgabe. ETZ A 81 (1960) 323—327.

[75] ZENNECK, H., u. M. TSCHERMAK: Das SIMATIC-System ein neuentwickeltes kontaktloses Steuerungssystem. Siemens-Z. 33 (1959) 593—598.

[76] FINKE, H.: Die elektrische Ausrüstung großer Aufzuganlagen. Siemens-Z. 37 (1963) 74—85.

[77] LIPPMANN, H. J.: Kontaktloser Signalgeber mit berührungsloser Betätigung durch Eisenteile. ETZ A 83 (1962) 367—372.

[78] BRUNNER, J.: Ferrithallgeneratoren und kleine Permanentmagnete als kontaktlose Geber für die Steuerung und Regelung von Bewegungsvorgängen. Siemens-Z. 36 (1962) 521—527.

[79] BRUNNER, J., u. W. LORBACH: Winkelschrittgeber mit Hallgeneratoren. Siemens-Z. 38 (1964) 673—675.

[80] BRUNNER, J.: Weg- und Winkelmessung an Werkzeugmaschinen mit Hallgeneratoren. Maschinenmarkt 70 (1964) 122—124.

[81] IVO, K., u. J. SPRICKMANN-KERCKERING: Zwei Werftkräne von je 300-Mp-Tragkraft. „fördern und heben“ 16 (1966) 456—464.

[82] KÜRSTEN, W.: Simatic-Waagensteuerung für die Gattierungs-Mischanlage in einer Nährmittelfabrik. Siemens-Z. 40 (1966) 199—204.

[83] FRIEDRICH, W., u. G. SEYFERTH: Elektrohydraulischer Dampfturbinenregler. Siemens-Z. 37 (1963) 284—286.

[84] ENGEL, W., E. KRESTEL u. J. WENK: Fernzählung mit Hallgenerator-Impulszählern. Siemens-Z. 38 (1964) 904—907.

[85] ENGEL, W., E. KRESTEL, u. J. WENK: Rückwirkungsfreie Lagemeldung mit galvanomagnetischem Geber und elektronischem Impulsformer. ETZ A 86 (1965) 52—65.

[86] ENGEL, W., u. E. KRESTEL: Neue Bausteine für die Fernzählung. ETZ B 18 (1966) 927—930.

[87] INGLIS, B. D., u. G. W. DONALDSON: A New Hall-Effect Synchro. Solid State Electronics 9 (1966) 541—557.

[88] DAVIDSON, R. S., u. R. D. GOURLAY: Applying the Hall-Effect to Angular Transducers. Solid State Electronics 9 (1966) 471—484.

[89] KUHRT, F.: New Hallgenerator Applications. Solid State Electronics 9 (1966) 567—570.

[90] Dittrich, W., u. E. Rainer: Elektronikmotor DMc 3, ein neuer kollektorloser Gleichstrom-Kleinstmotor. Siemens-Z. 40 (1966) 690—693.

[91] Lippmann, H. J.: Erschütterungsmesser, insbesondere Seismograph. DBP 1125666.

[92] Kuhrt, F.: Elektrisches Halbleitergerät zur harmonischen Analyse nach dem Suchtonverfahren. DBP 953730.

[93] Häusler, H., u. H. J. Lippmann: Magnetische Kennzeichnungsverfahren zur Steuerung des Material- und Teileflusses. Siemens-Z. 40 (1966) 446—453.

[94] Bilz, C., u. C. Gebsattel: Kontaktlos abfragbares Rollen-Zählwerk NUMEX. Siemens-Z. 40 (1966) 130—133.

[95] Kuhrt, F., G. Stark u. F. Wolf: Wiedergabe von Magnettonaufzeichnungen mit Hilfe des Hall-Effektes. Elektronische Rdsch. 13 (1959) 407—408.

[96] Friedrich, H., u. H. Obermaier: Paketförderanlage mit kontaktloser Zielsteuerung in einem Großversandhaus. Siemens-Z. 35 (1961) 628—632.

[97] Häusler, H.: Magnetischer Zielspeicher mit statischer Abfragung durch Hallgeneratoren zur kontaktlosen Steuerung des Fertigungsflusses. Siemens-Z. 35 (1961) 45—49.

[98] Häusler, H.: Zielspeichersysteme zur Steuerung des Fertigungsflusses in der Autoindustrie. Automatisierung der Fertigung 1 (1962) 25—29.

[99] Schwaibold, E.: Halbleiter-Hallgeneratoren in der Meßtechnik. In: Halbleiter-Bauelemente in der Meßtechnik, VED-Buchreihe, Bd. 7, Berlin: VDE-Verlag 1961, S. 201—213.

[100] Engel, W., u. L. Roth: Ein elektronischer Gleichlast-Eichzähler. Meßtechnik 76 (1968) Heft 8.

[101] Rainer, E.: Elektronischer Wechselstromzähler mit einem Hallgenerator als Wirkleistungsmesser. Engl. Patent 1012464, Französ. Patent 1379833.

[102] Loos, H.: Analoge Multiplikatorstufe als steckbare Flachbaugruppe. Siemens-Z. 41 (1967) 970—971.

[103] Kuhrt, F.: Technische Anwendungen des Hall-Effektes. Halbleiterprobleme, Bd. 6, Braunschweig: Vieweg 1961.

[104] Kuhrt, F., u. E. Braunersreuther: Drehmomentmessung an einem Gleichstrommotor mit Hilfe des Hall-Effektes. Siemens-Z. 28 (1954) 299—302.

[105] Loocke, G.: Anordnung zur Herstellung einer dem Drehmoment an elektrischen Maschinen proportionalen Spannung (insbesondere zur Messung des Drehmoments der Maschine). DBP 957527.

[106] Peter, O., G. Scholtis u. A. Joachimsthaler: Meßmethode zur Erfassung der elektrischen Bremskraft elektrischer Triebfahrzeuge. Elektr. Bahnen 37 (1966) 149—151.

[107] Nebelung, H. R., G. Scholtis u. A. Joachimsthaler: Weiterentwicklung der elektrischen Bremse bei den Lokomotiven E 10/E 40 der Deutschen Bundesbahn. Elektr. Bahnen 38 (1967) 255—262.

[108] Heler, A., C. Sora u. E. Wagner: Neues Verfahren zur Drehmomentmessung an Gleichstrommaschinen mittels Hallgeneratoren. ETZ A 87 (1966) 727—729.

[109] Hack, H., H. Trippel u. O. Jakubaschke: Auswuchttechnische Fragen im Automobilbau. Automobil-Industr. 11/2 u. 3 (1966).

[110] Lippmann, H. J., u. K. Wiehl: Modulation kleiner Gleichspannungen und Gleichströme mit Hilfe des Hall-Effektes. ETZ A 84 (1963) 252—256.

[111] Loos, H.: Ein Halbleiter-Rechenverstärker mit hoher Nullpunktsstabilität als Baustein des Regelungs-Systems TRANSIDYN B. Siemens-Z. 40 (1966) 828—832.

[112] Kuhrt, F.: Der Hallgenerator als Leistungsverstärker und Schwingungserzeuger. ETZ A 78 (1957) 342—344.
[113] Weiss, H.: Der rückgekoppelte Hallgenerator. Z. Naturforschung 11a (1956) 684—688.
[114] Tellegen, B. D. H.: Der Gyrator, ein elektrisches Netzwerkelement. Philips Research Report 3 (1948) 81—101.
[115] Arlt, G.: Hall-Effekt-Vierpole mit hohem Wirkungsgrad. Solid State Electronics 1 (1960) 75—84.
[116] Weiss, H.: Elektrisches Halbleitergerät. Französ. Patent 1112433.
[117] Perrier, A.: La methode série-parallèle pour élever l'intensité de l'éffet Hall dans des conducteurs étroits. Helv. Phys. Acta 27 (1954) 207—211.
[118] Grützmann, S.: Untersuchungen an Hall-Effekt-Gyratoren-Isolatoren- und Zirkulatoren. Diss. TH Stuttgart, 1966.

Sachverzeichnis

721/30/68 – III/18/203